准噶尔盆地南缘超深高温高压井井筒完整性关键技术

张一军　李佳琦　陈超峰　练章华　等著

石油工业出版社

内 容 提 要

本书主要针对准噶尔盆地南缘区块超深高温高压井井筒完整性面临的挑战，介绍了国内外高温高压井井筒完整性案例及标准发展、井口装置与油井管柱及其附件完整性等问题，分别对设计阶段、建井阶段、试油、压裂阶段及生产阶段涉及的井筒完整性关键技术进行了阐述，兼顾理论计算、对标分析、结构设计、有限元仿真、试验测试和现场应用等多种研究手段，力求为广大油气领域科技工作者提供有益的借鉴。

本书可供石油工程专业及其相关领域的工程技术人员、院校的师生参考使用。

图书在版编目（CIP）数据

准噶尔盆地南缘超深高温高压井井筒完整性关键技术 /
张一军等著. —北京：石油工业出版社，2024.2

ISBN 978-7-5183-6496-1

Ⅰ.①准… Ⅱ.①张… Ⅲ.①准噶尔盆地—超深井—
高压井—井筒—研究 Ⅳ.①TE245

中国国家版本馆CIP数据核字（2023）第257397号

出版发行：石油工业出版社
　　　　　（北京安定门外安华里2区1号楼　100011）
　　　　网　　址：www.petropub.com
　　　　编 辑 部：（010）64523687　图书营销中心：（010）64523633
经　　销：全国新华书店
印　　刷：北京九州迅驰传媒文化有限公司

2024年2月第1版　　2024年2月第1次印刷
787×1092毫米　开本：1/16　印张：23
字数：477千字

定　价：180.00元
（如出现印装质量问题，我社图书营销中心负责调换）

《准噶尔盆地南缘超深高温高压井井筒完整性关键技术》

编 写 组

组　　长：张一军　李佳琦　陈超峰　练章华

成　　员：徐新纽　孟祥燕　薛承文　冯学章　谢　斌　谢寿昌

马都都　夏　赟　丁　坤　荣垂刚　王金龙　田志华

陈蓓蓓　席传明　吴彦先　王飞文　宋　琳　陈　锐

党文辉　王万彬　相志鹏　刘　涛　李　文　余　杰

王宁博　黄建波　赵云峰　赵文龙　董小卫　吴　越

吴继伟　关志刚　王雪刚　傅晓宁　麻慧博　吕　照

冯钿芳　丁亮亮　林铁军　张　强　史君林　于　浩

赵朝阳　万智勇　舒明媚

前　言

井筒完整性指采用有效的技术、管理手段来降低开采风险，保证油气井在成功废弃前的整个开采期间的安全。

2010年墨西哥湾深水地平线钻井平台发生井喷着火爆炸事故，平台上11人死亡，损失1050亿美元。而这个灾难事故源自井筒完整性问题，由此掀起了全球井筒完整性研究热潮。井筒完整性问题已成为世界石油界所面临的难题。超深高温高压油气田主要分布于挪威北海、美国墨西哥湾和我国新疆、西南地区等，超深高温高压油气井环空带压、井筒泄漏及密封失效、结构功能退化等井筒完整性问题已严重制约着油气田安全高效开发。

准噶尔盆地南缘区块地层裂缝及砾石发育、地层基质物性差、压力系统复杂、储层埋藏深度大。南缘井深达8166m，最高井底温度达180℃以上，最大井底压力达140MPa以上（XF02探井地层压力为146MPa、压力系数大于2.0）且腐蚀性强（CO_2分压为0.86MPa），高温高压、高腐蚀、强冲蚀及复杂力学环境对井口装置、生产管柱、封隔器、水泥环及井筒屏障的长期安全服役带来了巨大挑战。南缘区块指标与全球对标，其地层压力系数、井口压力、闭合应力梯度等指标均已达全球最高，属于典型的三超油气藏，综合难度世界罕见。

本书在国内外超深高温高压井井筒完整性最新研究进展的基础上，针对南缘区块独特的地质情况及高温高压特性，开展基于全生命周期理念的超深高温高压井井筒完整性关键技术研究，采用理论计算、对标分析、结构设计、有限元仿真、试验测试和现场应用相结合的方法，对设计阶段、建井阶段、试油、压裂阶段及生产阶段涉及的井筒完整性关键技术进行了深入分析和评价。

全书共6章，第1章介绍了南缘区块的特征及国内外井筒完整性的发展历程和现状。第2章介绍了油套管井口装置及其高温高压井密封完整性问题，开展了井口装置及井筒关键附件失效风险评价，重点对芯轴式悬挂器密封装置关键技术、超深井井口卡瓦与套管强度完整性失效评价技术、超高压175MPa法兰、四通及阀体关键技术等进行了阐述。第3章至第6章分别对设计阶段、建井阶段、试油、压裂阶段及生产阶段涉及的井筒完整性关键技术进行了阐述，建立了全生命周期井筒完整性设计、评价、诊断和管控方法，主要包括适合南缘超深高温高压井最优的井身结构设计，油管、套管及附件设备完整性设计，套管—水泥环—地层岩石力学强度系统完整性定量研究，极端和典型工况下关键附件服役状态评价与控制研究等内容。

本书主要内容来源于中国石油新疆油田公司在南缘超深高温高压井钻完井、试油压裂及生产等作业过程中积累的经验和技术沉淀。本书在编写过程中，得到了中国石油塔里木油田公司、西南油气田公司、渤海钻探工程院和中国石油集团工程材料研究院等单位领导和专家的大力支持和帮助，同时也得到了我国油气井工程界及井筒完整性著名专家西南石油大学施太和教授的大力支持和帮助，在此一并表示衷心感谢。

由于作者水平有限，书中难免存在不足之处，敬请广大读者批评指正。

著者

2023 年 9 月

目　录

1 绪 论

对标全球，南缘高温高压井井况更加复杂、恶劣，且井筒完整性研究处于探索阶段，需持续开展攻关。为此，在对国内外井筒完整性失效案例分析的基础上，引进国外先进的技术和管理经验，通过消化吸收国内外先进的井筒完整性评价与管理理念，结合中国石油天然气股份有限公司新疆油田公司储层及钻完井工艺的特点，开展了气井井筒完整性关键技术攻关，为南缘高温高压气井的安全生产提供了技术支撑。

1.1 准噶尔盆地南缘区块地质特征概况

准噶尔盆地南缘（以下简称南缘）位于北天山山前，为新近纪—第四纪形成的大型再生前陆盆地。2019 年 1 月，南缘的高探 1 井于白垩系清水河组测试获高产油气流。高探 1 井完钻井深 5920m，试油前预测地层压力为 133MPa、地层温度为 135℃，属于高温高压油气井，结合钻探资料分析，具有高产的地质条件。南缘深部地层勘探取得的重大发现，证实了南缘前陆存在大型油气富集区，勘探潜力巨大。南缘前陆位于天山北麓，与库车前陆镜像对应，东西长 400km，南北宽 75km，面积 $3 \times 10^4 km^2$，平面分东、中、西三段，西段为四棵树凹陷、中段为霍玛吐构造带、东段为阜康断裂带。纵向发育上、中、下三套成藏组合，中段为天然气规模勘探最重要领域，面积 $1.5 \times 10^4 km^2$。背斜目标成排成带发育，集中分布于生气中心，油藏埋深大于 5700m，地层压力系数高于 2.0，地层温度大于 130℃。

准噶尔盆地南缘前陆构造具有东西分段、南北分带的特点，而纵向上可划分为上、中、下 3 套储盖组合，其中下组合主要包括白垩系清水河组、侏罗系喀拉扎组、头屯河组、三工河组和八道湾组，具有埋藏深、储层规模大、地层压力高、贴近烃源岩且背斜构造圈闭发育的特点，具有形成大中型高产油气藏的条件。

长期以来，南缘勘探以中、上组合为主要对象，发现了独山子、齐古、卡因迪克等 3 个油田及呼图壁、玛河等 2 个气田，并发现了吐谷鲁、霍尔果斯、安集海等含油气构造。自 2008 年开始下组合勘探逐步深入，先后钻探西湖 1 井、独山 1 井和大丰 1 井，均见良好油气显示。2019 年在位于南缘西段四棵树凹陷内的高探 1 井清水河组中首次获得重大油气突破，实现了南缘下组合油气勘探首次突破，揭示了南缘西段下组合良好的勘探潜力与前景。2020 年 12 月，HT1 井在白垩系清水河组（7367 ~ 7382m 深度段）获得高产工业油气流，长期的试产压力和产量稳定，高产高效，实现了南缘冲断带下组合天然气勘探的重大突破。

高探 1 井于白垩系获高产油气流，具有重要里程碑意义，证实了侏罗系主力烃源灶，揭示深层下组合发育规模优质储集层，白垩系超压泥岩具备良好的封盖条件。高探 1 井证实了南缘下组合油源充足、存在有效储层，展现了南缘下组合勘探的巨大潜力。但由于地质条件异常复杂，超深井钻井面临地层异常高压、窄压力窗口、地层破碎、高陡构造等诸多工程技术挑战，制约了南缘勘探开发进程。由于构造运动、复杂岩性、勘探程度低和深层高温高压等原因，南缘区块勘探具有以下难点：

上组合：（1）第四系、新近系高陡构造，地层倾角达 60°，防斜难度大；（2）塔西河组、沙湾组上部发育层多厚度大膏质泥岩层，累计厚度 386m。

中组合：（1）安集海河组发育巨厚塑性泥岩层，伊蒙混层含量为 74%，伊利石含量超 80%，水敏性强，极易坍塌和缩径；（2）异常高压层，压力系数为 1.6 ~ 2.1。

下组合：（1）地层压力精细预测及井身结构合理设计难度大；（2）安全密度窗口窄，安全钻井难度大；（3）高密度、大温差、窄间隙、窄窗口固井难度大。

准噶尔盆地南缘下组合深层优质储层发育，油气资源量大，但普遍埋藏深度大于 5700m，地层温度高于 130℃，闭合应力梯度大于 0.02MPa/m，平均孔隙度小于 10%，平均渗透率小于 0.1mD，非均质性强，属低孔低渗透储层。由于储层物性差、杨氏模量高、泊松比高，压裂改造存在起裂难度大、施工压力高、高效动用难度大等特点，地质条件复杂，钻井工程难度大。南缘 10 项工程难度指标与全球对标，地层压力系数、井口压力、闭合应力梯度等指标均已达全球最高，见表 1.1，属于典型的三超油气藏，综合难度罕见。目前已经遇到安全密度窗口窄、固井质量不佳、环空异常带压、工具装备性能不足等技术瓶颈，井筒完整性面临严峻挑战。

表 1.1　南缘高温高压井参数表

序号	分类	顺北油田	塔里木油田	西南油气田	墨西哥湾	新疆油田
1	储层埋深/m	7500 ~ 9000	7400 ~ 8000	7100 ~ 7800	9000 ~ 10800	7000 ~ 8000
2	地层温度/℃	160 ~ 180	100 ~ 183	160 ~ 170	93 ~ 215	130 ~ 174
3	压力系数	1.15	1.71	1.81	1.76	2.35
4	地层压力/MPa	103	128	122	172.5	162.47
5	最高关井压力/MPa	80.9	109.7	97.8	113.6	135.18
6	闭合应力/MPa		0.02			0.025
7	最高日产气量/10^4m^3	110	464	263	—	61
8	孔隙度/%	—	≤8	≤6	≤34.1	≤5.5
9	渗透率/mD	—	≤0.1	≤1	≤1200	≤0.01
10	CO_2 分压/MPa	—	2	3	—	0.88

高温高压井安全高效开发的关键是井筒完整性及其安全性问题，即使管理最好的挪威北海依然存在一定比例的井筒完整性及其安全性问题。钻井、固井、完井、测试投产需要考虑的井筒完整性问题已成为世界石油界所面临的难题。我国的井筒完整性理论与标准及其应用起步较晚，高温高压气井恶劣的井况、复杂的工况和苛刻的腐蚀环境给井筒完整性带来巨大挑战，是目前急需要解决的课题之一。

1.2 井筒完整性标准的发展

国内外对高温高压井没有统一的定义，国际公认的井筒完整性高温高压井划分以 API 技术报告 17TR8 中井口或井底构件经受的温度 / 压力为准：高温高压（HTHP）井以井底温度 175℃，压力 100MPa 为界线。哈里伯顿公司认为井底温度高于 150℃，井口压力大于 70MPa 为高温高压（HTHP）井。

斯伦贝谢公司高温高压井分类如图 1.1 所示，其中高温高压（HTHP）井是以普通橡胶密封性能来界定的，指井底温度高于 150℃、压力高于 70MPa 的井。超高温高压（UHTHP）井则是以电子元件作业极限来界定的，指井底温度高于 205℃、压力高于 140MPa 的井。极超高温高压（XHTHP）井是最为极限的环境，指井底温度高于 260℃、压力高于 240MPa 的井。

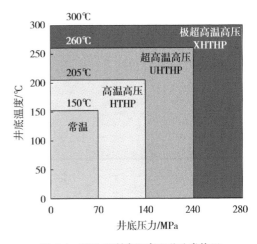

图 1.1 斯伦贝谢高温高压井分类体系

为了与国际接轨，中国石油天然气集团有限公司一般采用国际高温高压井协会的定义，高温高压井定义为井底温度高于 150℃，井口压力高于 70MPa，井底压力高于 105MPa。超高温高压井是井底温度高于 175℃，井口压力高于 105MPa，井底压力高于 140MPa。

一般普遍认为井深、超深井的划分及其特点见表 1.2。

表 1.2 井深、超深井的划分及其特点

井深划分（直井）	特点
深井：井深在4500～6000m； 超深井：井深在6000～9000m； 特超深井：井深超过9000m	裸眼井段长，要钻穿多套地层压力系统；井壁稳定性条件复杂；井温梯度和压力梯度高；深部地层岩石可钻性差；钻机负荷大。 深井超深井钻井是一项复杂的系统工程，经济和技术上有很大的风险性

新疆南缘区块井筒压力为 130～170MPa，温度为 130～160℃，井的深度为 6000～8166m，因此，南缘区块井筒完整性应划入超深井超高压高温类别。国外通常认为类似上

述超高温高压油气井不具备开采条件，因为当前标准中硬件的强度和材料不能或不确定能满足要求。

1.2.1 国内井筒完整性标准概况

中国在井筒完整性理论与标准及其应用方面的研究工作起步较晚，也是最近十年才开展起来，尚处于不断发展和完善阶段，见表 1.3 和表 1.4。2015 年 6 月，中国石油完成《高温高压及高含硫井完整性指南》的编制，并继续开展设计准则、管理要求等方案的编制工作，并且提出井屏障概念，对钻进过程中的井屏障进行划分。

表 1.3　国内井筒完整性的问题及其发展

年份	地点	问题	井筒完整性的发展
2007	四川罗家2井	地面冒气及其对周围居民安全影响	逐渐借鉴国际上井筒完整性相关的规范和标准，引入井筒完整性设计、措施及其管理理念
2008	四川汶川	5.12地震 西南区块井筒完整性损伤	
2007—2013	西南油气田	井筒泄漏的完整性问题，初步形成了井筒完整性理念及其评价	引入气密封检测技术，完善完整性技术和相关规范，探索井筒完整性管理方法
2013—2016	西南油气田	井筒完整性设计与评价方法在"三高"气井中的问题	井筒完整性技术深入研究与推广阶段
2000—2005	塔里木油田库车	高压气井、井口/管柱腐蚀、螺纹泄漏等现象，初次遇到完整性问题	探索了一套以井屏障设计、测试和监控为基础的井筒完整性设计技术，初步形成了井筒完整性管理体系及推荐作法
2006—2008	克拉2和迪那2气田	高压气井环空异常高压问题	
2009—2011	迪那2气田	多口井出现完整性问题	
2012—2014	大北和克深2	井筒完整性面临的新挑战	
2019	库车（克拉、迪那、大北、克深）	34口井环空压力异常，占已投产井的19.77%	

表 1.4　国内井筒完整性的指南、规范及其管理

年份	发布内容	备注
2014	Q/SY XN 0428—2014《高温高压高酸性气井完整性评价技术规范》企业标准	2015年"西南油气田井筒完整性管理系统"正式上线运行
2015	中国石油完成《高温高压及高含硫井完整性指南》的编制	我国首套高温高压及高含硫井井筒完整性系列指南、设计标准和管理，确定了钻井、试油、完井等作业过程的井屏障
2016	中国石油完成井完整性设计准则	
2017	石油工业出版社出版： 《高温高压及高含硫井完整性指南》 《高温高压及高含硫井完整性设计准则》 《高温高压及高含硫井完整性管理》	

1.2.2 国外井筒完整性标准概况

挪威石油标准化组织提出井筒完整性概念以来，井筒完整性技术获得了快速发展。井筒完整性标准、规范的发布同井筒完整性技术的发展是同步进行的，特别是近年来，井筒完整性相关法规、标准和规范发展迅速，国际上一些行业协会和标准化组织分别发布了井筒完整性相关的标准、指南和推荐做法。

1977年，挪威石油标准化组织（NORSOK）发布 D-010《钻井及作业过程中井完整性工作指南》标准第 1 版，提出了井筒完整性的概念。

2004年，挪威石油标准化组织发布 D-010《钻井及作业过程中井完整性工作指南》标准第 3 版，提出了井屏障管理的理念，系统地描述了井筒在保证安全生产过程中保证其完整性的措施。

2006年，美国石油协会（API）发布了旨在指导管理海洋油气井环空压力的推荐作法 API RP 90《海上油田环空压力管理推荐做法》，该推荐作法涵盖了环空压力的监测、环空压力诊断测试、建立单井的最大环空许可工作压力（MAWOP）及对环空压力的记录等内容。

2009年，美国石油协会（API）发布了旨在保护地下水和环境的 API GD HF1—2009《水力压裂作业的井身结构和井完整性准则》。

2011年，挪威石油工业协会 OLF（Norwegian Oil Industry Association，挪威石油工业协会）制定了 OLF-117《井完整性推荐指南》，旨在指导井屏障设计、井分级、持续环空带压井管理等。

2012年，美国石油协会（API）发布了旨在指导管理陆上油气井环空压力的推荐作法 API RP 90-2《陆上油田环空压力管理推荐做法》草稿。同年，英国油气协会（Oil & Gas UK）发布了《井完整性指南》，旨在指导井全生命周期内各阶段的井屏障设计、安装与测试。

2013年，国际标准化组织（ISO）发布了 ISO/TS 16530-2《运行阶段井完整性管理》，介绍了井筒完整性管理系统、完整性管理政策、风险评估方法等，详细介绍了生产井筒完整性监测、测试和管理要求，提出了一套较完善的环空压力控制值计算方法和管理要求。挪威的 NORSOK D-010《钻井及作业过程中井筒完整性》（第 4 版）发布。

2016年，英国发布《全生命周期井完整性指南》第 3 版。API RP90-2《陆上环空压力管理》正式发布，挪威石油工业协会发布《井完整性推荐指南》修订版，新增了井筒完整性培训要求等，并对部分技术细节进行了完善。

2017年，ISO 发布 16530-1《全生命周期井完整性管理》，在 ISO 16530-2 的基础上，针对井方案设计、单井设计、建井、生产、弃置等井生命周期内的不同阶段提出了井屏障要求和风险评估方法。

2019年，英国发布了《全生命周期井完整性指南》第 4 版，进一步完善了井屏障测试、设计和安装要求。

2020 年，加拿大颁布了 CSA Z624-20《石油天然气行业油井完整性管理》，制定一套石油和天然气井从设计和施工到运行、生产和弃井整个生命周期完整性管理要求。

2021 年，API 在 AP90 的基础上修订了 API RP 90-1《海上油田环空压力管理推荐做法》，第 2 版。挪威石油标准化组修订发布了 NORSOK D-010《钻井及作业过程中井完整性工作指南》第 5 版。

1.3　高温高压井井筒完整性案例分析

1.3.1　重大的井筒完整性失效案例及教训

2009 年 8 月 21 日，澳大利亚西北部一海洋丛式井"MOTARA"发生井喷，2009 年 11 月 3 日该井打救援井压井成功，历时 74 天，估计泄油 4500～34000m³，污染海洋面积 6000km²。该事故源于水泥塞及井内流体屏障未封隔和压稳油层，平台施工者将防喷器移到另一口井，造成无控制井喷，被称为"MOTARA 事件"。"MOTARA 事件"为典型的设计和管理失误，其教训为：注海水后未对水泥塞进行负压密封测试，在无井口防喷器情况下，也未在上部井段注备用第二水泥塞。水泥塞失封，套管鞋水泥塞不应设置为安全屏障。

2010 年 4 月 20 日，美国路易斯安那州沿岸石油钻井平台爆炸起火，造成 11 人遇难，演变成美国历年来最严重的海洋漏油污染事故，被称为"深水地平线事件"，即"MACONDO 事件"，损失 1050 亿美元。这个灾难事故源自井筒完整性问题，由此掀起了全球井筒完整性研究热潮，井筒完整性问题已成为世界石油界所面临的难题。

"深水地平线事件"井喷发生在固井候凝过程中，该井的生产套管为 $9\frac{7}{8}$in（ϕ250.8mm）+7in（ϕ177.8mm）×5598m 复合套管柱。由于深井环空间隙小，地层钻井液密度窗口窄，即环空循环当量密度稍低就会有溢流或潜在井喷；环空循环当量密度稍高就会有井漏。现场设计和管理者比较了一次下入套管固井和下尾管固井再回接两种方案，固井模拟计算结果认为两种方案均能达到平衡压力固井。一次下入套管固井的投资及时间成本低于下尾管固井再回接的方案，设计和管理者决策选用了前者。在 BP 公司的报告 *Deepwater Horizon Accident Investigation Report* 中统计了 Mississippi Canyon 252 区块上述两种固井方式比例，57% 为一次下入套管固井，36% 为下尾管固井再回接。可见深井用一次下入套管，长封固段注水泥不一定是事故的必然原因。注水泥和候凝期未压稳才是直接原因，缺乏对压稳风险的管控。

"MACONDO 事件"为典型的设计和管理失误。

（1）高风险设计。为了节省海上作业时间，在深井中未采用下尾管再回接固井，而是在深井用一次下入套管，长封固段注水泥；为了防止固井井漏，用充气水泥固井；对海洋深井安全缺少风险意识和风险管理。

（2）系统管理失误。现场未充分复核和认可充气水泥稳定性，固完井后氮气析出，形成连续气柱，发生环空井喷；抢时间，水泥塞未完全密封就替入海水，导致流体屏障失封。溢流已近井口，仍未发现，现场判断及指挥不当。

（3）多个硬件失封。两个翻板式回压阀在注完水泥后未能强制关闭；自动防喷器控制失灵后手动控制未能起作用，造成套管内井喷。

（4）现场判断及指挥不当。现场人员抢时间，明知未压稳就企图替入海水置换顶替油基钻井液（1.92g/cm³），再打水泥塞和换井口。溢流已近井口，仍未发现。

1.3.2 国内井筒完整性失效典型案例

截至 2018 年 5 月统计数据，西部某区块投产井数达 143 口，其中环空压力异常井 32 口，占比 22.4%。油管柱问题占比 67.5%，套管柱及水泥环问题占比 30%，油管柱问题是主要失效形式。一年以内失效井占比 60%，投产初期是井筒完整性问题的高发期，管控难度大。该区块井筒完整性问题井次及其时间统计如图 1.2 所示。

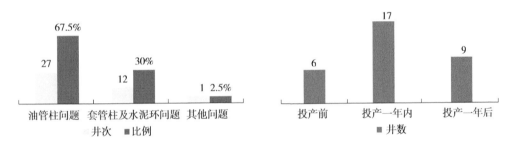

图 1.2 西部某区块井筒完整性问题统计（截至 2018 年 5 月）

1.3.2.1 S13Cr-110 油管材料应力腐蚀开裂

大量失效案例分析表明应力腐蚀开裂是油管主要的失效机理。腐蚀失效往往是多种腐蚀因素的综合反映，而且就油套管而言，服役工况、环境介质、加载条件等均会对使用寿命产生影响。图 1.3 为西部 XSD201 井油管内壁点蚀坑及由点蚀坑演变成的裂纹的实物图，S13Cr-110 油管材料在井下环境先形成点蚀坑，点蚀坑底在应力、腐蚀介质、点蚀坑内外电势差等诱导作用下产生裂纹。裂纹扩展导致油管开裂或强度降低，最终导致油管被挤扁或断裂。

油管内外壁均可能形成点蚀坑，最终导致应力腐蚀开裂。因此，油管材质的抗点蚀性能应该成为材质选用评价的主要指标之一。在高温高压井中，由点蚀导致 S13Cr-110 油管发生应力腐蚀开裂的案例较多，由此可见，S13Cr-110 油管材料是否适合高温高压井下腐蚀工况待研究。油管内壁先经酸化，后注氮替喷，氮气除氧不净，氧腐蚀。低产井开采中凝析水附壁，形成露点腐蚀。对断口进行分析，发现裂纹由外向内扩展，油管裂纹位置如图1.4 所示。

图 1.3　XSD201 井油管内壁点蚀坑及其裂纹　　　　图 1.4　XSD2-B2 井油管裂纹位置

1.3.2.2　油管金属密封失效、断裂、脱扣问题

图 1.5 为 XKS-68 井 88.90mm×6.45mm HP2-13Cr 110 BEAR 油管工厂端脱扣，取出接箍形貌。油管管体外壁产生应力腐蚀裂纹，油管砂堵面之上油管卸压，环空液柱压力挤扁油管。

图 1.5　油管连接脱扣失效案例（XKS-68 井）

油管外壁有大量腐蚀坑，腐蚀坑底产生裂纹，应力腐蚀开裂在先。在解除蜡堵瞬间，高压气流水击振荡导致油管挤扁，同时脱扣。在 BD-34 井和 BD-30 井出现油管挤扁和脱扣的情况，如图 1.6 和图 1.7 所示。

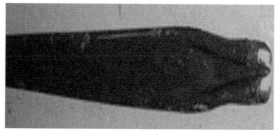

图 1.6　BD-34 井取出油管挤扁状况　　　　图 1.7　BD-30 井现场端挤扁和脱扣

1.3.2.3　采油树失封

西部某区块 XS-13 井 2015 年 9 月 9 日开始试采，日产气 $14.6×10^4m^3$，日产水 $3.68m^3$，油压 80MPa，A 环空 25.4MPa，B、C 环空不带压。

管柱失效：2015 年 11 月 5 日，试采结束后用密度 $1.40g/cm^3$ 的有机盐压井，在压井过程中发现套压异常升高，由 16MPa 升到 72MPa，油压为 70MPa，放套压验证出口见气，油套连通。油管挂下密封失效：套压异常升高时，油管挂顶丝有两根刺漏，通过开关井下安全阀及油套放压方式验证，油管挂下金属密封失效，上金属密封完好，井下安全阀以上油管没有连通显示。

井口和采油树用金属与橡胶组合密封件，试压时金属密封可能未起作用，橡胶起密封作用。而在升温时橡胶可能会挤出，从而导致密封失效。

1.3.2.4 高强度套管断裂失效

我国油田已发生了多起韧性不足导致高强度套管断裂失效事故，套管断裂会使套管柱失去结构完整性和密封完整性，甚至导致整口井报废，造成巨大的经济损失。1994 年，XKT001 井完井测试时 V150 高强度套管产生螺旋状裂纹而导致该井报废，直接损失超过亿元。失效分析结果表明，这种螺旋状裂纹是由钢管潜在的螺旋状损伤引起的，而无损探伤难以发现这种损伤，加之套管材料韧性不足，导致其在井下腐蚀环境承受很高的内压后使这些潜在的螺旋状损伤形成宏观裂纹。而套管的螺旋状损伤是在穿孔工序中产生的。

钢的强度与韧性、塑性通常表现为互为消长的关系，强度高则韧性、塑性就低。反之，为求得高的韧性、塑性，必须牺牲强度。因此，高强度套管材料的韧性总体偏低，因而其抗裂纹萌生和扩展的能力必然降低。

1.3.2.5 井口腐蚀致井喷

西南某区块 XS85 井是全国陆相油气田中罕见的同时具备"高温、高压、高产"的三高井，且气体中含有一定的 CO_2 和微量 H_2S 及少量水，CO_2 及少量水是造成 XS85 井井口装置腐蚀的主要原因。XS85 井井口腐蚀致井喷，油管挂下部连接螺纹（$2\frac{7}{8}$in–FOX 外螺纹）根部断裂。断裂处壁厚最厚 7mm，最薄只有 2mm。35CrMo 油管挂内孔冲蚀非常严重，现场油管悬挂器失效。冲蚀最大的深度达到 7mm。油管挂过流面有严重的掉块痕迹，有氢致开裂问题。

该井的经验教训为：

（1）采用 35CrMo 钢材质制造井口装置不适应高温高压高产且含一定的 CO_2 和少量水的恶劣生产环境。35CrMo 碳钢油管挂双公短节与 HP13Cr 不锈钢油管联结，会发生严重电偶腐蚀（阳极和阴极的面积比 $A/C < 1.0$、电位差 $\Delta E > 200\text{mV}$）。

（2）固井质量差，需要反思水泥返到井口的利弊。

1.3.3 国外井筒完整性失效典型案例

1.3.3.1 国外井筒完整性失效统计

挪威石油安全局（PSA）对北海挪威大陆架油气井筒屏障单元作了分类失效统计。案例取自 Statfjord A、B、C，以及 Gullfaks A、B 和 C 平台上的 407 口井。图 1.8 显示井筒单元失效井数与屏障单元和服役年数的相关性，可以看出油管失效井数所占比例最大，其次是水泥环失效。一口 5000m 深的井会有上万个螺纹连接，在井下振动和腐蚀工况下，难免会有一处或几处泄漏或开裂，管体腐蚀穿孔。注水泥浆过程风险和水泥环的长期封隔性能还不在现有技术的完全掌控之中。

A Review of Sustained Casing Pressure Occurring on the OCS 报告介绍了美国外大陆架区域油气井环空带压情况。该报告指出该区域大部分油气井均存在严重的环空带压现象，该区域有 8000 多口井存在一个或多个环空同时带压情况。图 1.9 为该地区各层套管带压的情况

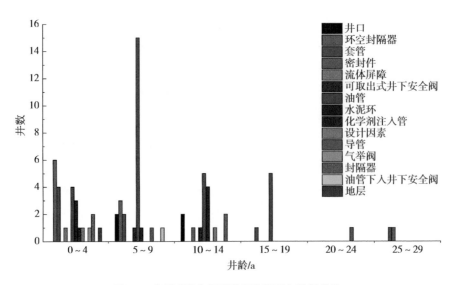

图 1.8　失效井数与屏障单元和服役年数相关性

统计。由图 1.9 可知，环空带压约有 50% 是发生在生产套管和油管间的环空中；环空带压约有 10% 是发生在中间套管和生产套管间的环空中；环空带压约有 30% 是发生在表层套管和中间套管间的环空中。表明该地区油气井中生产套管和油管间的环空带压情况比较严重，在这 8000 多口井中有 1/3 的环空带压井是正在生产的井，所观察到的环空带压情况中有 90% 的带压值不超过 6.9MPa。

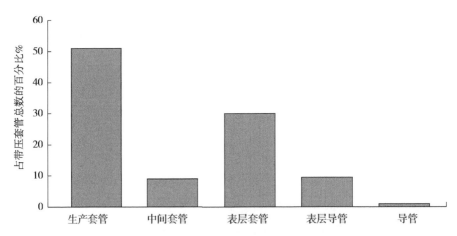

图 1.9　美国外大陆架地区各层套管带压情况统计

该报告还进一步调查了开采过程中油气井不同的开采阶段的环空带压情况。在统计的 15500 口井中，至少有 6692 口井有一层以上套管外环空带压，其中，生产套管外环空带压占 47.1%，表层套管外环空带压占 26.2%，技术套管外环空带压占 16.3%，15 年后 50% 的井环空带压。美国矿产资源部还统计了开采期对该地区油气井环空带压的影响情况，如图 1.10 所示。

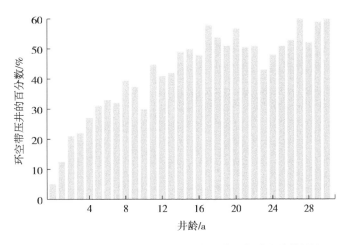

图 1.10 美国海湾大陆架井口环空带压的井数随井龄增长图

1.3.3.2 北海两口井电偶诱发氢应力开裂

1998—2003 年，北海两口井镍基合金 718 芯轴断口分析表明，直内螺纹最末完全扣处，应力集中系数高，发生氢脆断裂。已判定氢来自 718 合金内螺纹镀铜。其中一口井发现晶间存在 δ 相、针状体沉积，在此形成氢脆断裂。这是热处理不当造成的，属制造缺陷。

其中一口井 718 芯轴断裂发现过程如下：完井测试后，关井 30h 待压井。再过 4h，发现环空带压，立即关井下安全阀，同时关闭平台上所有其他开发井，切断平台总阀。起油管后未发现油管有问题，又重新下入油管，对环空水试压。发现与 C110 抗硫套管连接的套管挂 718 芯轴内螺纹最末完全扣开裂，断口长约为周长的一半，断口中心部呈脆性状，其余为韧性断裂。

1.3.3.3 北海高温高压气井 22Cr 失效

某北海高温高压气井，井底温度为 176℃，气层压力为 97MPa，CO_2 含量为 4%，H_2S 浓度为（15 ~ 30）× 10^{-6}。油管采用了 22Cr，5in+$4\frac{1}{2}$in 复合管，以降低应力水平和流速。环空充填 $CaCl_2$ 水，密度为 $1.34g/cm^3$。该井在 1997 年 12 月完井，1998 年 1 月开始投产，在 1998 年 12 月油管破裂，在这期间因环空充填液沸腾汽化和憋压，曾开关 40 次放压。分析原因为氯化物应力开裂，致使 22Cr 油管破裂，如图 1.11 和图 1.12 所示。

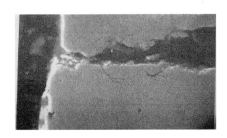

图 1.11 裂纹电镜扫描

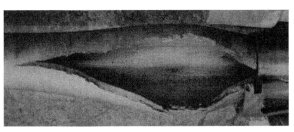

图 1.12 氯化物应力开裂

1.3.3.4 Loomis 公司气密封检测螺纹泄漏

大部分特殊扣不能稳定地通过或尚未执行 ISO 13679 第 IV 级密封检测标准，即使按 ISO 13679 第 IV 级密封检测标准通过或下油管时逐根对螺纹连接进行了氦气密封检测通过，也不能保证投产或完井测试不泄漏，Loomis 公司气密封检测螺纹泄漏情况见表 1.5。

表 1.5　Loomis 公司气密封检测螺纹泄漏情况（2008 年）

扣型	总井数	总泄漏点数	泄漏井数	泄漏井数所占百分比/%
FOX/BEAR	133	145	36	27.1
VAM Ace/VAM Top	130	143	34	26.2
Two-Step双台肩螺纹	692	428	127	18.4
DSS，NK3SB，TDS，TC-II，TC-4S等	101	315	41	40.6
总计	1056	1031	238	22.5

2 井口装置及其高温高压气井密封完整性

井筒完整性中从井口完井油管柱到相连接的封隔器及其封隔器下部井筒等为第一屏障，井口密封装置与生产套管到封隔器为第二屏障，井口装置、生产套管、油管柱及其封隔器等是油气井井筒两个屏障及其完整性的关键部件。其中任何一个屏障失效将导致整个井筒完整性失效，甚至井筒报废而弃置，造成巨大的经济损失。本章则重点介绍油套管井口装置及其高温高压气井密封完整性问题。

2.1 井口装置及井筒关键附件失效风险评价

井口密封零部件多，高压下难免有泄漏；油管清蜡/清沥青质/清垢，反复开关第一和第二总闸阀及清蜡闸阀，导致可靠性降低。应考虑是否存在流道、阀门蜡、沥青质或砂堵塞，导致开关困难问题。2003年，海上油气部门开展了一项HSE调查，统计了1764次阀门失效案例，调查涵盖了多种类型的阀门，且不局限于API 6A阀门，85%的失效阀门为平板阀，暴露API 6A阀门的需求，如图2.1所示。大多数阀门失效存在次要原因或隐藏因素，可供井口密封完整性设计提供借鉴。

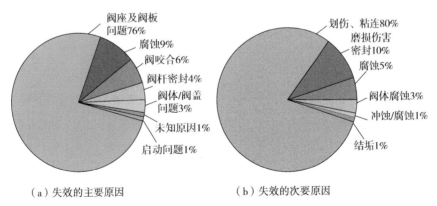

（a）失效的主要原因　　　　　　　（b）失效的次要原因

图2.1　井口阀门失效原因

南缘井口及采油树选型采用API6A 2018（第21版）标准，表2.1为井口及采油树选型及说明，目前压力级别是20ksi（140MPa），需要考虑25ksi（175MPa）压力级别的井口装置。材质级别为CC、FF级，建议用HH级降低不确定性风险；温度级别为L（-46℃、82℃）、X（-18℃、180℃）级，新疆冬季环境温度最低-36℃，可以用U（-18℃、121℃）级，而

X 级不宜用于超高压；主（阀）通径为 $4\frac{1}{16}$in（103.1mm）、$3\frac{1}{16}$in（78mm）级，不推荐用于更大通径。

表 2.1　井口及采油树选型及说明

项目	新疆油田设计	讨论与说明
压力级别	20ksi（138MPa）	目前可得到的最高压力级，25ksi（175MPa）有目录，无产品
材质级别	CC　FF	
规范级别	PSL-3G	
性能级别	PR2	
温度级别	L（-46℃、82℃）	冬季环境温度最低-36℃
主（阀）通径	$4\frac{1}{16}$in（103.1mm）、$3\frac{1}{16}$in（78mm）	
生产翼阀通径	$3\frac{1}{16}$in（78mm）	
套管闸阀通径	$3\frac{1}{16}$in（78mm）	

例如 XW01 井，2022 年 6 月 13 日射孔，射孔后关井 12h，油压为 70.35 ~ 77.36MPa，折算地层压力系数为 2.15，预测地层压力为 170.5MPa，若产纯气，预测最高井口关井压力为 143MPa，已经超出了表 2.1 中的压力级别，存在风险，必须实时修改设计压力，采用 175MPa 采油树，以解决井口存在的风险问题。

2.1.1　生产套管卡瓦悬挂的潜在风险

井口套管卡瓦悬挂对现场操作具有灵活性，采用 BT 注脂密封，现场操作简易方便，已广泛采用。但生产套管卡瓦悬挂存在潜在风险。因此，高温高压气井生产套管、含硫气井生产套管不宜采用卡瓦悬挂。推荐高温高压气井、含硫气井生产套管用芯轴式悬挂器。卡瓦悬挂存在下述潜在风险。

2.1.1.1　套管挤损

深井重载下存在卡瓦挤损套管的风险，如套管缩径、断裂。特别是 140V、155V 高强度钢局部应变损伤可能导致断裂。西部油田 X1 井发生 ϕ232.5mm × 16.75mm TP155V 生产套管卡瓦悬挂处横向断裂，如图 2.2 所示。根据环空压力监测数据，油管与生产套管之间的环空（A 环空）压力始终大于生产套管与技术套管之间的环空（B 环空）压力，初步确定该套管长期处于内压大于外压环境。外表面存在大量卡瓦牙咬伤痕迹，断口整体较平坦，样品未见明显塑性变形。

2.1.1.2　井口套管卡瓦悬挂密封缺乏可靠性

早期在卡瓦处靠挤压橡胶件，顶端靠 BP 注酯密封。近年来油田井口装置使用金属密封加橡胶件密封，但由于套管外圆为热轧态，难免有不圆度。试压时橡胶件密封起作用，长时间后橡胶件密封可能失效。卡瓦悬挂密封失效导致 A/B 环空窜通，修井十分复杂。

（a）套管断裂现场　　　（b）断裂套管形貌

图 2.2　X1 井卡瓦牙咬伤处断裂

以 XW01 井为例，TF $10^3/_4$in × $7^5/_8$in 四级套管头顶部 BT 密封注塑试压 48MPa，见表 2.2。但是井口试压及破堵试压压力远大于 48MPa。提管柱套管反挤液期间，B 环空压力与 A 环空压力套管压力同步上升和下降，怀疑卡瓦悬挂密封失效。

表 2.2　XW01 井套管头试压

名称	规格	试压值/MPa	稳压时间/min	试压介质	结论
一级套管头	TF24in × $18^5/_8$in	4	3	BT注塑	合格
二级套管头	TF$18^5/_8$in × $14^3/_8$in	11.8	3	BT注塑	合格
三级套管头	TF$14^3/_8$in × $14^3/_4$in	20.5	3	BT注塑	合格
四级套管头	TF$10^3/_4$in × $7^5/_8$in	48	3	BT注塑	合格
采气四通	28–140	137.9	15	液压油	合格

2.1.2　XW01 井投产井口采气树风险评估

XW01 井实际试油结果显示，井底预测压力为 170.5MPa，井底温度为 174.12℃，根据本研究编写的气井井口关井压力预测计算软件计算，其预测计算结果见表 2.3，其计算结果界面如图 2.3 和图 2.4 所示，实际 PVT 算法计算得井口关井压力为 143.3MPa，天然气平均密度为 343.64kg/m³，即压力梯度为 0.34364MPa/100m。193.7mm 回接套管井口安全系数为 0.87，小于设计安全系数 1.25，处于不安全状态。

表 2.3　XW01 井气井井口关井压力预测计算结果

算法	井口关井压力/MPa	193.7mm套管井口安全系数
理想气体算法	103.89	1.21
实际PVT算法	143.3	0.87
线性梯度法	146.26	0.86
IRP算法	144.93	0.86

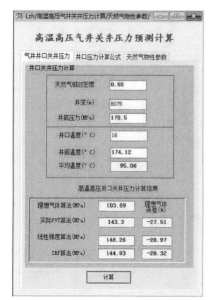 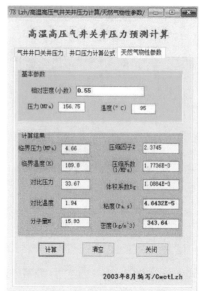

图2.3　气井井口关井压力计算界面　图2.4　XW01井天然气物性参数计算界面

2.1.2.1　评价结果及认识

（1）XW01井现有井口采油树装置承压为20K（138MPa）井口装置，目前预测井口压力为143.3MPa，大于138MPa，存在风险。

（2）XW01井193.7mm回接套管井口安全系数为0.87，小于设计安全系数1.25，处于不安全状态，存在风险。

（3）XW01井套管抗内压强度低是主要的风险源。

（4）XW01井套管强度风险高于其井口采油树过载风险。

（5）根据现有工况，XW01井投产不能解决套管风险问题，即目前XW01井不具备开采条件，先封井，等待已订货或新开发的25ksi（172MPa）采油树和井下安全阀到货后再重启施工。

（6）可研究用现在已有20ksi（138MPa）采油树和井下安全阀转生产管柱投产，提高地面管汇和节流系统的可靠性，创造不关井的连续生产条件。

（7）追溯20ksi（138MPa）采油树设计理论和API 17TR8（2022）技术报告，20ksi（138MPa）采油树可实施极端工况和拯救性关井过载。

2.1.2.2　投产的风险源分析

套管抗内压强度低是主要的风险源，原因如下。

（1）193.7mm、壁厚15.11mm、扣型TP-G2、钢级TP140V回接套管，该套管抗内压强度应为132MPa。若关井压力达到预测的143MPa，套管抗内压强度不满足要求。

（2）如果发生采气油管断裂/开裂或刺漏，油套窜通，套管将处于最高风险状态。

（3）193.7mm140V为非标准高钢级产品，高钢级套管破裂带有随机性、影响因素多。

2.1.2.3 XW01 井井口及采油树完整性潜在风险

储层压力达到 160 ～ 170MPa，若为纯气井，最高井口关井压力 138 ～ 141MPa。井口压力过高可能会导致的风险有以下几点。

（1）140MPa 超高压井口及采油树潜在关井压力超标风险。

（2）20ksi（140MPa）井口及采油树处于 110 ～ 130MPa 临界负载下工作，密封泄漏，将快速刺坏钢圈、槽或顶丝。

（3）密封零部件多，高压下难免有泄漏。

（4）油管清蜡 / 清沥青质 / 清垢，反复开关第一和第二总闸阀及清蜡闸阀，导致可靠性降低。

（5）应考虑是否存在流道、阀门蜡、沥青质或砂堵塞，导致开关困难问题。

2.1.3 采油树完整性的建议

2.1.3.1 针对南缘区块井口及采油树完整性建议

（1）需要评估临界负载下承压件安全系数，引用 API 6A 和 17TR8 拯救性条款。

（2）找出密封件潜在失效机理和提出需研究或改进的订货技术条件。

（3）急需开展适应南缘超高压气井的 25ksi（175MPa）级井口装置及采油树设计 / 制造研究。

2.1.3.2 可参考的执行标准

（1）API Spec 6A—2018《井口和采油树设备规范》（第 21 版）。

（2）API St 6ACRA—2015《用于石油和天然气钻井和生产设备的沉淀硬化镍基合金》。

2.1.3.3 支撑标准

（1）API St 6X—2019《承压设备的设计计算》。

（2）API TR 6AF3—2020《高温高压技术的法兰设计方法》。

（3）API TR 17TR8—2022《高压高温设计指南》（第三版）。

2.2 井口装置密封完整性失效问题及发展趋势

准噶尔盆地南缘，油气藏埋藏深（8000m）、井口压力高（>140MPa）、地层温度高（160℃）、含 CO_2（0.36% ～ 0.83%），南缘复杂地层高温高压深井面临安全密度窗口窄、溢漏问题频发，试油及完井管柱安全，屏障密封失效、环空带压、复杂高水平应力状态及服役寿命等井筒完整性重大工程难题和技术瓶颈。

塔里木油气藏主要集中在天山南坡山前条带状构造上，是世界上少有的超高压气藏富集区域。储层埋藏最深可达 7800m，地层压力高达 150MPa，井口关井压力可高达 115MPa，地层温度最高可达 180℃，井口温度最高 110℃。所产天然气中 CO_2 平均体积分数为 0.97%，且地层水中氯离子含量较高。

图 2.5 为近年来高温高压超深井油田生产井密封失效概况，完井作业过程中出现了多起套管悬挂器密封失效导致的环空带压情况，据统计目前塔里木山前井中约 30% 存在环空带压情况，且有逐年增加趋势。

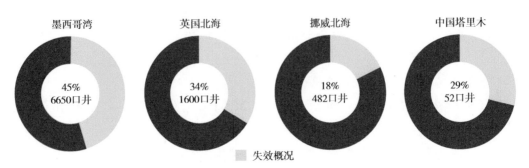

图 2.5　高温高压超深井油田生产井密封失效概况

在井筒完整性中，井口及采油树是一个独立的屏障系统。井口封闭域屏障系统是开采的重要环节，南缘恶劣的井况和复杂的工况给一级、二级井屏障的完整性带来了巨大挑战。在长期的开采过程中，井口和采油树作为一级屏障，应有最高的安全余量，一旦此级屏障发生泄漏和破裂，在没有二级屏障作为保护的情况下，产层流体可能直接泄漏在大气环境中。因此，井口装置的安全性和持久性是关系到井筒完整性的重要因素。

井口是连接各层套管、油管与采油树之间的过渡结构，又常称为井口装置、套管四通、油管头四通、套管头等。采油树是安装在油管挂四通之上的一套闸板阀、节流阀、四通或三通、法兰、输出管汇（立管）等的油气流控制设备。采油树阀门有多种组合形式，以满足任何特定用途的需要。图 2.6、图 2.7 是一种 Y 形采油树结构示意图和实物图，可以看出

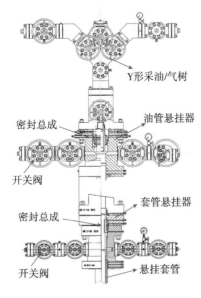

图 2.6　API 6A 中的井口示意图

图 2.7　一种安装在现场使用中的"Y"形采油树

它的主体部分是整体式的，套管悬挂器通常坐落在采油树下部，采油树主体部分主要由手动总闸阀、液控安全阀、手动生产翼阀、液控翼阀、液控节流阀、立管、清蜡阀、手动压井翼阀、手动压井翼阀、手动节流阀等结构件组成，适用于高温高压高产气井，降低了气流 90° 转弯的腐蚀／冲蚀风险。

套管头为油气井井口装置主要组成部分，起到连接和固定井下套管柱的作用，其中套管头内部主要以卡瓦悬挂器为主要悬挂部件，图 2.8 为卡瓦式套管头总成，包括表层套管头（高度 38.43in）、第二层套管头（高度 28.35in）、第三层套管头（高度 33.07in），图 2.8 中的套管头的各种尺寸卡瓦总成分别悬挂相应尺寸的套管柱，如 $14\frac{3}{8}$in 卡瓦悬挂器固定外径为 $14\frac{3}{8}$in 的套管柱。图 2.9 为井口芯轴式套管悬挂器，该井口装置有两层一体式套管悬挂器，分别悬挂大小尺寸的套管柱。

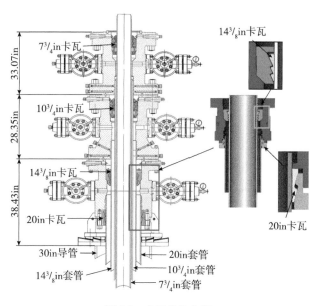

图 2.8　卡瓦悬挂套管

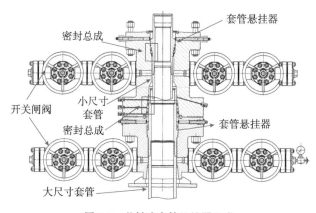

图 2.9　芯轴式套管悬挂器总成

上述两种典型的悬挂器为井口及采油树、油管柱工具的重要结构组成部分，其中一个节点失效就会影响井筒完整性。作为井筒完整性中的第二级屏障，一旦密封失效井口失效的风险会急剧上升。

套管头及套管悬挂器作为完井、试油、采油的长久性井口装置，其安装的规范性、密封的可靠性是井筒完整性的重要保障。其中套管悬挂器采用井口套管卡瓦悬挂的方式，具有灵活性和现场操作简易方便性。它采用注脂BT密封技术，已被广泛采用。然而，它也存在一些潜在的风险。对于大直径和重载荷的套管、高强度套管，卡瓦悬挂器的密封性将受到套管外径公差、椭圆度、卡瓦挤压套管变形、打滑、卡瓦咬合处套管抗拉强度降低等因素的影响。另外，卡瓦悬挂器的密封是由橡胶材料实现的，容易出现密封失效的问题，这会导致环空带压，进而影响井筒的完整性。现场使用卡瓦悬挂器，密封结构部位长时间受压缩载荷和温度变化剧烈，使橡胶件易老化，在试压过程中，经常发生主密封失效。在塔里木山前气井中，卡瓦密封失效问题经常发生，造成了巨大的经济损失。

相比之下，芯轴式套管悬挂器整体结构在井口安全方面具有显著的优越性，可有效解决勘探开发生产后期环空带压带来的屏障风险问题，对防止井口安全事故的发生，大幅降低生产后期成本等方面具有重要现实意义。现有的常规芯轴式套管悬挂器结构，其密封结构基本都采用金属与橡胶密封圈的混合形式，大体由芯轴、四通、H形橡胶密封组件和X形金属密封圈四个部分组成。其密封机理为：下部X形金属密封是通过芯轴下端的套管自重激发产生塑性变形，再与芯轴和四通的接触面上产生一定的接触密封压力，以此来实现下部金属主密封；上部H形橡胶密封件是一种通过手动操作施加机械力激发H形橡胶密封件变形来实现上部橡胶辅助密封。这类密封结构也有泄漏发生。其风险源有以下几点。

（1）安装后金属密封欠佳，试压合格是弹性橡胶密封起作用。时间长后橡胶老化或被腐蚀介质浸蚀，丧失密封性。现有结构安装时不能判别是金属密封还是弹性橡胶密封起作用。

（2）现场安装下放坐挂悬挂器过程中，不能判别金属密封是否存在碰伤，存在"盲坐"情况。

（3）如果坐挂后密封检验不合格，必须将悬挂器连带套管整体提离井口后检查更换。若水泥返到井口并已凝固或套管太重，上提困难时会导致整体安装作业失败，留下后患。

而国外现有的油管悬挂器结构主要采用金属密封方式，稳定性较高，但仍然存在金属密封失效的缺陷。从调研的金属密封结构专利情况发现，它们均实行金属密封+BT圈注脂或者O形密封圈的组合密封结构；所有橡胶密封圈均采用"高饱和氢化丁腈橡胶"材料制作，使之更适合在复杂井况和高温高压油气井上使用，虽然在短期内保证密封可靠性，但长期作业还是存在橡胶件失效和老化的缺陷。

目前，从国内外调研资料发现，金属密封结构主要以阀门内部或者油套管螺纹连接端部研究的为主，关于悬挂器金属密封结构的研究仍然停留在初级阶段，现有悬挂器使用的金属密封结构中仍然使用橡胶件作为辅助结构单元，金属密封结构虽然起到一定的效果，但是密封宽度很短,下部套管柱或油管柱振动必然会对密封宽度产生影响。

为了减少套管悬挂器密封失效事故,近年来,国内外专家学者对套管悬挂器金属密封结构做了大量研究。对套管头结构可靠性、应力分析等方面做了不少相关研究,这些研究对套管悬挂器的结构设计具有很重要的参考价值,但针对超深高温高压气井井口悬挂器存在橡胶密封老化或被腐蚀介质侵蚀等导致其密封失效问题,以及针对芯轴式套管悬挂器金属密封理论研究的文献较少。

因此,针对南缘超深高温高压油气井,需要开展芯轴式套管悬挂器密封结构系统的研究,分析现有常规的套管悬挂器密封机理和悬挂能力,并对其工作的力学机理及密封结构进行仿真和试验研究,找出现有结构存在的问题,以便对现有套管悬挂器密封结构进行改进。而南缘超深高温高压气井对芯轴式套管悬挂器密封完整性和安全性有着更高的要求,需要开发全金属密封结构,以确保油气开采作业的永久安全。通过将设计的全金属密封结构的套管悬挂器作为井口和采油树多级屏障,以确保井口有较高的安全余量,在多级全金属密封屏障保护作用下,产层流体不会直接泄漏在大气环境,从而减少超深超高压超高温气井的完井、采油、采气作业带来的安全风险。

2.3 井口悬挂器密封机理国内外研究现状

国内外对于油套管悬挂器密封结构及其密封机理研究文献较少,主要借鉴机械密封结构进行改进,悬挂器密封机理的研究所借助的理论主要是接触力学、弹塑性力学及相关有限元方法。

1962 年,R. J. MATT 介绍了涡轮泵等燃料附属设备密封件会面临的严峻环境,目前的技术水平对于这类应用的密封件是模糊不清的,任何朝着技术进步的成功努力都可能有相当大的帮助对其他人来说。1968 年,C. M. ALLEN 等对填料压盖旋转轴封的流体动力润滑、传热和散热机理进行了试验研究,并通过降低摩擦系数和界面温度,在不严重影响泄漏的情况下延长了密封寿命,从而大大提高了轴端密封性能的稳定性。1983 年,Etsion 等分析了不考虑弹流效应的往复金属密封的新概念,介绍了该种结构的金属密封圈的性能特点,并与常规抽油环密封圈在密封性能、摩擦损失方面进行了比较,对比结果表明了采用新密封概念的优越性。1985 年,Tsunenori Okada 等为了阐明机械密封中的危险表面损伤,对烧结碳材料进行了滑动磨损和振动空化磨损试验。通过观察表面形貌和体积损失,研究了空化冲蚀与滑动磨损损伤的差异。1999 年,S. K. Baheti 等评价了浮套环油封对高压离心压缩机的设计具有重要意义。采用有限元法对轴套密封圈在油压作用下的机械变形进行了预测,比较了轴套密封圈机械变形对密封泄漏量、密封油出口温度、刚度和阻尼系数、增长因子和阻尼固有频率的影响。

2003—2010 年,郑冲涛开发了 105MPa 套管头,用于更深层的油气开采。刘守平等对气井油管悬挂器用 35CrMo 钢进行了盐雾试验，研究发现气流速度的增加会加剧钢材中非金属夹杂的冲蚀。刘承通研究了 Vetco 公司的 MS-1 金属对金属密封装置，该装置通过膨胀力使得锁扣嵌入较软密封金属结构中，并有效形成多道密封。刘庆敬分析了国外常用的典型水下井口头结构，发现环形密封系统通常采用金属对金属密封结构，通过改善金属材料的弹性模量有助于提高密封件的弹性性能，从而提高其密封能力。

2010 年，李隆球通过建立球形刚性平面接触与非理想光滑表面的理论模型，得出了球形接触表面塑性指数及无量纲化载荷对有效接触面积、切向力等关键参数的影响规律。2013 年，杨红平等考虑微凸体由弹性变形向弹塑性变形转化的过程，并建立各变形阶段微凸体的接触刚度模型。

2012，李振涛等研究了 Cameron 公司的 MEC 油管挂密封装置，通过外载荷作用激发金属密封件膨胀变形来实现接触面间的密封。肖力彤完成了 105MPa 芯轴式套管悬挂器主要零部件材料力学性能试验，获得了这些结构件材料的力学性能参数，这些研究结论可用于新型悬挂器密封结构材料选型的指导。周美珍研究发现高温高压水下管道密封圈通过激发其弹性变形产生膨胀而紧密贴合在两个接触面的表面，产生较大的接触压力实现其密封功能。2013 年，申玉壮为了提高芯轴式油管悬挂器金属密封的密封比压和增强密封的可靠性，提出了在安装过程中必须避免密封环内圈和外圈产生过大的变形。赵剑等研究发现 K 形金属密封环表面的软金属镀层可以改善球面接头的粗糙度，使得局部密封接触形式由线接触转变为面接触，加大了沿程阻力，增强了 K 形金属密封环的密封性能。

2016 年，James A. Scobie 等描述了一种新的轮缘密封概念的发展，该概念利用涡轮机在发动机条件下的非定常雷诺平均 Navier-Stokes（URANS）计算，显示出相对于参考发动机设计的改进性能。彭羽比较分析了柱面对球面和锥面对锥面金属密封结构在不同拉伸和扭矩工况下密封面接触压力的分布规律，提出锥面对锥面密封结构更加有利于提高螺纹结构密封面的密封性能。马永胜等研究得到在全金属密封圈的密封面敷焊一层铟丝成分，可有效解决金属密封件装卸过程中夹紧力不足而导致的气体泄漏的问题。

2017 年，Feikai Zhang 等基于三维有限元接触分析，提出了一种计算特定表面形貌下密封面泄漏通道和泄漏率的新方法。Lucas Brown 提出了在下一代井口系统中，通过验证机械式固定到位的海底密封/套管悬挂器的标准行业要求。毛佳佳通过假设功能梯度材料的物性参数沿厚度方向以指数形式变化，可以有效解决梯度半平面的摩擦热弹性接触失稳和耦合热弹性接触失稳问题。黄思典分析了油管挂密封结构也是通过激发弹性体变形来实现金属间的密封，这样可有效实现金属与金属间的密封功能。2018 年，苏洁提出了一种求解功能梯度压电涂层半平面二维滑动摩擦接触问题的方法。柏汉松等通过研究得到减少 W 形金属密封环装配过程中的初始预压缩力可以降低密封环的疲劳失效。Zhou Xianjun 等通过压缩回弹试验研究了新型金属—金属接触（MMC）垫片在不同温度下的压缩回弹性能。2019 年，王永洪介绍了金属密封结构作为井口装置重要应用，会保护井口装置在高温高压、高腐蚀性的恶劣环境中的长期安全的使用，因此应加大对井口装置金属密封材料耐高温、耐高压、耐腐蚀的研究力度。

针对高压环境下气井油套管悬挂器密封结构接触密封机理研究的公开文献或专著甚少。本书主要收集了国内外密封接触力学的相关文献研究成果，这些研究为高压条件下密封接触力学行为研究奠定了理论基础。并借鉴其研究方法和手段，为优化悬挂器密封结构设计提供指导。

2.4 井口装置候选材质评选及其对标关键问题

2.4.1 井口装置及芯轴式套管悬挂器密封结构特点

国内芯轴式悬挂器密封结构主要以橡胶密封结构、橡胶密封和金属混合的结构为主，而常用的悬挂器密封系统大多采用橡胶密封，其耐高低温、耐腐蚀、抗老化性能差，使用寿命短，无法达到高温高压井口密封要求（图2.10）。井口密封失效会导致油气井的产量降低和维修成本增加，也会引起巨大的安全和环境问题。

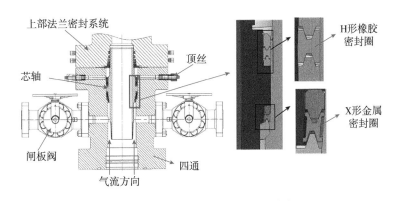

图2.10 常用芯轴悬挂器结构及密封过程

塔里木库车山前超高压气井已发生30余井次BT（橡胶密封圈）或套管悬挂器卡瓦密封失效事故，给油田造成了巨大的经济损失和安全隐患。现场使用的常规芯轴式悬挂器，密封结构部位长时间受压缩载荷和温度变化剧烈，使橡胶件易老化，在试压过程中，经常发生主密封失效，如图2.11所示。橡胶密封件在短时间内可能密封完好，长时间在高温高压等恶劣环境下，会发生永久变形，失去密封作用。

套管坐挂后对密封部位试压合格，完井时再次试压作业，无法起压，判断套管悬挂器密封失效，螺钉出现不同程度松动，如图2.12（a）所示。套管坐挂后对密封部位试压合格，完井时再次试压作业，无法稳压，判断套管悬挂器密封失效，螺钉出现不同程度松动，如图2.12（b）所示。

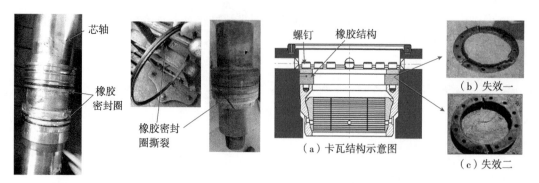

图 2.11　芯轴橡胶圈失效事故照片　　　图 2.12　卡瓦结构示意图及橡胶失效照片

2.4.2　芯轴式套管悬挂器主要结构及其材料选择

常用的两种典型的芯轴式悬挂器结构示意图如图 2.13 所示,其整体主要由芯轴、四通及密封组件构成。其中芯轴下端螺纹主要有外螺纹和内螺纹两种连接方式,芯轴使用外螺纹经常发现断裂事故,为了减少芯轴下端螺纹断裂风险,将以往的外螺纹端变成内螺纹端,以便提高悬挂器悬挂能力。另外,四通也是主要的承载结构件,不仅承受内壁面的介质压力,特别是四通斜台阶位置还需要承受套管悬重引起的轴向作用力,因此,在设计和应用之前,为了减少悬挂器主要零部件失效的风险,除了结构上的设计外,还必须进行严格的材料选型和材料力学性能实验。

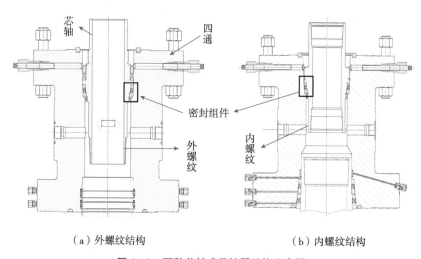

图 2.13　两种芯轴式悬挂器结构示意图

悬挂器属于井口设备,而井口及采油树适用于同一标准 API Spec 6A《井口和采油树设备规范》,当前为 2018 年更新的第 21 版。等同引用标准有 ISO 10423《石油和天然气工业—钻井和采油设备—井口和采油树设备规范》和 CB/T 22514—2023《石油天然气钻采设备 井口装置和采油树》。API Spec 6A 是买方、供方和厂方可直接引用和应遵行的技术标准。

买方、供方和厂方应遵行的技术标准还有 API 6ACRA—2015《用于石油和天然气钻井和生产设备的沉淀硬化镍基合金》，2015 年第一版。油管挂、芯轴式套管悬挂器、阀杆、阀板、阀座等零部件用 718（3Cr2NiMo）、725（0Cr17Ni4Cu4Nb）、925（14Cr17Ni）镍基合金应遵行 API 6ACRA 技术标准。该标准提出详细的材料制造工艺控制和详细的测试要求。这些附加要求的目的是为了确保使用的是沉淀硬化镍基合金制造的压力和压力控制部件，不会因存在过量的有害的析出相而脆裂，并符合最低的冶金质量要求。

此外以下标准是 API Spec 6A 的支撑和背景的技术标准，了解这些标准对理解和开发相关技术，提高产品性能水平有重要价值。

（1）API 6X：API/ASME《设计计算》，规定了井口和采油树四通及法兰连接的载荷、应力分析、安全系数、弹塑性分析、极限载荷设计。

（2）API 6AF2：《整体法兰在复合载荷下的强度技术报告，第 II 阶段》，2013 年第 5 版。基于有限元评价了 API 6A 整体法兰承载能力，施加载包括拉力、法兰弯矩、内压、螺栓上紧扭矩、温度及温差应力。上述力作用于密封钢圈，提供密封接触压力，同时提出了密封准则和密封计算。

针对高温高压气井井口及采油树，API 提出了以下两个标准。

（1）API 17TR8《高温高压设计指南》，2022 年第 3 版。提出了压力大于 103.43 MPa 或温度大于 177℃高温高压设备的设计要求。

（2）API PER15K-1《高温高压设备检验与认证方案》，补充了上述 API 17TR8《高温高压设计指南》的具体实施方法。如设计检验分析，设计认证，材料选择和确保适用于高温高压环境的制造流程控制。

根据表 2.4 的使用环境情况，API 6A 规定了井口及采油树主要零件材料选择。

表 2.4　井口及采油树主要零件最低标准的材料选择（API 6A）

腐蚀环境	本体、盖端、进口和出口连接件	控压件，阀杆和芯轴悬挂器
AA——一般环境	碳钢，或低合金钢	碳钢，或低合金钢
BB——一般环境	碳钢，或低合金钢	不锈钢
CC——一般环境	不锈钢	不锈钢
DD——酸性环境	碳钢或低合金钢	碳钢或低合金钢
EE——酸性环境	碳钢或低合金钢	碳钢或低合金钢
FF——酸性环境	不锈钢	不锈钢
HH——酸性环境	耐蚀合金	耐蚀合金

表 2.5 按腐蚀严重度规定了最低可选用的材料，对于酸性环境分别执行 ISO 15156《油气开采中用于含硫化氢环境的材料》标准中，第二部分《抗开裂碳钢、低合金钢和铸铁》（ISO 15156.2）及第三部分《抗开裂耐蚀合金和其他合金》（ISO 15156.3）。只要强度允许，

表 2.5 中腐蚀环境代号靠后的材料可取代字母代号靠前的材料。例如不锈钢可取代碳钢或低合金钢，耐蚀合金可取代碳钢或低合金钢、不锈钢。HH 级井口及采油树的油管四通、采油树阀体等，用低合金钢 4130（UNS G41300）。用作 AA 级油管挂或芯轴式套管悬挂器时名义屈服强度应不超过 110ksi（758MPa）。在 HH 级井口及采油树中四通、阀体用低合金钢 4130 制造，在与湿流体接触的表面熔覆了耐蚀合金 625，标记为 4130/625。

API 6A 虽然规定了几个部件可用碳钢、低合金钢 4130、4140，但是制造商应特别注意用于 DD、EE 级井口及采油树碳钢、低合金钢的性能必须符合 ISO15156-2 性能要求，避免发生硫化物应力开裂。用低合金钢 4130 制造四通、阀体难免发生冲蚀腐蚀，这是因为除了二氧化碳因素外，温度、氯离子含量、流速、酸化作业等影响冲蚀。四通和芯轴的材料主要由以下几类钢材可备选用。

2.4.2.1 马氏体不锈钢类

410（UNS41000）、F6NM（0Cr13Ni4Mo/S41500）马氏体不锈钢广泛用于井口及采油树中四通、阀体等壳体件。上述两种不锈钢化学成分见表 2.5。

表 2.5 两种不锈钢化学成分

UNS	通用名称	C/%	Cr/%	Ni/%	Mo/%	Si/%	P/%	S/%	Mn/%
S41000	410	0.15	11.5 ~ 13.5			1	0.04	0.03	1
S41500	F6NM	0.05	11.5 ~ 14.0	3.5 ~ 5.5	0.5 ~ 1.0	0.6	0.03	0.03	0.5 ~ 1.0

410（UNS41000）最大抗硫化氢分压为 10kPa（0.01MPa），用在酸性环境最大硬度为 22HRC，最大屈服强度为 75ksi（520MPa）。410 用作油管挂或芯轴式套管悬挂器需考虑强度是否满足要求，这是因为多数油管和套管材料强度高于 75ksi（520MPa）。油管挂或芯轴式套管悬挂器下端加工成内螺纹，可弥补 410 强度低的问题，其下用双公短节与油管或套管连接。双公短节应按井口设备设计和管理。

对高温高压含二氧化碳深井气井、寒冷地区、海洋等环境敏感地区，推荐 BB、CC、DD、EE 级井口及采油树用 F6NM（S41500）马氏体不锈钢。从表 2.6 中可看出，F6NM 与 410 相比，显著降低了碳含量，增加了镍、钼，这就使 F6NM 比 410 具有更高的抗低温冷脆性，抗腐蚀性。用于 DD、EE 级井口及采油树最大硬度为 23HRC，最大屈服强度为 75ksi（520MPa）。

在 API 6A 第 18 版及之前的版本中允许使用 UNS S17400（17-4PH）作悬挂器之类的承载件。由于在微量硫化氢（H_2S 分压 0.0034MPa）酸性环境中拉伸件存在潜在的开裂风险，在 API 6A 第 19 版之后的版本及 2015 年 ISO15156-3 版本中规定 17-4PH 仅可用作非承载件。

2.4.2.2 奥氏体不锈钢类

奥氏体不锈钢 S31600（316）and S31603（316L）可用于 EE 和 FF 级的针阀、压力控制管、阀杆、阀座、密封圈等，但应谨慎使用，当井口温度大于 60 ~ 90℃和氯离子含量高时有腐蚀和开裂倾向。

2.4.2.3　镍基合金类

镍基合金可用于井口及采油树任何零部件，具有高可靠性。只不过为了不增加太多成本，不同镍基合金用在不同零部件上。沉淀硬化镍基合金 718、725、925 广泛用作油管挂、芯轴式套管悬挂器、阀板、阀座、阀杆；625 用作 HH 级四通、阀体熔覆堆焊；825 用作密封圈和密封圈槽堆焊。

对于芯轴式悬挂器材料的选用主要遵循以下标准。

（1）API Spec 6A—2018《井口装置和采油树设备规范》第 21 版：普遍采用。

（2）API St 6ACRA—2015《用于石油和天然气钻井和生产设备的沉淀硬化镍基合金》

提出额外的需求包括详细的工艺控制要求和详细的测试要求。这些附加要求的目的是为了确保使用的是沉淀硬化镍基合金制造的 API 6A 的压力和压力控制部件不会因存在过量的有害的析出相而脆裂，并符最低的冶金质量要求。API 6A CRA 第 21 版正在修订中，使厂家和油田用户对此标准没引起重视。

（3）API 6X：API/ASME "Design Calculations"：《设计计算》重点是应力分类和强度理论。

（4）API 6AF2 "Technical Report on Capabilities of API Integral Flanges Under Combination of Loading—Phase II"，5th，2013-4。

《整体法兰在复合载荷下强度的技术报告》：全部是基于有限元的分析计算及曲线，重点参考的标准，因为将推荐用 310mm 四通的非标准结构。API 6A F2 代表法兰、密封、螺栓设计计算，今后将利用结构力学、弹塑性有限元计算对新设计的法兰、密封、螺栓进行校核计算。

（5）API TECHNICAL REPORT 17TR8。

《High-pressure High-temperature Design Guidelines》

《高温高压设计指南》：范围（Scope）本技术报告适用于高温高压井设计，满足以下单一或多种条件的井况统称为高温高压环境。完井或井控装置的抗压等级大于 103.43MPa 或温度大于 177℃。

（6）API TECHNICAL REPORT PER15K-1 FIRST EDITION，2013。

《Protocol for Verification and Validation of HPHT Equipment》高温高压设备检验与认证方案：主要讲述石油与天然气工业中的高温高压设备的评价流程，包括：设计检验分析，设计认证，材料选择和确保适用于高温高压环境的制造流程控制。其中，满足以下单一或多种条件的井况统称为高温高压环境。完井或井控装置的抗压等级大于 103.43MPa 或温度大于 177℃。

2.4.3　芯轴式悬挂器材料评选

为了对芯轴式套管悬挂器的设计、产品试制及最后定型产品的研究，需要对密封结构材料进行选型和实验研究，首先对芯轴、四通材料进行拉伸冲击试验分析研究。选用常规使用材料作为主要实验对象，对 718、F6NM、410、4130 和 316L 进行实验和比较。

API 6ACRA 已规定用 718 和 725 沉淀强化镍基合金作油管挂和芯轴式套管悬挂器，屈服强度可达 140 ~ 150 ksi，可悬挂深井重的油管和套管，不幸的是，在 718 沉淀强化镍基合金作油管挂和芯轴式套管悬挂器时，曾发生过数次环境敏感断裂/开裂事故，造成严重安全事故。

（1）718 沉淀强化镍基合金作油管挂的风险。

①在生产过程中油管悬挂器或生产套管芯轴式悬挂器断裂/开裂是最严重的危险状况。若技术套管或井口不能承受关井井口压力，有可能会出现非常严重的井喷失控状况，一般都要抢险压井。

②718 沉淀强化镍基合金金相组织的微小缺陷对应力集中、构件缺口（例如螺纹）敏感，存在环境敏感开裂倾向。事实上几次 718 沉淀强化镍基合金芯轴式悬挂器、坐挂短节开裂都发生在螺纹处。

（2）标准中还列出了其他可选用的沉淀强化镍基合金牌号及性能，常用和典型的有以下几种。

①725（0Cr17Ni4Cu4Nb）：与 718 类似，但镍、钼含量高，含铌，设想会有更优良的抗硫化物应力开裂性能，但十分昂贵。

②925（14Cr17Ni）：与 718 类似，但不含铌。镍、钼含量比 718、725 低，不易形成晶间 δ 相针状体沉积，价格相对较低。强度级别限制在 110ksi（110 ~ 125ksi）。下端外螺纹可选 925。

因此，提出了沉淀硬化镍基合金 718×140×P 或 B、725×140×P 或 B、925×110×B（718、725、925 为材料代号，140ksi、110ksi 为最低屈服强度，P 和 B 分别为外螺纹、内螺纹）作为芯轴的材料。

2.4.4 井口装置四通材料评选

提出了四通材料强度级别由 75ksi 升至 90ksi 的设计，及热处理后应力应变曲线直角屈服平台要求，以适应重载套管下悬挂台阶无塑性变形和蠕变。EE 级本可用碳钢材料四通，考虑到井的重要性和减小电偶腐蚀/缝隙腐蚀，拟用 F6NM（S41500），如下为四通用 F6NM（S41500）的性能的优势。

以选用美标 F6NM（S41500）马氏体不锈钢材料，材料执行标准为 ASTM A182。

其化学成分：C ≤ 0.05，Mn 0.6 ~ 1.0，P ≤ 0.03，S ≤ 0.03，Cr 介于 11.6 ~ 14，Mo 介于 0.6 ~ 1.0，Ni 介于 3.6 ~ 5.5。

经热处理后，抗拉强度不低于 790MPa；屈服强度不低于 620MPa（90ksi）；硬度不高于 295BH，目前 0Cr13Ni4Mo 因为其较好的机械性能与耐腐蚀性能广泛应用于核电、石油机械、阀门等领域。有利于 280mm 四通扩大到 310mm 后不增大法兰外径和厚度，提高悬挂台阶抗塑性流动和持续重载下蠕变，减少塑性流动和蠕变损伤密封。410 材料为当前井口和采油树最普遍采用的材料，需提高热处理水平，使应力应变曲线具有屈服平台，以使额定外载下悬挂台阶、局部边角均在弹性范围内。

考虑到当前准噶尔盆地南缘井下高温高压、产层含 0.36% ~ 0.83% 二氧化碳，环空保护液及钻井液高温下分解氢、二氧化碳、硫化氢，以及电偶腐蚀、缝隙腐蚀等复杂腐蚀工况，拟采用以下材料级别。

（1）$8\frac{1}{8}$in 套管头四通及芯轴式悬挂器：API 6A 20ksi（140MPa）。材料由 EE 级变为 FF 级。

（2）控压件，阀杆 / 板和芯轴悬挂器：718。

（3）本体、盖端、进口和出口连接件：410（S41000），其中 4130 和 410 最大屈服强度为 75ksi。

比较了近年来国际井口及法兰设计的相关标准，如 API 6A、API 6ACRA、API 6X、API TR 6AF2、AP17TR8、API 16-K1，并完成了样机结构和候选材研究，主要包括以下几点：

（1）提出了沉淀硬化镍基合金 718×140×P 或 B、725×140×P 或 B、925×110×B 三种芯轴式悬挂器备选材料。

（2）提出了维持原四通材料强度级别 75ksi，另外加高强度支撑材料复合台阶（45°），以适应重载套管下悬挂台阶无塑性变形和蠕变。蠕变会导致芯轴微量下移，影响多处密封。

（3）提出了新的密封机理及相应的结构：加长密封通道长度，降低密封接触压力的椭圆环形密封结构。防止密封面应力松弛泄漏和降低应力腐蚀。

（4）芯轴式套管悬挂器样机研制应包括与之配套的套管头，设计、制造满足 ANSI/API Spec 6A 第 20 版和 API STD 6A CRA 相关要求。

2.5　金属密封结构及其密封机理的关键问题

芯轴式套管悬挂器密封环与芯轴本体的密封属于金属面间的接触式密封，一般流体发生泄漏会一直存在。流体通过微小间隙时的流动阻力可表示为：

$$\Delta R \propto \Delta L / S \tag{2.1}$$

式中　ΔR——流动阻力，N；

　　　ΔL——最小长度，mm；

　　　S——横截面积，mm^2。

从式（2.1）发现，增大 ΔL 和减小 S，可以增大流体流动阻力。图 2.14 为金属密封面之间的接触过程。在接触过程中，横截面积 S 逐渐减小，泄漏阻力 ΔR 逐渐增大，最后形成有效密封。

从气体密封接触能角度出发，从图 2.15 气密封接触能曲线可知，接触面越长，接触压力逐渐变小，在 0 ~ 4mm 就实现过大的接触压力，即可以实现密封。

金属密封结构的密封性能主要取决于金属接触表面粗糙度、接触密封宽度、接触体之间的硬度关系、接触压力及密封金属材料的屈服强度等因素。

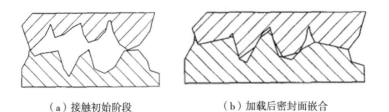

（a）接触初始阶段　　　　　　　　（b）加载后密封面嵌合

图 2.14　金属—金属密封微观过程

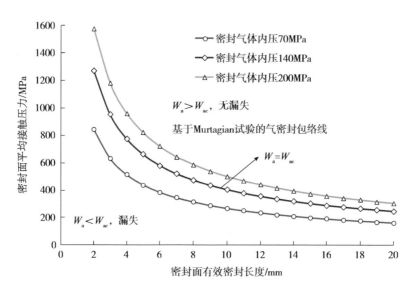

图 2.15　密封面平均接触压力与有效密封长度的变化关系

2.5.1　密封接触面弹塑性变形阶段

两物体接触过程中，密封副初始状态如图 2.16（a）所示；在受到密封激发力作用后，接触体接触状态如图 2.16（b）所示。

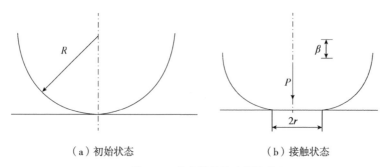

（a）初始状态　　　　　　　　（b）接触状态

图 2.16　单个微凸体密封副状态

R—接触体半径、r—接触区域半径、β—法向变形量、P—激发作用力根据赫兹接触理论可知：

$$\beta=[9P^2/(16E^2R)]^{1/3} \quad r=[3PR/(4E)]^{1/2} \tag{2.2}$$

其中

$$E=\frac{E_1E_2}{(1-v_2^2)E_1+(1-v_1^2)E_2}$$

式中　E——当量复合弹性模量；

E_1，E_2——接触体材料的弹性模量；

v_1，v_2——接触体材料的泊松比。

弹性变形阶段，最大接触压力为

$$\sigma_{max}=\frac{1}{\pi}\sqrt[3]{\frac{6E^2P}{R^2}} \tag{2.3}$$

接触物体的接触状态通过塑性指数判定：

$$\varphi=\frac{E}{H}\sqrt{\frac{\sigma}{R}} \tag{2.4}$$

式中　H——材料硬度；

σ——标准偏差。

2.5.2　金属密封材料选择

根据高压金属密封比压选取原则，最小密封比压应为 1.2 ~ 1.4 的密封介质压力。

$$q_{MF}\geqslant(1.2 \sim 1.4)P_d \tag{2.5}$$

式中　q_{MF}——最小密封比压；

P_d——介质压力。

如介质压力为 103.5MPa（15ksi），则 q_{MF} 为 124.2 ~ 145MPa。

根据密封机理的研究，金属接触面压力至少达到较软材料屈服强度的 2 ~ 3 倍才能达到密封效果，即

$$\sigma\geqslant(2 \sim 3)\sigma_{s1} \tag{2.6}$$

式中　σ——密封面接触压力；

σ_{s1}——较软材料屈服极限。

密封面接触压力还应小于较硬体屈服极限，即

$$\sigma\leqslant\sigma_{s2} \tag{2.7}$$

式中　σ_{s2}——较硬材料屈服极限。

综上分析，选取不锈钢 0Cr17Ni12Mo2，统一数字代号：316L，具有高强度、高韧性和抗腐蚀性的优点，316L 材料屈服强度约为 280MPa，弹性模量 193GPa，泊松比为 0.3。

本系列压力等级最大密封总成为 20ksi（138MPa），密封所需要的最小预计比压为 276 ~ 414MPa。金属密封机理得密封条件为

$$\sigma = k\sigma_s \geq \sigma_g \qquad (2.8)$$

式中　σ——密封面接触压力；

　　　　σ_s——软质材料屈服强度；

　　　　σ_g——密封所需的最小预紧比压；

　　　　k——密封接触压力与材料屈服强度的倍数。

取 $k=4$，由式（2.8）得 $\sigma_s \geq 189.7$MPa。

另一方面，密封材料硬度不能过高，应满足：

$$k\sigma_s < \sigma_{s2} \qquad (2.9)$$

式中　σ_{s2}——硬质金属屈服强度。

取 $k=4$，即 $\sigma_s < 216$MPa。所以密封材料的屈服强度 σ_s 的取值范围是 190 ~ 216MPa。选取不锈钢 0Cr17Ni12Mo2，统一代号：S31608，屈服强度为 280MPa，弹性模量为 193GPa，泊松比为 0.3。本研究的压紧密封环所需的最小预紧比压，以符号 y 表示为

$$y = \frac{W_{m2}}{A_g} \qquad (2.10)$$

式中　A_g——受压面积；

　　　　W_{m2}——预紧载荷。

密封环上的接触压力为介质压力的 m 倍，称为密封比压 σ_g，表达式为

$$\sigma_g = mp \qquad (2.11)$$

为了使金属密封面间密封可靠，取不锈钢环形系数 m 为 2 ~ 3。由（2.11）式得 $\sigma_g = (2 ~ 3)p$。根据设计的密封总成的压力等级为 15ksi（105MPa）和 20ksi（138MPa），则其密封比压范围分别为 210 ~ 315MPa、276 ~ 414MPa。

2.6　橡胶密封材料非线性特征及其本构关系模型

由于常规悬挂器密封结构主要含有橡胶件，橡胶材料具有大变形特性、非线性和不可压缩性，橡胶的泊松比和线应变的关系为

$$\mu = \frac{1}{\varepsilon}\left(1 - \sqrt{\frac{1}{1+\varepsilon}}\right) \qquad (2.12)$$

其应变能函数可以近似表示为

$$W=W(I_1, I_2, I_3) \tag{2.13}$$

其中

$$\begin{cases} I_1=\lambda_1^2+\lambda_2^2+\lambda_3^2 \\ I_2=\lambda_1^2\lambda_2^2+\lambda_2^2\lambda_3^2+\lambda_3^2\lambda_1^2 \\ I_3=\lambda_1^2\lambda_2^2\lambda_3^2 \end{cases} \tag{2.14}$$

式中　I_1，I_2，I_3——Green 应变张量的 3 个不变量；

　　　λ_1，λ_2，λ_3——3 个主伸长率。

Rivlin 从纯数学角度出发推导出应变能密度函数的最一般的形式为

$$W=\sum_{i,j,k=0}^{n} C_{ik}(I_1-3)^i(I_2-3)^j(I_3-3)^k \tag{2.15}$$

式中　C_{ik}——材料常数。

当 $I_3=1$，式（2.15）可简化为

$$W=\sum_{i,j=0}^{n} C_{ij}(I_1-3)^i(I_2-3)^j \tag{2.16}$$

早在 1940 年 Mooney 提出了 Mooney–Rivlin 模型，应变能密度函数表达式为

$$W=\sum_{n=1}^{\infty} \left[A_{2n}(\lambda_1^{2n}+\lambda_2^{2n}+\lambda_3^{2n}-3)+B_{2n}(\lambda_1^{-2n}+\lambda_2^{-2n}+\lambda_3^{-2n}-3) \right] \tag{2.17}$$

式中　A_{2n}，B_{2n}——材料常数。

在工程实际中，应变能密度函数通常表示为

$$W=\sum_{i+j=1}^{N} C_{ij}(I_1-3)^i(I_2-3)^j+\sum_{k=1}^{N} \frac{1}{d_k}(I_3^2-1)^{2k} \tag{2.18}$$

其二阶三项式表达式为

$$W=C_{10}(I_1-3)+C_{01}(I_2-3)+\frac{1}{d}(I_3-1)^2 \tag{2.19}$$

根据橡胶室温下压缩实验数据，橡胶弹性模量 E 取 11.49GPa，橡胶材料的泊松比一般在 0.49 ~ 0.5 范围内变化，剪切模量 G 或 E 与材料常数的关系为 $G=2$（$C_{10}+C_{01}$）或 $E=6$（$C_{10}+C_{01}$）。C_{10} 和 C_{01} 的值由试验确定，用仿真和实测结果比较，得到 $C_{10}=1.879$，$C_{01}=0.038$。

2.7　井口全金属密封结构密封性能关键技术研究

井口装置是全生命周期中井筒承压密封完整性的关键部件之一，如果井口装置力学损伤和完整性失效，将导致关井停产。在南缘极端条件下，井口装置的压力温度都超过现有

API 6A 标准规定的范围，则需要引用弹塑性力学、断裂力学、损伤力学等形成新的设计准则进行相关设计。虽然国外提供了高温高压下设计井口装置的一些理念和准则，如 API 17TR8、API 6AF3、API 6A MET 等标准，但国内没有超高温高压井口装置的设计标准、规范，在密封完整性、关键部件设计、生产、制造等方面缺乏经验，缺乏超高压情况下井口装置的设计理论与设计方法，必须要解决这一"卡脖子"的关键技术。

因此，针对南缘超深高温高压油气井，需要开展芯轴式套管悬挂器密封结构系统的研究，分析现有常规的套管悬挂器密封机理和悬挂能力，并对其工作的力学机理及密封结构进行仿真和试验研究，找出现有结构存在的问题，以便对现有套管悬挂器密封结构进行改进。

针对全金属芯轴式密封装置的上部金属密封及下部金属密封，开展关键技术研究，主要包括南缘可能的极端高温、极端低温条件下，以及不同轴向拉力（套管悬重）下，金属的密封件上的接触压力问题分布及其密封性能研究。

2.7.1 极限温度 150℃和 −60℃下密封结构温度场分析

由于新疆南缘区域，一年四季温度变化明显，芯轴式悬挂器的内部极限最高温度可以达到 150℃左右，外部极限最低温度可以达到 −60℃左右。在高压井口处的芯轴式悬挂器金属密封圈不仅承受着套管柱悬重，也受到内部高温液体的影响，因此，芯轴式悬挂器密封结构正常工作时，在其高压井口密封部位，需要研究温度场和应力场相互耦合的密封问题。国内芯轴式悬挂器密封结构主要以橡胶密封结构、橡胶密封和金属混合的结构为主，而常用的悬挂器密封系统大多采用橡胶密封，其耐高低温、耐腐蚀、抗老化性能差，使用寿命短，无法达到高温高压井口密封要求。因此，针对南缘区块超深超高压高温井，推荐采用一种全金属密封的芯轴式悬挂器，如图 2.17 所示，即可解决橡胶失效的问题。

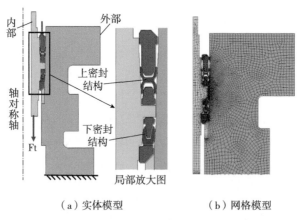

（a）实体模型　　　　　　　　（b）网格模型

图 2.17　全金属密封悬挂器有限元热应力模型

在极高温度 150℃下，对密封结构装配体进行有限元计算，研究装配体及密封件温度变化情况。首先四通底部进行全约束，四通外壁面施加温度 20℃，芯轴内壁面施加 150℃

的气流温度，并对装配体进行温度变化规律分析。同样地，在极低温度 –60℃下，对密封结构装配体进行有限元计算，研究装配体及密封件温度变化情况。首先四通底部进行全约束，四通外壁面施加温度 –60℃，芯轴内壁面施加 20℃ 的气流温度，并对装配体进行温度变化规律分析。

内部气流温度预计在 20℃ ~ 150℃ 之间变化，外壁面温度预计在 –60 ~ 120℃，建立 3U 全金属密封结构的有限元热应力分析建模，包括芯轴、四通、密封结构的装配，并建立绑定接触，局部基础位置进行网格细化，如图 2.17（b）所示。根据有限元原理，在 CAE 软件中建立热分析步骤，定义芯轴、四通、密封件、压环、底环的材料热性能参数（表 2.6 至表 2.9）。

表 2.6　718 热性能参数（芯轴）

温度/℃	弹性模量/10^3MPa	热导率/［W/（m·℃）］	比热/［J/（kg·℃）］	热膨胀系数/10^{-6}℃$^{-1}$
–60	211	12.0	412	9.45
30	206	13.9	445	11.75
120	202	15.0	455	12.58
150	201	15.2	468	12.9

表 2.7　410 热性能参数（四通）

温度/℃	弹性模量/10^3MPa	热导率/［W/（m·℃）］	比热/［J/（kg·℃）］	热膨胀系数/10^{-6}℃$^{-1}$
–60	221	18.1	415	10.6
30	216	22.7	439	11.1
120	209	25.6	445	11.3
150	207	25.8	482	11.5

表 2.8　42CrMo 热性能参数（支撑环和压环）

温度/℃	弹性模量/10^3MPa	热导率/［W/（m·℃）］	比热/［J/（kg·℃）］	热膨胀系数/10^{-6}℃$^{-1}$
–60	219	17.8	426	9.26
30	213	22.3	472	11.2
120	209	25.2	496	11.8
150	206	25.4	518	12.3

表 2.9　316L 热性能参数（软金属密封件）

温度/℃	弹性模量/10^3MPa	热导率/［W/（m·℃）］	比热/［J/（kg·℃）］	热膨胀系数/10^{-6}℃$^{-1}$
–60	200	17.1	410	12.3
30	194	24.7	434	15.2
120	188	24.9	485	17.3
150	184	25.1	496	17.8

图 2.18 为极高温度 150℃下不同时刻装配体温度分布云图。随着时间增加，四通和芯轴部位温度逐渐达到平衡，密封件部位的温度大约在 95.9℃左右变化，$T=0.007 \sim 0.01$s 时刻，芯轴内壁面温度依然在 150℃，密封件组合部位的温度为 135 ~ 145℃。

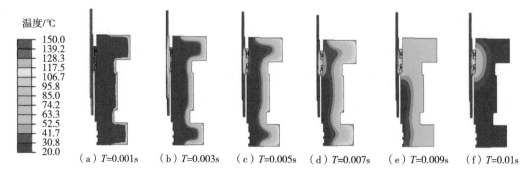

图 2.18　150℃温度下不同时刻装配体温度变化

图 2.19 为极低温度 –60℃下不同时刻装配体温度变化云图。随着时间增加，四通和芯轴部位温度逐渐达到平衡，芯轴内壁面温度依然在 20℃左右，而四通外壁面温度也维持在 –60℃，密封件组合部位的温度为 –13.3 ~ 6.7℃。

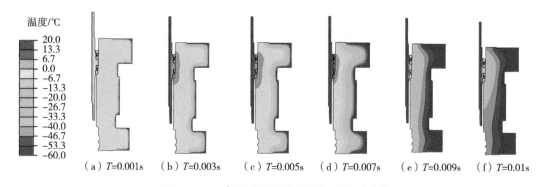

图 2.19　–60℃温度下不同时刻装配体温度变化

2.7.2　金属密封圈热应力及其密封接触压力评价

根据极限温度 –60℃和 150℃下计算结果温度场云图数据，再导入到全金属密封装置的应力场中，根据热固耦合计算方法，得到不同温度场的影响下全金属密封圈的最大 von Mises 应力、最大接触压力及密封面接触宽度的变化规律。可以理论评价和验证金属密封圈是否能够有效地实现密封功能，以指导全金属密封圈的改进设计的关键参数。四通外壁面施加温度 20℃，芯轴内壁面施加 150℃的气流温度，并对密封结构整体进行温度和压力载荷耦合作用下密封件的应力变化规律分析。在热力耦合作用下，当下部拉伸载荷 $F_t=400$t 时，井口 70MPa 压力作用下的密封结构各零部件 Mises 应力分布如图 2.20 所示。从图 2.20 中看出，芯轴部位受到的最大 Mises 应力为 903.5MPa，随着上部压环上的载荷增加，下部密封圈受到的应力变化不大，主要是上部密封圈应力增大的比较明显，随着压力增加，变形也逐渐增大，在最大压力作用下，各零部件应力在材料所承受屈服应力以下，处于安全工作状态。

2.7.2.1 上部密封圈热应力及其密封接触压力评价

由图 2.21 可知，当温度为 −60℃，即极低温状态下，在不同压力作用下的上部密封圈承压在 50 ~ 140MPa 变化时，上部密封圈最大应力在 10.9 ~ 282MPa 之间变化，上部密封圈上部内侧面热应力较大。在 50 ~ 80MPa 的压力范围内，上部密封圈上部内侧面热应力变化较小，在 100 ~ 140MPa 的压力范围内，上部密封圈热应力出现较大变化，特别是内侧和左侧应力基本接近塑性变形。对于材料强度处于正常范围内且塑性变形密封件，不影响密封性能。如图 2.21 和图 2.22 所示，从不同温度和不同作用力下密封圈变形情况比较发现，温度越高密封圈上的应力越大，而且变形较大，但最终基本都发生屈服。

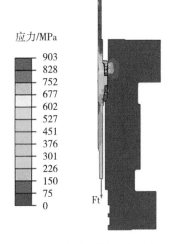

图 2.20 密封结构各零部件在
热力耦合作用下应力云图

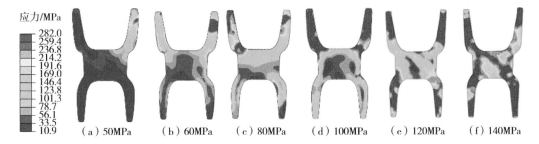

图 2.21 不同作用力下双 U 密封圈应力变化云图（−60℃）

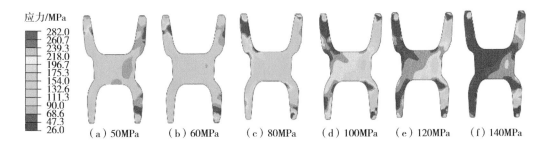

图 2.22 不同作用力下双 U 密封圈应力变化云图（150℃）

图 2.21 和图 2.22 中分别计算了极低温度和极高温度两种工况，在热力耦合作用下，当温度越低，上部密封圈接触面产生的接触压力越小，反之，上部密封圈接触面的接触压力越大。当上部密封圈上部受到的压力载荷越大，接触面上的接触压力越大，上部密封圈上下部的内外圈密封宽度越大，密封性能越好。

当温度为 −60℃，即极低温状态下，在不同压力作用下的上部密封圈承压在 100 ~ 140MPa 之间变化时，上部密封圈接触压力最大在 565 ~ 609MPa 之间变化，上下部位内圈和外圈主要在 115 ~ 450MPa 之间变化。当温度为 150℃，即高温状态下，上部密封圈接触压力最大在 546 ~ 659.6MPa 之间变化，上下部位内圈和外圈主要在 120 ~ 500MPa 之间变化。因此，在高温和低温状态并且相同作用力下，上部密封圈接触面上的最大接触压力差在 50 ~ 60MPa 之间变化。根据主要接触压力分布情况来看，较低温度下，上部密封圈上的接触压力满足最小密封比压的原理，在给定压力作用下，可以有效进行密封。

当顶环端面压力较小时，即压力载荷在 50 ~ 80MPa 之间变化时，温度较低时，接触面上的宽度较小，特别是内圈上的接触宽度，平均接触宽度大约有 4mm，平均接触压力在 110 ~ 240MPa 之间变化，对于上部密封圈结构而言，仍然大于最小密封比压，可以有效进行密封。当载荷较大时，即上部载荷在 100 ~ 140MPa 之间变化时，上部密封圈上下部的内外圈密封宽度变化较小，表明极端温度变化对上部密封圈接触面的接触宽度影响较小。接触面上接触压力和接触宽度分析表明，极端温度的变化对上部密封圈接触面的密封性能影响较小，接触压力和密封宽度在合理范围内，上部密封圈能够有效进行密封。

2.7.2.2　下部密封圈内应力及其密封接触压力评价

从图 2.23 和图 2.24 中可以发现，在热力耦合作用下，当温度越低，下部密封圈接触面产生的接触压力越小，当温度越高，下部密封圈接触面的接触压力越大。当下部密封圈受到的悬重载荷越大，接触面上的接触压力越大，下部密封圈内外圈密封宽度越大，密封性能越好。

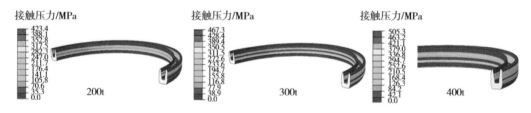

图 2.23　不同作用力下下部密封圈接触压力变化云图（−60℃）

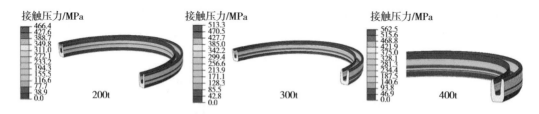

图 2.24　不同作用力下下部密封圈接触压力变化云图（150℃）

当温度为 −60℃，即极低温状态下，下部密封圈在套管悬重在 200 ~ 400t 之间变化时，下部密封圈接触压力最大在 423.4 ~ 505.3MPa 之间变化，内外圈上的接触压力主要在 130 ~ 440MPa 之间变化。当温度为 150℃，即高温状态下，下部密封圈接触压力最大在 466.4 ~ 562.5MPa 之间变化，内外圈上的接触压力主要在 150 ~ 490MPa 之间变化，因此，在高温和低温状态并且相同作用力下，下部密封圈接触面上的最大接触压力差在

20 ~ 50MPa 之间变化。根据主要接触压力分布情况来看，较低温度下，下部密封圈上的接触压力满足最小密封比压的原理，在给定压力作用下，可以有效进行密封。

当顶环端面压力较小时，即套管悬重在 50 ~ 150t 之间变化时，温度较低时，接触面上的宽度较小，内圈上的平均接触宽度大约为 5mm，平均接触压力在 140 ~ 180MPa 之间变化，对于下部密封圈结构而言，仍然大于最小密封比压，可以有效进行密封。当载荷较大时，即套管悬重在 200 ~ 400t 之间变化时，下部密封圈上下部的内外圈密封宽度变化较小，表明极端温度变化对下部密封圈接触面的接触宽度影响较小。接触面上接触压力和接触宽度分析表明，极端温度的变化对下部密封圈接触面的密封性能影响较小，接触压力和密封宽度在合理范围内，下部密封圈能够有效进行密封。

基于上面的有限元模拟分析，在极限高温和低温条件下，由上部及下部多级全金属密封结构的计算结果可知，其密封接触面上的接触压力基本为外界介质压力的 2 ~ 3 倍，基于接触压力密封比压原理可知，高低温度变化基本不影响全金属密封结构的密封性能。

2.8　超深井井口卡瓦与套管强度完整性失效评价技术

卡瓦式表层套管头包括套管头四通、套管悬挂器、套管密封圈、顶丝、闸阀、压力表及连接配件，与套管头配套使用的试压塞和防磨套也是套管头的重要组成部分。图 2.25 中的套管头的各种尺寸卡瓦总成分别悬挂相应尺寸的套管柱，如 $14\frac{3}{8}$in 卡瓦悬挂器固定外径为 $14\frac{3}{8}$in 的套管柱，卡瓦在正常作业过程中发生断裂。该套管卡瓦在西部油田某井表层套管卡瓦累计用时 107h，即此次发生断裂的卡瓦为图 2.26 中的 20in 卡瓦，需要对该断裂的卡瓦进行力学分析，找到其断裂失效的原因。

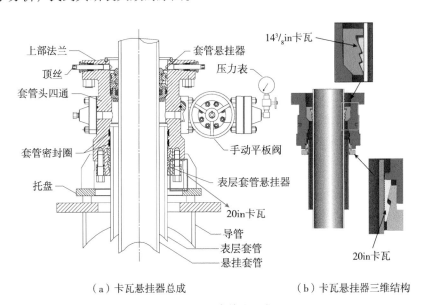

（a）卡瓦悬挂器总成　　　　（b）卡瓦悬挂器三维结构

图 2.25　井口套管头总成

2.8.1 卡瓦导致套管断裂失效及其强度理论计算

目前国内已经多次出现井口套管断裂情况，如图 2.26 所示为西部某超深井 X1 井井口卡瓦部分高钢级 155V 套管断裂照片。从井口套管断裂情况及其裂口可知，套管断裂发生在卡瓦下部，且卡瓦部分套管存在较深的牙痕，裂口还没有完全断掉是因为其发生裂纹时被卡瓦抱住，而卡瓦下部没有被卡瓦抱住的套管则掉入了井中。

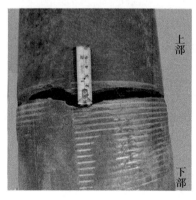

（a）套管牙痕及断裂 （b）断口形貌

图 2.26　X1 井口卡瓦部分套管断裂照片

结合大量的现场研究和分析可知，图 2.26 中井口套管断裂失效的主要原因是卡瓦悬挂器的卡瓦牙在套管外壁产生的牙痕，导致套管在悬重作用下产生应力集中，并且在各种作业过程中产生的交变载荷同时作用于该位置，所以卡瓦下部附近套管在过载悬重载荷作用下，发生套管缩颈变形，在各种交变载荷作用下，发生井口套管断裂，同时也有可能是套管质量及服役环境问题，如材质、腐蚀介质、恶劣受力环境等造成的。

套管在与卡瓦咬合部位为卡瓦咬坏的原因是：

（1）由轴向和横向载荷产生的应力不是均匀地分布在整个卡瓦的咬合面上，而是高度集中在某部位。

（2）操作方法不当，套管的卡瓦咬合区出现异常的牙痕和极高应力。

（3）按照 API 规范维修方瓦和卡瓦及正确的操作就能防止卡瓦咬坏套管。

（4）横向载荷与卡瓦和方瓦接触面之间的摩擦系数成反比。因此，保持方瓦和卡瓦接触面之间的干燥，是获得理想的摩擦系数和尽可能小的横向载荷的一种切实可行的做法。

（5）最大的轴向载荷和横向载荷并不是同时作用在套管卡瓦咬合部位的同一断面上。危险点出现在最大挤压应力处，该处的轴向载荷比大钩载荷小。

因此，当设计预期会承受很大载荷的钻柱时，必须同时考虑轴向载荷和横向载荷之间的理论比值。在有横向载荷时，减少使材料开始出现屈服所需的纯拉伸总载荷是十分重要的。但是，仅仅根据材料的最小抗拉屈服强度确定钻柱的合用的强度因素是不够的。

2.8.1.1 卡瓦悬挂器结构及其力学模型

现场实际使用的卡瓦式井口套管悬挂器结构，如图 2.27 所示，由卡瓦、卡瓦座、密封圈、支撑座及四通等主要部件组成。

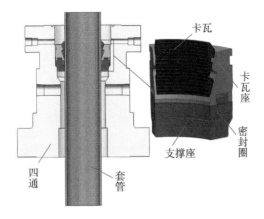

图 2.27 卡瓦式悬挂器结构示意图

在卡瓦式悬挂器坐挂过程中，支撑座刚好坐在四通的台阶上，卡瓦座底面通过橡胶密封环和背面与四通接触实现固定，于是在进行受力分析时只需要考虑套管、卡瓦和卡瓦座即可。卡瓦套管悬挂器简化力学模型如图 2.28 所示。井口卡瓦悬挂器受到的外载荷主要有：各种作业中套管受到环空压力 p_1、井筒内的生产压力 p_2 及所夹持套管的悬重 F_2，以及 F_2 在卡瓦部分产生的外压力 p_3。

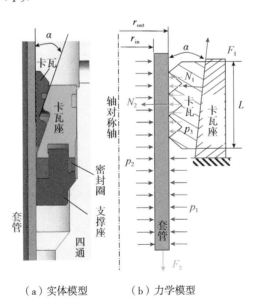

（a）实体模型　　（b）力学模型

图 2.28 套管—卡瓦结构轴对称受力示意图

N_1—卡瓦与卡瓦座之间总法向力，N；N_2—套管和卡瓦之间总挤压力，N；α—卡瓦背面半锥角，(°)；F_2—套管轴向载荷，N；p_1—套管外压，MPa；p_2—套管内压，MPa；p_3—由 F_2 引起的卡瓦部分套管外壁平均压力，MPa；r_{in}，r_{out}—套管内外半径，mm；A_L—卡瓦侧向面积（$A_L=2\pi r_{out}L$），mm^2；L—卡瓦有效长度，mm；A_1—套管截面面积〔$A_1=\pi(r_{out}^2-r_{in}^2)$〕，$mm^2$

在研究和推导卡瓦效应拉伸极限载荷时，不需要考虑图2.28（b）中p_1和p_2的作用，只需要考虑F_2的作用引起的卡瓦横向载荷N_2产生的p_3对套管的挤毁，即由F_2和p_3同时作用的套管卡瓦效应拉伸极限载荷。

2.8.1.2 基于第三强度理论的套管极限载荷推导

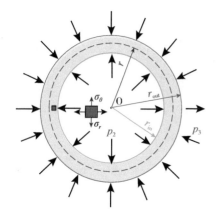

图2.29 卡瓦夹持处套管径向受力示意图

在套管悬挂器开始坐挂时，由于自重作用，卡瓦沿卡瓦悬挂器接触面下滑，与套管接触并产生一定摩擦力，平衡套管轴向坐挂载荷，从而达到悬挂套管作用。在卡瓦角度α保持不变的情况下，随着坐挂载荷的增加，卡瓦向下滑动，为保持轴向受力平衡，卡瓦与卡瓦悬挂器锥面之间的摩擦力及压力呈现明显增加趋势。根据图2.29套管悬挂器卡瓦受力模型，以及套管悬挂器与套管之间在轴向及径向存在的力学平衡，可推导出其力学计算关系式（2.20）至式（2.23）。

$$N_2 = N_1(\cos\alpha - \mu\sin\alpha) \tag{2.20}$$

$$F_2 = N_1(\sin\alpha + \mu\cos\alpha) \tag{2.21}$$

$$K = \frac{N_2}{F_2} = \frac{(1-\mu\tan\alpha)}{\tan\alpha + \mu} \tag{2.22}$$

$$p_3 = \frac{N_2}{A_L} = \frac{KF_2}{A_L} \tag{2.23}$$

式中　μ——摩擦系数；

　　　K——横向载荷系数。

在悬挂器坐挂过程中，将卡瓦夹持处套管视为受一定均匀外压的厚壁筒，如图2.29所示，其中内径为r_{in}，外径为r_{out}，任意半径为r。卡瓦与套管之间可视为轴对称模型，此时套管内任一微元体上径向应力、周向应力，以及轴向应力分别为σ_r、σ_θ、σ_z。套管内任意径向位置r的应力计算，可以根据厚壁筒的拉梅公式［式（2.24）和式（2.25）］，通过理论计算出套管内径向应力及其周向应力，套管内的轴向应力可用式（2.26）计算。

$$\sigma_r = \frac{\frac{r_{out}^2}{r^2}-1}{\frac{r_{out}^2}{r_{in}^2}-1}p_2 - \frac{1-\frac{r_{in}^2}{r^2}}{1-\frac{r_{in}^2}{r_{out}^2}}p_3 \tag{2.24}$$

$$\sigma_\theta = \frac{\frac{r_{out}^2}{r^2}+1}{\frac{r_{out}^2}{r_{in}^2}-1}p_2 - \frac{1+\frac{r_{in}^2}{r^2}}{1-\frac{r_{in}^2}{r_{out}^2}}p_3 \tag{2.25}$$

$$\sigma_z = \frac{F_2}{A_1} \qquad (2.26)$$

应力危险点发生在套管内壁，即 $r=r_{in}$ 时，内壁压力 $p_2=0$，卡瓦牙产生的平均外壁压力为 p_3，根据公式式（2.24）和式（2.25）可得套管内径向应力及其周向应力：

$$\sigma_r = 0 \qquad (2.27)$$

$$\sigma_\theta = -\frac{2r_{out}^2}{r_{out}^2 - r_{in}^2} p_3 \qquad (2.28)$$

将式（2.22）和式（2.23）及 A_1 代入式（2.28），得

$$\sigma_\theta = -\frac{2\pi K r_{out}^2}{A_1 A_L} F_2 \qquad (2.29)$$

在卡瓦部分，由于下部套管轴向载荷转换成了套管外壁压力 p_3，$r=r_{in}$ 时，内壁有最大应力，根据材料力学第三强度理论，即 Tresca 屈服准则，由式（2.26）至式（2.29）可得式（2.30）至式（2.32）。

$$|\sigma_\theta - \sigma_r| = \frac{2\pi K r_{out}^2}{A_1 A_L} F_2 = \sigma_s \qquad (2.30)$$

$$|\sigma_z - \sigma_\theta| = \frac{F_2}{A_1} + \frac{2\pi K r_{out}^2}{A_1 A_L} F_2 = \sigma_s \qquad (2.31)$$

$$|\sigma_z - \sigma_r| = \frac{F_2}{A_1} = \sigma_s \qquad (2.32)$$

比较 $|\sigma_\theta-\sigma_r|$、$|\sigma_z-\sigma_\theta|$、$|\sigma_z-\sigma_r|$ 可知，$|\sigma_z-\sigma_\theta|$ 为最大值，且为另外两者之和。基于第三强度理论 Tresca 准则，由式（2.31）可推导出卡瓦悬挂套管的抗拉极限载荷，即卡瓦效应拉伸极限载荷 F_{ks}。

$$F_{ks} = F_2 = \sigma_s A_1 \frac{1}{1 + \frac{2\pi K r_{out}^2}{A_L}} \qquad (2.33)$$

式中　σ_s——套管的屈服强度，MPa。

根据式（2.20）至式（2.33）可以用 Tresca 准则分析在极限载荷 F_{ks} 作用下，卡瓦部分套管的塑性破坏。

2.8.1.3　基于第四强度理论套管极限载荷推导

由于 Tresca 准则没有考虑中间主应力，与实际存在差异，当考虑三向应力时，用第四强度理论，即 von Mises 强度准则理论，当套管内壁的 Mises 等效应力达到屈服应力 σ_s 时，其计算见式（2.34）。

$$\sigma_{VMS} = \sqrt{\frac{(\sigma_r - \sigma_z)^2 + (\sigma_r - \sigma_\theta)^2 + (\sigma_z - \sigma_\theta)^2}{2}} = \sigma_s \tag{2.34}$$

将式（2.26）至式（2.29）代入式（2.34），可推导出卡瓦悬挂套管的抗拉极限载荷，即卡瓦效应拉伸极限载荷 F_{ks}。

$$F_{ks} = \sigma_s A_1 \sqrt{\frac{2}{1 + \left(1 + \frac{2\pi K r_{out}^2}{A_L}\right)^2 + \left(\frac{2\pi K r_{out}^2}{A_L}\right)^2}} \tag{2.35}$$

式（2.33）和式（2.35）中 $\sigma_s A_1$ 为无卡瓦效应的套管轴向拉伸极限载荷 F_s。

$$F_s = \sigma_s A_1 \tag{2.36}$$

在实际生产过程中，套管承受内压 p_2，而在卡瓦夹持处由于同时受到套管内压 p_2 及卡瓦牙对套管的外压 p_3，内外压作用相互抵消，此时卡瓦夹持处将不再是危险区域，危险区域在仅承受内压和轴向力的区域。且应力危险点发生在套管内壁，即 $r=r_{in}$ 时，根据式（2.24）和式（2.25），可得到套管内径向应力及其周向应力：

$$\sigma_r = -p_2 \tag{2.37}$$

$$\sigma_\theta = \frac{\pi(r_{out}^2 + r_{in}^2)}{A_1} p_2 \tag{2.38}$$

根据拉梅公式，在承受内外压时，会在套管上产生轴向应力，但在卡瓦夹持处未考虑，是因为卡瓦夹持处的施加外压区域仅为卡瓦牙与外壁接触区域，但在生产阶段整个套管内壁都将承受内压，此时就需要考虑内压产生的轴向应力作用，轴向应力应为

$$\sigma_z = \frac{F_2}{A_1} + \frac{\pi r_{in}^2}{A_1} p_2 \tag{2.39}$$

由式（2.37）至式（2.39）可得

$$|\sigma_\theta - \sigma_r| = \frac{\pi(r_{out}^2 + r_{in}^2)}{A_1} p_2 + p_2 \tag{2.40}$$

$$|\sigma_z - \sigma_\theta| = \frac{F_2}{A_1} - \frac{\pi r_{out}^2}{A_1} p_2 \tag{2.41}$$

$$|\sigma_z - \sigma_r| = \frac{F_2}{A_1} + \frac{\pi r_{out}^2}{A_1} p_2 \tag{2.42}$$

根据第四强度理论计算套管承受内压，将式（2.40）至式（2.42）代入式（2.34）得套管承受内压时的轴向拉伸极限载荷。

$$F_{ks} = \frac{A_1\left(ap_2 + \sqrt{a^2 - 4bp_2^2 + 4\sigma_s^2}\right)}{2} - A_1 p_2 c \tag{2.43}$$

其中

$$\begin{cases} a=\dfrac{2}{k^2-1} \\[2mm] b=\dfrac{3k^4+1}{(k^2-1)^2} \\[2mm] c=\dfrac{1}{k^2-1} \\[2mm] k=\dfrac{\pi(r_{out}^2+r_{in}^2)}{A_1} \end{cases}$$

2.8.2 套管卡瓦效应拉伸极限载荷理论计算评价

2.8.2.1 两种强度理论评价分析

新疆某油田现场使用 155V 套管，其外径为 232.5mm，壁厚为 16.75mm，其无卡瓦效应的拉伸极限载荷 F_s=12136kN。卡瓦有效长度为 143mm，卡瓦背面半锥角 α=24°，根据式（2.33）和式（2.35），可得套管发生挤毁时，基于第三强度和第四强度理论计算得到的套管卡瓦效应拉伸极限载荷 F_2 随摩擦系数的变化关系（图 2.30）。

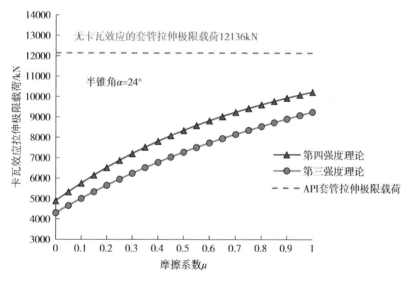

图 2.30 套管卡瓦效应拉伸极限载荷随摩擦系数的关系

同时根据式（2.43）计算了现场实际使用的套管的轴向拉伸极限载荷，在只承受内压和轴向载荷作用时，发现随着内压增大套管能承受的拉伸极限载荷将会大幅度减小，尤其是在高压井生产阶段需要注意，现场提供的套管尺寸还有 196.9mm × 12.7mm × TP140；273mm × 13.84mm × P110，可以得到套管拉伸极限载荷随内压变化关系如图 2.31 所示。为了分析和讨论图 2.30 中两种强度理论计算结果的差异，引用弹塑性力学理论中 π 平面上的

Mises 圆和 Tresca 六边形屈服线，如图 2.32 所示。

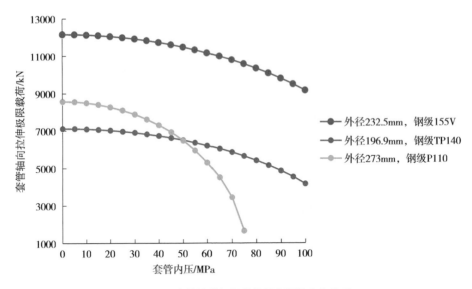

图 2.31　套管拉伸极限载荷随内压的变化关系

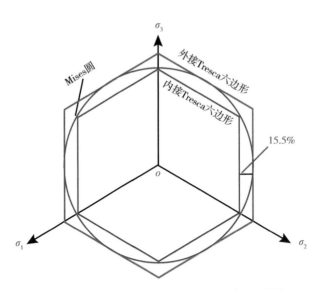

图 2.32　π 平面上 Mises 圆和 Tresca 六边形屈服线

根据弹性理论，若两种屈服条件重合，在拉伸情况下，则 Tresca 六边形内接于 Mises圆，在纯剪切情况下，则 Tresca 六边形外接于 Mises 圆，如图 2.32 所示。根据简单拉伸和纯剪切实验，可得 Mises 和 Tresca 两个屈服条件。

Mises 条件：

$$\sigma_s = \sqrt{3\tau_s} \qquad (2.44)$$

Tresca 条件：

$$\sigma_s = 2\tau_s \qquad (2.45)$$

由式（2.44）和式（2.45）得其误差为

$$R = (\frac{2}{\sqrt{3}} - 1) \approx 15.5\% \qquad (2.46)$$

在 π 平面上可得 Mises 和 Tresca 两个屈服条件最大误差不超过 15.5%，没有误差的位置在图 2.32 中内接六边形的顶点与 Mises 圆的重合点，因此其误差范围为 0 ~ 15.5%。

2.8.2.2 不同工况强度理论选择讨论和应用

根据图 2.32 可知，抗拉条件下第三强度理论屈服线内接于第四强度理论屈服线，因此第三强度理论的结果更偏向保守，设计工况更安全，因此从安全角度来讲，采用第三强度理论计算卡瓦悬挂器套管的拉伸极限载荷更合理。为了充分利用套管材料的力学性能，从经济角度来讲，采用第四强度理论计算卡瓦悬挂器套管的拉伸极限载荷更恰当。

从图 2.30 可知，卡瓦悬挂器套管拉伸极限载荷随摩擦系数的增大而增大，即理论上摩擦系数越大，其套管的拉伸极限载荷越大，因此从图 2.30 中可知，即使摩擦系数为 1 时，按第四强度理论计算的套管拉伸极限载荷也只有 10221kN，由于有卡瓦存在，其拉伸极限载荷始终低于套管本身无卡瓦效应的拉伸极限载荷 12136kN。实际上，卡瓦材料与卡瓦座材料之间的摩擦系数为 0.2 ~ 0.3，取中间数据摩擦系数 0.25，根据式（2.33）和式（2.35），可计算出本研究的卡瓦悬挂器 155V 套管按第三强度和第四强度理论的卡瓦效应拉伸极限载荷分别为 5948kN 和 6870kN。为了满足新疆某油田深井超深井安全作业，选择第三强度理论的计算结果，取该结构卡瓦悬挂器套管的拉伸极限载荷 5948kN，即在卡瓦下部套管承受的轴向载荷控制在 5948kN 以内，能够保证井口套管悬挂器安全作业，该成果已经提交给新疆某油田公司现场应用，为现场提供了理论依据和指导。

表 2.11 中除了本文的 232.5mm × 155V 卡瓦型号的套管拉伸极限载荷计算外，同时也给现场提供了 196.9mm × 140V、273mm × P110 和 473mm × P110 卡瓦型号的不同套管钢级的卡瓦效应拉伸极限载荷计算结果。表 2.10 中计算的卡瓦效应的套管拉伸极限载荷已经成功应用于新疆某油田井口卡瓦悬挂器套管强度设计及其施工方案设计，保证了技术人员的安全作业，下一步将推广应用于其他类似油田井况。

表 2.10   不同型号卡瓦套管的卡瓦效应拉伸极限载荷

外径/mm	卡瓦长度L/mm	半锥角/（°）	钢级	拉伸极限载荷F/kN
232.5	143	24	155V	5948
196.9	103	24	140V	3195
273	103	24	P110	3175
473	127	15	P110	5194

对于深井、超深井工况，为了消除卡瓦效应引起的套管断裂失效，建议采用全金属芯轴式套管悬挂器，可以保证各种恶劣工况下井口套管的安全性。

2.8.2.3　影响套管拉伸极限载荷的主要参数讨论

根据式（2.33）和式（2.35）中的各种参数可知，影响卡瓦悬挂套管的卡瓦效应抗拉极限载荷的因素主要有套管钢级、套管结构尺寸、摩擦系数及卡瓦悬挂器结构尺寸等。对于某一型号的卡瓦悬挂器，前三个因素是可确定的，只有卡瓦悬挂器的结构可以进行优化设计或结构调整。根据图 2.28 及式（2.20）至式（2.35），可以调整和优化的最主要结构参数或敏感参数为其半锥角 α 和卡瓦接触长度 L。

在其他参数不变的情况下，根据式（2.33）和式（2.35），可得卡瓦悬挂套管拉伸极限载荷与半锥角的关系（图 2.33）。从图 2.33 中可知，卡瓦悬挂套管拉伸极限载荷随着半锥角 α 的增加而增加，只要能够保证其拉伸极限载荷越高越好，也就是半锥角越大越好，这是理论上的结论和意义。但是从图 2.28（a）中可知，由于卡瓦、卡瓦座及四通环形空间限制，其半锥角 α 不可能无限增大，通过结构优化设计和分析，其半锥角 α 只能控制在 25° 以内才不会引起各结构部件的相互干涉作用，且半锥角过小会导致套管能够承受的拉伸极限载荷过小，于是通过大量的计算和评估，其最佳半锥角 α 为 23° ~ 25°。

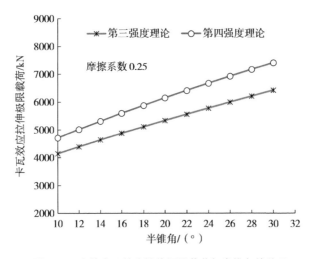

图 2.33　套管卡瓦效应拉伸极限载荷与半锥角的关系

另外一个结构参数是卡瓦接触长度 L，在其他参数不变的情况下，根据式（2.33）和式（2.35），在卡瓦有效接触长度为 120 ~ 150mm 时，得卡瓦悬挂套管拉伸极限载荷与半锥角的变化关系（图 2.34）。从图 2.34 中可知，在相同半锥角下，套管的拉伸极限载荷随着卡瓦接触长度 L 的增加而增加，与半锥角一样，受四通空间的限制，卡瓦有效接触长度不能无限增加，只能在四通有限的空间增加。通过卡瓦接触长度优化设计和分析，其卡瓦有效接触长度控制在 130 ~ 150mm 以内才不会引起各结构部件的相互干涉作用，且接触长度过小会导致套管能够承受的拉伸极限载荷过小。于是通过大量的计算和评估，其最佳卡瓦有效接触长度为 135 ～ 145mm。

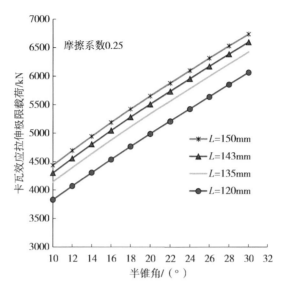

图 2.34　卡瓦接触长度、拉伸极限载荷与半锥角的关系

2.8.3　套管卡瓦悬挂器有限元计算评价

2.8.3.1　套管卡瓦悬挂器基本参数

根据新疆某超深井，在拆采油四通更换密封件，提起采油四通时，发现生产套管管壁上发生横向断裂，如图 2.26 所示，其使用的 ϕ232.5mm W 型卡瓦悬挂器的卡瓦结构有效长度为 143mm，卡瓦背面半锥角为 24°，各接触面之间的摩擦系数为 0.25。该 X1 井套管外径为 232.5mm，壁厚为 16.75mm，钢级为 155ksi，线重约为 89.64kg/m，井深约 7809m，由于所有构件均为钢材，泊松比为 0.3，弹性模量为 2.1×10^5MPa，其余强度参数见表 2.11。

表 2.11　卡瓦悬挂器及套管各材料力学强度

名称	材料	屈服强度/MPa	抗拉强度/MPa
套管	155V	1069	1170
卡瓦	20CrMnTi	835	1080
卡瓦座	35CrMo	835	980

根据以上参数及式（2.35），可计算出无卡瓦效应和有卡瓦效应的套管极限载荷，即卡瓦效应的套管拉伸极限载荷，见表 2.12。从表 2.12 中可知，由于存在卡瓦效应，导致套管在卡瓦部分的拉伸极限载荷由 1238t 降低到了 701t，降低了 43.4%，因此理论上，在坐挂套管时，下部悬挂载荷必须控制在 701t 以内。

表 2.12　坐挂过程中套管的极限载荷变化对比

套管本体拉伸极限载荷/t	卡瓦部分套管拉伸极限载荷/t	卡瓦效应极限载荷降低/%
1238	701	43.4

2.8.3.2　有限元模型的建立

由于该悬挂器有 6 瓣结构尺寸相同的卡瓦，且与套管一起属于轴对称结构，如图 2.27 所示，为了减小计算工作量，提高计算速度，根据有限元理论，可以将该卡瓦悬挂器建立为 1/6 轴对称的 3D 有限元力学模型，如图 2.35（a）至图 2.35（d）所示，图 2.35（e）为完整的有限元网格模型。其材料力学强度参数见表 2.12。卡瓦、卡瓦座与套管相互之间为非线性接触模型，其中在卡瓦座外壁施加固定约束，卡瓦齿面与套管、卡瓦背面与卡瓦座接触面分别设置摩擦接触参数。下部端面施加悬重产生的拉力 F_2，同时在套管外壁、内壁分别施加压力 p_1 和 p_2。为提高计算效率及精确度，在有限元网格划分时，对于卡瓦与套管、卡瓦背面与卡瓦座等接触部位进行网格加密处理。

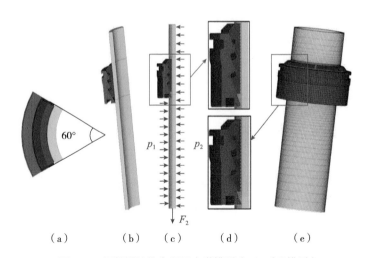

图 2.35　悬挂器结构有限元力学模型（1/6 对称模型）

2.8.3.3　坐挂过程套管极限载荷及其下深评价

套管在坐挂过程中，只有轴向载荷 F_2 及其引起的横向载荷 N_2 共同作用产生的外挤压力 p_3。根据图 2.35 建立的有限元模型，逐渐增加轴向载荷 F_2，取出每个计算载荷下卡瓦部分套管外壁的最大 Mises 应力，通过大量的有限元仿真模拟计算，得到坐挂过程中套管内最大 Mises 应力随轴向载荷的变化关系，如图 2.36 所示。从图 2.36 中可知，套管坐挂过程中，卡瓦部分套管外壁的最大 Mises 应力随着其轴向载荷的增加呈非线性增加，最终当轴向载荷达到 640t 时，套管上的应力达到其屈服应力 1069MPa，开始进入塑性变形破坏。即有限元仿真模拟计算出卡瓦效应的套管极限载荷为 640t，小于表 2.13 中理论公式计算结果 701t，为理论公式（2.35）计算结果的 0.913 倍，这主要是由于卡瓦效应的应力集中引起的，且有限元仿真模拟计算结果比较接近实际工况，可以通过大量的计算来修正理论公式（2.35），因此本文研究的卡瓦结构套管理论拉伸极限载荷公式（2.35）的修正系数为 0.913，也就说如果遇到同样结构尺寸的卡瓦型号，其卡瓦效应的套管极限载荷可以通过理论公式（2.35）结果乘以修正系数 0.913 得到。

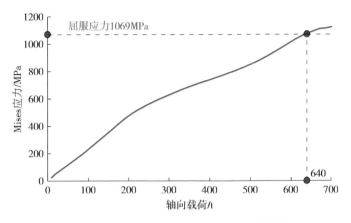

图 2.36　坐挂过程中套管内最大应力随轴向载荷的关系

图 2.36 中轴向载荷 F_2=700t 时的有限元计算结果如图 2.37 所示，图 2.37 为卡瓦效应套管应力云图及其内外壁路径应力变化关系。

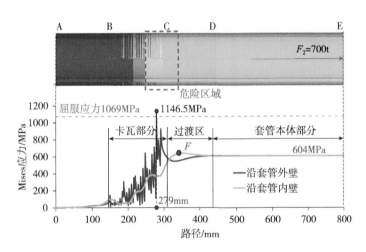

图 2.37　套管应力云图及其内外壁路径应力变化关系

从图 2.37 沿套管外壁路径可知，在卡瓦部分，距离套管顶部 A 点位置（279 ~ 300mm）的套管外壁出现塑性屈服区域，其最大应力为 1146.5MPa，超过其套管的屈服应力 1069MPa，该区域是最危险的位置，现场套管断裂的位置也是发生在此处。在图 2.37 中卡瓦部分，由于卡瓦牙齿引起的应力集中作用，导致卡瓦部分套管外壁的应力沿路径频繁交变增加，且大部分高于套管内壁应力，但只有外壁应力超过了屈服应力 1069MPa，因此套管断裂失效的裂纹首先将发生在套管外壁。

从图 2.37 中过渡区路径曲线可知，套管内外壁应力发生交变，与卡瓦部分相反，其内壁应力高于外壁应力，图 2.37 中在远离过渡区的套管本体部分，其内外壁路径上的应力曲线趋于重合，套管本体部分内外壁应力相等，为 604MPa，这是因为本体只受 700t 的拉伸载荷，该拉伸载荷除以其横截面积也刚好等于 604MPa，表明计算工况是正确的。

卡瓦悬挂器处，套管的轴向载荷 F_2 主要来自下部套管的悬重，该悬重取决于套管的长度，如果井筒全部掏空，即其悬重为套管在空气中的重量，如果井筒内充满钻井液或清水，则套管悬重为空气中的重量减去其在液体中的浮力，根据图 2.36 计算卡瓦效应套管的极限载荷为 640t，考虑套管段重及清水密度，可计算出卡瓦悬挂器套管的下深见表 2.13。从表 2.14 中计算结果可知，如果井筒完全掏空，文中研究的 X1 井套管下到 7809m 大于 7140m 时，处于不安全状态。但是如果井筒内充满清水，在浮力作用下，其下深为 8175m，大于设计井深 7809m，可满足安全要求。因此，在建议下套管时，同时向井筒灌满清水或钻井液，以便降低套管的悬重，保证其安全坐挂。

表 2.13　卡瓦悬挂器套管安全下深

外压/MPa	极限轴向载荷/t	空气中下深/m	清水中下深/m
0	640	7140	8175

由于套管坐挂时，套管内外无压力，仅受轴向载荷作用，因此根据表 2.14 中的计算结果，得出结论：该卡瓦悬挂套管的极限载荷为 640t，只要坐挂套管时，其轴向载荷控制在 640t 以内，卡瓦悬挂套管不会发生塑性变形破坏。

2.8.3.4　作业工况套管塑性失效分析

套管在卡瓦悬挂器中坐挂固井后，在实际作业中，套管内外壁同时受到内外压力，但是作用效果会相互抵消，而仅受到内压或外压作用时为套管受力最恶劣的工况。下面将讨论在作业过程中，井筒内压为 0 时，只有环空压力变化的套管塑性变形破坏情况。

根据图 2.35 的有限元模型，在轴向载荷从 0 增加到 700t 作业过程中，套管外压 p_1 分别为 0MPa、50MPa 和 70MPa 时，通过大量的计算，可得套管外壁最大 Mises 应力随轴向载荷及其外压的变化关系如图 2.38 所示。从图 2.38 中可知，套管外壁最大 Mises 应力随着轴向载荷及其外压的增加而增加，当 Von Mises 应力达到 155V 套管的屈服应力 1069MPa 时，套管外壁开始发生塑性变形破坏。根据图 2.38 的计算结果，套管发生塑性破坏的极限载荷见表 2.14。从表 2.15 中可知，作业过程中外压越高，卡瓦部分套管承受的极限载荷越低，当外压达到最大设计压力 70MPa 时，其极限载荷只有 450t，因此在作业施工时应严格控制套管环空压力。

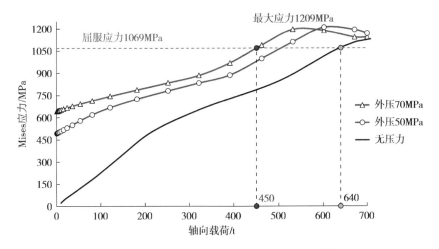

图 2.38　套管上最大应力随轴向载荷及其外压的变化关系

表 2.14　不同作业外压下卡瓦效应套管的极限载荷

工况	外压/MPa	极限轴向载荷/t
1	70	450
2	50	498
3	0	640

　　将图 2.38 中环空最大压力 $p_1=70\text{MPa}$ 时的最后一次计算结果进行应力云图分布分析，即当坐挂轴向载荷 $F_2=700\text{t}$，套管内压 $p_2=0\text{MPa}$，按最恶劣的工况进行计算，其计算结果如图 2.39 所示。

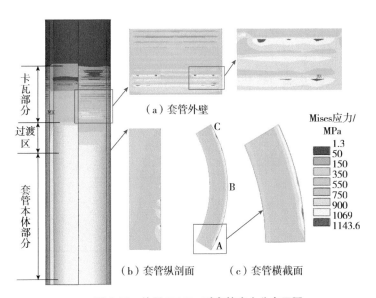

图 2.39　外压 70MPa 时套管应力分布云图

由于受到卡瓦牙的夹持作用，套管外壁上出现呈条状非均匀分布的应力带，图2.39中Mises应力最大值为1143.6MPa，发生在卡瓦部分套管的外壁，超过155V套管的屈服应力为1069MPa。图2.39（a）中红色区为套管塑性破坏区，发生在套管外壁卡瓦牙齿咬入位置，且套管外壁塑性区只有少部分。而套管外壁卡瓦牙附近的应力为900～1143.6MPa，如图2.39（a）至图2.39（c）中的黄色区域，其分布深度如图2.39（c）中A、B、C位置所示，此时卡瓦部分套管内壁应力为350～550MPa，处于弹性变形。即卡瓦部分套管内的应力呈现非均匀分布，尤其是套管外壁非均匀程度较高，其外壁牙痕上存在的应力集中是导致套管裂纹起裂、断裂的主要原因。

图2.39中过渡区为卡瓦部分套管与下部套管本体部分的交接部分，从云图上看该部分套管内壁应力为黄色区，即应力在900～1069MPa内，其外壁应力为绿色区，即应力在550～750MPa内，即该过渡区套管上同样处于非均匀应力状态，只是其非均匀程度比卡瓦部分套管非均匀程度更低。从图2.39中可知，远离卡瓦的套管本体部分的应力呈现均匀分布，其受力环境比前两个部分更好，因此如果套管发生断裂破坏，首先将发生在卡瓦部分的套管及过渡区的套管位置，而发生在套管本体上的概率较小。

将图2.39中内外壁沿最大应力路径数据取出进行分析，其结果如图2.40所示。从图2.40中沿套管外壁路径可知，在卡瓦部分，距离套管顶部A点位置（280～300mm）处的套管外壁出现塑性屈服区域，其最大应力为1143.6MPa，超过套管的屈服应力1069MPa，该区域是最危险的位置，现场套管断裂的位置也是发生在此处。在图2.40中过渡区套管内壁F点附近应力达到了屈服应力1069MPa，即套管内壁也出现了塑性变形破坏区，而图2.37中的工况，此时套管内壁F点应力约为630MPa，远低于屈服应力。而图2.40工况中套管内外壁均出现了塑性变形区，因此套管在卡瓦部分或过渡区均有可能发生断裂失效破坏。并且在图2.40中远离过渡区的套管本体部分，其内外壁路径上的应力曲线趋于平稳，但是套管本体部分内外壁应力不相等，分别为977MPa和925MPa，其差异是由于外压70MPa引起的。

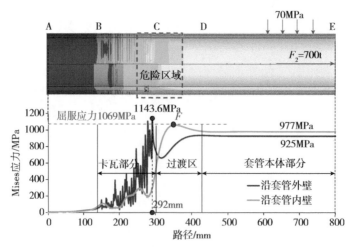

图2.40 沿套管内外壁应力分布曲线

2.9 南缘超高压 175 法兰、四通及阀体关键技术

2.9.1 计算依据

针对南缘超高压高温井，已经逐渐不能超过现有 API Spec 6A《井口装置和采油树规范》中最高压力 20ksi（138MPa）的要求，虽然 API 曾经在 1798 年颁发了一个 API 6AB《30000psi 法兰井口设备》的规范，但是已经作废了，目前没有超过 20ksi（175MPa）的标准及规范，因此，需要对 API 标准原来的尺寸结构进行强度溯源，引用最新的一些设计理念进行设计。

这里以油管挂大四通为例，其中最大通径为 11in（280mm），设计额定压力为 25ksi（172MPa），它的名义压力为 175MPa，但设计计算仍按 172MPa 计算。它的材料级别设定为 API 6A 规定的 CC 级或 FF 级。

设计计算以 API Spec 6A《井口装置和采油树规范》为基础，综合参考一些文献资料，主要依据 2020 年 API 发布的技术报告 API TR 6AF3《高压高温法兰设计方法》，国际上通用的 ASME 锅炉和压力容器规范等相关内容进行设计。

2.9.2 法兰垫环、槽关键尺寸参数

关于尺寸的设计这里主要参考 Eichenberg 在 1964 年发表的论文，其中对 6BX 法兰的一些尺寸进行约定，如 6 BX 型钢圈的半锥角为 23°，钢圈中斜边高度设定为钢圈高度的 1/6，使得钢圈对法兰环槽面产生 3 倍的工作压力，详细可以参考该论文。

钢圈的高度 L_G 设定为 $0.27\sqrt{B}$，其中 B 是法兰的孔径，按 API Spec 6A 中，11in 法兰最大孔径为 11.03in（280mm），因此，$L_G=0.27\sqrt{B}=0.897$in（22.78mm）。

垫圈的宽度 T_G 是压力的函数，约定钢圈中的弯曲应力 σ 不超过 51.73MPa（7500psi），即：

$$T_G=L_G\sqrt{\frac{p}{15000}}=1.158\text{in}（29.40\text{mm}）$$

按照图 2.41 及图 2.42 所示的几何关系，可以得到垫片槽宽计算式为 $N=T_G+0.0764\sqrt{B}-0.020$in $=1.391$in（35.34mm）。

对钢圈凹槽的深度 Q 约定为 $0.6L_G$，即 $Q=0.6L_G=0.538$in（13.67mm），凹槽内边缘到孔的最小距离设定为 $3/4Q$。

密封钢圈的外径 G_{S2}，也是压力作用面的直径 G，由图可知：

$$G_{S2}=G=B+2T_G+0.3194\sqrt{B}-0.020\text{in}=14.386\text{in}（364.41\text{mm}）$$

垫圈的制造外径需要考虑制造偏差等，因此：

$$G_{S1}=G_{S2}+0.033\text{in}=14.419\text{in}（366.24\text{mm}）$$

相对应的钢圈槽外径尺寸为

$$G_G = B + 2T_G + 0.3958\sqrt{B} - 0.040\text{in} = 14.620\text{in}（371.34\text{mm}）$$

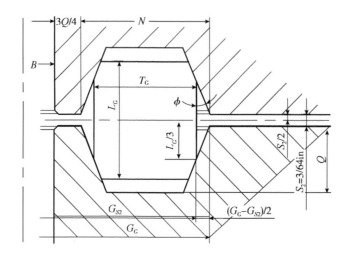

图 2.41　垫圈及凹槽尺寸示意图

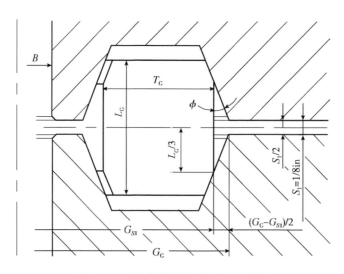

图 2.42　未加载垫圈及凹槽尺寸示意图

通过计算，相应的尺寸汇总于表 2.15 和表 2.16。

表 2.15　6BX 法兰钢圈尺寸

尺寸	孔径B		高度L_G		宽度T_G		倒边宽度C		倒边角度 Deg	倒边底部 高度$2L_G/3$		倒角高度 $L_G/6$		倒角半高 度$L_G/12$		倒斜角边中 部高度$5L_G/6$	
单位	mm	in	mm	in	mm	in	mm	in	（°）	mm	in	mm	in	mm	in	mm	in
数值	280	11.03	22.78	0.897	29.40	1.158	26.18	1.031	23	15.18	0.598	3.80	0.149	1.90	0.075	18.98	0.747

表 2.16 6BX 法兰钢圈槽尺寸

尺寸	槽高Q		槽宽N		槽外边直径G_G		垫环未坐封外径G_{S1}		垫环C处外径		内凸像宽度3Q/4		间隙$^1/_8$inS_1		间隙$^3/_{64}$inS_2		垫环坐封外径G_{S2}	
单位	mm	in	mm	in	mm	in	mm	in	mm	in	mm	in	mm	in	mm	in	mm	in
数值	13.67	0.538	35.34	1.391	371.34	14.620	366.24	14.419	363.03	14.292	6.15	0.242	3.18	0.125	1.19	0.047	365.41	14.386

2.9.3 螺栓设计计算

螺栓的设计计算均参考 API TR 6AF3 的附录，计算由于压力作用于有效密封直径产生的压力端负载 F_p：

$$F_p = p \times \pi \times \left(\frac{G_{Eich}}{2}\right)^2 = 162.182 \, p \times in^2 \, (104633.3 p \times mm^2)$$

式中　G_{Eich}——垫环有效密封直径，密封垫密封表面坐封后的直径中点，此处为 14.37in（365mm）。

此外，计算由于径向负载产生的压力差通过垫圈的垂直反力 F_v：

$$F_v = p \times \pi \times G_{Eich} \times H_{max} \times \tan（23） = 17.337 p \times in^2 \, (11185.14 p \times mm^2)$$

式中　H_{max}——垫圈的最大高度，计算如下。

$$H_{max} = H_{min} + 0.008in = 0.905in（22.98mm）$$

这里水压试验压力按 API 17TR8 的要求为额定工作压力的 1.25 倍：

$$p = 1.25 P_{max} = 31250psi（215.5MPa）$$

因此，作用于有效密封直径的压力所产生的压力端负载：

$$F_p = 5068188 \, lbf（22550.29kN）$$

F_v 垂直垫片的反作用力：

$$F_v = 541781 \, lbf（2410.59N）lbf$$

水压试验压力下的总压力载荷：

$$F_{total} = 5609969 \, lbf（4859976.08kN）$$

而水压试验压力下的螺栓的最大允许应力为 0.83 倍螺栓的屈服强度，螺栓的最小屈服强度为 105ksi（724.14MPa），因此许用应力 $S_a = 0.83Y_a = 87150psi（601.04MPa）$。

根据螺栓承受载荷考虑决定了最小螺栓面积 A_m，则需要的螺栓面积为：

$$A_m = F_{total}/S_a = 64.371in^2（41530mm^2）$$

螺栓数量应是4的倍数，选择螺栓的尺寸和数量后，使得实际螺栓根部面积 A_b 等于或超过最小螺栓面积 A_m。可能的螺栓尺寸见表2.17。

表2.17 计算的可能的螺栓及相应尺寸

螺栓直径	$2\frac{1}{2}$in（63.50mm）	$2\frac{3}{4}$in（69.85mm）	3in（76.20mm）
螺栓根部横截面积	4.292in²（2769.03mm²）	5.259in²（3392.90mm²）	6.324in²（4079.99mm²）
最小螺栓数量	15.00	12.24	10.18
最小螺栓数（4倍数）	16	16	12
螺栓实际面积	68.67in²（44304.43mm²）	84.14in²（54286.34mm²）	75.89in²（48959.90mm²）

2.9.4 法兰结构设计计算

这里按照 API Spec 6A 的要求，在水压试验工况下，按第4强度理论计算，内壁的最大应力小于屈服强度，因此，法兰颈部小端的壁厚计算按内压厚壁圆筒的拉美公式计算壁厚：

$$g_0=\frac{B}{2}\left(\sqrt{\frac{\sigma}{\sigma-\sqrt{3}\,p}}-1\right)=4.94\text{in（125.45mm）}$$

这里 σ 取材料在高温下的最小屈服强度75ksi，p 为水压试验压力，为额定工作压力的1.25倍。

而法兰锥颈高度 h，该尺寸为 $\sqrt{2B}$，即

$$h=\sqrt{2B}=4.7\text{in（119.3mm）}$$

为了计算方便，仅考虑垫片凹槽而忽略凹槽内的小区域，将实际螺栓面积 A_b 乘以螺栓应力 S_a 作为载荷，将法兰材料屈服点 Y_{sf} 的40%作为许用面接触压力计算，得到轮毂小径 J 的尺寸的计算式为

$$J=\sqrt{\frac{10\times A_b\times S_a}{\pi\times Y_{sf}}+\left(G_G+\frac{1}{8}\right)^2}$$

法兰的厚度 t 根据应力计算的结果必须调整 t 的大小，相应的计算参考 ASME 法兰计算。根据螺栓尺寸计算的法兰尺寸示意如图2.43所示，相应的数值见表2.18。

表2.18 计算的螺栓及相应尺寸（75ksi）　　　　　　　　　　　　单位：in（mm）

螺栓直径	2.5（63.50）	2.75（69.85）	3（76.20）
轮毂小径	21.71（551.48）	22.99（584）	22.32（566.88）
最小径向间隙距离	3.06（77.79）	3.38（85.73）	3.63（92.08）
基于径向间隙的螺栓中心直径	27.84（707.06）	29.74（755.45）	29.57（751.03）
最小螺栓间距	5.25（133.35）	5.75（146.05）	6.25（158.75）

基于螺栓间距的螺栓中心处直径	26.74（679.15）	29.28（743.83）	23.87（606.38）
最小可能螺栓圆直径	27.84（707.06）	29.74（755.45）	29.57（751.03）
边缘距离	2.75（69.85）	2.38（60.33）	2.88（73.03）
法兰外径	34.88（885.98）	34.76（882.81）	36.26（920.91）

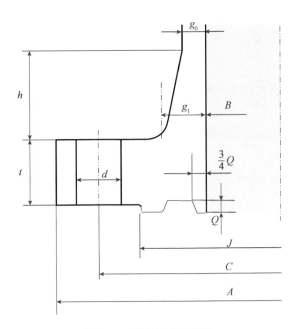

图 2.43　法兰尺寸示意图

综合考虑选择 $2\frac{3}{4}$in 的螺栓，法兰的计算结果见表2.19。

表 2.19　法兰的相应尺寸（75ksi）

尺寸	法兰所需的最小屈服强度	螺栓屈服强度	螺栓直径	螺栓个数	法兰颈部小端的厚度	法兰颈的长度	在法兰背处颈部的厚度（1:4）	法兰外径	法兰内径	螺栓圆直径	轮毂小径	法兰厚度
符号	S_f	S_b	d	n	g_0	h	g_1	A	B	C	J	t
公制单位（mm）	517[1]	724[1]	70	12	125.4	119.3	155.3	882.8	280.2	762.2	584.0	223.5
英制单位（in）	75[2]	105[2]	$2\frac{3}{4}$	12	4.94	4.70	6.11	34.76	11.030	30.01	22.99	8.8

①此单位为 MPa。

②此单位为 ksi。

2.9.5 综合评估

（1）在 175MPa（25ksi）压力级别及 11in 法兰、75ksi、CC 级材料级别下，法兰厚度需要 241.3mm（9.5in），四通壁厚 172.7mm（6.8in）。用 410 马氏体不锈钢材料，体积和壁厚太大，热处理淬透有困难，存在材料力性能不均问题。

API TR 6MET—2022《用于高温应用的 API 设备的金属材料限值》中规定了 FF 级 4130 等材料的屈服强度的等级为 75ksi，但材料的尺寸限制在为 5in。需要研究用 410 材料的风险，或探讨厚壁容器的热处理技术。换为 25Cr 超级双相钢、718、725、925 等沉淀强化镍基合金，按 110ksi 设计，壁厚可有减小，但需进一步研究。

（2）对南缘超高压井，可以开发一个 155MPa 井口和采油树，降低设计和制造难度。

（3）为了降低成本和减小对国外技术的依赖，建议用 42CrMoA 或 4330V 碳钢材料做四通、阀体，材料强度 110ksi，内壁用激光堆焊耐蚀合金。开展闸板阀密封及寿命的设计与制造技术研究。

3 南缘高温高压井设计阶段
井筒完整性关键技术

油井管柱及其附件是井筒屏障中最关键的部件，一旦发生油井管穿孔、挤毁或断裂等事故，必然使井筒失去完整性，往往会导致严重的后果，造成巨大的经济损失，甚至造成人员伤亡。在设计阶段，正确、合理地设计符合南缘超深高温高压井最优的井身结构设计，进行油管、套管及附件设备完整性设计是全生命周期井筒完整性的首要前提。本章对南缘高温高压井设计阶段井筒完整性关键技术进行了论述，包括深井、超深井井身结构优化、套管柱强度设计，腐蚀环境下腐蚀选材、管柱及附件选择及油管柱附件尾管悬挂器的完整性关键技术等内容。

3.1 南缘井身结构现状及井屏障评价

3.1.1 南缘井身结构状况

南缘区块的油气井是属于超深、超高压、窄间隙、窄钻井液密度窗口的油气井。井筒必封点、井身开次、钻头套管组合等是多年的经验积累，符合南缘区块的特点，可以保证安全钻到目的层。井筒屏障设计符合前述国内外标准的基本要求。即设计的一级屏障各单元可承受产层压力、温度及与产层流体接触的腐蚀，一级屏障具有较高的设计标准。二级屏障设计的强度和密封可承受来自产层的内压力，由环空保护液提供防腐蚀保护。可短时承受一级屏障失效后地层流体温度、压力及流体介质的腐蚀。

南缘区块西段多采用四开、中段五开或六开的井身结构。准噶尔盆地南缘已钻完井的井身结构可分为3套类型，其原始井身结构设计如图3.1所示，基于资料保密，最终实际完钻井井身结构本书没有提供。

南缘形成的三套井身结构基本适应南缘的复杂地质工况，解决了霍尔高斯背斜高陡构造地层钻井过程中易井斜等问题。克服了大段、巨厚、脆性安集海河组泥页岩地层强水敏及应力破碎的地下复杂情况。攻克了下组合所遇到的高压、窄钻井液密度窗口、窄间隙所产生的漏失，固井难度大等问题。完井套管为139.7mm（5$\frac{1}{2}$in），便于试油及工具配套。

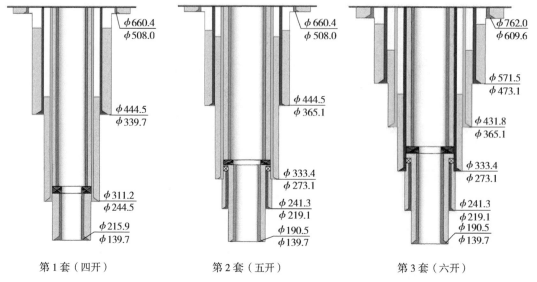

第1套（四开）   第2套（五开）   第3套（六开）

图 3.1　准噶尔盆地南缘的井身结构示意图（单位：mm）

3.1.2　南缘的完井井底结构及风险

对标分析了 XQ06 井、XL01 探井、XF02 探井等南缘高温高压井，井筒屏障设计符合国内外标准的基本要求。即设计的一级屏障各单元可承受产层压力、温度及与产层流体接触的腐蚀，一级屏障具有较高的设计标准。二级屏障设计的强度和密封可承受来自产层的内压力，由环空保护液提供防腐蚀保护。可短时承受一级屏障失效后地层流体温度、压力及流体介质的腐蚀。

采用的两趟完井管柱的设计，一趟测试压裂管柱、一趟生产管柱。有利于针对产层流体腐蚀性的了解，选用合适材料的生产管柱。管柱设计方法、全过程三轴安全系数设计合理；井下工具强度及压力包络线符合设计选用要求。

井底处全部一级屏障均为完井井底结构，如图 3.2 所示，主要包括：尾管及其附件、尾管水泥环、尾管悬挂器及尾管头密封、油管封隔器、油管阀、油管尾管及附件等。完井井底结构的主要风险为地层流体流入，导致环空带压。

因此高温高压井尾管固井后应重点执行"负压"流入测试，测试水泥塞、尾管头抗地层流入的密封性。标准见 NORSOK StandardD-010，API65—PART2 及 SY/T 5374.2—2006《固井作业规程 第 2 部分：特殊固井》。除 XW01 井，未见到南缘其他井有上述设计的技术文件，可能与标准存在差异或与标准不一致，导致存在井筒完整性潜在的风险。

3.1.2.1　XG01 探井的完井井底结构及风险

未见到南缘 XG01 探井尾管水泥塞结构，如图 3.3 所示，但阻流环之上附加了机械桥塞，并注水泥塞。可防止尾管固井水泥塞失封或回压阀失封导致的产层流入，设计合理。7in 或 $7\frac{5}{8}$in 套管下挂 $5\frac{1}{2}$in 尾管在 XG01 探井下套管过程井漏，可能不是高温高压、窄密度窗口超深井固井的技术方向。在 $5\frac{1}{2}$in 套管转换深度 5175.29m 之上 $2\frac{7}{8}$in（73mm）油管太长（235.35m）。在 177.8mm 套管段环隙太大，高温轴向屈曲，弯曲应力及流动诱发振动有导致 73mm 油管管体或接箍断裂穿孔风险。塔里木已有数起上述失效案例。

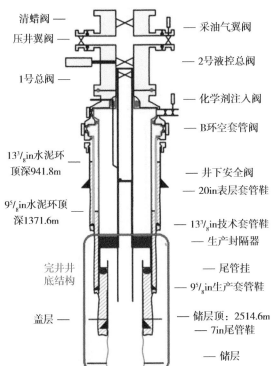

图 3.2 自喷采油气井的井筒屏障及屏障系统设置
（据 ISO 16530-2）

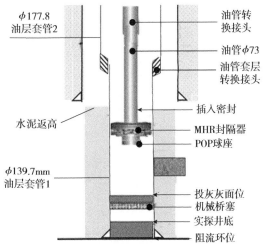

图 3.3 类似 XG01 探井的完井井底结构

3.1.2.2 XQ06 井的完井井底结构及风险

XQ06 井未见阻流环以下的尾管结构及尾管固井和回接后是否做过流入测试的文件。尾管不带封隔器的光油管完井井底结构如图 3.4 所示，不存在油管屈曲问题，但是油管环空无较高密度液体阻尼，长期服役时怀疑流动诱发振动导致油管螺纹断裂。生产套管变为一级屏障，应评估强度和腐蚀风险。

3.1.2.3 XL01 探井的完井井底结构及风险

XL01 探井的完井井底结构如图 3.5 所示，未见 XL01 探井尾管固井及回接固井相关信息。$3\frac{1}{2}$in 油管处于内径 147mm，168.3mm 套管内，环隙太大，高温轴向屈曲，弯曲应力及流动诱发振动有导致油管管体或接箍断裂穿孔风险。

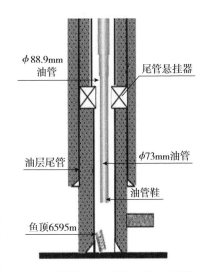

图 3.4 类似 XQ06 井的完井井底结构

3.1.2.4 XH01 井的完井井底结构及风险

XH01 井的完井井底结构如图 3.6 所示，2022 年 1 月已见 XH01 井 B 环空带压 34 ~ 40MPa。未见 XH01 井尾管固井后是否做过流入测试的文件，因此 B 环空带压泄漏点为下述情况中的一种：（1）尾管环空与回接套管环空窜通，产层油气窜到井口；（2）A 环空油气经尾管悬挂器或回接筒窜到 B 环空，再窜到井口；（3）回接套管的某一螺纹泄漏，A 环空油气经 B 环空水泥环窜到地面。

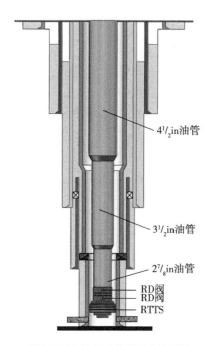

图 3.5 XL01 探井的完井井底结构

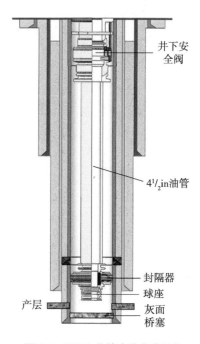

图 3.6 XH01 井的完井井底结构

3.1.3 南缘现有井身结构探讨

3.1.3.1 南缘井身结构井眼与套管匹配的环空间隙

表 3.1 为现有南缘中段 XW01 井井身结构 ϕ762mm 井眼与套管匹配尺寸及其强度。南缘中段属于高温高压超深气井，井口关井压力超过 140MPa，现有套管强度设计已经不能满足要求。如已钻完井的 XW01 井预测地层压力为 170.5MPa，若产纯气，预测最高井口关井压力 143MPa，但是回接生产套管的抗内压强度仅 125.2MPa，因此存在潜在的风险。

表 3.1 南缘中段 XW01 井井身结构 ϕ762mm 井眼与套管匹配尺寸及其套管强度

开次	钻头/mm	外径/mm	内径/mm	钢级	线重/（kg/m）	抗外挤强度/MPa	抗内压强度/MPa	抗拉强度/kN
一开	762	609.6	579.12	J55	226.51	5	16.7	10800
二开	571.5	473.1	440.14	110V	189.85	14.7	46.2	16603
三开	431.8	365.1	337.34	140V	121.8	25.2	61	14772

开次	钻头/mm	外径/mm	内径/mm	钢级	线重/（kg/m）	抗外挤强度/MPa	抗内压强度/MPa	抗拉强度/kN
四开	333.4	273.1	245.42	140V	91.9	60	85	10892
五开	241.3 扩眼260	219.1	193.7	140V	65.48	84.9	58.8	4377
六开	190.5	139.7	111.16	155V	44.2	200.2	181.5	6009
		168.28	138.88	140V	55.8	153.9	147.6	6754
		193.7	163.48	140V	67.42	133	125.2	8182

图 3.7 为现有南缘中段 XW01 井井身结构，在直连型（FJ）套管 ϕ219.1mm 这一开用了 ϕ260mm 扩眼钻头，ϕ219.1mm 套管与内层生产套管 ϕ168.28mm 的环空间隙为 12.71mm，与上层套管 ϕ273.1mm 的环空间隙为 13.16mm，远低于固井设计的最低要求 19mm，过小的环空间隙不利于固井水泥的流动性。较小的环空间隙，固井时必须有较大的地面泵压，但是过大的泵压可能导致井漏，影响固井质量，很难保证水泥环密封完整性。因此图 3.7 井身结构需要进一步地根据井眼与套管尺寸进行优化设计和分析，保证固井环空间隙的最低要求。

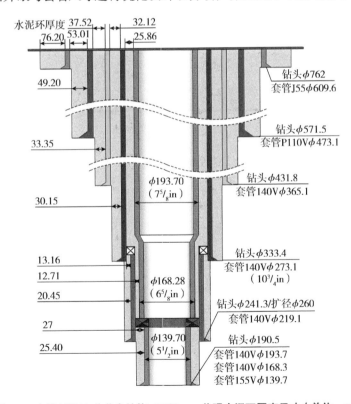

图 3.7　南缘 XW01 井井身结构 ϕ762mm 井眼水泥环厚度尺寸（单位：mm）

基于图 3.7 中南缘 XW01 井井身结构存在的问题，如水泥环空间隙过小，直连型（FJ）套管 ϕ219.1mm 尾管悬挂器水泥环密封问题，南缘井身结构中又改进设计了图 3.1 中 ϕ660mm 井身结构方案，如 XF02 探井，如图 3.8 所示。与图 3.7 中井身结构对比，图 3.8 中将生产

尾管悬挂由 $\phi219.1$mm 套管内更改设计到了再上一层 $\phi273.1$mm 的技术套管内，为了增大生产尾管与上层 $\phi219.1$mm 套管之间的环空间隙，去掉了图 3.7 中的 $\phi168.28$mm 变径套管，直接在 $\phi193.9$mm 套管下面悬挂 $\phi139.7$mm 的尾管，该处环空间隙由原来的 12.71mm 增加到了27mm，有利于固井泥浆流动性，提高固井质量，但是增加了 $\phi139.7$mm 的小尺寸尾管长度，如：XF02 探井的 $\phi139.7$mm 的小尺寸尾管长达 4068m。小尺寸尾管过长，使得固井作业难度高，重泥浆深井固井难免井漏，尾管固井质量难以保证，使得压裂作业泵压过高。

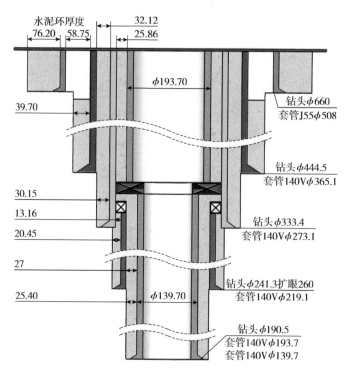

图 3.8　南缘 XF02 井井身结构 $\phi660$mm 井眼水泥环厚度尺寸（单位：mm）

表 3.2 为南缘中段 XF02 井井身结构 $\phi660$mm 井眼与套管匹配尺寸及其强度。南缘中段属于高温高压超深气井，井口关井压力超过 140MPa，与图 3.7 套管柱一样其抗内压强度偏低，井筒全生命周期中存在潜在的风险。

表 3.2　南缘中段 XF02 井井身结构 $\phi660$mm 井眼与套管匹配尺寸及其套管强度

开次	钻头/mm	外径/mm	内径/mm	钢级	线重/（kg/m）	抗外挤强度/MPa	抗内压强度/MPa	抗拉强度/kN
一开	660	508	482.6	J55	158.49	5.3	15.2	7095
二开	444.5	365.1	337.34	110V	123.16	24	33	11191
三开	333.4	273.1	245.42	140V	91.9	60	51.4	10451
四开	241.3 扩眼260	219.1	193.7	140V	65.48	84.9	58.8	4377
五开	190.5	139.7	111.16	140V	44.2	177	138	3533
		193.7	163.48	140V	67.42	133	125.2	8182

图 3.8 为南缘中段 XF02 井井身结构，在直连型（FJ）套管 ϕ 219.1mm 这一开用了 ϕ 260mm 扩眼钻头，ϕ 219.1mm 套管与内层生产套管 ϕ 168.28mm 的环空间隙为 27mm，与上层套管 ϕ 273.1mm 的环空间隙为 13.16mm，过小的环空间隙不利于固井水泥的流动性。较小的环空间隙，固井时必须有较大的地面泵压，但是过大的泵压可能导致井漏，影响固井质量，很难保证水泥环密封完整性。因此图 3.8 井身结构需要进一步地根据井眼与套管尺寸进行优化设计和分析，保证固井环空间隙的最低要求。

3.1.3.2　南缘井身结构潜在的风险探讨

图 3.7 与图 3.8 中标注了井眼尺寸与套管尺寸之间的水泥环厚度尺寸，为了保证全井筒全生命周期的井筒完整性，在钻井阶段就必须保证水泥固井质量及其水泥环的密封完整性。首先必须保证图 3.7 和图 3.8 中生产套管外部水泥环的固井质量，降低生产套管与技术套管之间的环空（B 环空）带压的风险。

从图 3.7 井身结构来分析，从井底到井口，水泥环空流道间隙为：

（1）尾管段 25.4mm → 27mm 的环空间隙，设计好水泥浆体系，能够保证固井质量。

（2）回接套管段 12.71mm → 25.86mm 的环空间隙，在变径段环空间隙 12.71mm 较小，很难保证固井质量，即使能够保证固井质量，但在各种作业中交变内压载荷作用下，通过大量的有限元数值模拟研究分析，水泥环厚度越小越容易导致水泥环损伤破坏，反之增加水泥环厚度有利于提高其抗损伤破坏能力。在回接套管上部环空间隙 25.88mm 较大，有利于提高固井质量，其接箍处的环空间隙为 16.2mm，但是接箍段大约 250mm，非常短，通过流体动力学计算，环空间隙为 16.2mm 对固井水泥浆流动性影响不大，如果其间隙再小就会影响固井质量。

（3）ϕ 219.1mm 套管与上层套管 ϕ 273.1mm 的环空间隙为 13.16mm，该间隙的重叠段在 300m 左右，过小的环空间隙不利于固井水泥的流动性，很难保证该段的固井质量，现场实际测井资料也表明该段固井质量差，甚至水泥不能完全返到其尾管悬挂器位置，如 XF02 探井等。为了保证该段水泥环密封完整性，XL01 探井在该处悬挂器上部增加了"短回接"套管固井，由于小间隙问题，其可靠性也需要进一步的评价。该段直接与地层连接，如果固井质量差，或水泥环被损伤破坏，导致地层高压流体（气体）沿该位置进入上部 B 环空流道。如果上部 B 环空水泥环质量差或被交变载荷损坏，B 环空没有上部的平衡液柱压力，将会导致 B 环空带压，导致潜在的风险。

从图 3.7 井身结构与图 3.8 井身结构对比，图 3.8 井身结构中生产套管去掉图 3.7 中的 ϕ 168.28mm 变径套管，从井底到井口，水泥环空流道间隙为：

（1）尾管段 25.4mm → 27mm 的环空间隙，设计好水泥浆体系，能够保证固井质量。

（2）回接套管段 25.86mm 的环空间隙，有利于提高固井质量，其接箍处的环空间隙为 16.2mm，但是单个接箍长度大约 250mm，非常短，通过流体动力学计算，环空间隙为 16.2mm 对固井水泥浆流动性影响不大，如果其间隙再小就会有影响固井质量。

（3）在 ϕ219.1mm 套管与上层套管 ϕ273.1mm 的环空间隙为 13.16mm，该段与图 3.7 中是一样的，过小的环空间隙不利于固井水泥的流动性，很难保证该段的固井质量。该段直接与地层连接，如果固井质量差，或水泥环被损伤破坏，导致地层高压流体（气体）沿该位置进入上部 B 环空流道，如果上部 B 环空水泥环质量差或被交变载荷损坏，B 环空没有上部的平衡液柱压力，将会导致 B 环空带压，导致潜在的风险。

3.1.3.3 环空窄间隙造成的复杂问题

在 ϕ271mm 技术套管下，为了下入 ϕ219.1mm 套管，要扩眼到 ϕ260mm。无论钻后扩眼或随钻扩眼均增加井下复杂性，存在钻速低、扭矩大或断钻具潜在风险。ϕ219.1mm 套管只能用直连型套管，ϕ219.1mm×15.11mm、TP-FJ 直连型套管抗内压强度为 58MPa。该套管不宜用作生产套管（尾管），被迫将 ϕ139.7mm 生产尾管向上延伸过 ϕ219.1mm TP-FJ 直连型套管，由此造成 ϕ139.7mm 生产尾管太长。

ϕ139.7 长尾管环空间隙小，高压、窄钻井液密度窗口、窄间隙固井井漏、溢流控制难度大，固井质量难保证。ϕ139.7mm 生产尾管太长，以 XF02 探井为例，ϕ139.7 尾管长 4068m。其内下 $2\frac{7}{8}$in 油管，压裂泵压高；若开采期出砂，则冲砂困难，同时除砂操作会伤害井筒完整性。

图 3.9 为某 XF02 井井身结构，ϕ70.03mm（$2\frac{7}{8}$in）油管长 3406m。一旦出现砂堵，连续油管冲砂困难或连续油管泵压高排量低，冲不了砂，则会对油管柱完整性造成破坏。西部某区块井筒出现堵塞问题井占比达 50%，井筒堵塞导致压力分布和局部环境变化大，易造成油管被挤扁、腐蚀。当 ϕ70.03mm（$2\frac{7}{8}$in）油管被砂堵，油管的潜在腐蚀及 A 环空压力的作用，油管可能被挤毁。

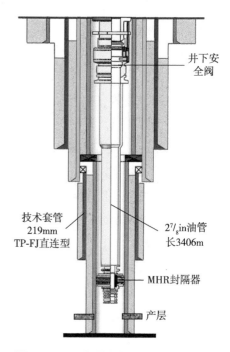

图 3.9 XF02 探井井身结构及其完井管柱

3.1.3.4 ϕ193.7mm 回接生产套管安全裕量偏低

南缘中段属于高温高压超深气井，现有套管强度设计已经不能满足要求。如已钻完井的 XW01 井预测地层压力为 170.5MPa，若产纯气，预测最高井口关井压力为 143MPa。但是回接生产套管的抗内压强度仅 125.2MPa。井口及套管均有潜在的风险，因此该井不得不于 2022 年 7 月暂时封井。

南缘高温高压深井回接生产套管用 ϕ193.7mm、140V、TP-G2 套管。可能的安全裕量偏低因素有：不能用 ϕ101.6mm（4in）或 ϕ114.3mm（$4\frac{1}{2}$in）油管，因为 ϕ193.7mm 套管内径小，不能容纳 ϕ4in 或 ϕ4$\frac{1}{2}$in 的井下安全阀。如果减少下 ϕ70.03mm（$2\frac{7}{8}$in）油管长度，

ϕ 88.9mm（$3\frac{1}{2}$in）生产油管抗拉安全系数偏低。回接生产套管用 ϕ 193.7mm、140V 套管抗内压安全系数低，存在风险。以 XW01 井，见表 3.3。

表 3.3　XW01 井套管强度设计结果

套管程序	套管规范		长度/m	钢级	壁厚/mm	抗内压		
	尺寸/mm	扣型				抗内压强度/MPa	PVT计算井口关井压力/MPa	安全系数
回接套管	193.7	TP-G2	6200	TP140V	15.11	125.2	143	0.875

3.1.3.5　水泥返高（深）及水泥环作用存在不同认识

（1）第一层技术套管水泥未返到地面，存在井口下沉风险。

针对南缘区块地层和储层特征，目前南缘区块还没有形成水泥返高的标准。中国石油标准要求各层"水泥返到地面"。目前南缘井身结构设计和完钻井身结构中回接生产套管和表层套管水泥均返到了地面，除 XF06 井和 XA01 井第一层技术套管水泥返到地面以外，其余各井的各次技术套管固井水泥均没有返到地面，可能存在井口下沉风险。可能是担心第一层技术套管注水泥井漏，设计水泥不返过表层套管鞋深度，留有一段裸眼段，可能存在地层水腐蚀套管的风险。建议第一层技术套管设计返到地面，表层套管外水泥环和第一层技术套管外水泥环共同支撑超深井井口载荷。

（2）回接生产套管水泥返高问题。

国内塔里木、四川及少量的准噶尔南缘回接生产套管注水泥返到地面。一些井回接生产套管 B 环空带压，被迫在环空带压下维持开采。国外大量高温高压深井回接生产套管水泥只上返 200 ~ 500m，留下环空水泥面之止的钻井液来平衡潜在的尾管头处泄漏压力，因此生产套管 B 环空带压值均不高。

准噶尔南缘回接生产套管注水泥返到地面的作用是稳定套管，即当套管在井口处断裂时不会掉入井内，便于补救。此外，如果发生套管泄漏，那也只是环空带压，不会是环空井喷，水泥环起到节流作用。准噶尔南缘回接生产套管投产前要经历几次井口高压试压，A 环空井口憋压压力大于 90MPa。试油后反破堵压力也大于 90MPa。几次的 A 环空井口憋压或以后的环空带压和放压会损伤水泥环：产生微环隙或水泥环压碎。

考虑到 A 环空流体密度变化、井口数次憋压操作，回接套管外有数层套管，为了防止水泥环损伤，建议尽量增大水泥石韧性、降低弹性模量。据 XW01 井资料，生产尾管水泥浆添加了增韧剂（DRE-3S）及悬浮稳定剂（DRK-1S），但是回接生产套管的固井水泥浆没有添加增韧剂、悬浮稳定剂。

3.1.3.6　南缘井身结构其他问题探讨

（1）回接生产套管注水泥体系。

国内塔里木、四川及少量的准噶尔南缘的回接套管 B 环空带压，新疆南缘区块存在同样的问题。南缘井生产尾管水泥浆添加了增韧剂（DRE-3S）及悬浮稳定剂（DRK-1S），但是回接生产套管的固井水泥浆没有添加，导致交变工况下，其水泥更具有脆性破坏潜在的风险。因为回接套管外的水泥环处于刚性围压环境，当回接套管内压力有变化，例如井口A环空压力变化，将会造成回接套管水泥环产生破坏或微环隙，导致存在B环空带压的风险。

（2）技术尾管短回接固井。

技术尾管固井后，发现尾管头泄漏，采用技术尾管短回接固井，如XL01探井，短回接不能保证尾管头的密封性，根据国内外标准，采用100m、200m的水泥环来提供尾管的密封不足，水泥环不是一个独立的屏障，水泥环可能失效，存在全生命周期水泥环密封完整性潜在的风险。

（3）尾管悬挂器。

尾管悬挂器所处环空间隙小，本身就是窄流道，下完套管循环期间，环空容易憋堵，易发生泄漏，影响固井质量，因此去掉了尾管悬挂器自带的顶部密封装置，导致存在密封完整性的风险。

3.2 超深高温高压井井身结构优化设计方法

3.2.1 复杂超深井常规及非常规井身结构设计

井身结构必须根据本区域地质特征制定相应的设计方法，科学合理的井身结构设计是降低该地区复杂压力层系下钻井井下复杂情况、提高时效的关键措施之一。在总结前期探井和开发评价井的经验教训，综合考虑目的层深度、必封点、已钻井复杂情况、测试方案、钻井成本等多重因素的基础上，形成适合深层高温高压复杂压力层系井身结构设计技术。通过科学合理的井身结构设计，减少漏、喷、塌、卡等事故发生概率，保证整个钻井作业的安全进行。

在满足勘探开发需要，且在安全的前提下快速高效钻井，复杂压力层系井身结构优化设计是关键，它包括套管层次设计、各层套管下入深度的确定、各次开钻井眼尺寸（钻头尺寸）和套管尺寸的设计，同时要满足地质资料要求、压力平衡原则。套管下深确定时应保证下部井段钻进、起下钻及压井作业中不压裂裸露的薄弱地层，同时满足井控作业要求。避免同一裸眼段存在多套压力层系，在满足安全、高效作业的前提下减少套管层数。

钻井工程也面临众多的难点与风险，如井漏风险、地层垮塌和卡钻、井涌、井喷等，也包括井身结构必封点分析。在优先考虑常规井身结构，常规套管程序无法满足安全钻进的前提下，增加1层非常规尺寸套管，保证最后1层套管尺寸满足地层评价的要求。

然而在深井、超深井井身结构设计中，完全采用现有API标准钻头、套管尺寸系列难以满足增加套管层次的需求。可突破常规井身结构设计思路的限制，采用部分非标准钻头、套管，能够增加套管层次，使井身结构设计更加合理。为确保安全，利用不同技术套管分隔不同压力层。在钻下面地层时，给套管和钻头留出充分的选择空间以应对井下不同的复杂情况；钻进时选用较大尺寸钻头，有利于优化钻井设计、方便取心作业和下套管固井施工等。

因此，借鉴国内外超深井的成功经验，在分析钻井面临的难点和风险点的基础上，结合该井地层特点，优化井身结构，确定井身结构必封点个数、套管层次等。在实际事件中，总结已钻井经验，结合区域地层岩性及地层压力预测结果、勘探开发目的、工具和配套工艺，在满足地层压力平衡条件下，采用"自上而下""自下而上"相结合并综合考虑必封点、钻井液循环当量密度（ECD）、井控和固井因素影响的井身结构优化设计方法，确定套管层次和套管下深。根据地质必封点和地层压力分布确定套管的尺寸、层次和下入深度，根据下部复杂地层情况，如地层压力不确定、地质风险不明确，制定备用技术方案。

3.2.2 南缘必封点及其风险点分析与讨论

高温高压井井身结构设计工程难点为，钻井过程中的裸眼压力承受低或井漏发生，在高压井段，钻井液密度增大，低压地层容易受压泄漏。环形空间中的间隙相对较小，从而导致钻井液回流阻力大，所以环空中液柱等效密度增大，压裂地层发生井漏。套管安装有较多的扶正器，在套管中间刮削的切屑、滤饼和落屑容易积存在扶正器内，堵塞循环空间通道，增加了钻井时的回流阻力，压裂地层发生井漏。当下放套管速度过快时，由于钻井液在静止时的静切应力以及环空是一个小空间间隙，钻井液具有很大的激动压力，使得井内压力大于地层破裂压力，压漏地层。因此，合理选择地层必要的密封点，保证套管柱设计的安全性和合理性是非常重要的。可根据三压力剖面计算出套管下深位置，作为其深度位置确定工程必封点，根据所钻遇的地层岩性来考虑其位置确定地质复杂必封点。

（1）浅部的松软地层是一些未胶结的砂岩层和砾石层，地层特点是疏松易塌，钻进过程一般采用高黏度钻井液钻穿后下入表层套管封固。

（2）为安全钻入下部高压地层而提前准备一层套管并提高钻井液密度。

（3）封隔复杂膏盐层及高压盐水层，为钻开目的层做准备。

（4）井身结构设计中必封点的确定原则不是唯一的。应考虑多种可能出现的情况，确定多个地质必封点位置，可根据经验和实际情况加以取舍和调整。

（5）钻开目的层。

必封点的确定以最大限度降低钻井风险为目标。结合南缘地质特征、地层压力分布及已钻井情况，确定必封点及其风险点。根据南缘中段已钻完井的资料，得到必封点、风险点及其井身结构设计开数的统计结果，见表3.4。从表可知，南缘中段不同井位，其必封点和风险点个数也有差异，但是根据已钻邻井资料、经验及教训，可以预测新井必封点和风险点个数，为优化井身结构开数提供可靠的数据和信息。

表 3.4　南缘中段井必封点、风险点及其井身结构设计开数统计

序号	井号	必封点个数	风险点个数	必封点+风险点个数	井身结构开数	备注
1	XF06井	5	0	5	六开	在实钻过程中，根据井下情况实时调整井身结构开数
2	XF02探井	4	1	5	五开备六开	
3	XA01井	5	1	6	六开备七开	
4	XW01井	4	2	6	五开备六开	
5	XL01探井	3	2	5	五开备六开	

由表 3.5 和表 3.6 中可知确定必封点、风险点的井深及其原因，这些信息对南缘超深高温高压井井身结构优化设计，以及为南缘高效、安全、快速的经济开发提供技术支撑。

表 3.5　南缘 XF02 探井、XF06 井必封点位置

必封点	XF06井井深/m	XF02探井井深/m	地层性质及其确定必封点、风险点的原因
必封点1	300	600	封隔第四系砂砾岩及低压地层
必封点2	2455	3030	封隔上部低压地层，安集海河组易垮塌，为安集海河组高密度钻进创造条件
必封点3	3240	3780	封隔安集海河组易垮地层，为相对低压、承压能力较差的紫泥泉子组采用较低密度钻井液钻进创造条件
必封点4	5440	5580	封隔上部压力较低地层，胜金口组压力开始抬升，大丰1井胜金口组顶部高压气层（地层压力系数2.24），XF02探井金口组底部高压水层（地层压力系数2.15），与上部压力较低地层同钻漏失风险高
必封点5	6560	7000 风险点1	清水河组中下部砂岩及侏罗系压力回落，与胜金口组高压层同钻漏失风险高

注：该井钻遇多条断层，地层层序及压力预测存在不确定性，XF06井存在 5 个必封点。XF02 探井存在 4 个必封点，1 个风险点，在实钻过程中根据井下情况实时调整井身结构，使用五开备六开方案。

表 3.6　南缘 XA01 井必封点、风险点位置

必封点/风险点	井深/m	地层性质及其确定必封点、风险点的原因
必封点1	200	封隔第四系松散砾石层
必封点2	2600	安集海河顶，进入安集海河组稳定泥岩
必封点3	4000	东沟组中下部，东沟组下部地层承压能力低，与安集海河组、紫泥泉子组同段钻进，漏失风险大。原则：封隔东沟组中上部高压层
必封点4	5900	呼图壁河组顶部，呼图壁河组压力开始抬升，封隔连木沁胜金口断层，为钻揭下部高压地层提供井控条件，原则：依据上部地层承压及呼图壁河组地层压力变化情况
必封点5	6900	侏罗系压力回落，煤层发育，与白垩系同段钻进，溢漏同段风险大。原则：进入侏罗系，依据地层压力及承压能力，动态下套管
风险点1	7950	侏罗系下部地层未钻揭，压力系统不确定性大

注：该井钻遇地层层序及压力预测存在不确定性，存在 5 个必封点，1 个风险点，在实钻过程中根据井下情况实时调整井身结构，使用六开备七开方案。

3.3 南缘井身结构优化设计方案

3.3.1 井眼与套管匹配关系及其套管选择、设计原则

根据南缘现有井身结构存在的问题，提出了南缘井眼与套管匹配关系及其套管选择、设计原则。南缘现有的三套井身结构的套管程序基本合理，可以进一步优化的是 ϕ273mm 套管及以下套管程序。井身结构优化设计时，避免窄间隙、避免扩眼，避免采用直连型套管或小接箍套管，保证技术套管有足够强度可兼作生产尾管，同时避免下 ϕ139.7mm 长尾管。增大井口段回接套管直径，以便可以用 ϕ101.6mm 或 ϕ114.3mm 生产油管，且至少可容纳 ϕ101.6mm 油管的井下安全阀。

生产套管及其上一层套管选择气密封扣，并选择 140V 或 155V 的高强度套管。其中回接套管钢级最高用到 140V，155V 仅用于深部井段。基于其断裂韧性问题，155V 套管不用于井口，用于单层生产套管位置，即生产悬挂器以下。回接生产套管三轴抗内压强度按关井压力 140MPa 考虑，以提高适用性和安全。为了保证固井质量，尽量采用常规井眼与套管匹配关系，由于南缘井况的特殊性，可设计非常规井眼与套管合理匹配的环空间隙（＞20mm），避免扩眼钻井。降低钻井风险，避免小井眼钻井风险，提高钻井速度。即保持大尺寸完井井筒，最小生产尾管尺寸不小于 5in。采用变径尾管或双级悬挂尾管，有利于调整小尺寸尾管长度设计。提高 B 环空密封完整性，在回接尾管下部设计管外封隔器。

根据南缘邻井已有的必封点、风险点信息及其位置，确定和设计各层套管下深位置，同时根据实钻时的资料信息进行变更设计。水泥环返高属井身结构范畴，但国内外对超深高温高压井水泥环返高有不同看法，有待于进一步的研究和探讨。根据中国石油标准，南缘中段超深高温高压气井，各层套管水泥返到地面。

3.3.2 南缘井身结构设计方案

根据以上南缘井眼与套管匹配关系及其套管选择、设计原则，同时通过对全井筒不同井深套管强度、水泥环塑性应变和微间隙等大量的有限元数值模拟研究和后评估研究，设计了南缘井身结构 4 种综合方案，其井身结构基本尺寸如图 3.10 至图 3.13 所示。为了保障固井质量引起的密封完整性，在回接套管下部设计了管外封隔器，国外已有成功的案例，供南缘井身结构设计参考和讨论。

（1）如果井深在 7000m 以深，必封点、风险点较复杂，根据具体情况，可选开眼尺寸 ϕ762mm 的五开或六开。

（2）如果井深在 7000m 以内，根据具体井况，可选开眼尺寸 ϕ660mm 的四开或五开。

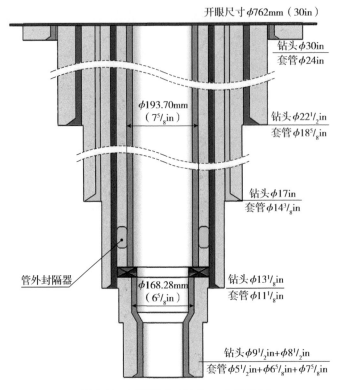

开眼尺寸 φ762mm（30in）

钻头 φ30in
套管 φ24in

φ193.70mm
（7⁵/₈in）

钻头 φ22¹/₂in
套管 φ18⁵/₈in

钻头 φ17in
套管 φ14³/₈in

管外封隔器

φ168.28mm
（6⁵/₈in）

钻头 φ13¹/₈in
套管 φ11¹/₈in

钻头 φ9¹/₂in+φ8¹/₂in
套管 φ5¹/₂in+φ6⁵/₈in+φ7⁵/₈in

图 3.10　开眼尺寸 φ762mm（方案 1）

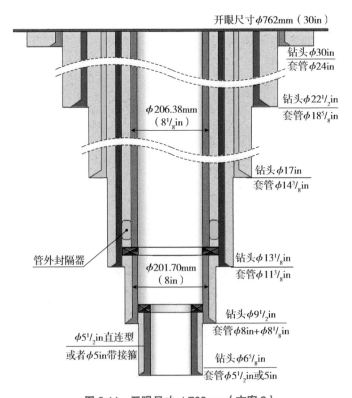

开眼尺寸 φ762mm（30in）

钻头 φ30in
套管 φ24in

钻头 φ22¹/₂in
套管 φ18⁵/₈in

φ206.38mm
（8¹/₈in）

钻头 φ17in
套管 φ14³/₈in

管外封隔器

φ201.70mm
（8in）

钻头 φ13¹/₈in
套管 φ11³/₈in

钻头 φ9¹/₂in
套管 φ8in+φ8¹/₈in

φ5¹/₂in直连型
或者 φ5in带接箍

钻头 φ6⁵/₈in
套管 φ5¹/₂in或5in

图 3.11　开眼尺寸 φ762mm（方案 2）

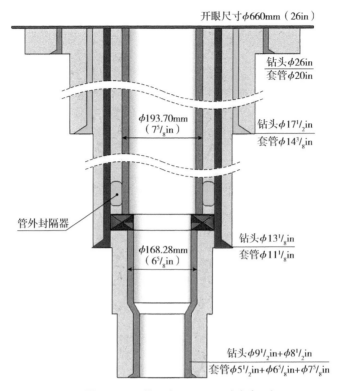

图 3.12　开眼尺寸 ϕ 660mm（方案 3）

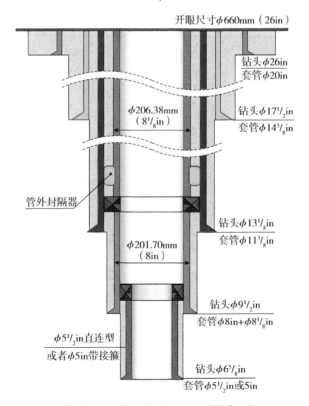

图 3.13　开眼尺寸 ϕ 660mm（方案 4）

3.3.3 固完井工艺、管柱和水泥浆体系现场推荐建议

为保证全生命周期的井筒完整性，提高井筒水泥环固井质量，针对现有工艺体系，提出了精细控压固井技术理念和设计。在窄钻井液密度窗口、窄间隙、深井固井中，为了防止注水泥固井井漏，推荐优先考虑基于井底当量静态密度和循环密度模型计算的塞流固井技术。

在南缘深井固井中，推荐先下尾管固井再回接的两次固井技术。如果尾管头处环空间隙小，不宜使用带封隔器的尾管悬挂器，那么应在回接套管末端插入密封之上加套管外封隔器。在深井固井中，若通过基于井底当量静态密度和循环密度模型计算，一次下入变径的复合套管，在下套管和注水泥时不会发生井漏，那么这种一次下入固井优于前述两次下入固井技术。它不会有插入密封回接处泄漏问题。推荐引用下套管末端不用回压阀的固井技术，防止下套管井漏。

在井身结构研究中设计的 4 种综合井身结构尺寸系列中明确给出了井眼与套管柱匹配的钢级及其系列尺寸，提出了生产尾管和回接生产套管固井水泥浆体系中，添加增韧剂（DRE-3S）及悬浮稳定剂（DRK-1S），增加环空水泥环的韧性，降低井筒内交变工况下水泥环塑性破坏及其微间隙潜在的风险。推荐南缘生产套管水泥浆体系采用低弹性模量的"柔性水泥"，即其弹性模量为 3.8 ~ 4.0GPa，泊松比为 0.15，内聚力为 4.0MPa，内摩擦角为 3.5°，塑性破坏应变为 4.0%。

3.4 高温高压气井关井压力计算修正模型

3.4.1 气井关井压力计算方法对比

3.4.1.1 近似方法（理想气体）

南缘钻井工程设计中，井口关井压力用式（3.1）设计回接生产套管的抗内压强度，该式计算来源于气柱顶部与底部的关系，常数系数来源于理想气体参数。

$$p_s = \frac{p_b}{e^{1.1155 \times 10^{-4} \times 0.55 \times H}} \tag{3.1}$$

3.4.1.2 PVT 方程预测

对于高温高压气井用实际天然气 PVT 方程，用流动状态方程 PVT、开采期压力和温度分布预测关井井口压力：

$$p_s = \frac{p_b}{e^{\frac{0.06158 \gamma H}{T_A Z_A}}} \tag{3.2}$$

3.4.1.3 按线性梯度法计算

气柱压力梯度按 $k=0.3 \sim 0.34$MPa/100m，来源于现场经验公式，适合于高温高压超深

井，南缘试油工程设计中，井口关井压力用式（3.3）校核回接生产套管的抗内压强度。

$$p_s = p_b - H \times \frac{k}{100} \tag{3.3}$$

3.4.1.4 加拿大 IPR 标准计算法

加拿大标准 Directive010《最小套管设计要求》在计算高温高压井井口压力时，为确保足够准确和安全，关井油套管井口压力评估为井底压力的 85%，即关井井口压力 = 井底压力 ×0.85。

$$p_s = p_b \times \frac{85}{100} \tag{3.4}$$

式中 p_s——气柱顶部压力，kPa；

p_b——气柱底部压力，kPa；

γ——气体相对密度（空气相对密度为 1）；

H——气柱长度，m；

T_A——气体平均温度，°R；

Z_A——压缩因子，由气体平均压力 p_v 和平均温度 T_A 所决定的，用 D–A–K 的 11 参数方法计算；

e——自然对数，e 取 2.71828。

3.4.2 低压 / 高压气井关井压力预测计算对比案例

表 3.6 为不同方法预测井口关井压力值，从表 3.7 中可以看出，在一般压力（$p <$ 50MPa）井的计算误差比较小，理想气体式（3.1）与实测值有 2% 左右的误差。

表 3.7 不同计算方法预测井口关井压力值比较

计算方法	案例1：某一般压力温度非深井（$p<$50MPa）（实测井口压力值为26.2MPa）		案例2：某高温高压超深井（实测井口压力值为145.0MPa）	
	预测值/MPa	与实测值误差/%	预测值/MPa	与实测值误差/%
理想气体定律计算式（3.1）	26.82	2.37	107.19	−26.08
实际天然气PVT方程式（3.2）	26.36	0.61	145.43	0.3
线性梯度法式（3.3）	—	—	147.44	1.68
IRP算法式（3.4）	—	—	144.5	−0.34

注：（1）案例 1 井深为 2881m，井底静态压力为 32MPa，井底温度为 74℃，硫化氢含量为 0，二氧化碳含量为 0，关井井口温度为 16℃，气体相对密度为 0.68。

（2）案例 2 井深为 7520m，井底静态压力为 170MPa，井底温度为 226℃，硫化氢含量为微量，二氧化碳含量为 0.02%（质量分数），关井井口温度为 16℃，气体相对密度为 0.55（98% 甲烷气）。

然而若采用式（3.1），在高温高压超深井气井中会产生高达 –26.08% 的误差。这是由于它不考虑实际天然气温度、压缩系数对实际天然气体积和压力的影响。式（3.1）仅适用于压力小于 50MPa 井况，不适用于超深高温高压气井井口关井压力预测。

3.4.3 南缘气井关井井口压力修正公式预测计算方法

工程上通常采用井口关井压力计算近似方程式（3.1），该式常数系数来源于理想气体参数，所以式（3.1）不适合于南缘高温高压超深井井口关井压力预测计算，对于高温高压气井用实际天然气 PVT 方程式（3.2），能够更准确预测高温高压超深井井口关井压力，但是式（3.2）需要用井筒平均压力及其平均温度不断迭代计算出气体的偏差因子，计算过程复杂。在钻井工程设计中，为了简化实际天然气 PVT 方程式（3.2）的复杂计算过程，针对南缘高温高压超深井的温度、压力及井深等参数数据，通过大量的计算发现井深及井底压力为敏感参数，而温度对井口压力不敏感，因此修正系数 k 中主要包含井深和压力变量参数，其余参数包含在其常系数中。根据式（3.1）通过大量的计算得到其修正公式（3.5），其中 k 为修正系数。

$$p_s = \frac{p_b}{k \cdot e^{1.1155 \times 10^{-4} \times 0.55 \times H}} \qquad (3.5)$$

其中

$$k = 1.091173 - (2.55 \times 10^{-5} H + 9.39 \times 10^{-4} p_b) \qquad (3.6)$$

式（3.5）中修正系数包含了井深 H 及其井底压力 p_b，式（3.5）和式（3.6）简化了实际天然气 PVT 方程式（3.2）的复杂计算过程。为钻井工程设计提供了简便可靠的计算方法。

3.4.4 南缘井设计关井压力预测计算案例

根据 XW01 井实际试油结果参数，井底预测压力为 170.5MPa，井底温度为 174.12℃，根据式（3.1）至式（3.4）编写的气井井口关井压力预测计算软件计算，其预测计算结果见表 3.8，其计算结果界面如图 3.14 和图 3.15 所示。实际 PVT 算法计算得井口关井压力为 143.3MPa，天然气平均密度为 343.64kg/m³，即压力梯度为 0.34364MPa/100m。ϕ 193.7mm 回接套管井口安全系数为 0.87，小于设计安全系数 1.25，处于不安全。

表 3.8　XW01 井井口关井压力预测计算结果

序号	预测计算方法	井口关井压力/MPa	ϕ 193.7mm 套管井口安全系数	与PVT预测结果的误差/%
1	理想气体算法	103.89	1.21	–27.51
2	实际PVT算法	143.3	0.87	0
3	修正公式算法	143.28	0.87	–0.02
4	线性梯度法	146.26	0.86	2.07
5	IRP算法	144.93	0.86	1.14

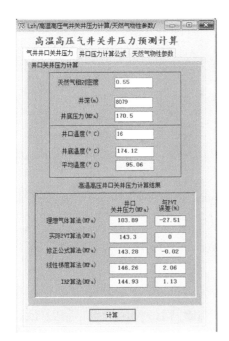 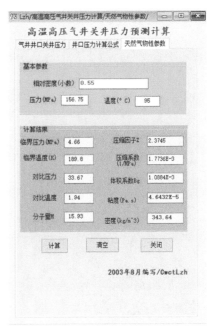

图 3.14　XW01 井井口关井压力计算界面　　图 3.15　XW01 井天然气物性参数计算界面

井口关井压力近似方法（理想气体）式（3.1）不适合于南缘高温高压超深井气井关井压力预测，其预测压力为 103.89MPa，安全系数为 1.21，接近设计安全系数 1.25，但是该 XW01 井关井压力预测与实际气体 PVT 预测结果误差达到 –27.51%。

而 XW01 井现有井口采油树装置承压为 20ksi（138MPa）井口装置，目前预测井口压力为 143.3MPa 大于 138MPa，存在风险。同时 XW01 井 ϕ193.7mm 回接套管井口安全系数为 0.87，小于设计安全系数 1.25，处于不安全状态，也存在风险，套管抗内压强度低是主要的风险源，并且套管强度风险高于其井口采油树过载风险。

3.5　油套管柱强度设计关键参数

3.5.1　套管抗挤强度计算公式

套管外挤载荷分析是科学进行套管设计的基础和关键，可以根据 ISO 10400—2018《石油天然气工业 套管、油管、钻杆和用作套管或油管的管线管性能公式及计算》、GB/T 20657—2022《石油天然气工业 套管、油管、钻杆和用作套管或油管的管线管性能公式及计算》等标准，根据不同的径厚比 D/t 计算管体的抗挤强度。

3.5.1.1　屈服强度挤毁公式

屈服强度挤毁压力并不是真正的挤毁压力，它实际上是使套管内壁产生最小屈服应力 p_{YP} 的外压，计算屈服强度挤毁压力适用于 $(D/t) \leqslant (D/t)_{YP}$ 的情况。

$$p_{\mathrm{YP}} = 2f_{\mathrm{ymn}}\left[\frac{(D/t)-1}{(D/t)^2}\right] \tag{3.7}$$

$$\left(\frac{D}{t}\right)_{\mathrm{YP}} = \frac{\sqrt{(A_{\mathrm{c}}-2)^2 + 8(B_{\mathrm{c}} + C_{\mathrm{c}}/f_{\mathrm{ymn}})} + A_{\mathrm{c}}-2}{2(B_{\mathrm{c}} + C_{\mathrm{c}}/f_{\mathrm{ymn}})} \tag{3.8}$$

3.5.1.2 塑性挤毁公式

当 $(D/t)_{\mathrm{yp}} \leqslant (D/t) \leqslant (D/t)_{\mathrm{PT}}$ 时，塑性范围挤毁的最小挤毁压力 p_p 为

$$p_p = f_{\mathrm{ymn}}\left[\frac{A_{\mathrm{c}}}{(D/t)} - B_{\mathrm{c}}\right] - C_{\mathrm{c}} \tag{3.9}$$

$$\left(\frac{D}{t}\right)_{\mathrm{PT}} = \frac{f_{\mathrm{ymn}}(A_{\mathrm{c}} - F_{\mathrm{c}})}{C_{\mathrm{c}} + f_{\mathrm{ymn}}(B_{\mathrm{c}} - G_{\mathrm{c}})} \tag{3.10}$$

3.5.1.3 过渡区挤毁公式

当 $(D/t)_{\mathrm{T}} \leqslant (D/t) \leqslant (D/t)_{\mathrm{TE}}$ 时，从塑性到弹性过渡区的最小挤毁压力 p_{T}，其中 $(D/t)_{\mathrm{TE}}$ 是由弹性挤毁压力公式与过渡挤毁压力公式共同确定。

$$p_{\mathrm{T}} = f_{\mathrm{ymn}}\left[\frac{F_{\mathrm{c}}}{(D/t)} - G_{\mathrm{c}}\right] \tag{3.11}$$

$$\left(\frac{D}{t}\right)_{\mathrm{TE}} = \frac{2 + B_{\mathrm{c}}/A_{\mathrm{c}}}{3(B_{\mathrm{c}}/A_{\mathrm{c}})} \tag{3.12}$$

3.5.1.4 弹性挤毁公式

当 $(D/t)_{\mathrm{TE}} \leqslant (D/t)$ 时，弹性范围挤毁的最小挤毁压力 p_{E}：

$$p_{\mathrm{E}} = \frac{3.23708982 \times 10^5}{(D/t)\left[(D/t)-1\right]^2} \tag{3.13}$$

3.5.1.5 轴向拉伸应力下的挤毁压力

轴向应力作用下套管的挤毁压力是由公式（3.7）将屈服应力修正为有轴向应力时的等效屈服强度再代入相关公式计算：

$$f_{\mathrm{yax}} = f_{\mathrm{ymn}}\left[\sqrt{1 - 0.75(\sigma_{\mathrm{a}}/f_{\mathrm{ymn}})^2} - 0.5(\sigma_{\mathrm{a}}/f_{\mathrm{ymn}})\right] \tag{3.14}$$

有轴向应力时的等效屈服强度对应的挤毁压力公式系数及 D/t 值范围由上面公式计算。

3.5.1.6 轴向应力和内压复合作用下的挤毁压力

在轴向应力和内压共同作用下，可由挤毁压差 $p_{\mathrm{c}}-p_{\mathrm{i}}$ 代替挤毁压力 p_{c} 来计算挤毁压力。同时，$\sigma_{\mathrm{a}} + p_{\mathrm{i}} \geqslant 0$ 时，挤毁压力是由公式（3.15）将屈服应力修正为有复合载荷时的等效屈服强度再代入相关公式计算：

$$f_{\mathrm{ycom}} = f_{\mathrm{ymn}}\left[\sqrt{1 - 0.75\left[(\sigma_{\mathrm{a}} + p_{\mathrm{i}})/f_{\mathrm{ymn}}\right]^2} - 0.5(\sigma_{\mathrm{a}} + p_{\mathrm{i}})/f_{\mathrm{ymn}}\right] \tag{3.15}$$

其中

$$A = 2.8762 + 1.5489 \times 10^{-4} f_{ymn} + 4.4809 \times 10^{-7} f_{ymn}^2 - 1.6211 \times 10^{-10} f_{ymn}^3 \qquad (3.16)$$

$$B = 0.026233 + 7.3402 \times 10^{-5} f_{ymn} \qquad (3.17)$$

$$C = -3.2125 + 0.030867 f_{ymn} - 1.5204 \times 10^{-6} f_{ymn}^2 + 7.781 \times 10^{-10} f_{ymn}^3 \qquad (3.18)$$

$$F = \frac{3.237 \times 10^5 \cdot \left[3(B_c / A_c) / (2 + B_c / A_c) \right]^3}{f_{ymn} \left[\dfrac{3(B_c / A_c)}{2 + (B_c / A_c)} - (B_c / A_c) \right] \left[1 - \dfrac{3(B_c / A_c)}{2 + (B_c / A_c)} \right]^2} \qquad (3.19)$$

$$G = \frac{F_c B_c}{A_c} \qquad (3.20)$$

式中　D——名义外径，mm；

t——名义壁厚，mm；

D/t——径厚比；

p_{YP}——最小屈服强度挤毁压力，MPa；

p_p——最小塑性挤毁压力，MPa；

p_T——最小过渡区挤毁压力，MPa；

p_E——最小弹性挤毁压力，MPa；

$(D/t)_{YP}$——屈服强度挤毁与塑性挤毁的 D/t 分界值；

$(D/t)_{PT}$——塑性挤毁与弹塑性挤毁的 D/t 分界值；

$(D/t)_{TE}$——弹塑性挤毁与弹性挤毁的 D/t 分界值；

f_{ymn}——最小屈服强度，MPa。

3.5.2　套管抗内压强度计算公式

3.5.2.1　油套管抗内压强度 p_{bo}

$$p_{bo} = 0.875 \left[\frac{2Y_p t}{D} \right] \qquad (3.21)$$

3.5.2.2　韧性爆裂内压强度

$$p_{iR} = 2 k_{dr} f_{umn} (k_{wall} - k_a a_N) / [D - (k_{wall} - k_a a_N)] \qquad (3.22)$$

其中

$$k_{dr} = [(1/2)^{n+1} + (1/\sqrt{3})^{n+1}]$$

式中　Y_p——材料规定最小屈服强度，MPa；

a_N——缺陷深度，mm；

f_{umn}——最小抗拉极限强度值，kN；

k_a——内压强度因子，对于淬火和回火马氏体钢或13Cr，k_a 为1.0。对于正火钢，k_a 设为默认值2.0。如果有测试数据，在测试的基础上可以为特定的管材设定 k_a 值；

k_{dr}——材料应变硬化的校正因子；

k_{wall}——计算管壁公差因子，如，对于最小公差值为12.5%，$k_{wall}=0.875$。如果确信壁厚公差小于12.5%，可用实际的壁厚公差；

n——无量纲硬化指数，单向拉伸测试的真实应力—应变曲线的曲线拟合指数；

p_{iR}——韧性爆裂内压强度，MPa。

3.5.3 套管抗拉强度计算公式

3.5.3.1 套管本体的抗拉强度计算

$$T_y = 7.85 \times 10^{-4} (D_c^2 - D_{ci}^2) Y_p \tag{3.23}$$

3.5.3.2 套管接箍抗拉强度计算

采用梯形螺纹连接。

管体螺纹抗拉强度：

$$T_o = 9.5 \times 10^{-4} A_p U_p \left[1.008 - 0.001559 \left(1.083 - \frac{Y_p}{U_p} \right) D_c \right] \tag{3.24}$$

其中

$$A_p = 0.785 \left(D_c^2 - D_{ci}^2 \right)$$

$$A_c = 0.785 \left(D_{cj}^2 - d_{cj}^2 \right)$$

接箍螺纹抗拉强度：

$$T_o = 9.5 \times 10^{-4} A_c U_c \tag{3.25}$$

式中 D_{cj}——接箍内径，mm；

U_c——接箍最小极限强度，MPa；

A_p——管端截面积，mm²；

A_c——接箍截面积，mm²。

在套管抗拉强度设计时，油套管本体有抗拉强度，其接箍螺纹也有抗拉强度，这两个抗拉强度是不相等的，在设计中以最小的抗拉强度为设计依据，一般情况是接头（接箍）螺纹的抗拉强度小于油套管本体的抗拉强度。

由于南缘超深高压高温属性，API套管强度系列不能满足南缘井身结构要求，必须采用高钢级的非API系列套管。套管强度设计时，可先用非API套管强度理论公式进行套管强度计算，选择套管尺寸，最终需要厂家提供高钢级非API套管强度试验数据。

3.5.3.3 非标套管内涵

非标套管有以下几种类型：高抗挤套管、特殊直径或特厚壁套管、高钢级系列套管。非标套管的强度在 ISO10400/API 5C3 中查不到，或不宜用传统 API 5C3 公式计算。非标套管的强度由套管厂家提供。

3.5.3.4 高抗挤套管

高抗挤套管通常指符合 ISO 11960、ISO 10400/API 5C3 套管的直径、壁厚和钢级系列。但是改进制造工艺，严格控制影响抗挤强度的制造偏差范围，或提高屈服强度到允许的上限值。高抗挤套管可比传统 API 5C3 表列值高 20% ~ 40%。

3.5.3.5 特殊直径或特厚壁套管

特殊直径或特厚壁套管可大幅度提高套管的抗挤和抗内压强度，可比传统 API 5C3 表列值高 20% ~ 50%。需要综合评价下一次开钻的钻头及套管系列。

3.5.3.6 高钢级系列套管

通过提高材料屈服强度得到高强度套管，例如把常用的 Q125HC 套管最小屈服强度从 125ksi（862MPa）提高到 140ksi（965MPa）或 155ksi（1069MPa）。

高钢级套管材料曾经发生过若干次井下断裂问题，在使用时应十分谨慎，应制定高钢级套管环境敏感开裂风险及性能与质量管控体系。

3.5.4 卡瓦挤扁套管最大允许悬挂重量计算

套管内壁的等效应力达到屈服应力（第四强度理论）时的轴向载荷就是卡瓦挤毁的临界轴向载荷 F_{zcr}，即卡瓦挤扁套管最大允许悬挂重量，见式（3.26）。横向载荷系数 K 见式（3.27），K 表征作用在套管柱上的轴向力与卡瓦施加的横向载荷之间的关系。图 3.16 为卡瓦—套管柱相互作用力学模型。

$$F_{zcr} = k_0 \sigma_{YP} A_1 \sqrt{\frac{2}{1 + \left(1 + \frac{2d_o^2}{d_o^2 - d_i^2} \frac{KA_1}{A_L}\right)^2 + \left(\frac{2d_o^2}{d_o^2 - d_i^2} \frac{KA_1}{A_L}\right)^2}} \qquad (3.26)$$

$$K = \frac{W}{F_z} = \frac{1 - \mu \tan\alpha}{\tan\alpha + \mu} \qquad (3.27)$$

$$A_1 = \frac{\pi}{4}(d_o - d_i) \qquad (3.28)$$

其中

$$A_L = \pi d_o \cdot L \qquad (3.29)$$

式中　d_o——套管外径，mm；

　　　d_i——套管内径，mm；

　　　A_1——套管横截面积，mm²；

　　　A_L——卡瓦与套管接触面积，mm²；

L——卡瓦有效长度，mm；

α——卡瓦半锥角，（°）；

μ——卡瓦与套管摩擦系数；

σ_{YP}——套管屈服强度，MPa；

W——横向载荷，N；

F_z——轴向载荷，N；

F_{zcr}——卡瓦挤毁的临界轴向载荷，N；

K——横向载荷系数；

k_0——卡瓦应力集中修正系数。

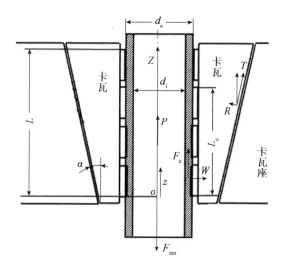

图 3.16　卡瓦—套管柱相互作用力学模型

类似深井超深井井况，在卡瓦部分套管应力集中系数作用及下部套管重力作用下，卡瓦部分套管被挤毁，附近套管缩颈等，导致套管断裂损坏，已经发生多起井口卡瓦效应引起的事故。

3.5.5　井口装置及最大允许套管悬挂重量

压力级别与井口关井压力、压裂施工压力相匹配。气井井口关井压力小于 138MPa，选择 20ksi（140MPa）采气树，大于 138MPa，选择 25ksi（172MPa）采气树。井口材质满足 API 6A 及地层流体和温度的要求。同时井口装置组合及通径满足钻井阶段各项作业要求。

生产套管或回接生产套管、套管头及套管悬挂采用全金属密封的芯轴式悬挂器。芯轴式悬挂器主体金属密封件要求在套管坐定后安放；芯轴式悬挂器副密封要求法兰拧紧螺栓时激发金属密封，密封试压压力不低于试油后 A 环空破堵压力。上述悬挂器副密封不宜采用 BT 或 P 密封。

B 环空技术套管可采用卡瓦悬挂，优先采用卡瓦顶端及副密封为金属密封的套管头结构。C 环空及 D 环空技术套管或表层套管可采用卡瓦悬挂，副密封可采用 BT 或 P 密封。卡瓦悬挂套管、套管头要求论证不会发生卡瓦挤压损伤套管，满足以下条件：

（1）不会发生卡瓦挤扁套管的最大允许悬挂重量，该允许悬挂重量小于其允许的抗拉屈服强度。

（2）卡瓦齿咬伤，卡瓦上下界面处局部应力集中与腐蚀介质共同作用的应力腐蚀开裂。

3.5.6 油套管实际载荷及其三轴应力强度关键参数计算

（1）轴向载荷。

各层套管轴向载荷按套管在空气中的重量考虑。

针对南缘超深井，考虑卡瓦效应的抗拉强度计算用于生产套管及其上一层技术套管的井口抗拉强度设计，非标准抗抗拉强度计算式（3.26）。

（2）内压载荷。

①表层套管不考虑井涌的发生，内压载荷按井口试压 10MPa 考虑。

②技术套管和技术尾管管内按下次钻进最大深度时 25% ~ 40% 井涌量考虑，管外按饱和盐水密度 $1.15g/cm^3$ 考虑。

③生产尾管和回接套管按最高地层压力和管内充满气体计算井口最大内压载荷，针对南缘井口最大关井压力非标准计算方法见式（3.5），管外按饱和盐水密度 $1.15g/cm^3$ 考虑。

（3）外挤载荷。

①表层套管管外按下套管时钻井液密度计算，管内按全掏空考虑；

②技术套管和技术尾管管外按下套管时钻井液密度计算，管内按漏失面考虑；

③生产尾管和回接套管管外按下套管时钻井液密度计算，管内按全掏空考虑。

（4）三轴应力强度计算公式。

①三轴抗挤强度值 p_{ca}：

$$p_{ca} = p_{co}\left[\sqrt{1 - \frac{3}{4}\left(\frac{\sigma_a + p_i}{Y_p}\right)^2} - \frac{1}{2}\left(\frac{\sigma_a + p_i}{Y_p}\right)\right] \tag{3.30}$$

②三轴抗内压强度值 p_{ba}：

$$p_{ba} = p_{bo}\left[\frac{r_i^2}{\sqrt{3r_o^4 + r_i^4}}\left(\frac{\sigma_a + p_o}{Y_p}\right) + \sqrt{1 - \frac{3r_o^4}{3r_o^4 + r_i^4}\left(\frac{\sigma_a + p_o}{Y_p}\right)^2}\right] \tag{3.31}$$

针对南缘高温高压井的特殊性，以上式（3.30）和式（3.31）中 p_{co}、p_{bo} 分别为考虑温度时的非标准抗外挤强度和抗内压强度，见表 3.9。

高温高压超深井用的几种套管强度随温度的变化关系见表 3.9。

表 3.9 随温度 T（20 ~ 350）℃变化套管强度降低的百分数

钢级	实验测试数据拟合公式
P110	$K_t = 9.6315 \times 10^{-5} T^2 + 4.7798 \times 10^{-2} T - 1.2204$
125V	$K_t = -1.5476 \times 10^{-5} T^2 + 5.7051 \times 10^{-2} T - 1.1660$
140V	$K_t = 5.2904 \times 10^{-5} T^2 + 2.8500 \times 10^{-2} T - 0.5971$
155V	$K_t = 8.2045 \times 10^{-5} T^2 + 2.3932 \times 10^{-2} T - 0.4901$

南缘地层温度随井深的变化关系：

$$T_b = 0.0219 \times H + 10 \tag{3.32}$$

3.5.7 油管和套管设计安全系数

套管柱常规强度设计安全系数取值在很大程度上与载荷的估值有关，若载荷的估值准确和可信，安全系数取低限值，否则取高限值。对于高温高压井或有井筒完整性风险的井，外载应考虑常规强度设计内涵及要求的全部要求。套管柱常规强度设计安全系数见表 3.10。

表 3.10 套管柱常规强度设计安全系数

载荷	设计最小安全系数	说明
轴向拉伸	1.40 ~ 1.80	圆螺纹套管取高值1.80，偏梯形或特殊螺纹套管取1.60，回接套管取1.40。根据套管与井眼间隙和阻卡预测确定取高值或低值
内压	1.10 ~ 1.25	基于螺纹密封压力和管体屈服内压力，以小者为准
外压	1.00 ~ 1.125	套管外压抗挤强度及外载评估均有较大不确定性，安全系数取值存在风险
轴向压缩	1.40 ~ 1.50	某些带接箍的气密封套管在轴向压缩下密封压力降低
三轴复合应力	1.25	在正常开采期和完井或修井作业期各种可能发生的载荷工况下，三轴复合应力安全系数均应大于1.25

根据南缘超深高温高压井的实际工况，应考虑腐蚀、磨损、疲劳、弯曲、经济和井寿命等因素的影响，应注意如下问题。

（1）设计套管时，井口生产套管抗内压强度大于 140MPa。

（2）套管附件的材质、扣型和强度应与套管相匹配。

（3）超深高温高压井套管柱强度设计应考虑螺纹气密封因素，全井生产套管及其上层技术套管扣型为金属气密封扣。

（4）套管柱强度设计应考虑高温下材料屈服强度降低的影响，见表 3.9。

（5）在膏盐层等塑性地层，该层段套管抗外挤载荷计算取上覆地层压力值，且该段高强度套管柱长度在膏盐层段上下至少附加 100m。

油管柱设计安全系数是额定的强度值除以预期负载，一般要求安全系数大于1.0。具体的安全系数值取决于区域性的经验和风险评估，预期的外载若能准确预判，安全系数就可选较小值。反之宜选较大值。油管的额定强度以 ISO10400/API5C3 公布的数据或厂家推荐数据为准。表 3.11 为油管柱设计安全系数。

表 3.11　油管柱设计安全系数

载荷	设计最小安全系数	说明
轴向拉伸	1.30 ~ 1.80	①按空气中自重计算，在井内悬挂状态可取1.30。 ②考虑定向井、水平井或日后修井取油管安全，可取1.6 ~ 1.8
内压	1.00 ~ 1.25	①按ISO10400/API5C3传统抗内压强度用薄壁管的巴洛公式，该公式对厚壁油套管强度富裕量大。壁薄者取设计安全系数1.25，壁厚者取1.00。 ②按ISO10400/API5C3韧性爆裂公式，该公式较为准确地标定抗内压强度，取设计安全系数1.25
外压	1.10 ~ 1.25	应考虑轴向拉力下油管抗挤强度的降低，确保设计的最小安全系数仍不小于1.10
轴向压缩	1.50 ~ 1.60	①某些带接箍的气密封油管在轴向压缩下密封压力降低。 ②下部油管屈曲段在接箍附近存在局部弯曲应力
三轴复合应力	1.25	①在正常开采和完井或修井作业各种可能发生的载荷工况下，油管全长三轴复合应力安全系数均应大于1.25。 ②不推荐在井口油套环空人为加背压来提高安全系数。井口油套环空人为加背压提高安全系数仅用于压裂或下推压井液压井操作

注：（1）对于高温高压井，各安全系数均应基于对应的高温下材料强度降低值。
　　（2）以管体和接箍较弱者为基准。

3.6　油套管柱螺纹对标与选用

3.6.1　套管选材与螺纹设计

油气井套管接头泄漏是油气田套管失效的主要形式之一，在深井、超深井、大位移井和水平井中，套管接头泄漏和滑脱特性是国内外油气井管线力学研究的永恒主题。套管的质量很大程度上影响着超深井的井筒完整性及其安全性问题，套管的强度要满足深部地层的复杂地应力环境。

根据南缘井的特殊性，套管材料选用非 API 标准的高抗挤套管、特殊直径或特厚壁套管、高钢级（140V、155V）系列套管。地表较浅的表层套管选用 J55 套管，第一层技术套管优先选用 P110V 套管，其次选用 Q125 厚壁套管。其余各层选用非 API 标准的 140V 套管。155V 套管推荐只用作尾管，不推荐用于井口段。140V、155V 套管用于生产套管和生产尾管时，不允许返排酸化液在 A 环空滞留。

为了防止高强度钢应力腐蚀开裂、延迟断裂，或对应力集中及裂纹的敏感性开裂，要求制定相应的套管订货技术条件，包括合金元素设计、屈服强度区间、夏比冲击功。要求制定高钢级套管环境敏感开裂风险及性能与质量管控体系。

由于水和油的渗透能力比气体弱，试验证明 20MPa 的液压能轻易被常规 API 套管螺纹密封住，但在 10MPa 的气体压力下，常规 API 套管螺纹却无法达到有效密封的效果。如果套管所受内压超过套管接头（特别是油层套管接头）的极限强度，会使得管柱产生泄漏或破裂，进而影响其结构的完整性。

所用套管 TPCQ 螺纹、油管 BGT1 螺纹、3SB 螺纹等接触密封应力水平高，有潜在应力腐蚀泄漏风险，轴向压缩下密封性仅为拉伸条件下的 60% ~ 75%，不是当前先进的管螺纹密封。

建议不再使用 VAM-TOP、JFEFOX、JFEBEAR、TN-3SB、TPCQ、BGT1 等。新一代螺纹类型已优化密封面结构，曲面对锥面密封，使接触应力趋于均匀化，削平峰值接触应力。通过提高密封接触长度，降低接触应力来提高泄漏阻力。

对于气密封螺纹的套管接头，如果气体压力低于套管接头的密封基础压力时，就能保持该接头具有良好的密封性能；相反，当套管内气体压力达到密封接触压力极限，此时很难保证密封螺纹的泄漏问题。

气井生产套管和生产尾管及其上层技术套管，要求采用 TP-G2 或 BGT3 以上的全金属气密封螺纹；或与上述螺纹相当级别的螺纹。如果环空间隙要求，需要设计使用特殊间隙套管接箍，要求有其附加的材料性能指标体系，接箍硬度、强度和横向冲击功要求更严格的指标体系。

3.6.2　国内特殊螺纹的现状

针对国内油田实际井况及技术需求，油套管生产企业利用产学研一体化的优势进行研发。衡阳钢管（集团）有限公司针对我国塔里木油田的实际井况，设计开发了 HSM 特殊螺纹接头产品，并在塔里木油田成功下井 6550m。随后，衡阳钢管（集团）有限公司又在 HSM 特殊螺纹接头的基础上，对密封面结构、螺纹角度等进行了优化设计，成功开发出 HSM-2 特殊螺纹接头产品，并在吉林油田成功下井，且现场气密封检测一次合格率为100%。天津钢管集团股份有限公司（以下简称天钢）首先引进了 Hunting 系列螺纹接头的专利技术，在此基础上开发了 TP-CQ 特殊螺纹接头，TP-CQ 是套管特殊气密封螺纹，其规格为 $5\frac{1}{2}$ ~ $9\frac{5}{8}$in。宝山钢铁股份有限公司在 2001 年自主开发了 BGT 螺纹接头，其规格为 $2\frac{7}{8}$ ~ 7in。我国可以加工特殊螺纹接头的厂家见表 3.12。

表 3.12　国内主要特殊螺纹接头生产厂家

生产企业	接头型式（螺纹类型）	规格/mm（in）
天津钢管集团股份有限公司	Hunting系列（TP-CQ） TP-G2HC	139.7 ~ 244.5（5.5 ~ 9.625）
宝山钢铁股份有限公司	BGT、BGT1、BGT2	73.0 ~ 177.8（2.875 ~ 7）
衡阳钢管（集团）有限公司	HSM、HSM-2、HSTX	73.0 ~ 339.7（5.5 ~ 13.625）

中国石化西南油气田分公司管具中心通过对国内外特殊螺纹油套管成品的广泛调研，以及对汉廷特殊扣和天钢 TP-CQ 特殊螺纹的深入研究，并结合分公司的实际情况，开发出了自己的特殊螺纹——罕特 APOX 特殊螺纹。同时结合西南油气田的地质条件、井内状况，以及罕特、TP-CQ、汉廷三种螺纹类型的螺纹参数。罕特特殊螺纹是一种既能满足西南油气田使用需求，又相对经济的特殊螺纹。

3.6.3 国内特殊螺纹调研对比

石油管材应针对不同工况条件选用相适应的油套管类型来满足钻井完井及采气工艺的需要。油管和生产套管管端特殊螺纹均采用金属与金属接触密封，以保证气密封性。图 3.17 为在国际上使用较多的油套管端特殊螺纹类型及演变，可以看出一些管端主流螺纹的发展。ISO13679 也是近年才推出的，很多特殊螺纹不能通过超深、高温、腐蚀及高产量下气井要求的第 IV 级密封检测。

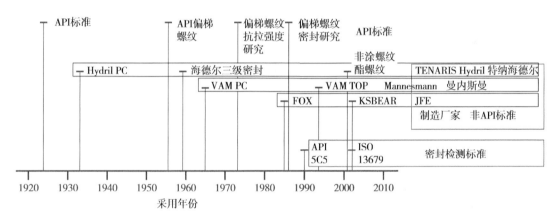

图 3.17　在国际上使用较多的油套管端特殊螺纹类型及演变

目前 VAM-TOP 是最通用、国际认可度最高的特殊螺纹，几乎所有国际服务公司的油管和套管工具均引用 VAM-TOP 螺纹。如果油套管为其他扣型，可以车配合短节来过渡。曼内斯曼新近推出 VAM21 螺纹，可能会成为 VAM-TOP 螺纹升级型，用于极端条件下的气井。

3.6.3.1　衡钢 HSG3 特殊螺纹

衡钢 HSG3 特殊螺纹的密封面后移至靠近螺纹起扣处，刚度增强，提高密封性能、压缩性能及抗扭矩性能。其螺纹结构如图 3.18 所示。

衡钢 HSG3 特殊螺纹结构特点：接箍凹槽结构及外螺纹和内螺纹配合后形成的鼻端腔体，储存多余的螺纹脂，防止密封面因螺纹脂堆积造成密封状态不稳定及密封面产生塑形变形；密封面距离台肩一定距离，防止密封面损坏。表 3.13 所示 HSG3 特殊螺纹连接效率 100%、复合载荷下性能稳定及良好工况适用性。通过大量实验证明，HSG3 特殊螺纹在各种工况下具有良好的密封性能，接头效率达到 100%，见表 3.14。

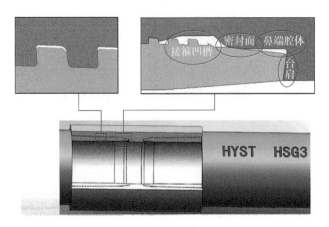

图 3.18 HSG3 特殊螺纹结构

表 3.13 HSG3 特殊螺纹性能指标

扣型	抗内压	抗挤	拉伸效率	压缩效率
HSG3	100%	100%	100%	100%

表 3.14 HSG3 特殊螺纹密封实验结果

扣型	钢级	规格	实验室	标准	接头效率
HSG3	125V	139.70mm × 12.34mm	HYST	ISO 13679—2002《石油天然气工业 套管及油管螺纹连接试验程序》	100%
HSG3	140V	139.70mm × 12.70mm	HYST		100%
HSG3	P110	177.80mm × 10.36mm	HYST		100%
HSG3	140V	177.80mm × 12.65mm	HYST		100%
HSG3	140V	177.80mm × 12.65mm	S.E.S	API RP 5C5—2017《套管和套管螺纹连接试验的程序》	100%
HSG3	140V	196.85mm × 12.70mm	TGRC		100%
HSG3	110S	244.48mm × 11.99mm	HYST	ISO 13679—2002《石油天然气工业 套管及油管螺纹连接试验程序》	100%
HSG3	140V	273.05mm × 13.84mm	S.E.S	API RP 5C5—2017《套管和套管螺纹连接试验的程序》	100%
HSG3	140V	339.72mm × 13.06mm	HYST		100%
HSG3	110S	346.08mm × 15.88mm	HYST	ISO 13679—2002《石油天然气工业 套管及油管螺纹连接试验程序》	100%
HSG3	110S	355.60mm × 21.00mm	HYST		100%

注：S.E.S—美国应力实验室；TGRC—中国石油西安管材院；HYST—衡钢实物实验室。

3.6.3.2 天钢 TPCQ 特殊螺纹

2001 年，天津钢管集团股份有限公司与中国石油长庆油田合作开发出首个 TP-CQ 特殊螺纹接头。经过 20 年的发展，天钢已形成了集产品设计、有限元分析、试验研究、产品评价、生产过程控制、产品检验、售后服务、授权管理、产品标准化等为一体的 TP 系列特殊螺纹产品体系，现已开发出数十种具有自主知识产权的特殊螺纹接头，广泛应用于国内外各大油田，特殊螺纹接头累计供货量二百余万吨。目前，TP 系列特殊螺纹产品已有 30 余个规格通过了 ISO13679 最苛刻条件下的 IV 级评价试验（表 3.15）。

表 3.15 天钢 TP 系列特殊螺纹及其应用

序号	分类	接头类型	螺纹类型	扣型介绍
1	金属—金属气密封特殊螺纹	带接箍	TP-CQ系列	第一代特殊螺纹产品，复合载荷下具有优异的气密封性能
2		带接箍	TP-G2	第二代特殊螺纹产品，适用于深井、大位移井、长水平井
3		带接箍	TP-G2HP	第三代特殊螺纹代表产品，具有优异的气密封性能，适用于高钢级和高合金产品
4		带接箍	TP-G4	第四代特殊螺纹产品，在复合载荷下具有优异的气密封性能，特别是接头的抗压缩性能不低于管体。适用于高钢级和高合金产品
5		带接箍	TP-G2（TW）	适用于热采井
6		带接箍	TP-G2FE	高抗疲劳设计
7		带接箍	TP-NF	小接箍设计（为南方勘探开发公司开发的）
8		直连型	TP-FJ	第一代整体直连型特殊螺纹产品，提供特殊间隙
9		直连型	TP-FJ/II	第二代整体直连型特殊螺纹产品，提供特殊间隙
10		镦粗直连型	TP-SFJ	镦粗直连型产品
11		镦粗直连型	TP-ISF	镦粗直连型产品，具有优异的使用性能
12	半特殊螺纹	带接箍	TP-TS	新的设计理念，采用螺纹密封
13		带接箍	TP-BM（S）	改进型偏梯螺纹接头，与API偏梯螺纹可互换，具有优异的抗过扭和抗压缩性能
14		带接箍	TP-JC	新的设计理念，采用锯齿形螺纹，可代替APIEU
15		带接箍	TP-QR	针对大口径，实现快速上扣

3.6.4 油套管柱螺纹选择

传统气密封螺纹，如 VAM-TOP、JFEFOX、JFEBEAR、TN-3SB、TPCQ、BGT2 等螺纹存在以下风险：保证密封性的前提下，试验压缩载荷只能达到管体载荷的 60% ~ 70%，而在由压缩态转变为拉伸态时有密封泄漏风险。需要探索一种新型螺纹，其压缩密封性试验载荷能够达到 100% 管体载荷。不同企业特殊螺纹结构特点及其性能指标见表 3.16，因此建议选用压缩态密封性试验包络线能达到 100% 螺纹，如：瓦姆 VAM21、特纳 Blue、天钢 TPG2HP、TPG4、宝钢 BGT3 及衡钢 HSG3 等。

表 3.16 不同企业特殊螺纹结构特点及其性能指标

企业	扣型	结构特点				性能指标
		承载面角度/（°）	密封形式	密封位置距台肩距离/mm	台肩角度/（°）	
瓦姆	VAM-TOP	−3	锥面/锥面	3	−15	CAL Ⅳ 压缩60%
	VAM21	−3	锥面/锥面	15	−15	CAL Ⅳ 压缩100%
特纳	3SB	0	球面/锥面	5	90	VME85%压缩60%
	BLUE	3	球面/锥面	3	−8	CAL Ⅳ 压缩100%
JFE	BEAR	−5	球面/锥面	1	−15	CAL Ⅳ 压缩80%
	FOX	3	球面/锥面	1	−15	VME85%
天钢	TPCQ	3	锥面/锥面	3	−15	CAL Ⅳ 压缩60%
	TPG2	−4	锥面/锥面	3	−15	CAL Ⅳ 压缩80%
	TPG2HP		锥面/锥面	TP第三代特殊螺纹——钩形螺纹		CAL Ⅳ 压缩100%
	TPG4		锥面/锥面	TP第四代特殊螺纹——最新一代螺纹		CAL Ⅳ 压缩100%
宝钢	BGC	3	球面/柱面	3	−15	VME85%压缩40%
	BGT2	−5	锥面/锥面	3	−15	CAL Ⅳ 压缩80%
	BGT3		锥面/锥面	BGT第三代特殊螺纹		CAL Ⅳ 压缩100%
衡钢	HSM1	3	锥面/锥面	3	−15	VME85%
	HSM2	−3	锥面/锥面	3	−15	CAL Ⅳ 压缩60%
	HSG3	−3	锥面/锥面	3	−15	CAL Ⅳ 压缩100%

生产管柱的螺纹选用对于油田开发至关重要，选择合适的螺纹需综合考虑多个因素。传统气密封螺纹存在着两大风险。首先，压缩密封性试验包络线仅达管体 60%～70%，在压缩态转变为拉伸态时存在密封泄漏的风险。其次，密封面容易受腐蚀甚至腐蚀穿孔，进而影响密封效果。为保障井筒气密封完整性，螺纹选用应确保压缩密封性试验包络线达到 100% 的标准，可选用的螺纹包括 JFE-LION、VAM21、TNBlue、天钢 TP G2 HP 或 TP G4、宝钢 BGT3 及衡钢 HSG3 等。经实物剖析检测，证实 TPG2-HP/BGT3 特殊螺纹在压缩状态下密封效率可达 100%，满足南缘高温高压超深气密封环境的需求。

3.7 CO$_2$ 环境不锈钢油套管材料的选用标准

南缘发育成排成带的背斜构造，油藏埋深大于 5700m，地层压力系数高于 2.0，地层温度大于 130℃。南缘西段和东段已证实是油层，高含伴生气，伴生气含 CO$_2$，中段趋向于认为是气层，超高压高温。凝析水析出，CO$_2$ 溶于水，pH 值低，风险较大，存在多相体系露点腐蚀。同时 CO$_2$ 溶于地层水，也造成腐蚀及垢下腐蚀。

CO$_2$ 腐蚀在油气工业中称为甜腐蚀，是相对于硫化氢酸腐蚀而言，CO$_2$ 溶于水后才会引起腐蚀，干燥的 CO_2 气体不会引起腐蚀，CO_2 腐蚀的本质为 CO_2 溶于水后生成 H_2CO_3。CO_2 环境一般指纯 CO_2 环境，或 CO_2 和 H_2S 共存时 H_2S 分压不高于 3.45×10^{-4}MPa 的情况。当 CO_2 分压低于 0.05MPa 时一般不会发生明显腐蚀，当 CO_2 分压高于 0.2MPa 会发生严重腐蚀。

3.7.1 CO_2 应力腐蚀失效案例分析

某油田因故障关井后，打捞防砂管柱发现盲管处发生多处腐蚀穿孔。盲管主要在含 CO_2、原油、水等多相环境中服役，储层温度为 65℃。管道外壁上的腐蚀孔附近附着黄色、红褐色腐蚀产物。通过 SEM 对盲管未穿孔处和穿孔处的腐蚀产物进行观察，如图 3.19 所示。未穿孔处的腐蚀产物层致密完整，能够保护管柱基体避免腐蚀发生；穿孔处的腐蚀产物疏松多孔、容易脱落，对管柱基体的保护性较差。

（a）外壁未穿孔处腐蚀产物形貌　　（b）外壁穿孔处腐蚀产物形貌

图 3.19　腐蚀产物 SEM 扫描形貌

腐蚀产物的组成可通过 XRD 分析获得，XRD 结果如图 3.20 所示。腐蚀产物以 $FeCO_3$、Fe_3O_4 为主，说明盲管腐蚀类型主要是 CO_2 腐蚀。油管外壁腐蚀产物检测还有部分 SiO_2，是服役过程中局部射流冲击时附着在管壁上的。当盲管承受局部射流冲击时，油管外壁的钝化膜逐渐疏松、脱落。局部裸露的管柱基体由于电位差形成微电池，油管发生点蚀，如图 3.21 所示。在点蚀过程中，点蚀坑内 H^+ 富集、pH 值下降，加快点蚀发展过程，提高腐蚀速率。最终，在冲蚀和腐蚀的耦合作用下盲管发生穿孔失效。

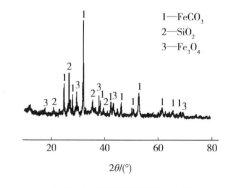

图 3.20　腐蚀产物 XRD 分析

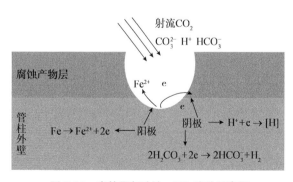

图 3.21　盲管局部冲蚀 +CO_2 腐蚀示意图

3.7.2　CO_2 腐蚀机理

在含有 CO_2 溶液中，CO_2 腐蚀的阳极反应为

$$Fe+OH^- \longrightarrow FeOH+e \tag{3.33}$$

$$FeOH \longrightarrow FeOH^++e \tag{3.34}$$

$$FeOH^+ \longrightarrow Fe^{2+}+OH^- \tag{3.35}$$

总阳极反应为

$$Fe \longrightarrow Fe^{2+}+2e \tag{3.36}$$

在 CO_2 腐蚀的过程中，钢的腐蚀速率主要由阴极控制。阴极还原反应主要指 H_2CO_3、H^+、H_3O^+ 和 HCO_3^- 在还原同时生成 H_2。

（1）H_2CO_3 还原生成 H_2 与 HCO_3^-：

$$2H_2CO_3+2e \longrightarrow 2HCO_3^-+H_2 \tag{3.37}$$

（2）H_3O^+ 或 H^+ 的还原：

$$2H_3O^++2e \longrightarrow H_2+2H_2O$$

$$2H^++2e \longrightarrow H_2 \tag{3.38}$$

（3）H_2O 和 HCO_3^- 的还原：

$$2H_2O+2e \longrightarrow H_2+2OH^- \tag{3.39}$$

$$2HCO_3^-+2e \longrightarrow H_2+2CO_3^{2-} \tag{3.40}$$

H^+、H_2O、H_2CO_3、HCO_3^- 在阴极反应过程中谁占主导地位，需要看具体情况。当溶液处于强酸性、pH 值低于 4 时，阴极反应以 H^+ 的还原为主，腐蚀速率受 H^+ 运移速度控制；当溶液处于弱酸性、pH 值大于 4 小于 6 时，阴极反应以 HCO_3^- 和 H_2CO_3 的还原为主，腐蚀速率受活化反应速率控制；除了阴极电位过高的情况，H_2O 的还原速率一般都很低不起主导作用。

3.7.3　CO_2 腐蚀影响因素

油套管柱表面发生 CO_2 腐蚀生成的 Fe^{2+} 会与溶液中的 CO_3^{2-} 等离子结合生成 $FeCO_3$、Fe_3O_4 等腐蚀产物。$FeCO_3$、Fe_3O_4 不溶于水，常附着于油套管柱表面形成保护膜，可以将金属基体与酸性溶液隔离，防止金属基体进一步发生腐蚀。一般反应时间 72h 后试样表面即可布满 $FeCO_3$ 腐蚀产物膜，保护膜的形成能够有效降低金属基体的腐蚀速率。

但金属表面的腐蚀产物膜在各种因素的影响下常常是不均匀，因此会导致局部腐蚀的发生，如点蚀、微裂隙腐蚀、台地状腐蚀和轮癣状腐蚀等。主要的影响因素包括温度、CO_2分压、腐蚀介质流速、腐蚀介质 pH 值、腐蚀介质中阳离子和阴离子的种类及含量、金属本身的材质和性能。

3.7.3.1　温度对 CO_2 腐蚀的影响

温度对 CO_2 腐蚀的影响较为复杂。在一定温度范围内，铁在 CO_2 溶液中的溶解速度随温度升高而增加，但温度较高时，当铁表面生成致密的腐蚀产物膜（$FeCO_3$）后，铁的溶解速度随温度升高而降低，前者加剧腐蚀，后者有利于保护膜的形成，造成了错综复杂的关系。

CO_2 腐蚀受温度影响较大，CO_2 腐蚀速率随温度的变化规律如图 3.22 所示。在 100℃ 之前随温度增加 CO_2 腐蚀速率也增加；在 100 ~ 200℃，随温度增加 CO_2 腐蚀速率降低；温度超过 200℃ 后，随温度增加 CO_2 腐蚀速率趋于稳定。对于 Cr 含量较高的金属如 13Cr、25Cr 等，其 CO_2 腐蚀速率始终较小。

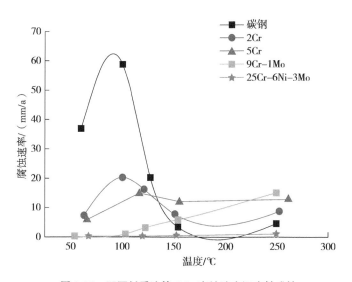

图 3.22　不同材质油管 CO_2 腐蚀速率温度敏感性

3.7.3.2　CO_2 分压对 CO_2 腐蚀的影响

CO_2 分压对 CO_2 腐蚀速率有显著影响。CO_2 分压影响腐蚀速率的主要方式为，CO_2 形成 H_2CO_3 降低腐蚀介质 pH 值的同时促进还原反应的速率。一般情况下，CO_2 分压低于 0.05MPa 时不发生明显腐蚀；CO_2 分压高于 0.05MPa 低于 0.2MPa 时，有明显腐蚀发生；CO_2 分压高于 0.2MPa，腐蚀较为严重需要做好预防措施。

流速一定时，CO_2 分压与腐蚀速率正相关，如图 3.23 所示。

CO_2 分压与腐蚀速率的常用关系式（适用条件：温度小于 60℃、CO_2 分压小于 0.2MPa）：

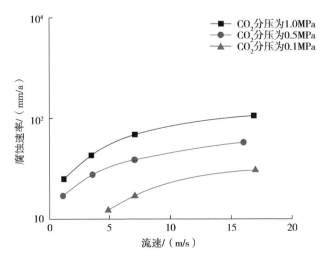

图 3.23 CO_2 分压及流速对腐蚀速率的影响（N80，T=90℃，3%Nacl）

$$\lg CR = 0.67 \lg p_{CO_2} + C \qquad (3.41)$$

式中　　C——校正系数；

　　　　CR——腐蚀速率，mm/a。

Dugstad 的研究表明：CO_2 分压小于 0.5MPa 时，关系式中都可应用相同的指数值 0.7，与温度、流速和 pH 值无关。

3.7.3.3　腐蚀介质流速对 CO_2 腐蚀的影响

腐蚀介质流速对 CO_2 腐蚀速率的影响要区分金属表面是否存在保护膜。当金属表面没有保护膜时，CO_2 腐蚀速率会随着腐蚀介质流速增大而明显增大，主要原因是腐蚀介质流速增大促进了介质内离子和电荷运移的速度。金属表面无保护膜时，常用腐蚀速率表达式为

$$腐蚀速率 = 常数 \times （流速） \qquad (3.42)$$

按照流体力学，在完全湍流的流动状态下常数取 0.8。

当保护膜存在时，腐蚀速率主要与保护膜相关，受流速影响不大。但当腐蚀介质流动状态为段塞流时，会对金属表面的保护膜造成破坏，进而导致局部腐蚀的发生。

3.7.3.4　腐蚀介质 pH 值对 CO_2 腐蚀的影响

腐蚀介质 pH 值对腐蚀速率的影响主要体现在化学反应速率和 $FeCO_3$ 溶解度两方面。从反应速率来看，当 pH 值低于 5 时，随着 pH 值增高 H^+ 浓度下降，H^+ 的还原速率也下降，进而使得 CO_2 腐蚀速率下降；当 pH 值大于 5 时，腐蚀速率几乎不受 pH 值影响。CO_2 腐蚀产物膜成分主要以 $FeCO_3$ 为主，$FeCO_3$ 溶解度直接影响保护膜的致密程度与厚度，$FeCO_3$ 溶解度随 pH 变化趋势如图 3.24 所示。当 pH 值小于 5 时，$FeCO_3$ 溶解度较高，金属表面只有稀薄、疏松多孔的腐蚀产物膜，对金属基体的保护能力很差。腐蚀介质 pH 值从 5 增加到 6，$FeCO_3$ 溶解度下降小于 0.01mg/L，$FeCO_3$ 大量析出附着于金属表面形成厚重、致密的保护膜，

有效隔离了金属基体与腐蚀介质，腐蚀速率显著下降。当 pH 高于 5.5 时 CO_2 腐蚀轻微。

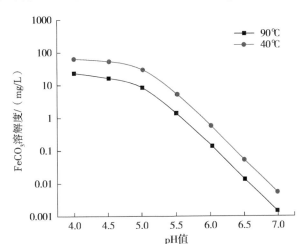

图 3.24　$FeCO_3$ 的溶解度随 pH 值的变化关系（CO_2 分压 0.2MPa）

3.7.3.5　不同金属阳离子对 CO_2 腐蚀的影响

溶液中存在 Ca^{2+}、Mg^{2+}，会降低 CO_3^{2-} 浓度影响腐蚀速率。同时 Ca^{2+}、Mg^{2+} 离子会增强介质的导电性能和结垢倾向。因此 Ca^{2+}、Mg^{2+} 离子会降低全面腐蚀速率，但会使局部腐蚀更加严重。

3.7.3.6　介质中 Cl^-、HCO_3^- 浓度对 CO_2 腐蚀的影响

Cl^- 浓度对 CO_2 腐蚀速率的影响主要分为两个方面。其一，Cl^- 浓度增大会导致 CO_2 溶解度降低；其二，Cl^- 浓度增大会增强腐蚀介质的导电性，促进电化学腐蚀的发生。两种作用分别抑制和促进 CO_2 腐蚀速率，且同时发生。但石油行业中常用管柱以碳钢、低合金钢和不锈钢为主，一般情况下 Cl^- 浓度促进 CO_2 腐蚀。图 3.25 为 Cl^- 浓度对不同含 Cr 钢腐蚀速率的影响。低含 Cr 钢受 Cl^- 浓度影响较大，Cl^- 浓度增大会显著提升 CO_2 腐蚀速率，但 13Cr 的腐蚀速率一直较低。

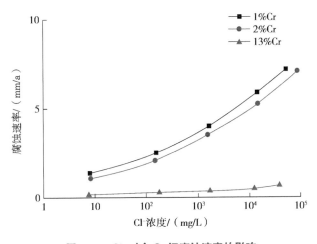

图 3.25　Cl^- 对含 Cr 钢腐蚀速率的影响

Cl^- 浓度足够大时会诱发金属发生点蚀、缝隙腐蚀等。Cl^- 诱发点蚀的浓度为

$$E_{b,\ Cl^-}=a+\lg C_{Cl^-} \tag{3.43}$$

式中　$E_{b,\ Cl^-}$——点蚀电位；

　　　a——常数；

　　　C_{Cl^-}——Cl^- 浓度。

HCO_3^- 的存在会抑制 $FeCO_3$ 的溶解，促进腐蚀产物膜的形成，从而降低碳钢的腐蚀速率。

3.7.3.7　腐蚀产物膜对 CO_2 腐蚀的影响

腐蚀产物膜能够隔离腐蚀介质与金属基体的接触从而达到保护金属基体，降低腐蚀速率的作用。但不同形态的钝化膜能够起到的保护效果也不同，图 3.26 为碳钢和含 Cr 钢不同状态的腐蚀产物膜示意图。一般温度较低时，金属表面不存在保护膜，金属基体与腐蚀介质直接发生反应，腐蚀速率较高。温度适中时，碳钢表面形成疏松的 $FeCO_3$、含 Cr 钢表面则形成 $FeCO_3$ 和 Cr—OH 混合物保护膜，这种疏松多孔、多缝隙的保护膜能够保护部分金属基体，但在孔洞和缝隙处会发生点蚀和缝隙腐蚀。在高温时金属表面形成致密的保护膜，几乎完全隔离金属基体与腐蚀介质的接触，大幅度降低腐蚀速率。

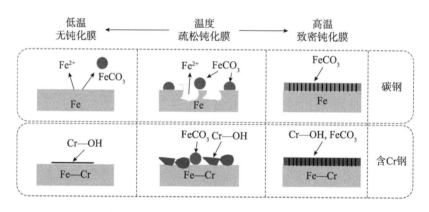

图 3.26　碳钢和含 Cr 钢 CO_2 腐蚀成膜机理

3.7.3.8　合金元素对 CO_2 腐蚀的影响

石油行业中通常会通过提升管材中 Cr 元素的含量提高管材的耐 CO_2 腐蚀性能，少量 Cr 含量的提升即可显著增强管材的耐腐蚀性能。Cr 元素融入腐蚀产物膜中会增强腐蚀产物膜的稳定性和保护能力。C 元素常常促进管材的 CO_2 腐蚀，当管材发生腐蚀时管材表面的 Fe_3C 会成为腐蚀阴极加速 CO_2 腐蚀。提高抗 CO_2 腐蚀能力一般会降低管材中的 C 含量。较多研究表明，Ni 元素会促进 CO_2 腐蚀，Mo、Si、Co 等微量元素的添加会抑制 CO_2 腐蚀。

3.7.4　腐蚀材质选择图版

CO_2 腐蚀是油气工业中最常见的腐蚀。绝大多数生产油气井都不同程度地含有 CO_2。挪

威的 Ekofisk 油田、德国的北部油气田及美国的大部分油气田都存在 CO_2 引起的腐蚀问题，但油气开发活动中 CO_2 腐蚀的标准滞后于生产需求。

国际上采用和参考《油气生产中的 CO_2 腐蚀控制：设计考虑因素》。它不是一个标准，而是碳钢油套管与 CO_2 腐蚀相关问题的全面描述。包括 CO_2 腐蚀的机理解释和腐蚀破坏的形式，焊缝 CO_2 腐蚀损伤及防护，碳酸钙垢下腐蚀，腐蚀影响因素及腐蚀速率预测模型，防止 CO_2 腐蚀的完井设计等。

直到 2016 年才有第一个高含 CO_2 气井的油套管选材标准，ISO 17348《石油天然气工业高含 CO_2 环境用套管、油管及井下工具的材料选择》（2016 年 02 月 15 日版本），我国对应颁布了国家标准 GB/T 40543—2021《石油天然气工业高含 CO_2 环境用套管、油管及井下工具的材料选择》，该标准规定了 CO_2 分压高于 1MPa 和其碳摩尔分数高于 10% 环境的油套管和设备选材标准。

我国也在 2021 年发布了行业标准，SY/T 7619—2021《二氧化碳环境油管和套管防腐设计规程》，其规定了 CO_2 分压小于 4MPa、温度小于 170℃、地层水氯离子含量小于 25000mg/L 的井下环境条件下，含 CO_2 腐蚀气体、不含硫化氢油气井油管和套管的防腐设计要求、流程和方法。

目前套管材质选择的常用方法是图版法。世界上各主要公司也有其对应的图版选材方法，常用的图版有如下几种。

3.7.4.1 JFE 材质选择图版

日本钢铁工程控股公司（JFE）研究了含 CO_2 环境下，多种材质在不同试验温度下（50 ~ 250℃）NaCl 水溶液中的腐蚀行为，提供的选材图版如图 3.27 所示。其高温高压井新推选材原则见表 3.17，可供南缘油套管选择参考。

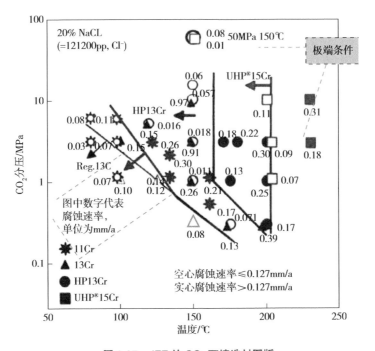

图 3.27 JFE 的 CO_2 环境选材图版

表 3.17　高温高压井新推选材原则

CO$_2$分压/MPa	温度/℃	选材
CO$_2$分压<0.02	—	碳钢L80、P110
CO$_2$分压>0.02	温度<100	L80–13Cr
	100<温度<140 ~ 150	S13Cr–110
	150<温度<200	15Cr–125
CO$_2$分压>0.02	—	双相不锈钢22CrS25CrS28Cr（注：双相不锈钢风险高于马氏体15Cr）、镍基合金、钛合金

3.7.4.2　中国海洋石油集团有限公司材质选择图版

根据点蚀与均匀腐蚀速率等实验结果，中国海油建立了纯 CO$_2$ 环境中的综合选材图版（图 3.28）。选材图版主要受两大因素控制：CO$_2$ 分压和温度。图版主要适用于 CO$_2$ 分压介于 0.01 ~ 10MPa、温度介于 30 ~ 170℃、Cl$^-$ 含量小于 25000×10^{-6} 的油气井生产管柱选材。

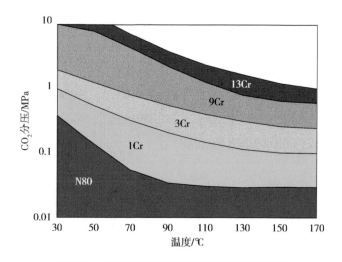

图 3.28　中国海洋石油集团有限公司综合选材图

1Cr、3Cr、9Cr、13Cr 分别表示含 1%、3%、9%、13%Cr 的马氏体不锈钢

如图 3.28 所示，图版由 5 个区域构成，分别为碳钢区域、1Cr 区域、3Cr 区域、9Cr 区域和 13Cr 区域，每个区域有适用的最高条件，即区域的上边界是该种材料的最高可适用环境条件。每个区域是以主要控制点（表 3.18）来控制边界。

表 3.18　腐蚀环境的上边界线确定

材料	1点	2点	3点	4点	备注
碳钢材料	（30，0.4）	（90，0.03）	（70，0.05）	（170，0.03）	四点连线
1Cr材料	（30，1.0）	（70，0.3）	（130，0.1）	（170，0.1）	四点连线
3Cr材料	（30，2.0）	（90，0.5）	（150，0.25）	（170，0.25）	四点连线

材料	1点	2点	3点	4点	备注
9Cr材料	（50，10.0）	（120，0.7）	（170，0.6）		三点连线
13Cr材料	（60，10.0）	（110，2.0）	（170，1.0）		三点连线

注：腐蚀环境的上边界线主要依次由 4 个或 3 个点连接成边界线，表中如（30，0.4）表示温度为30℃，CO_2 分压为 0.4MPa。

3.7.5 CO_2 分压计算

气井工况下，CO_2 分压按式（3.44）计算：

$$p_{CO_2} = p \frac{X_{CO_2}}{X}$$ （3.44）

式中 p_{CO_2}——CO_2 分压，MPa；

p——井筒压力，MPa；

X_{CO_2}——CO_2 物质的量，mol；

X——气体总物质的量，mol。

油井工况下，当井筒压力低于泡点压力时，CO_2 分压参考公式（3.44）计算。当井筒压力等于或高于泡点压力时，CO_2 分压按公式（3.45）计算：

$$p_{CO_2} = p_b \frac{X_{CO_2}}{X}$$ （3.45）

式中 p_b——泡点压力，MPa。

当 CO_2 含量为 0.66%，井口压力为 109MPa。按井口压力计算方法，生产过程中 CO_2 最高分压为 109×0.66%=0.72MPa，则属于严重腐蚀。参考 XG01 探井流体性质，原油类型为易挥发油，泡点压力（饱和压力）29MPa，按饱和压力计算方法，CO_2 最高分压为 29×0.66%=0.19MPa，属于轻微腐蚀。

因为只有在油田开发末期，同时满足以下条件才会有 CO_2 腐蚀：

（1）井筒压力降低到 30MPa 以下，有溶解气析出。

（2）井筒温度低于露点，有凝析水析出。

（3）地层丧失举升力或溶解气丧失举升力，造成井筒中上段为含 CO_2 气相，下部段为油相段。

在上述三条件下才可能有 CO_2 溶于凝析水，CO_2 溶于凝析水才会有腐蚀，且产量低到凝析水可稳定吸附在管壁上才会有腐蚀，低压可自喷阶段会有段塞流冲蚀／腐蚀。南缘高温高压油井，高含伴生气，伴生气中含 CO_2，应在开采中后期压力降到泡点以下才有 CO_2 腐蚀。

因此，对于南缘高含伴生气油井不适用 CO_2 含量乘井口压力的计算方法，这样计算将会过高估算腐蚀严重度。应该采用 ISO15156 标准中规定的采用饱和压力乘气相中 CO_2 含量计算获得，计算方式为：

（1）先在相图上找到某一温度下多相体系泡点压力（p_b泡点）。

（2）在泡点条件下，测定气相中CO_2或硫化氢的摩尔分数X_{CO_2}/X。

（3）泡点状态下天然气中CO_2分压计算：$p_{CO_2}=p_b \times X_{CO_2}/X$。

3.7.6　基于标准的CO_2环境下的选材

材料的选用涉及具体井的安全、寿命、环境相容性、产量、修井的可行性及代价。显然选用优良或高耐蚀钢会降低风险，但建井投资高。天然气生产井的材料选择需要考虑的因素包括pH值，气体中O_2、CO_2、H_2S体积分数及水成分，温度和压力。

ISO17348《石油天然气工业 高含CO_2环境用套管、油管及井下工具的材料选择》提供了CO_2环境不锈钢油套管材料的选用方法案例。该标准将CO_2分压高于1MPa或摩尔分数高于10%的环境定义为严重腐蚀环境。

3.7.6.1　已知储层条件

地层压力为50MPa，静态温度为110℃，含CO_2、H_2S产层气组分见表3.19。地层水分析见表3.20。

表3.19　产层气组分

组分	N_2	CO_2	H_2S	C_1	C_2	C_3	C_4
摩尔分数/%	0.31	10.25	0.029	84.44	3.85	1.45	0.31

表3.20　地层水分析

组分	钠	钾	镁	钙	钡	锶	总铁
质量浓度/（mg/L）	42340	3600	190	26500	720	4200	0
组分	氯化物	溴化物	硫化物	碳酸氢盐	甲酸盐	醋酸盐	总碱度
质量浓度/（mg/L）	119000	1700	41	405	<1	92	448

注：地层水含盐度为196370mg/L。

3.7.6.2　设计步骤

计算CO_2分压：$p_{CO_2}=0.1025 \times 50=5.125MPa$；

计算H_2S分压：$p_{H_2S}=0.00029 \times 50=0.0145MPa$。

对于凝析水，在H_2S、CO_2环境下pH值可通过图3.29确定。本计算案例中，$p_{CO_2}+p_{H_2S}=5.125+0.0145=5.140MPa$（5140kPa）。从图3.29可查出pH值在20℃及100℃情况下为3～3.2。

对于地层水，在H_2S、CO_2环境下pH值通过ISO15156.2—2020《油气开采中用于含硫化氢环境的材料 抗开裂碳钢、低合金钢和铸铁》可知20℃时pH值在4.8左右，100℃时pH值在4.3左右。

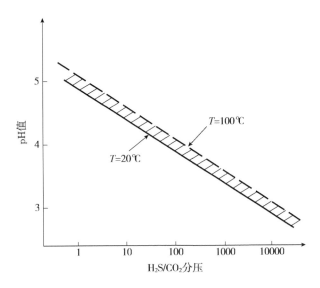

图 3.29　H_2S/CO_2 分压对凝析水中 pH 值的影响

3.7.6.3　材料选择

ISO15156.3 标准认定超级 13Cr–110 为 CO_2 环境用钢，对 H_2S 环境的开裂敏感。使用环境 H_2S 分压应低于 10kPa（1.5psi），环境 pH 值应高于 4.0。本案例环境中 H_2S 分压为 0.0145MPa（14.5kPa），且 pH 值为 3 ~ 4.2。因此不能选择马氏体不锈钢超级 13Cr–110。

表 3.21 中抗点蚀指数为 40 ~ 45 的双相不锈钢材料 H_2S 分压上限为 20kPa，且无 pH 值限制，可以选用。只有超级双相不锈钢 25Cr 以上材料可选用。22Cr 不可选用，其允许 H_2S 分压应小于 2kPa。

3.7.6.4　双相不锈钢的抗点蚀指数计算

耐蚀合金依赖于表面的一种氧化铬钝化膜提供防腐保护，氯化物或氧气的存在可能导致该钝化膜变得不稳定，小区域将会变得活跃。氧化铬钝化膜膜损伤将会导致产生快速的局部腐蚀，在金属中产生孔洞。这些洞很难探测，可能导致管柱泄漏或断裂。高温或低 pH 值促使氧化铬膜更趋于不稳定，因此，可能的途径是提高铬、钼、钨或氮元素的质量分数及合金化。这就需要一个判别指标，对耐蚀合金的抗蚀性进行排序的常用工具是利用经验公式来计算抗点蚀指数 PREN 或 F_{PREN}。

PREN 是反映或预测合金中铬、钼、钨和氮元素质量分数比例对抗点蚀性能的影响。双相不锈钢 F_{PREN} 可以采用式（3.46）计算：

$$F_{PREN}=\%Cr+3.3（\%Mo+0.5\%W）+16\%N \qquad （3.46）$$

式中　%Cr——合金中铬的质量分数；

%Mo——合金中钼的质量分数；

%W——合金中钨的质量分数；

%N——合金中氮的质量分数。

表 3.21　部分双相不锈钢的化学成分（ISO15156-3）

合金类型	商品名	UNS名	各成分最大允许质量分数或允许区间/%									抗点蚀指数	API钢级	NACEMR0175/ISO15156-3	
			C	Cr	Ni	Mo	Cu	Ti	V	W	N			状态	H$_2$S限用条件 酸性环境使用限度
22Cr双相不锈钢	22Cr 2205	S31803	0.03	21.0~23.0	4.5~6.5	2.5~3.5	—	—	—	—	0.08~0.20	35~40	65、75、	回火态	H$_2$S分压≤1.5psi，温度≤232℃
25Cr双相不锈钢	25Cr 2507	S31260	0.03	24.0~26.0	5.5~7.5	2.5~3.5	0.2~0.8	—	—	0.10~0.50	0.10~0.30	37~40	110、125、140	冷轧态	H$_2$S分压≤0.3psi，140钢级不推荐酸性环境使用
	SAD 2507	S32750	0.03	24.0~26.0	6.0~8.0	3.0~4.0	—	—	—	—	0.24~0.32	40~45		回火态	H$_2$S分压≤3.0psi，温度≤232℃
超级双相不锈钢	25CRS Z100	S32760	0.03	24.0~26.0	6.0~8.0	3.0~4.0	0.5~1.0	—	—	0.50~1.0	0.20~0.30	40~45	80、90、	冷轧态	H$_2$S分压≤0.3psi，Cl含量≤120g/L，140钢级不推荐酸性环境使用
	25CRW	S39274	0.03	24.0~26.0	6.0~26.0	2.5~3.5	0.2~0.8	—	—	1.5~2.5	0.24~0.32	40~45	110、125、140	冷轧态	

因此在双相不锈钢中，22Cr 双相不锈钢的抗点蚀指数为：$F_{PREN}=22+3.3\times（3+0.5\times0.3）+16\times0.17=35.2$，而 25Cr 超级双相不锈钢的点蚀系数为：$F_{PREN}=25+3.3\times（3+0.5\times0.3）+16\times0.17=41.9$。

因此，可以选用 25Cr 超级双相不锈钢。

3.7.7 CO_2 腐蚀环境油套管腐蚀裕量计算及壁厚选择方法

3.7.7.1 基于 De.Warrd 模型的腐蚀速率预测模型

一定 CO_2 分压下纯水溶液的 pH 值可按公式（3.47）计算：

$$A_{CO_2}=3.71+0.00417T-0.51gp_{CO_2} \tag{3.47}$$

式中　A_{CO_2}——某 CO_2 分压下溶解于纯水的 pH 值；

　　　T——温度，℃；

　　　p_{CO_2}——CO_2 分压，MPa。

不同材质在不同温度和 CO_2 分压条件下的短期（7d）腐蚀速率计算见表 3.22。

表 3.22　腐蚀预测公式

材料	腐蚀预测公式	编号
碳钢	$\lg R=-7.545-\dfrac{3359.5}{T+273.15}-2.4622\lg p_{CO_2}+5.9977(7.0-A_{CO_2})$	式（3.48）
1Cr	$\lg R=-7.0579-\dfrac{3217.8}{T+273.15}-2.2736\lg p_{CO_2}+5.66(7.0-A_{CO_2})$	式（3.49）
3Cr	$\lg R=-9.0949-\dfrac{3872.8}{T+273.15}-2.8146\lg p_{CO_2}+6.9479(7.0-A_{CO_2})$	式（3.50）
9Cr	$\lg R=-6.4943-\dfrac{3787.5}{T+273.15}-2.2258\lg p_{CO_2}+5.5489(7.0-A_{CO_2})$	式（3.51）
13Cr	$\lg R=-4.9262-\dfrac{3255}{T+273.15}-1.4069\lg p_{CO_2}+4.3171(7.0-A_{CO_2})$	式（3.52）

注：本表公式来自 SY/T 7619—2021《二氧化碳环境油管和套管防腐设计规程》。

3.7.7.2 长期腐蚀速率预测模型

根据预测模型计算得出短期平均腐蚀速率后，需转换成长期平均腐蚀速率。不同温度和不同 CO_2 分压条件下的长期平均腐蚀速率计算模型不同，式（3.53）、式（3.54）、式（3.55）分别给出碳钢、1Cr 和 3Cr 材质在 90℃、CO_2 分压 0.6MPa 条件下的长期腐蚀速率计算模型：

碳钢长期腐蚀速率计算模型：

$$R_{year} = 14.823t^{-0.776} \tag{3.53}$$

1Cr 长期腐蚀速率计算模型：

$$R_{year} = 17.108t^{-0.8841} \tag{3.54}$$

3Cr 长期腐蚀速率计算模型：

$$R_{year} = 9.0163t^{-0.7842} \tag{3.55}$$

式中 R_{year}——长期平均腐蚀速率，mm/a；

t——腐蚀时间，d。

其他条件下的长期腐蚀速率计算模型采用"短期腐蚀速率比"作为修正系数，例如 90℃、CO_2 分压为 0.6MPa 条件下 3Cr 材质的短期腐蚀速率为 2.2151mm/a；50℃、CO_2 分压为 0.1MPa 条件下 3Cr 材质短期腐蚀速率为 0.608mm/a，则该条件下（50℃，0.1MPa）3Cr 材料的长期腐蚀速率为

$$R_{year} = \frac{0.608}{2.2151} \times 9.0163t^{-0.7842} \tag{3.56}$$

和油气工业中的其他腐蚀一样，目前对油气田 CO_2 腐蚀程度的分级主要参考美国 NACE 标准（NACE SP 0775—2018《油田作业中腐蚀试样的准备、安装、分析和解释》），并在此标准中对腐蚀程度进行了较为详细的规定，现将具体内容列于表 3.23。

表 3.23 NACE 对腐蚀程度的规定

分类	全面腐蚀速率/（mm/a）	点蚀速率/（mm/a）
轻度腐蚀	<0.025	<0.13
中度腐蚀	0.025 ~ 0.12	0.13 ~ 0.20
严重腐蚀	0.13 ~ 0.25	0.21 ~ 0.3g
极严重腐蚀	>0.25	>0.38

3.7.7.3 腐蚀环向下壁厚选择

在 SY/T 7619—2021《二氧化碳环境油管和套管防腐设计规程》标准中给出了地层水氯离子含量小于 25000mg/L、液相流速小于 2.0m/s、初始溶液为中性的条件下，在不同井下温度和 CO_2 分压下油套管选材图版，如图 3.30 所示。根据图 3.30 选择的材质，采用相应的预测模型计算年腐蚀速率，再乘以期望的使用年限可计算出需要的腐蚀裕量，然后校核腐蚀后的油管和套管强度，如果满足强度要求，则选择该壁厚的油管和套管；如不满足强度要求，则应增加壁厚直至满足强度要求；如果该材质所有壁厚均不满足强度要求，则应重新选择高一防腐等级或高一强度等级管材，重新校核腐蚀后的油管和套管强度，直至满足强度要求。

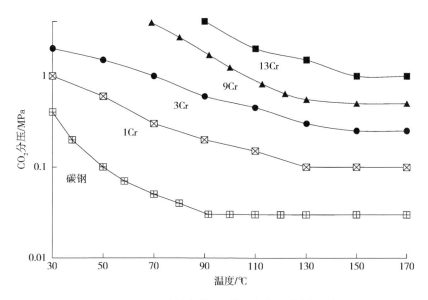

图 3.30 CO_2 腐蚀条件下油管和套管材质选择图版

下面以某井为例进行套管管材选择与壁厚确定，该井 CO_2 分压为 0.28MPa，井底温度为 90℃，期望开发 20 年，244.5mm（$9^5/_8$in）油层套管材质、腐蚀裕量及壁厚选择如下。

根据图 3.30 选择 3Cr 材质，将 CO_2 分压和井底温度代入公式（3.57）：

$$A_{CO_2} = 3.71 + 0.00417T - 0.51gp_{CO_2} \qquad (3.57)$$

计算 A_{CO_2} 得 4.36。将实际数据代入 3Cr 腐蚀预测模型：

$$1gR = -9.0949 - \frac{3872.8}{90 + 273.15} - 2.81461g0.28 + 6.9479 \times (7.0 - 4.36) \qquad (3.58)$$

计算的短期腐蚀速率 R 为 1.3772mm/a，代入长期腐蚀速率计算模型（修正模型）：

$$R_{year} = \frac{1.3772}{2.2151} \times 9.0163 \times 365^{-0.7842} = 0.05339\,mm/a \qquad (3.59)$$

期望开发年限为 20 年，需要的腐蚀裕量为 $0.05339 \times 20 = 1.0677mm$，选择壁厚 10.03mm（401b/ft）的直径 244.5mm 油层套管，腐蚀后剩余壁厚为 10.03–1.0677=8.9623mm。假定在相应的校核工况下，进行腐蚀后套管强度校核，抗内压安全系数为 0.89（标准 1.125），抗外挤安全系数为 1.93（标准 1.10），计算表明抗内压不满足强度校核要求，需要重新选择壁厚更大的套管。

选择壁厚 11.99mm（471b/ft）的直径 244.5mm 油层套管，腐蚀后剩余壁厚为 11.99–1.0677=10.922mm。假定在相应的校核工况下，进行腐蚀后套管强度校核，抗内压安全系数为 1.38（标准 1.125），抗外挤安全系数为 2.03（标准 1.10），满足强度校核要求。

3.7.8 南缘油管柱选材建议

GB/T 40543—2021《石油天然气工业高含 CO_2 环境用套管、油管及井下工具的材料选择》中指出，干气是在一定压力下，温度至少高于（凝析）水露点 10℃的气体。含 CO_2 干气腐蚀不严重，可用碳钢管。南缘高温高压油井高含伴生气，伴生气中含 CO_2，仅在井内压力降低到泡点压力以下，即在开采中后期压力降到泡点会产生 CO_2 腐蚀。

准噶尔盆地南缘的高温高压深井，如果要用 140V 或 155V 高强度套管，严格控制制造质量和性能至关重要。需要进一步探讨回接套管或生产套管采用厚壁 Q125A 套管技术，降低环境断裂风险。其中 Q125A 的 A 表示按 155V 钢的化学元素，但热处理到屈服强度 125ksi。因为 TP125–13Cr 油管存在应力开裂风险，而 S13Cr–110 油套管设计工作压力应以 110ksi（758MPa）为准。塔里木早期材料屈服强度过高的 S13Cr–110 油管发生过几起开裂事故。如果 S13Cr–110 强度不满足要求，建议选用 15Cr–125。

关于 XG01 探井腐蚀选材，新疆油田公司委托第三方，实验测试和研究了油管选材 P110、3Cr、9Cr、13Cr 和 Cr13S。建议在上述材料中只有 P110 可讨论和评价，3Cr 和 9Cr 不是 API 5CT/ISO 11960 规定的油管材料类型，它们的腐蚀机理是以点蚀和应力腐蚀开裂为主。

综上所述，南缘油管柱选材有以下几点建议。

（1）南缘储层超高压高温井中，设计选用 TP125–13Cr 油管，存在应力开裂风险。

（2）S13Cr–110 油管不可用卤族元素的盐类作环空保护液。

（3）可依据现场工况按照如下建议选材：

①当 CO_2 分压小于 0.02MPa（3psi）可以选择碳钢 L80 和 P110 材料；

②当 CO_2 分压大于 0.02MPa 且 H_2S 分压低于 0.01MPa，根据温度不同进行选择，当温度小于 100℃，可以 L80–13Cr 材料；当温度小于 140 ~ 150℃且大于 100℃选择 S13Cr–110 材料，当温度小于 200℃且大于 150℃，选择 15Cr–125 材料；

③当 CO_2 分压大于 0.02MPa，且 H_2S 分压高于 0.01MPa，可以选择双相不锈钢 22Cr、S25Cr、S28Cr 等，但是双相不锈钢风险会高于马氏体不锈钢 15Cr，也可以选择镍基合金和钛合金。

3.8 油管柱附件尾管悬挂器的完整性关键技术

3.8.1 高级别 105MPa 尾管悬挂器应用情况

对国内深井、超深井高压级别尾管悬挂器应用调研结果为：青海油田尾管悬挂器，目前最高就用到 70MPa。中国石化在西南一口页岩气井中试验了 90MPa 的尾管悬挂器，但是该产品处于研发和试验阶段，并还没有得到正式应用。渤海钻探已在新疆油田公司南缘钻完两口井，采用的渤海钻探自己的尾管悬挂器产品，具有 8000m 井深钻完井 90MPa 尾管悬挂器储备技术，可进行产品快速研发和升级到 90MPa 或 105MPa 的尾管悬挂器。结果现场调研，用过 105MPa 高级别尾管悬挂器的油田单位有以下几家。

（1）塔里木油田：105MPa 尾管悬挂器 $7^5/_8$in 套管挂 5in 尾管，2019 年在塔里木油田塔中 160H 井和塔中 169H 井使用，为保险试压只打压 90MPa。井深 4900m，悬挂位置 3600m。

（2）中国石化大牛地气田：105MPa 尾管悬挂器 7in 套管挂 $4^1/_2$in 尾管，自 2014 年以来 125 口井应用。大牛地气田为德州大陆架 105MPa 尾管悬挂器的实验基地，通过近 10 年的试验、试用及正式下井应用，该级别产品已经成熟。

（3）中国石油长庆苏里格气田：105MPa 尾管悬挂器 7in 套管挂 $4^1/_2$in 尾管，2 口井应用。

（4）中国石化胜利油田：105MPa 尾管悬挂器 7in 套管挂 $4^1/_2$in 尾管，自 2018 年以来 127 口井应用。

（5）中国石化西南油气田：105MPa 尾管悬挂器 $7^5/_8$in 套管挂 $4^1/_2$in 尾管，在威远页岩气 3 口井应用，打压试压 90MPa，最高打压 97MPa。

（6）德州大陆架 2014 年开始开发 105MPa 尾管悬挂器，已经油田已经成功应用了 300 余口井，目前正在攻关开发 140MPa 尾管悬挂器 $9^5/_8$in 套管挂 $5^1/_2$in 尾管，回接筒直接当生产套管用，目的是为页岩气开发做储备技术。

3.8.2　井身结构及尾管悬挂器坐挂原理

XL01 探井井身结构及其屏障如图 3.31 所示。完井方式采用五开井身结构，为满足长久安全生产，油管柱设计采用 $S13Cr\phi88.9mm+\phi73.0mm$ 油管 + 井下安全阀 + 永久封隔器的完井管柱，建立两道独立井屏障。第 1 屏障为从井口开始的油管柱、封隔器及其封隔器以下的井筒，第 2 屏障为从井口到封隔器位置的生产套管。在 5600m 井深悬挂 $\phi139.7mm$ 尾管、回接 $\phi193.7mm+\phi168.3mm$ 套管固井完井，储层位置为 6894 ~ 6920m，人工井底 6992m，悬挂器位置处于第 2 屏障内。

该井油层尾管悬挂器规格为 219mm×168mm ×139.7mm 双内嵌封隔式尾管悬挂器工具，其承压级别为 70MPa，上层套管为 219mm 外径，悬挂器上部回接 168mm 外径的回接筒，下部悬挂 139.7mm 的尾管，其螺纹类型为 TP-CQ，钢级为 TP140V，壁厚为

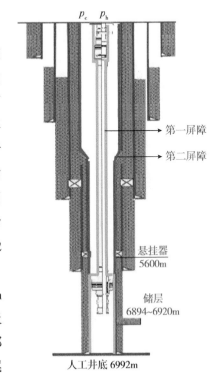

图 3.31　XL1 井井身结构及其屏障示意图

14.27mm。

在固井坐挂过程中，井筒内的压力（p_i）通过中心管内 4 个孔眼传递到液缸内，在该压力作用下，液体推动液缸，液缸又推动卡瓦组件，卡瓦沿卡瓦组件上的导向斜坡移动时，同时径向扩张，直至卡瓦牙吃入上层套管内壁，同时在尾管自重作用下，两对卡瓦组件直接坐挂在套管内壁上，尾管悬挂器坐挂及其水泥浆候凝固井后，尾管悬挂器液缸外壁与水泥环—技术套管—地层相连接。

固井后，在较大的非均匀地应力传递到液缸外壁时，如果液缸内的压力较低，其压差高于其抗外挤强度时，液缸被挤毁破坏；如果液缸内的压力与地层传递到液缸外壁的压力之差高于其抗内压强度，则其液缸破裂损坏。液缸是整个悬挂器抗外压作用最薄弱的环节，其次是图 3.32 中 AB 位置的中心管是抗外压和轴向力作用最薄弱环节。

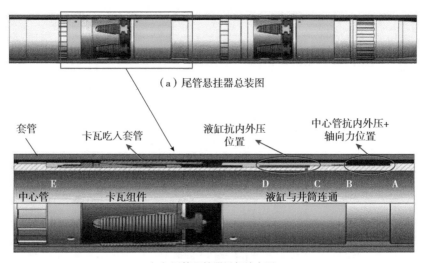

（a）尾管悬挂器总装图

（b）尾管悬挂器局部放大图

图 3.32　坐挂后的内嵌式悬挂器结构示意图

3.8.3　尾管悬挂器安全性评价方法及其有限元模型建立

坐挂后的尾管悬挂器如图 3.32 所示，该悬挂器主要由中心管、卡瓦组件及其液缸筒组成，悬挂器液缸 DC 内腔通过中心管 C 位置周向 90 分布的 4 个孔与井筒连通，悬挂器液缸壁厚仅 6.5mm，为整个悬挂器最薄弱环节。其相互界面之间全部采用高度非线性的接触力学有限元模型，模型中各界面之间可以有间隙，也可紧密接触，即该模型可模拟水泥环具有微间隙的工况，同时可以直接获得接触界面之间的接触压力，也就是可以直接获得从地层传递到悬挂器液缸外壁的压力。以前各学者的模型大部分将地层—水泥环、水泥环—套管等之间建立的连续介质模型，这种模型均无法获得来自地层传递到界面的压力，因此无法预测悬挂器液缸外壁的压力。

新模型中，地层岩石及其水泥石计算的材料模式采用岩石力学破坏准则中的 Drucker-Prager 准则，即岩石力学和有限元法中称为 DP- 材料模式，以前的学者大部分均采用线弹性模式，这与实际岩石力学和水泥环的强度变化及其破坏不吻合。

采用弹塑性接触问题的有限元法理论，以及其非连续介质的非线性接触问题的原理及其方法，建立了超深高温高压井尾管悬挂器位置的有限元力学评价模型，如图 3.33 所示。

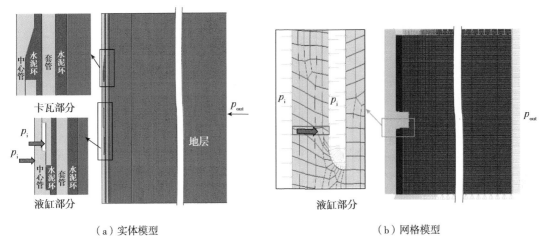

（a）实体模型　　　　　　　　　　　　　　　　（b）网格模型

图 3.33　地层—水泥环—套管—水泥环—悬挂器有限元模型图

该模型包括尾管悬挂器位置的地层—水泥环—技术套管—水泥环—尾管悬挂器，边界条件包括最大水平地应力、最小水平地应力、井筒内压（含井口压力及流体密度）及悬挂器双卡瓦内由下部套管悬重产生的预拉应力。材料参数包括地层岩石及水泥环力学参数、套管及其悬挂器材料力学参数等。该模型可以准确和定量模拟计算不同内压作用下来自地应力作用下，通过地层—水泥环—技术套管—水泥环等传递到悬挂器液缸外壁的实际压力，即可评价悬挂器的实际承压能力，因为液缸是活动的，几乎不受轴向力。

根据 XL01 探井悬挂器 5600m 位置套管—水泥环井身结构尺寸数据及 219mm ×168mm × 139.7mm 双内嵌封隔式尾管悬挂器结构尺寸，将恶劣工况下的最大水平地应力作为模型外部的地应力（p_{out}），因此该结构模型属于轴对称结构模型，建立的尾管悬挂器安全性评价的地层—水泥环—套管—水泥环—液缸—中心管的二维轴对称有限元模型，如图 3.33 所示，井筒和液缸内的压力均为 p_i，模型中地应力是固定不变的，在压裂、试油及其投产过程中，井筒内压是变化的，因此，在计算中不断改变井筒内压，可以评价尾管悬挂器的力学强度安全问题及获取不同内压作用下液缸外壁对应的压力。

整个模型采用 8 节点的单元划分结构网格，不同材料界面之间采用接触有限单元，建立了 5 组接触对单元模型，该模型可以准确分析中心管、液缸、套管、水泥环、地层之间的相互接触作用压力的定量关系，能准确分析在不同内压及复杂条件下地应力传递到个界面上的压力关系，从而获得尾管悬挂器及其液缸的受力状态及其极限承压能力。

3.8.4 有限元模型边界条件及材料属性

XL01 探井尾管悬挂器位于井深 5600m，地层压力为 159.23MPa，最大水平地应力梯度为 0.0278MPa/m，最小水平地应力梯度为 0.0231MPa/m。在极限工况下，管内压裂液密度（ρ_d）为 2.42g/cm^3，压裂破盘需要的套压（p_c 油管背压）为 50MPa，基于以上参数，可得该井尾管悬挂器位置地应力及其井筒内压（表 3.24）。即在图 3.33 的有限元模型中施加内压为 183MPa，地层压力取最大水平地应力 156MPa。

表 3.24　计算位置地应力及其井筒内压表

井深/m	垂向地应力/MPa	最大地应力/MPa	最小地应力/MPa	计算内压/MPa
5600	137	156	129	183

尾管的外径为 139.7mm，壁厚为 14.7mm，钢级为 140ksi，尾管长度（L）1530m，钢材密度（ρ_s）为 7850kg/m^3，固井水泥浆密度（ρ_m）为 2350kg/m^3。其尾管悬重的计算式为

$$T = (\rho_s - \rho_m)A_s L \qquad (3.60)$$

式中　A_s——尾管的横截面积，m^2。

则根据式（3.60）可计算出尾管在水泥浆中的悬重为 485.8kN，因此在图 3.33 中模型中，除了施加内压和地层压力外，在中心管上再施加 485.8kN 的预拉力，即尾管悬挂器坐挂后的实际受力工况。

根据现场资料可知，南缘区块 5000～7000m 井段地层岩石平均弹性模量介于 24.8～45.4GPa，泊松比为 0.23，岩石抗拉强度为 9.38MPa，岩石密度为 2.5g/cm^3，地层破裂压力梯度为 2.6g/cm^3。其尾管悬挂器位置地层岩石—水泥环—套管力学参数见表 3.25。

表 3.25　南缘区块地层岩石—水泥环—套管力学参数表

材料名称	弹性模量/GPa	泊松比	内聚力/MPa	内摩擦角/(°)	备注
套管	210.0	0.30			
水泥	7.0	0.23	9.0	28	水泥质量良
地层	45.4	0.25	25.0	28	取自南缘资料

由于地层岩石和水泥环均属于高度非线性材料，所以水泥环和岩石材料模式选用 Drucker–Prager 破坏判断准则，表达式为

$$f = \alpha I_1 + \sqrt{J_2} - k = 0 \qquad (3.61)$$

$$\alpha = \frac{\sqrt{3}\sin\varphi}{3\sqrt{3+\sin^2\varphi}} \qquad (3.62)$$

$$k = \frac{\sqrt{3}\cos\varphi}{\sqrt{3+\sin^2\varphi}}C \tag{3.63}$$

$$I_1 = \sigma_1 + \sigma_2 + \sigma_3 \tag{3.64}$$

$$J_2 = \frac{1}{6}\left[(\sigma_1 - \sigma_2)^2 + (\sigma_2 + \sigma_1)^2 + (\sigma_1 - \sigma_3)^2 \right] \tag{3.65}$$

式中　α，k——材料参数，与材料自身内摩擦角和内聚力相关；

　　　σ_1，σ_2，σ_3——最大、中间、最小主应力，MPa。

3.8.5　第四强度理论 Mises 应力评价结果

根据图 3.34 建立的有限元计算模型及其研究的压裂破盘压力参数，计算结果如图 3.34（a）所示。图 3.34（a）为全模型悬挂器—水泥环—套管—水泥环及地层内的 Mises 应力分布云图，Mises 应力即为材料力学中的第 4 强度理论。较大应力主要发生在悬挂器液缸及其中心管内，整个悬挂器内的最大应力为 754MPa，发生在液缸内的中心管部件上，低于其材料的屈服应力 965.5MPa，其安全系数为 1.28，处于安全状态。

从图 3.34（b）中可知，其液缸体内的最大应力为 540MPa，其安全系数为 1.79，处于安全状态。可以看出技术套管在液缸部位应力较大，也仅为 190MPa 左右。

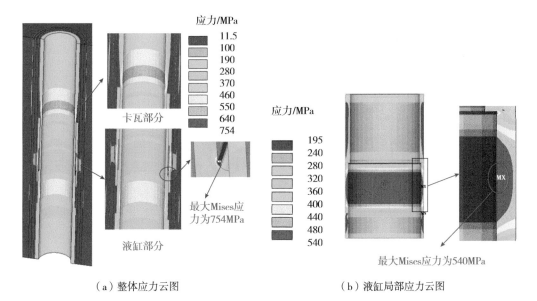

（a）整体应力云图　　　　　　　　　　（b）液缸局部应力云图

图 3.34　悬挂器—水泥环—技术套管—地层与悬挂器液缸体内 Mises 应力云图

3.8.6　第三强度理论的线性化评价结果

由于悬挂器液缸属于承压部件，可以按 API 6X–2019 承压设备设计计算的规定进行强度评定，基于弹性的有限元分析求得总应力，将一次应力分划分为以下 3 种：一次总体薄膜应力（p_m）、一次局部薄膜应力（p_L）和一次弯曲应力（p_b）。

主应力差：

$$S_{12}=\sigma_1-\sigma_2$$
$$S_{23}=\sigma_2-\sigma_3$$
$$S_{31}=\sigma_3-\sigma_1$$

应力强度：

$$S=\max\{|S_{12}|,\ |S_{23}|,\ |S_{31}|\}$$

为了防止承压设备发生总体塑性变形，需要对一次应力当量做以下限定：

$$S_{\mathrm{I}}:\ p_m \leqslant kS_m$$
$$S_{\mathrm{II}}:\ p_L \leqslant 1.5kS_m$$
$$S_{\mathrm{III}}:\ p_L+p_b \leqslant 1.5kS_m$$

其中

$$S_m=（2/3）S_y$$

式中　S_m——材料的设计应力强度，MPa；

　　　k——载荷组合系数，操作条件的 k 系数为 1.0。

在满足 $p_L+p_b \leqslant 1.5kS_m$ 的同时，必须满足 $p_m \leqslant kS_m$。

按照应力线性化路径的选择原则，根据应力分布，建立如图 3.35 所示 6 条评价路径，通过有限元软件提供的应力线性化的功能，将路径上的各类应力区分开，各路径线性化结果列于表 3.26 应力分类中。

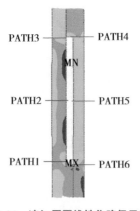

图 3.35　液缸周围线性化路径示意图

表 3.26 第三强度理论的线性化应力评价表

路径	S_I/MPa		S_{III}/MPa		结论
	计算值	许用值kS_m	计算值	许用值$1.5kS_m$	
PATH1	317.51	643.6	561.57	965.5	
PATH2	324.25	643.6	370.74	965.5	
PATH3	353.49	643.6	489.80	965.5	安全
PATH4	289.40	643.6	405.88	965.5	
PATH5	561.28	643.6	597.76	965.5	
PATH6	327.07	643.6	392.23	965.5	

从评定的结果可以看出路径 PATH5 液压缸体中心处是悬挂器最薄弱的地方，应力分类的薄膜应力最大。

3.8.7 悬挂器外壁围压预测新模型及其安全性评价

3.8.7.1 液缸及其中心管外壁压力分析预测

根据前述图 3.33 有限元力学模型，可以计算出不同内压作用下，液缸及其中心管外壁压力的定量数值。分析中，将提取液缸外壁 CDEF 路径及中心管外壁 AB 路径上内压和地应力作用下传递到该路径上的接触压力，其详细路径位置如图 3.36 所示。

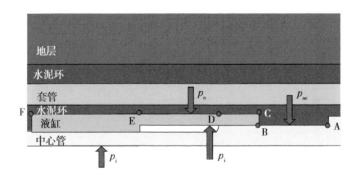

图 3.36 悬挂器液缸及其中心管外壁路径示意图

图 3.37 为地应力外压 156MPa 和内压为 183MPa 的极限工况下，图 3.33 模型中非连续介质接触界面上的接触压力分布云图。从图 3.37 中可以看出分布规律符合实际情况，接触压力局部最大为 279MPa，主要是由于单元和材料性质突变引起的，该最大值不影响全局，可以忽略不考虑，其他位置最大接触压力在 150MPa 以内。图 3.38 为图 3.36 中井筒内压在 91.5 ~ 183MPa 时液缸外壁 CF 路径及其中心管外壁 AB 路径上的压力变化关系曲线。根据图 3.33 模型，不断改变井筒内压，获得了 6 种内压工况下，液缸外壁路径 CDEF 及中心管外壁路径 AB 上的压力随内压的变化关系曲线（图 3.38）。

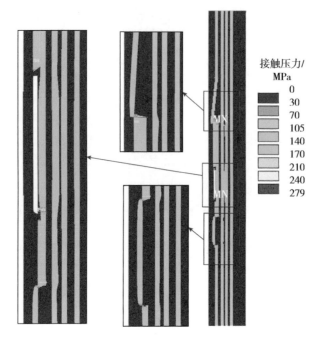

图 3.37　计算模型中各界面接触压力分布云图

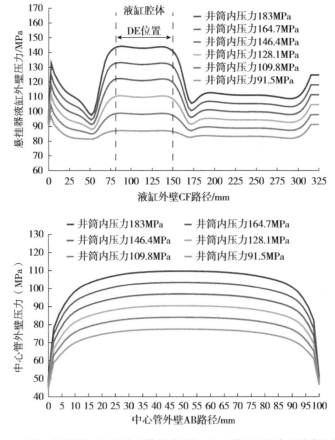

图 3.38　液缸外壁路径 CF 及中心管外壁路径 AB 上的压力随内压的变化关系图

现在研究中最关心的是液缸最薄弱环节 DE 路径（图 3.37）上的压力及中心管外壁上相应内压力对应的外壁路径 AB 上的压力 p_{oc}，其对应压力结果如图 3.38 所示 DE、CF 位置的压力曲线数值，将其相同内压力对应的 DE、CF 路径上的外压力分别求取其平均压力 p_o、p_{oc}，可得井筒内压与液缸外压的变化关系的预测经验公式。

液缸

$$p_o = 0.618 p_i + 30.5 \quad (R^2 = 0.9999) \tag{3.66}$$

中心管

$$p_{oc} = 0.322 p_i + 43.6 \quad (R^2 = 1) \tag{3.67}$$

因此，根据拟合的经验公式（3.66）和式（3.67），可以预测 XL01 探井及南缘区块相同规格悬挂器在给定井筒内压力下，对应的悬挂器液缸外壁及其中心管外壁的压力，根据该外壁压力、井筒内压及其轴向力等，可以方便、可靠地对悬挂器进行安全性评价和外壁压力预测，解决了以前现场工程师只能凭经验估算固井后尾管悬挂器外壁的压力预测方法，如按地层压力直接传递到液缸外壁计算，或者直接按盐水密度液柱压力计算其外压，该方法既保守，又不安全。该经验公式（3.66）、式（3.67）的建立方法和预测评价已经在 XL01 探井和 XK05 探井中得到了应用和验证。

3.8.7.2 悬挂器三轴应力及其包络线安全评价

在前面研究中获得了南缘区块 XL01 探井尾管悬挂器外壁及其中心管外壁的压力随井筒内压变化的经验预测式（3.66）和式（3.67）。再结合其轴向力，即可进行常规的管柱或液缸筒的三轴应力校核及其三轴应力强度设计。根据弹性力学理论中厚壁筒的拉梅公式，管柱径向应力、周向应力和轴向应力分别为式（3.68）至式（3.70）。根据第四强度理论 Von-Mises 屈服强度准则式（3.71），判断是否满足，如果全部满足则为安全状态，否则处于危险状态。三轴应力的安全系数 S3 为式（3.72）。

$$\sigma_r = \frac{p_i r_i^2 - p_o r_o^2}{r_o^2 - r_i^2} - \frac{(p_i - p_o) p_o r_o^2}{(r_o^2 - r_i^2) r^2} \tag{3.68}$$

$$\sigma_\theta = \frac{p_i r_i^2 - p_o r_o^2}{r_o^2 - r_i^2} - \frac{(p_i - p_o) r_o^2 r_i^2}{(r_o^2 - r_i^2) r^2} \tag{3.69}$$

$$\sigma_z = \frac{F_a}{\pi (r_o^2 - r_i^2)} \tag{3.70}$$

$$\sigma_{VME} = 0.707 \sqrt{(\sigma_r - \sigma_\theta)^2 + (\sigma_\theta - \sigma_z)^2 + (\sigma_z - \sigma_r)^2} \leqslant \sigma_s \tag{3.71}$$

$$S_3 = \frac{\sigma_s}{\sigma_{VME}} \tag{3.72}$$

式中　p_o，p_i——套管的外挤力、内压力，MPa；

　　　r_o，r_i——套管外半径、内半径，mm；

　　　σ_r，σ_θ，σ_z——径向应力、周向应力、轴向应力，MPa；

　　　F_a——轴向载荷，N；

　　　σ_{VME}——三轴应力，MPa；

　　　σ_s——管材屈服强度，MPa；

　　　S_3——三轴应力的安全系数，行业标准中规定必须满足 S_3 大于等于 1.25，复杂工况的深井、超深高温高压气井，一般三轴应力安全系数为 1.5。

根据式（3.65）和式（3.67）的拟合预测经验公式，可以获得任意内压下，悬挂器液缸外壁及其中心管外壁的压力，再结合是否存在轴向力，根据式（3.66）至式（3.72），现场工程师或设计人员即可快速评价 XL01 探井尾管悬挂器的安全性及其强度校核。

图 3.39 为 XL01 探井在不同轴向力下，尾管悬挂器液缸和中心管三轴应力安全系数随井筒内压力变化的关系曲线。由图 3.39 可知，随内压的增加，三轴应力逐渐增加，其安全系数逐渐降低，当内压在 190MPa 时，液缸三轴应力为 382.48MPa，其对应的安全系数为 2.52，满足要求，其强度最薄弱环节的液缸和中心管的安全系数均大于 1.5，满足安全性要求；中心管轴向力从 0 增加到 600kN 时，井筒在内压较高时，其轴向力对安全系数无影响；在井筒内压较低，图 3.39 中低于 130MPa 时，中心管轴向力对三轴应力安全系数才起作用，且轴向力越低，三轴安全系数越高。即可得出结论：在井筒高内压下（大于 130MPa），悬挂器内的轴向拉力对其安全系数的几乎没有影响，只有在低内压下才有影响。

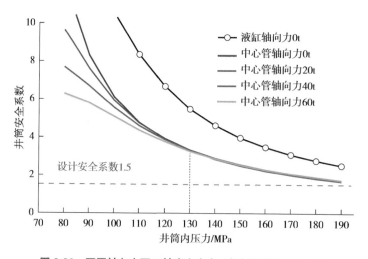

图 3.39　不同轴向力下三轴应力安全系数与井筒内压关系图

根据管柱双轴应力椭圆计算公式，可以得到 XL01 探井尾管悬挂器液缸和中心管不同力学工况下的应力强度包络线评价结果，如图 3.40 所示。

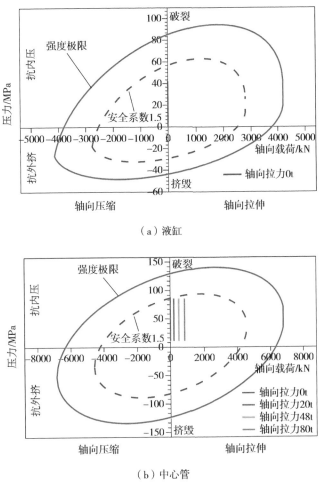

（a）液缸

（b）中心管

图 3.40 液缸与中心管双轴屈服应力椭圆包络线图

内压为正，外挤为负；拉伸为正，压缩为负

从图 3.40（a）中可知，尾管悬挂器液缸的极限载荷曲线在安全系数 1.5 形成的包络线内，表明液缸的强度满足要求，为安全状态。

同理，从图 3.40（b）中可知，中心管在轴向拉力为 0、200kN、480kN 和 800kN 的载荷曲线在安全系数 1.5 形成的包络线内，即中心管的强度满足要求。根据 XL01 探井强度最薄弱环节的液缸和中心管的应力包络线综合评价，该尾管悬挂器是安全的，能够满足 XL01探井各种工况环境。

3.8.8 南缘悬挂器外壁压力梯度预测模型及其安全评价模型

3.8.8.1 尾管悬挂器外部水泥环完好的外压预测模型建立

根据 2022 年南缘井统计分析，南缘回接筒悬挂器位置在 4350～5600m 范围，尾管均为 139.7mm，壁厚均为 14.27mm，其位置详见表 3.27 和表 3.28。尾管悬挂器始终为双层管柱，即回接筒管柱与上层技术套管柱，尾管部分始终是单层管柱，为其有限元模型建立提供了依据。

表 3.27　南缘上层套管、回接筒及其尾管等尺寸及其位置统计

钻头/mm	241.3 ~ 311		216 ~ 245.42		190.5	
管柱尺寸/mm	上层套管直径250.8	壁厚15.88	回接套管直径177.8	壁厚13.72	尾管直径139.7	壁厚14.27
	上层套管直径244.5	壁厚11.99				
	上层套管直径219.1	壁厚12.7	回接套管直径168.3	壁厚14.7		
			回接套管直径193.7	壁厚15.11		
	上层套管直径273	壁厚13.84	回接套管直径193.7	壁厚15.11		
井深/m	4539 ~ 6500		4354 ~ 5600		5918 ~ 7015	

表 3.28　不同悬挂器在不同井身结构中的应用统计

序号	悬挂器规格/（mm×mm）	液缸			技术套管			钻头尺寸/mm	悬挂器位置/m
		外径/mm	内径/mm	壁厚/mm	外径/mm	内径/mm	壁厚/mm		
1	$\phi 219 \times \phi 168.3$ （$8^5/_8$in × $6^5/_8$in）	183	170	6.5	219.1	193.7	12.7	241.3	5600
2	$\phi 244.5 \times \phi 139.7$ （$9^5/_8$in × $5^1/_2$in）	208	185	11.5	244.5	220.52	11.99	311	4348
3	$\phi 273.1 \times \phi 193.7$ （$10^3/_4$in × $7^5/_8$in）	232	209	11.5	273.1	246.14	13.48	333.4	5257

　　实际上悬挂器外部地应力为非均匀地应力，根据尾管悬挂器的环境位置及其结构，基于弹塑性有限元力学基本理论，可以用平面应变问题建立其有限元模拟计算模型，直接将地层最大水平地应力和最小水平地应力施加在模型上，这样能够更真实地模拟套管和液缸上来自地层的非均匀地应力，如果固井水泥返到尾管悬挂器顶部，建立悬挂器安全性评价的有限元力学模型，如图 3.41 所示。

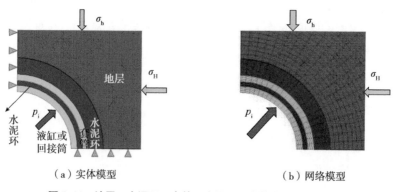

（a）实体模型　　　　　　　　　（b）网络模型

图 3.41　地层—水泥环—套管—水泥环—套管有限元力学模型

根据南缘 3 种不同悬挂器尺寸及其对应不同井身结构尺寸,建立南缘悬挂器液缸及其回接筒外壁压力梯度预测的通用模型。有限元力学模型中各界面接触压力分布示意图如图 3.42 所示,根据南缘现有试压极限工况统计,其尾管悬挂器位置内压 p_{in} 在 80 ~ 180MPa 作用下,地应力传递到内层管柱有 4 个接触压力面,在每次计算中均将这 4 个接触面上的接触压力数据提取出来保存在数据文件中,以供后续套管、水泥环等应力强度分析,但本研究最关心的还是最内层液缸或回接筒外壁接触面上的压力,该压力除以井深即可获得压力梯度数据,该压力梯度可以很方便地评价或预测不同井深的外压,为尾管悬挂器的安全性评价提供可靠的理论数据。

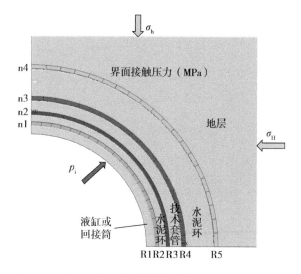

图 3.42　地应力及内压传递到各界面上压力分布示意图

计算出的 3 种结构尺寸的液缸、回接筒外壁的压力梯度随内压的变化关系曲线如图 3.43 所示。从图 3.43 中可知,在相同内压下,液缸外壁的压力梯度高于回接筒外壁的压力梯度。

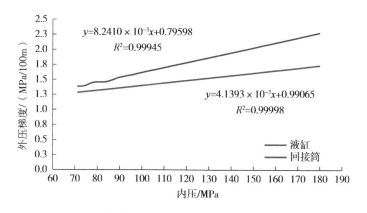

（a）技术套管 273–193 回接筒—液缸 232

图 3.43　外压梯度随内压的变化关系

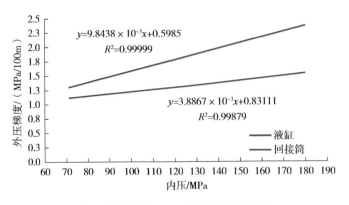

（b）技术套管 219-168 回接筒—液缸 183

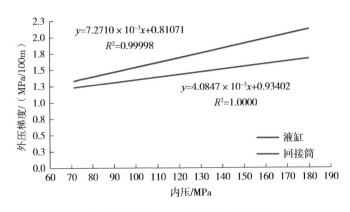

（c）技术套管 245-178 回接筒—液缸 208

图 3.43　外压梯度随内压的变化关系（续）

　　将图 3.43 中液缸外壁压力梯度放在图 3.44 中，对比分析，图 3.44 中液缸平均值指 3 种不同液缸外壁压力梯度的平均值，其外压梯度 p_g 与内压 p_i 拟合关系分别见表 3.29。与平均预测模型对比分析，3 种液缸 232、183 及 208 的误差的绝对值分别为 0.96% ~ 2.92%、0.19% ~ 4.81% 和 1.19% ~ 6.46%，即基本上在 5% 以内，因此可以用拟合的液缸外壁平均

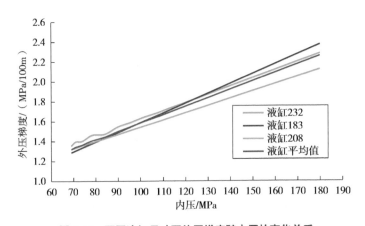

图 3.44　不同液缸尺寸下外压梯度随内压的变化关系

预测模型来预测不同液缸外壁的压力梯度，为南缘液缸外壁的压力梯度预测提供了简便的计算公式，见表3.29中最后一行的预测计算公式。

表3.29　悬挂器液缸外壁压力梯度 p_g（MPa/100m）与内压的关系（$80MPa < p_i < 180MPa$）

尺寸	外压梯度与内压拟合关系	与平均预测模型误差/%	外压与内压拟合关系
273–193回接筒–液缸232	$p_g=8.2410 \times 10^{-3}p_i+0.7960$	$0.96 \sim 2.92$	$p_{out}=p_g \times H/100$
219–168回接筒–液缸183	$p_g=9.8438 \times 10^{-3}p_i+0.5985$	$0.19 \sim 4.81$	$p_{out}=p_g \times H/100$
243–178回接筒–液缸208	$p_g=7.2710 \times 10^{-3}p_i+0.8107$	$1.19 \sim 6.46$	$p_{out}=p_g \times H/100$
液缸平均预测模型	$p_g=8.4607 \times 10^{-3}p_i+0.7337$	—	$p_{out}=p_g \times H/100$

将图3.43中回接筒外壁压力梯度放在图3.44中，对比分析，图3.45中回接筒平均值指3种不同回接筒外壁压力梯度的平均值，其外压梯度 p_g 与内压 p_i 拟合关系见表3.30。与平均预测模型对比分析，3种回接筒的误差分别为5.07%～5.90%、7.08%～8.44%和1.26%～1.66%，即基本上在8%以内，因此可以用拟合的回接筒外壁平均预测模型来预测不同回接筒外壁的压力梯度，为南缘回接筒外壁的压力梯度预测提供了简便的计算公式，见表3.30中最后一行的预测计算公式。为了保证精度，可以直接用表3.30对应尺寸的回接筒预测公式进行预测计算。

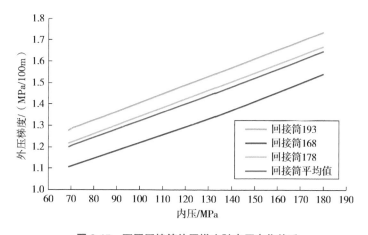

图3.45　不同回接筒外压梯度随内压变化关系

表3.30　回接筒外壁压力梯度 p_g（MPa/100m）与内压的关系（$80MPa < p_i < 180MPa$）

尺寸	外压梯度与内压拟合关系	与平均预测模型误差/%	外压与内压拟合关系
273–193回接筒–液缸232	$p_g=4.1393 \times 10^{-3}p_i+0.99065$	$5.07 \sim 5.90$	$p_{out}=p_g \times H/100$
219–168回接筒–液缸183	$p_g=3.8867 \times 10^{-3}p_i+0.83111$	$7.08 \sim 8.44$	$p_{out}=p_g \times H/100$
243–178回接筒–液缸208	$p_g=4.0847 \times 10^{-3}p_i+0.93402$	$1.26 \sim 1.66$	$p_{out}=p_g \times H/100$
回接筒平均预测模型	$p_g=4.0326 \times 10^{-3}p_i+0.9192$	—	$p_{out}=p_g \times H/100$

根据地层—水泥环—尾管有限元力学模型（单层管柱），模拟计算出南缘尾管外壁压力梯度 p_g 与内压 p_i 拟合关系如图 3.46 所示，其拟合公式见表 3.31，该拟合公式为南缘尾管外壁的压力梯度预测提供了简便的计算公式。

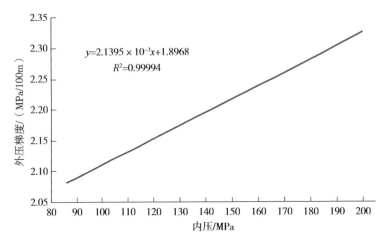

$$y=2.1395 \times 10^{-3}x+1.8968$$
$$R^2=0.99994$$

图 3.46　尾管外压梯度随内压变化关系

表 3.31　尾管外壁压力梯度 p_g（MPa/100m）与内压的关系（90MPa $< p_i <$ 200MPa）

尺寸/（mm×mm）	外压梯度与内压拟合关系	外压与内压拟合关系
139.7×14.27	$p_g=2.1395 \times 10^{-3}p_i+1.8968$	$p_{out}=p_g \times H/100$

3.8.8.2　尾管悬挂器外部无水泥的外压预测模型建立

如果固井水泥没有返到尾管悬挂器顶部，或者固井质量较差，悬挂器外部无水泥环，只有固井时的前置液，在建立有限元模型时，将悬挂器外部无水泥环充填的环空液体建立为封闭流体（该流体不流动）的流固耦合模型，如图 3.47 所示，在地应力和井筒内压力的作用下，该流体对封闭圈的液缸外壁边界等具有支撑和加强作用。

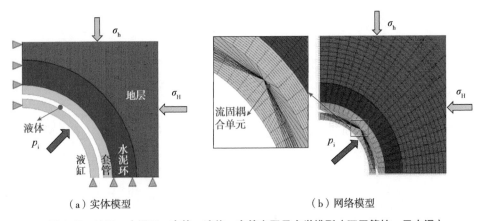

（a）实体模型　　　　　　　　　　　　（b）网络模型

图 3.47　地层—水泥环—套管—液体—套管有限元力学模型（双层管柱，无水泥）

建立无水泥的非均匀地应力下尾管悬挂器有限元力学模型，计算出某一井况和工况下，其油层套管和技术套管内的应力及其技术套管外壁、水泥环外壁的接触压力分布，如图 3.48 和图 3.49 所示。

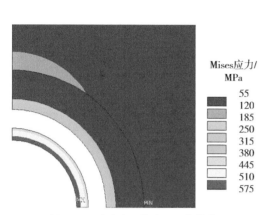

图 3.48　地应力及其内压下套管应力

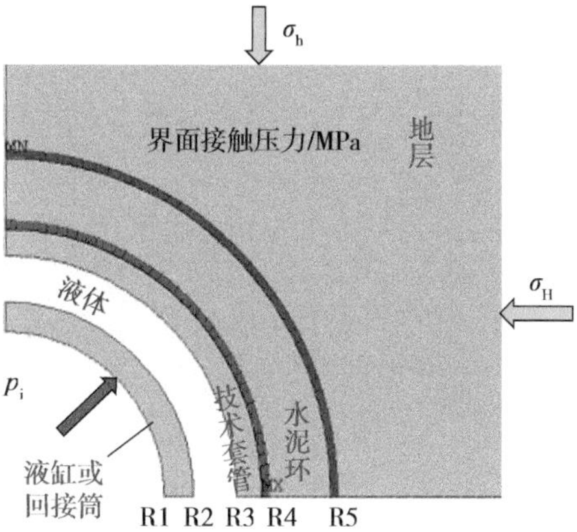

图 3.49　地应力及内压传递到各界面上压力分布示意图

从图 3.48 中可知，内层管柱应力分布是属于均匀载荷作用的分布结果，即地应力为非均匀载荷，通过技术套管与内层管柱之间的液体后，传递到内层管柱后为均匀载荷，改善了管柱的受力状态，均匀载荷有利于提高管柱的强度。

图 3.49 中可见，在内压 P_{in} 为 80 ~ 180MPa 作用下，地应力传递到水泥环、技术套管外壁，共有 2 个接触压力面，然后通过技术套管与液缸或回接筒之间的液体转换为均匀载荷的压力作用到液缸或回接筒外壁，本研究最关心的还是最内层液缸或回接筒外壁压力，该压力除以井深即可获得压力梯度数据，该压力梯度可以很方便地评价不同井深的外压。

根据无水泥的非均匀地应力下尾管悬挂器有限元力学模型，得到图 3.50 中液缸外壁压力梯度。可以得出新的认识，即尾管悬挂器外壁是液体（无水泥填充），其外壁压力随井筒

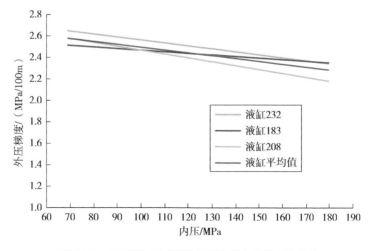

图 3.50　不同液缸尺寸下外压梯度随内压的变化关系

内压的增加而逐渐减小，与其外壁是水泥石的变化规律刚好相反。

对比分析，图 3.50 中液缸平均值指 3 种不同液缸外壁压力梯度的平均值，其外压梯度 p_g 与内压 p_i 拟合关系分别见表 3.32。与平均预测模型对比分析，3 种液缸 232、液缸 183 及液缸 208 的误差的绝对值分别为 2.18% ~ 2.48%、0.08% ~ 2.6% 和 0.39% ~ 5.1%，即基本上在 5% 以内，因此可以用拟合的液缸外壁平均预测模型来预测不同液缸外壁的压力梯度，为南缘液缸外壁的压力梯度预测提供了简便的计算公式，见表 3.32 中最后一行的预测计算公式。

表 3.32　悬挂器液缸外壁压力梯度 p_g（MPa/100m）与内压的关系（80MPa $< p_i <$ 180MPa）

尺寸	外压梯度与内压拟合关系	与平均预测模型误差/%	外压与内压拟合关系
273–193回接筒—液缸232	$p_g = -2.7596 \times 10^{-3} p_i + 2.8347$	2.18 ~ 2.48	$p_{out} = p_g \times H/100$
219–168回接筒—液缸183	$p_g = -1.4902 \times 10^{-3} p_i + 2.6160$	0.08 ~ 2.6	$p_{out} = p_g \times H/100$
243–178回接筒—液缸208	$p_g = -3.6203 \times 10^{-3} p_i + 2.8272$	0.39 ~ 5.1	$p_{out} = p_g \times H/100$
液缸平均预测模型	$p_g = -2.6238 \times 10^{-3} p_i + 2.7594$	—	$p_{out} = p_g \times H/100$

与表 3.32 中悬挂器液缸外壁压力梯度计算同样的方法，得到 3 种不同回接筒外壁压力梯度的平均值，其外压梯度 p_g 与内压 p_i 拟合关系见表 3.33 所示。与平均预测模型对比分析，3 种回接筒的误差分别为 0 ~ 1.79%、0 ~ 2.08% 和 0.12% ~ 0.42%，即基本上在 2% 以内，因此可以用拟合的回接筒外壁平均预测模型来预测不同回接筒外壁的压力梯度，为南缘回接筒外壁的压力梯度预测提供了简便的计算公式，见表 3.33 中最后一行的预测计算公式。

表 3.33　回接筒外壁压力梯度 p_g（MPa/100m）与内压的关系（80MPa $< p_i <$ 180MPa）

尺寸	外压梯度与内压拟合关系	与平均预测模型误差/%	外压与内压拟合关系
273–193回接筒—液缸232	$p_g = -3.4460 \times 10^{-3} p_i + 2.1682$	0 ~ 1.79	$p_{out} = p_g \times H/100$
219–168回接筒—液缸183	$p_g = -4.2383 \times 10^{-3} p_i + 2.3054$	0 ~ 2.08	$p_{out} = p_g \times H/100$
243–178回接筒—液缸208	$p_g = -3.7540 \times 10^{-3} p_i + 2.2188$	0.12 ~ 0.42	$p_{out} = p_g \times H/100$
回接筒平均预测模型	$p_g = -3.8108 \times 10^{-3} p_i + 2.2306$	—	$p_{out} = p_g \times H/100$

3.8.8.3　南缘悬挂器液缸及其回接筒外壁压力梯度预测模型

通过南缘区块尾管悬挂器及其回接筒外壁的压力梯度的有限元仿真模拟研究，试油压裂时管柱外壁压力梯度随内压变化的预测模型放在见表 3.34。

式（3.72）至式（3.78）各预测模型的系数及其常数中，包含了南缘地应力、岩石力学参数、水泥环力学参数、套管材料力学参数，以及液缸尺寸、井筒结构尺寸、套管结构尺寸等，最终拟合出了液柱压力梯度、当量液柱密度随其内压 p_i 变化的通用预测模型。

表 3.34　南缘油层套管悬挂器液缸及其回接筒外壁压力梯度预测模型

参数		拟合关系	公式编号
外壁为水泥	液缸外壁压力梯度/（MPa/100m）	$p_g=8.4607 \times 10^{-3}p_i+0.73373$	式（3.73）
	回接筒外壁压力梯度/（MPa/100m）	$p_g=4.0326 \times 10^{-3}p_i+0.91917$	式（3.74）
外壁为液体	液缸外壁压力梯度/（MPa/100m）	$p_g=-2.6238 \times 10^{-3}p_i+2.7594$	式（3.75）
	回接筒外壁压力梯度/（MPa/100m）	$p_g=-3.8108 \times 10^{-3}p_i+2.2306$	式（3.76）
外壁为水泥	尾管外壁压力梯度/（MPa/100m）	$p_g=2.1395 \times 10^{-3}p_i+1.8968$	式（3.77）
外壁压力/MPa		$p_o=p_g \times H/100$	式（3.78）
当量液柱密度/（g/cm³）		$p_{den}=p_g/0.98$	式（3.79）

（1）三轴应力强度校核数学模型。

根据弹性力学理论中的管柱体的拉梅公式，按 Von–Mises 屈服强度准则，计算当量应力，并计算出安全系数。如果全部满足安全系数 S_3 不小于 1.5，则为安全状态，否则处于危险状态。

（2）预测计算模块及其安全评价计算程序开发。

根据表 3.34 建立的试油压裂时管柱外壁压力梯度随内压变化的预测模型，可以评估和预测试油压裂时，油层回接筒套管、悬挂器液缸及油层尾管在综合力学因素作用下其外壁的压力，同时根据平面应变的力学问题，可以计算出管柱的轴向力，进行套管三轴应力强度校核及其安全性评价。

根据建立的式（3.73）至式（3.79）预测计算数学模型，在 Excel 中用 VBA 编写了实用计算模块程序，即可方便地对尾管悬挂器液缸、回接筒及尾管进行三轴应力强度校核、设计及其安全性评价，以及井口极限压力设计。尾管悬挂器外压预测计算模块及其安全评价计算程序界面如图 3.51 所示。

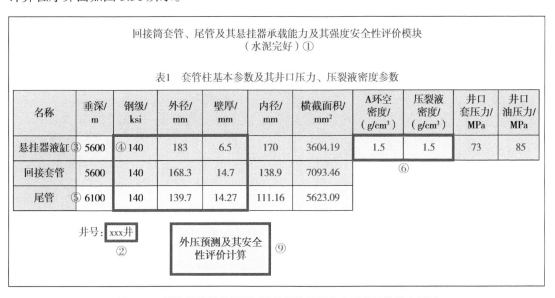

图 3.51　尾管悬挂器外压预测计算模块及其安全评价计算程序界面

表2 尾管悬挂器外壁压力预测及其安全性评价结果
（水泥完好）

名称	内压/MPa	外壁压力预测			内壁应力				安全系数	评价结果
		压力梯度/（MPa/100m）	当量液柱密度/（g/cm³）	预测外压/MPa	径向应力/MPa	周向应力/MPa	轴向应力/MPa	三轴应力/MPa		
悬挂器液缸⑦	155	2.045	2.09	114.52	−155	435.82	120.35	512.06	1.89	满足要求
回接套管	155	1.544 ⑩	1.58	86.46	−155	274.91	51.39	372.41	2.59	满足要求
尾管 ⑧	175	2.271	2.32	138.53	−175	23.83	−64.79	172.53	5.60	满足要求

图 3.51 尾管悬挂器外压预测计算模块及其安全评价计算程序界面（续）

计算程序步骤：

①首先运行 Excel 中用 VBA 计算程序，选择"水泥完好"或"无水泥"模块；

②输入井号，如"XL01 探井"；

③输入悬挂器垂深位置；

④输入液缸、回接套管和尾管的钢级、外径及其壁厚；

⑤输入尾管评价的垂深位置；

⑥输入 A 环空及其压裂液的密度；

⑦输入液缸极限工况内压，程序自动反算出井口需要的油压和套压；

⑧输入或自动计算出尾管评价处的内压；

⑨用鼠标点击"外压预测及其安全性评价计算"按钮；

⑩根据编写的计算程序模块自动计算出外壁压力预测结果、三轴应力计算结果及其安全性评价结果。

3.8.8.4 南缘尾管悬挂器预测模型安全性评价应用案例

根据 XL01 探井、XF06 井的井筒结构参数、试压极限参数等，对尾管悬挂器液缸、回接筒及尾管进行三轴应力强度校核、设计及其安全性评价案例应用，预测和评价了压裂极端工况下 XL01 探井和 XF06 井尾管悬挂器外部水泥环完好或者无水泥的安全性评价，为试油、试压井筒完整性及其安全性评价与设计提供了完整的思路、方法和依据。

XL01 探井尾管悬挂器预测模型安全性评价应用案例如图 3.52 所示。

XF06 井尾管悬挂器预测模型安全性评价应用案例如图 3.53 所示。

回接筒套管、尾管及其悬挂器承载能力及其强度安全性评价模块

表1 套管柱基本参数及其井口压力、压裂液密度参数

名称	垂深/ m	钢级/ ksi	外径/ mm	壁厚/ mm	内径/ mm	横截面积/ mm²	A环空 密度/ （g/cm³）	压裂液 密度/ （g/cm³）	井口 套压力/ MPa	井口 油压力/ MPa
悬挂器液缸	5600	140	183	6.5	170	3604.19	1.5	1.5	88	100
回接套管	5600	140	168.3	14.7	138.9	7093.46				
尾管	6100	140	139.7	14.27	111.16	5623.09				

井号：XL01探井

外压预测及其安全
性评价计算

表2 尾管悬挂器外壁压力预测及其安全性评价结果
（水泥完好）

名称	内压/ MPa	外壁压力预测			内壁应力				安全系数	评价结果
		压力梯度/ （MPa/100m）	当量液柱 密度/ （g/cm³）	预测外压/ MPa	径向应力/ MPa	周向应力/ MPa	轴向应力/ MPa	三轴应力/ MPa		
悬挂器液缸	170	2.172	2.22	121.63	−170	535.98	156.85	611.95	1.58	满足要求
回接套管	170	1.605	1.64	89.88	−170	332.54	69.66	435.37	2.22	满足要求
尾管	190	2.303	2.35	140.48	−190	79.97	−47.16	233.93	4.13	满足要求

表3 尾管悬挂器外壁压力预测及其安全性评价结果
（无水泥）

名称	内压/ MPa	外壁压力预测			内壁应力				安全系数	评价结果
		压力梯度/ （MPa/100m）	当量液柱 密度/ （g/cm³）	预测外压/ MPa	径向应力/ MPa	周向应力/ MPa	轴向应力/ MPa	三轴应力/ MPa		
悬挂器液缸	170	2.313	2.360	129.53	−170	420.67	107.43	511.85	1.89	满足要求
回接套管	170	2.313	2.360	129.53	−170	83.84	−36.92	219.92	4.39	满足要求
尾管	190	2.303	2.350	140.48	−190	79.97	−47.16	233.93	4.13	满足要求

图 3.52 XL01 探井回接筒套管、尾管及其悬挂器承载能力及其强度安全评价计算程序界面

回接筒套管、尾管及其悬挂器承载能力及其强度安全性评价模块
（水泥完好）

表1 套管柱基本参数及其井口压力、压裂液密度参数

名称	垂深/m	钢级/ksi	外径/mm	壁厚/mm	内径/mm	横截面积/mm²	A环空密度/（g/cm³）	压裂液密度/（g/cm³）	井口套压力/MPa	井口油压力/MPa
悬挂器液缸	5257	140	232	11.5	209	7966.29	1.5	1.5	78	90
回接套管	5257	140	193.7	15.11	163.48	8477.57				
尾管	5757	140	139.7	14.27	111.16	5623.09				

井号：XF06井

外压预测及其安全性评价计算

表2 尾管悬挂器外壁压力预测及其安全性评价结果
（水泥完好）

名称	内压/MPa	外壁压力预测			内壁应力				安全系数	评价结果
		压力梯度/（MPa/100m）	当量液柱密度/（g/cm³）	预测外压/MPa	径向应力/MPa	周向应力/MPa	轴向应力/MPa	三轴应力/MPa		
悬挂器液缸	155	2.045	2.09	107.51	−155	349.01	83.15	436.71	2.21	满足要求
回接套管	155	1.544	1.58	81.17	−155	358.26	87.11	444.74	2.17	满足要求
尾管	175	2.271	2.32	130.74	−175	66.30	−46.59	209.11	4.62	满足要求

表3 尾管悬挂器外壁压力预测及其安全性评价结果
（无水泥）

名称	内压/MPa	外壁压力预测			内壁应力				安全系数	评价结果
		压力梯度/（MPa/100m）	当量液柱密度/（g/cm³）	预测外压/MPa	径向应力/MPa	周向应力/MPa	轴向应力/MPa	三轴应力/MPa		
悬挂器液缸	155	2.353	2.401	123.70	−155	177.19	9.51	287.69	3.36	满足要求
回接套管	155	2.353	2.401	123.7	−155	62.60	−39.60	188.56	5.12	满足要求
尾管	175	2.271	2.317	130.74	−175	66.30	−46.59	209.11	4.62	满足要求

图3.53 XF06井回接筒套管、尾管及其悬挂器承载能力及其强度安全评价计算程序界面

3.9 *x*Cr 油管材料关键参数实验评价

开展了 *x*Cr 即 3Cr、13Cr 和 S13Cr 理化性能及其力学性能试验评价研究，与 ISO13680 标准对比三种油管材料性能均符合要求。*x*Cr 中，S13Cr 的 C 含量更低，Cr、Ni 和 Mo 含量更高，因此 S13Cr 有更好的抗腐蚀能力。3Cr 和 13Cr 屈服强度和抗拉强度均高于 S13Cr，但断裂延伸率低于 S13Cr，即 S13Cr 韧性更好。S13Cr 的接箍强度也高于 S13Cr 本体，在井下服役过程中，接箍更容易发生脆性断裂。

在 120℃、70MPa 和 80℃、50MPa 的条件下分别对 *x*Cr 油管材料开展四点弯曲应力腐蚀开裂试验，结合扫描电子显微镜、能谱仪、白光干涉仪、精密电子秤等技术评价 *x*Cr 管材的抗应力腐蚀开裂能力。三种油管材料在预制缝底部均未萌生微裂隙。其中 3Cr 发生局部腐蚀 + 点蚀，13Cr 和 S13Cr 均只发生点蚀。3Cr 的腐蚀失重和腐蚀速率最高，S13Cr 的腐蚀失重和腐蚀速率最低。3Cr 虽然更加经济但存在腐蚀失效风险，S13Cr 在高温高压井下环境中抗应力腐蚀开裂能力最强。

3.9.1 管材理化性能分析

3.9.1.1 化学成分分析

参照钢铁及合金化学分析方法国家标准，利用 HCS-14 高频红外硫碳分析仪对 3Cr、13Cr、S13Cr 管体和 S13Cr 接箍四种油管材料所取试样进行化学成分分析，测试结果见表 3.35 和表 3.36。

表 3.35　S13Cr 管体和 S13Cr 接箍化学成分分析　　　　单位：%

材质	C	Si	Mn	P	S	Ni	Cr	Cu	Mo	V	Ti	Al	Nb
S13Cr 管体	0.01	0.27	0.33	0.017	0.001	5.29	12.52	0.03	1.97	0.04	0.03	<0.015	<0.01
S13Cr 接箍	0.01	0.27	0.33	0.014	0.001	5.34	12.65	0.02	2.02	0.04	0.03	0.031	<0.01
ISO13680	0.02					5	13		2				

表 3.36　3Cr 和 13Cr 化学成分测试结果　　　　单位：%

元素	C	Si	Mn	P	S	Ni	Cr	Cu	Mo	V	Ti	Al	Nb
3Cr	0.16	0.25	0.57	0.012	0.004	0.04	2.92	0.06	0.33	0.01	0.01	<0.015	<0.01
13Cr	0.02	0.38	0.79	0.017	0.001	2.61	11.36	0.03	0.30	0.08	0.01	<0.015	<0.01

注：表中均不是 ISO13680—2020《石油天然气工业 套管、油管和接箍毛坯及附件材料用耐蚀合金无缝管交货技术条件》、ISO11960—2020《石油天然气工业 油气井套管或油管用钢管》规定的油套管材料类型。

将 S13Cr 试验结果与 ISO13680—2020《石油天然气工业 套管、油管和接箍毛坯及附件材料用耐蚀合金无缝管交货技术条件》作了对标分析。只有 S13Cr 为 ISO13680—2020 中规定的标准油管材料，结果表明 S13Cr 化学成分符合 ISO13680—2020 标准规定。

　　S13Cr 管体与 S13Cr 接箍的化学成分基本一致。与 3Cr、13Cr 相比，S13Cr 的 C 含量更低，Cr、Ni 和 Mo 含量更高。其中 C 含量的降低有利于防止 Cr 和 C 化合物析出导致管材基体的 Cr 含量降低；Ni 含量的升高有助于 S13Cr 淬火和回火操作后形成更多马氏单体；Mo 含量的提升有利于在 S13Cr 表面形成双层钝化膜从而降低腐蚀速率。化学成分的优化使得 S13Cr 有更好的韧性和抗腐蚀开裂能力。

3.9.1.2　金相组织分析

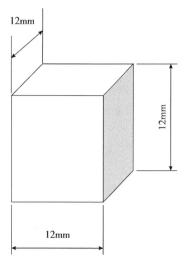

图 3.54　金相试样尺寸图

　　参照 GB/T 13298—2015《金相显微组织检验方法》在油管材料上制取金相试样，如图 3.54 所示。对所取金相试样横向截面和纵向截面分别进行初步打磨，砂纸上精磨，再经金刚石抛光剂抛光后，在金相显微镜下观察其金相组织情况。

　　参照 GB/T 10561—2005《钢中非金属夹杂物含量的测定标准评级图显微检验法》，对所取油管材料金相试样的纵向截面与横向截面进行非金属夹杂物种类及级别评定测试。参照 GB/T 6394—2017《金属平均晶粒度测定方法》对油管材料金相试样的纵向截面与横向截面进行晶粒度级别评定。

　　对所取金相试样的纵向截面和横向截面分别利用德国蔡司正立式数字材料显微镜（AxioScopeA1）观察其非金属夹杂物、晶粒度及金相组织情况。测得结果见表 3.37，具体分析结果如图 3.55 至图 3.58 所示。

表 3.37　3Cr、13Cr、S13Cr 管体和 S13Cr 接箍金相组织分析结果

试样	非金属夹杂物										金相组织	晶粒度
	A		B		C		D		DS			
	粗系	细系	粗系	细系	粗系	细系	粗系	细系	粗系	细系		
3Cr	0	0	0	0	0	0	0	1.0	0	0	回火马氏体+少量铁素体+少量残留奥氏体	8.5级
13Cr	0	0	0	0	0	0	0	1.0	0	0	回火马氏体+少量残余奥氏体	8.5级
S13Cr 管体	0	0	0	0	0	0	0	1.0	0	0	回火马氏体	9级
S13Cr 接箍	0	0	0	0	0	0	0	1.5	0	DS1.5	回火马氏体+少量奥氏体	8级

　　注：A 为硫化物类，B 为氧化铝类，C 为硅酸盐类，D 为环状氧化物类，DS 为单颗粒球状类。

（a）非金属夹杂物（100×）D1 细系　　（b）晶粒度（100×）8.5 级　　（c）金相组织（500×）回火马氏体 + 少量铁素体 + 少量残余奥氏体

图 3.55　3Cr 管体非金属夹杂物、晶粒度及金相组织分析

  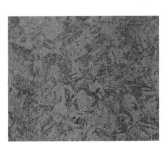

（a）非金属夹杂物（100×）D1 细系　　（b）晶粒度（100×）8.5 级　　（c）金相组织（500×）回火马氏体 + 少量残余奥氏体

图 3.56　13Cr 管体非金属夹杂物、晶粒度及金相组织分析

（a）非金属夹杂物（100×）D1 细系　　（b）晶粒度（100×）9 级　　（c）金相组织（500×）回火马氏体

图 3.57　S13Cr 管体非金属夹杂物、晶粒度及金相组织分析

（a）非金属夹杂物（100×）D1.5 细系　　（b）晶粒度（100×）8 级　　（c）金相组织（500×）回火马氏体 + 少量残余奥氏体

图 3.58　S13Cr 接箍非金属夹杂物、晶粒度及金相组织分析

3Cr 金相为回火马氏体 + 少量铁素体 + 少量奥氏体；13Cr 金相为回火马氏体和少量的残余奥氏体，S13Cr 管体部分由于回火温度低（150 ～ 250℃）则全部是回火马氏体。

3.9.2 管材力学性能分析

3.9.2.1 硬度测试

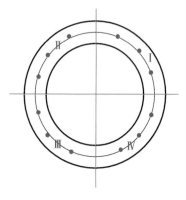

图 3.59 洛氏硬度（HRC）测试点分布示意图

在 3Cr、13Cr、S13Cr 管体和 S13Cr 接箍四种油管材料上分别制取高 10mm 圆环，将上下径向面磨平抛光，表面粗糙度小于 1.6μm。参照 GB/T 230.1—2018《金属材料洛氏硬度试验第 1 部分：试验方法》，在室温下，利用洛氏硬度计对表面光滑平坦、无氧化皮及外界油脂污物的块状试样进行洛氏硬度测试。测试面为管壁厚度面（即横向截面）的 4 个象限，分别靠近外壁、管壁中间、靠近内壁 3 个点，最后取平均值作为该材料硬度值，测试示意图如图 3.59 所示。

表 3.38 为 3Cr、13Cr、S13Cr 管体和 S13Cr 接箍四种油管材料所取试样的洛氏硬度测试结果。由表可知，四个象限的外、中、内各部位硬度值较均匀，ISO13680 规定油管的洛氏硬度最大值为 32.0。测试结果表明 3Cr、13Cr 与 S13Cr 管体的硬度都在 30 左右，但 S13Cr 接箍处的硬度略小于 S13Cr 管体的硬度。

表 3.38　油管材料 HRC 硬度测试结果

测试位置			I	II	III	IV	象限平均值	平均值
3Cr		外	30.8	29.8	29.4	29.8	29.9	29.8
		中	29.0	28.0	31.1	31.1	29.8	
		内	30.5	29.1	30.9	27.9	29.6	
13Cr		外	30.3	30.0	31.0	31.0	30.6	30.3
		中	30.1	29.5	29.5	30.4	29.9	
		内	29.3	30.4	31.4	30.6	30.4	
S13Cr	管体	外	30.2	30.6	30.1	28.5	29.9	30.1
		中	32.3	28.9	31.5	28.1	30.2	
		内	30.7	30.9	30.7	28.8	30.3	
	接箍	外	30.3	29.6	25.5	28.1	28.4	28.2
		中	30.6	25.9	26.8	28.1	27.9	
		内	29.0	27.8	27.5	29.4	28.4	
ISO13680								≤32

3.9.2.2 拉伸性能分析

根据 GB/T 228.1—2021《金属材料室温拉伸试验方法》，在室温下对 3Cr、13Cr、S13Cr 管体、S13Cr 接箍试样进行拉伸性能测定，使用仪器为 MTS800 材料试验机。由于油管尺寸限制，S13Cr 接箍采用圆棒状试样，其他材料均采用板状试样。同一种材料的拉伸曲线会因试样尺寸不同各异，为了使不同尺寸试样的拉伸过程及其特性点便于比较，以消除试样几何尺寸的影响，通常给出应力—应变曲线。拉伸试验前后试样形貌如图 3.60 所示，实验结果统计见表 3.39，3Cr、13Cr、S13Cr 试样应力—应变曲线如图 3.61 所示。

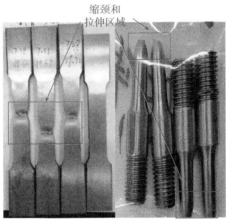

（a）拉伸前试样　　　　　　　　　　　　（b）拉伸后试样

图 3.60　实验前后试样形貌

表 3.39　3Cr、13Cr、S13Cr 管体、S13Cr 接箍拉伸试验结果

试样		屈服强度/ MPa（ksi）	平均屈服强度/ MPa（ksi）	抗拉强度/ MPa（ksi）	平均抗拉强度/ MPa（ksi）	断裂延伸率/ %	平均断裂延伸率/ %
3Cr	1	883（129）	888 （130）	946（138）	951 （139）	19.55	19.58
	2	890（130）		952（139）		19.73	
	3	890（130）		955（140）		19.47	
13Cr	1	896（131）	889 （130）	985（144）	981 （143）	17.25	17.53
	2	883（129）		975（143）		17.17	
	3	889（130）		984（144）		18.17	
S13Cr 管体	1	868（126）	871（126）	903（131）	906（131）	22.92	22.45
	2	865（125）		898（130）		21.46	
	3	879（127）		917（133）		22.96	
S13Cr 接箍	1	899（130）	894（129）	926（134）	929（135）	21.93	21.74
	2	885（128）		927（134）		21.97	
	3	898（130）		933（135）		21.31	
ISO13680		758～965		≥827		≥11.4	

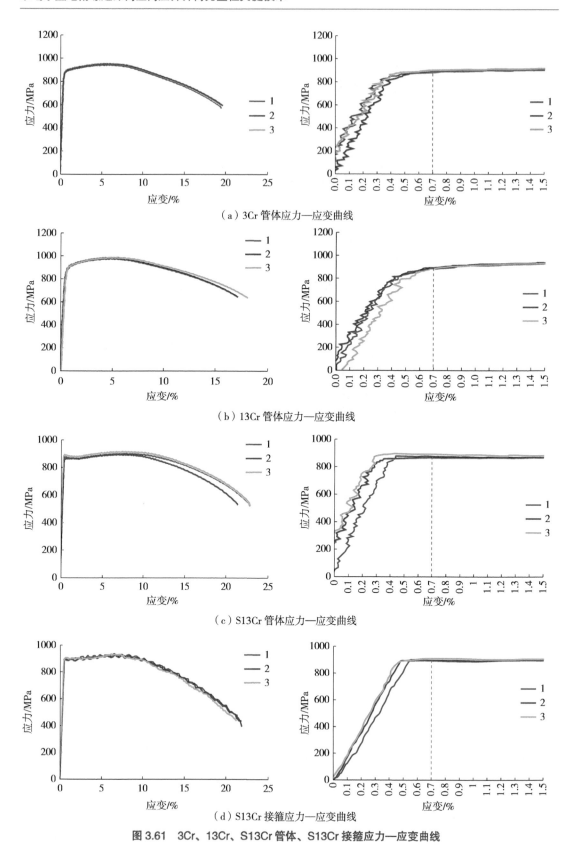

（a）3Cr 管体应力—应变曲线

（b）13Cr 管体应力—应变曲线

（c）S13Cr 管体应力—应变曲线

（d）S13Cr 接箍应力—应变曲线

图 3.61　3Cr、13Cr、S13Cr 管体、S13Cr 接箍应力—应变曲线

从试验结果分析来看，与 ISO13680 标准对比三种油管材料性能均符合要求。3Cr 和 13Cr 屈服强度和抗拉强度均高于 S13Cr，但断裂延伸率低于 S13Cr，说明 S13Cr 的强度略低于 3Cr 和 13Cr，但韧性更好。S13Cr 的接箍强度也高于 S13Cr 本体。

3.9.2.3 冲击性能分析

示波冲击试验常用来测定材料冲击开裂的韧性，即测定冲击载荷试样被冲断所消耗的冲击功（J）。一般冲击功低的材料称为脆性材料，冲击功高的材料称为韧性材料。冲击试样加工尺寸（试样尺寸为：10mm×10mm×55mm，缺口为夏比冲击 V 型缺口）如图 3.62（b）所示。冲击试验按照 GB/T 19748—2019《金属材料夏比 V 型缺口摆锤冲击试验仪器化试验方法》进行。冲击试验所用的是 ZBC2302-D 型示波冲击试验机（MTS 中国有限公司），冲击速度为 5.24m/s，试验仪器如图 3.62（a）所示。冲击过程中力、位移、能量等数据由该仪器电脑系统记录形成曲线。可由试验得到材料起裂功和裂纹扩展功，裂纹扩展功才是真实的材料抗开裂的能力。如果受壁厚限制，也可采用 10mm×7.5mm×55mm 试样或 10mm×5mm×55mm 试样。

（a）ZBC2302-D 型示波冲击试验机　　　　　　（b）试样尺寸

图 3.62　试验仪器和试样尺寸

其中 S13Cr 接箍试样尺寸为 10mm×5mm×55mm，其余试样均为 10mm×10mm×55mm。其冲击试验结果见表 3.40，冲击功—挠度曲线、冲击载荷—挠度曲线如图 3.63 所示。按照 GB/T 19748—2019 规定，10mm×5mm×55mm 冲击功转化采用 0.55，转化后 3Cr、13Cr、S13Cr 管体和 S13Cr 接箍的冲击功分别为 210.64J、218.76J、157.86J 和 161.02J。3Cr、13Cr 的冲击功均达到 200J 以上，S13Cr 的冲击功较低分别为 157.86J、161.02J。

表 3.40 3Cr、13Cr、S13Cr 管体、S13Cr 接箍冲击试验结果

编号		冲击功 W_t/J	总位移 S_t/mm	最大力 F_m/kN	最大力对应位移 S_m/mm	屈服力 F_{gy}/kN	屈服力对应位移 S_{gy}/mm	起裂功 W_m/J	裂纹扩展功 W_a/J
3Cr	1	209.22	25.12	21.31	2.371	16.78	0.846	26.88	182.34
	2	209.22	20.43	21.26	2.768	16.88	0.815	45.96	163.26
	3	213.48	24.65	21.28	2.351	16.97	0.856	36.55	176.93
	平均	210.64	23.4	21.28	2.50	16.88	0.839	36.46	174.18
13Cr	1	211.98	17.74	21.23	3.268	16.38	0.815	55.27	156.71
	2	214.23	20.57	21.23	3.31	16.47	0.867	55.28	158.95
	3	230.08	23.21	21.36	3.354	16.16	0.93	54.76	175.32
	平均	218.76	20.51	21.27	3.311	16.34	0.87	55.10	163.66
S13Cr 管体	1	160.72	25.85	16.14	3.184	13.05	1.15	35.91	124.81
	2	155.00	25.49	16.4	3.487	13.21	1.045	43.24	117.76
	平均	157.86	25.67	16.27	3.3355	13.13	1.0975	39.58	122.79
S13Cr 接箍	1	86.94	21.67	12.47	3.227	9.33	1.266	26.52	60.42
	2	90.17	21.98	12.50	3.266	10.05	1.276	27.58	62.59
	平均	88.56	21.83	12.49	3.2465	9.69	2.542	27.05	61.505
ISO13680		≥40							

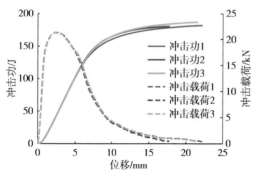

（a）3Cr 管体冲击功—挠度，冲击载荷—挠度曲线

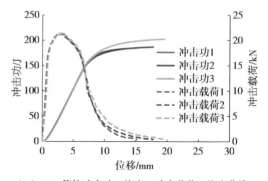

（b）13Cr 管体冲击功—挠度、冲击载荷—挠度曲线

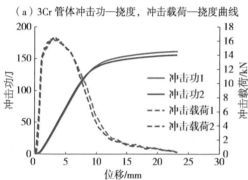

（c）S13Cr 管体冲击功—挠度、冲击载荷—挠度曲线

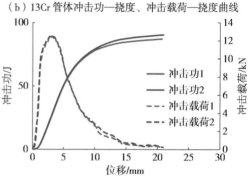

（d）S13Cr 接箍冲击功—挠度、冲击载荷—挠度曲线

图 3.63 3Cr、13Cr、S13Cr 管体和 S13Cr 接箍冲击功—挠度、冲击载荷—挠度曲线

3.9.3 抗应力腐蚀开裂能力评价研究

3.9.3.1 四点弯曲应力腐蚀开裂试验方法

常用的应力腐蚀试验方法包括：恒应变法（三点弯曲和四点弯曲试样）、恒载荷法、慢应变速率拉伸（SSRT）及断裂力学法。选择四点弯曲应力腐蚀试验的原因是其装置简单、试样紧凑、操作方便。鉴于该方法简单、经济的特点，适用于实验室或者现场的成批长期实验。

针对 xCr 管材抗应力腐蚀开裂能力评价，本文所采用的是四点弯曲应力腐蚀评价方法。ISO7539-2《金属和合金的腐蚀应力腐蚀试验第 2 部分：弯梁试样的制备和应用》中提到了四点弯曲加载试样。四点弯曲加载试样使材料有较大的区域均匀受力，一般优于二点弯曲或三点弯曲加载试样。试样一般为宽 15 ~ 50mm 和长 110 ~ 250mm 的平直条带，试样厚度通常由材料的力学性能和所用产品形状决定，为适合特殊需要可改变试样尺寸，但应保持近似的尺寸比。本次试验所采用的四点弯曲试样尺寸如图 3.64 所示，四点弯曲试样应力加载方式示意图如图 3.65 所示。

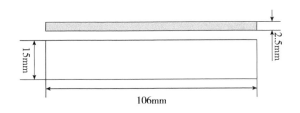

图 3.64　四点弯曲应力腐蚀试样尺寸

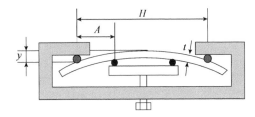

图 3.65　四点弯曲试样应力加载示意图

ISO7539-2（GB/T 15970.2—2000）给出了四点弯曲试样外侧的弹性张力计算方法：

$$\sigma = 12Ety / (3H^2 - 4A^2) \tag{3.80}$$

式中　σ——加载载荷，MPa；

　　　E——弹性模量，MPa；

　　　t——试样厚度，mm；

　　　y——外支点间最大挠度，mm；

　　　H——外支点间最大距离，mm；

　　　A——内支点间最大距离，mm。

按照试验要求确定四点弯曲试样外侧的应力，根据式（3.80）计算出所需要的挠度，再通过加载螺母施加载荷直至千分尺的刻度达到了所需要的挠度要求。

四点弯曲应力腐蚀试验方法主要有如下优势：

（1）结合扫描电镜（SEM）技术，可以有效观察到蚀坑及蚀坑底部因腐蚀引发的裂纹，对裂纹萌生和扩展形貌有更清晰的直观认识；结合能谱定量分析（EDS）技术，分析裂纹萌生处腐蚀产物，有利于应力腐蚀机理的研究。

（2）通过白光干涉仪扫描可以形成部分试样三维形貌，能够直接观察试样的蚀坑大小、数量、深度、腐蚀方式等，能够直接判断试样的腐蚀程度。

（3）通过精密电子秤称量实验前后试样质量，能够计算试样的失重情况和腐蚀速率，也是有效判断试样抗腐蚀能力的标准。

3.9.3.2 四点弯曲应力腐蚀开裂试验方案及流程

为了有效评价油管材料的抗应力腐蚀开裂性能，设计了两组四点弯曲应力腐蚀实验方案，其温压条件分别为 120℃、70MPa 和 80℃、25MPa。根据高温高压气井 X1 井现场工况确定腐蚀介质为 CH_4 和 CO_2，应力腐蚀实验时间统一确定为 336h，具体实验条件见表 3.41。

表 3.41　*x*Cr 材料四点弯曲应力腐蚀试验条件

环境	试样	温度/℃	总压/MPa	CO_2分压/MPa	加载水平	实验时间/h
CH_4+CO_2	3Cr	80	25	0.175	80%名义屈服强度	336
	13Cr					
	S13Cr					
CH_4+CO_2	3Cr	120	70	0.49	80%名义屈服强度	336
	13Cr					
	S13Cr					

（1）试验课。

①采用带缺口四点弯曲试样，应力加载等级为 80% 名义屈服强度（即 80%×110ksi×6.895 =606.76MPa），研究材料在压力 25MPa、温度 80℃环境中的应力腐蚀开裂（SCC）行为，采用平行试样 2 个。

②采用带缺口四点弯曲试样，应力加载等级为 80% 名义屈服强度（即 80%×110ksi×6.895=606.76MPa），研究材料在压力 70MPa、温度 120℃环境中的应力腐蚀开裂（SCC）行为，采用平行试样 2 个。

（2）试验流程。

①根据设计尺寸加工试样、夹具及接头、螺丝等附件。

②用石油醚和无水乙醇按顺序清洗试样并风干，风干后记录试样质量。

③使用特制夹具将试样进行装配，并根据实验方案设定的加载等级进行加载。根据式（3.80）计算加载挠度为 2.207mm。图 3.66 为试验所用的动态循环多相流高温高压釜，图 3.67 为试样加载挠度仪器及加载情况。

④预加载过程完成后，将试样放入动态循环多相流高温高压釜中，并密封高温高压釜。

图 3.66 高温高压釜实验仪器　　　　图 3.67 试样加载挠度

⑤将环境介质加入高温高压釜中，并通入氮气进行除氧，通入 N_2 10min 视为除氧完成。

⑥除氧完成后向高温高压釜中通入甲烷和二氧化碳，并将温度和压力加载至对应试验条件，并记录试验时间。

⑦实验结束后，经降温、降压等操作，打开釜，取出试样和夹具，并清洗夹具及高温高压釜。

⑧取出试样后，先卸载和去除夹具，记录试样清洗前形貌特征。然后用去膜液和无水乙醇按顺序清洗试样，去除腐蚀产物。风干试样后，记录试样试验后质量。

⑨通过扫描电镜（SEM）、能谱定量分析（EDS）及白光干涉仪对试验后试样进行分析研究。

卸载后试样宏观形貌如图 3.68 所示。从试样的宏观形貌可以看出，80℃、25MPa 环境下 3Cr 试样颜色发黑且出现大面积的腐蚀，13Cr 试样则光泽暗淡有多个腐蚀坑痕迹，S13Cr 试样腐蚀痕迹较少。在 120℃、70MPa 环境下 3Cr 试样可观测到大量局部腐蚀痕迹，13Cr 试样有金属光泽腐蚀痕迹少，S13Cr 试样有明显的金属光泽，几乎没有腐蚀。

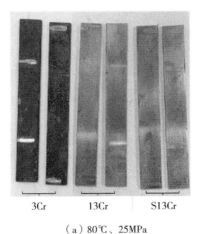

（a）80℃、25MPa　　　　　　　　（b）120℃、70MPa

图 3.68 卸载后试样宏观形貌

3.9.4 四点弯曲应力腐蚀开裂实验结果

3.9.4.1 预制裂缝观察结果分析

试验试样中部提前加工预制缝,预制缝处存在80%屈服强度的集中应力。根据预制缝处是否萌生新的裂纹,模拟在井下高温高压条件下油管是否可能产生裂纹。在四点弯曲应力腐蚀开裂试验结束后,通过电子显微镜对预制缝处进行观察,根据预制缝处的微裂纹产生情况判别试样的抗应力腐蚀开裂能力。

电镜扫描图如图3.69所示。3Cr、13Cr、S13Cr试样在120℃、70MPa和80℃、25MPa试验条件下都没有在预制缝处萌生新的裂纹。说明在试验时间(336h)内三种油管材料均没有发生应力腐蚀开裂。

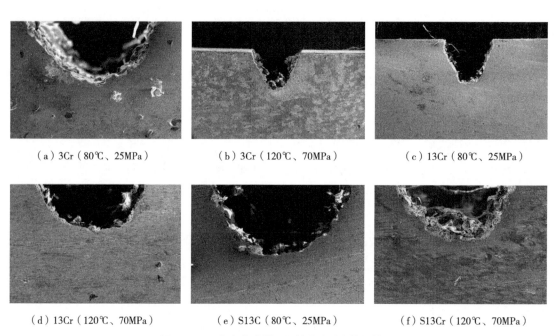

(a) 3Cr(80℃、25MPa)　　　(b) 3Cr(120℃、70MPa)　　　(c) 13Cr(80℃、25MPa)

(d) 13Cr(120℃、70MPa)　　　(e) S13C(80℃、25MPa)　　　(f) S13Cr(120℃、70MPa)

图3.69　四点弯曲试样预制缝腐蚀后电镜扫描图

3.9.4.2 试样表面腐蚀产物及腐蚀坑分析

试验结束后,直接通过扫描电镜对试样表面腐蚀产物进行分析,如图3.70所示。腐蚀产物去除前,观测发现试样表面存在簇状腐蚀产物;通过去膜液清洗试样去除腐蚀产物后,观测发现试样表面存在大量腐蚀坑。对某一腐蚀坑底进行能谱分析,分析结果主要有Fe、O、Cr、C、Ni等元素,试样的腐蚀产物以铁的氧化物为主。

用去膜液去除试样表面腐蚀产物后,通过白光干涉仪对试样进行扫描(扫描尺寸1.5mm×1.16mm),对试样上的腐蚀坑数量、深度、大小进行分析(表3.42、图3.71)。

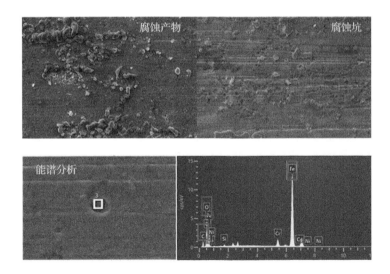

图 3.70 试样腐蚀产物分析

表 3.42 腐蚀坑数量、密度、大小、深度情况分析

试验条件	120℃、70MPa				80℃、25MPa			
材质	腐蚀坑数量	腐蚀坑密度/（个/mm²）	腐蚀坑大小/mm	腐蚀坑最大深度/μm	腐蚀坑数量	腐蚀坑密度/（个/mm²）	腐蚀坑大小/mm	腐蚀坑最大深度/μm
3Cr	68	39.1	0.044	2.138	89	51.1	0.058	7.655
13Cr	28	16.1	0.085	2.292	2	1.1	0.342	5.875
S13Cr	11	6.3	0.048	1.176	5	2.9	0.072	7.050

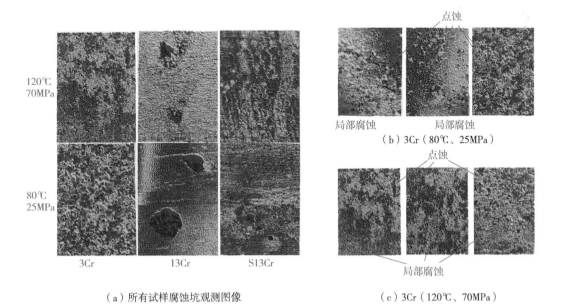

（a）所有试样腐蚀坑观测图像 （c）3Cr（120℃、70MPa）

图 3.71 腐蚀坑白光干涉仪观测图像

80℃、25MPa 组试样上的腐蚀坑数量、大小、深度均远高于 120℃、70MPa 组的试样，试样在高温高压的气相环境下更难以腐蚀。3Cr 试样在试验中局部腐蚀和点蚀同时发生，而 13Cr 和 S13Cr 试样则只发生点蚀。试样含 Cr 量越高，试样上的腐蚀坑数量越少，深度也越浅，但腐蚀坑的大小会明显增大。而 S13Cr 试样上腐蚀坑数量较少的同时，其腐蚀坑的深度和大小均低于 13Cr 试样。

3.9.4.3 试样腐蚀失重情况分析

在实验进行前对试样进行质量测量，在试验结束后通过去膜液对试样进行腐蚀产物去除，并再次测量试样质量。通过前后质量的差值可以获得不同试样在不同条件下的失重情况，具体失重情况见表 3.43。

表 3.43 四点弯应力腐蚀开裂试验试样失重情况

| 试样 | 序号 | 120℃、70MPa | | | | 80℃、25MPa | | | |
		试验前重量/g	去除腐蚀物后重量/g	失重/g	腐蚀速率/（mm/a）	试验前重量/g	去除腐蚀物后重量/g	失重/g	腐蚀速率/（mm/a）
3Cr	1	36.6885	36.6762	0.0123	0.0108	36.5154	36.4278	0.0876	0.0769
	2	36.3124	36.3012	0.0112	0.0098	36.7086	36.6258	0.0828	0.0727
	均值			0.0118	0.0103			0.0852	0.0748
13Cr	3	36.8116	36.8083	0.0033	0.0029	37.5871	37.5724	0.0147	0.0129
	4	37.5102	37.5067	0.0035	0.0031	35.7144	35.6992	0.0152	0.0133
	均值			0.0034	0.0030			0.0150	0.0131
S13Cr	5	35.041	35.0392	0.0018	0.0016	34.7334	34.7248	0.0086	0.0075
	6	33.9207	33.9184	0.0023	0.0021	36.3184	36.3092	0.0092	0.0081
	均值			0.0021	0.0018			0.0089	0.0078

由于 80℃、25MPa 组的环境条件处于露点线之下，油气混合物产生液滴更容易引起腐蚀反应产生，因此腐蚀情况更严重，腐蚀后试样失重和腐蚀速率远高于 120℃、70MPa 组别试样，尤其是 3Cr 试样。实验结果也表明，Cr 含量越高的抗腐蚀能力逐渐增强。其中 S13Cr 的抗腐蚀能力最强，腐蚀失重分别为 0.0021g、0.0089g，腐蚀速率分别为 0.0018mm/a、0.0078mm/a；3Cr 抗腐蚀能力最弱，腐蚀失重分别为 0.0118g、0.0852g，腐蚀速率分别为 0.0103mm/a、0.0748mm/a。因此针对此井气相环境及其高温高压的条件，结合试验中试样腐蚀状态，认为 S13Cr 抗应力腐蚀开裂能力最强。3Cr 虽然成本低但腐蚀速率较大、失效风险较高。

3.10 140V/155V 高钢级套管选材风险

准噶尔盆地南缘的高温高压井中生产尾管采用 140V 或 155V 高强度套管，技术套管、回接生产套管普遍用 140V 套管。早期 API 曾将 140V 或 155V 高强度套管列入 API 5CT 标准，后因多起断裂事故，上述两种钢级被删除，至今未恢复。

现 140V/155V 套管材质已显著优于早期两口井断裂 150V 套管（数据取自天钢报告）。我国油田已发生了多起高强度套管断裂失效事故，套管断裂会使套管柱失去结构完整性和密封完整性，甚至导致整口井报废，造成巨大的经济损失。准噶尔盆地南缘的高温高压井深井，采用 140V 或 155V 高强度套管的要求：

（1）必须严格控制制造质量和性能，优化设计 140V/155V 套管化学元素，低 C、低 Si 和低 Mn，适当含量的 Cr 和 Mo 及 V、Ni 等微合金元素。

（2）将材料屈服强度上限区间控制在 15ksi，即对 155V 套管为 155 ~ 170ksi；140V 套管为 140 ~ 155ksi，以便满足准噶尔盆地南缘的高温高压井深井套管选用。

（3）参照 ISO11960 强调接箍性能的重要性，接箍屈服强度不可高于管体，冲击功必须高于管体，因为接箍承受较大张应力。

生产尾管已选用 140V/155V，权宜之计是 $5\frac{1}{2}$in 尾管在考虑强度设计基础上再附加腐蚀裕量，即选用尽可能厚壁的 140V/155V 套管。需与 $5\frac{1}{2}$in 封隔器和射孔同步设计。也可考虑内外壁均电镀钨镍合金或镍钴合金厚壁 140V 或 155V 套管，但应确保无漏点和无渗氢脆化。

4 南缘高温高压井建井阶段井筒完整性关键技术

高温高压等极端条件下套管—水泥环结构密封完整性属于复杂的多学科问题，对套管—水泥环—地层组合体等进行分析是非常必要的。本章主要对南缘高温高压井建井阶段井筒完整性关键技术进行分析，主要包括套管—水泥环—地层岩石力学强度有限元模拟分析，水泥环返深对井筒完整性的影响及合理返深研究，固井过程动态压力、温度变化与套管柱力学行为研究，以及超深井射孔冲击动载荷引起封隔器断裂失效等内容。

4.1 南缘水泥石力学参数测试实验研究

将南缘区块高温高压井固井水泥石在实验室加工为标准试样，分别开展了南缘水泥石常温及高温力学参数测试实验研究，获得了该水泥石的弹性模量、泊松比、内聚力、内摩擦角及其抗压强度、抗拉强度，以及水泥石莫尔圆的包络线等，为水泥环—套管的完整性及其安全性的有限元仿真模拟计算等提供了真实的实验数据。

4.1.1 实验设备及其测试方法

4.1.1.1 试样来源及分析检测说明

水泥石试样来源于新疆油田公司工程技术研究院提供的南缘区块高温高压井固井水泥石，水泥石试样密度为 $2.15g/cm^3$。试样在西南石油大学国家重点实验室进行加工，试件如图 4.1 所示。

岩样制备过程如下：

（1）试样可用钻孔岩心或坑槽中采取的岩块，试样备制中不允许人为裂隙出现。

（2）试样为圆柱体，直径不小于 5cm，高度为直径的 2 ~ 2.5 倍。试样的大小可根据三轴试验机的性能和实验研究要求选择。

（3）试样数量根据受力方向或含水状态而定，每种情况下必须制备 5 ~ 7 个。

（4）试样制备的精度，在试样整个高度上，直径误差不得超过 0.3mm。两端面的不平行度最大不超过 0.05mm。端面应垂直于试样轴线，最大偏差不超过 0.25°。

本次三轴抗压强度试验样品加工成 $\phi 25mm \times 50mm$ 的圆柱形试样，如图 4.2 所示，使

图 4.1　南缘水泥石加工试件照片

岩样的长径比不小于 1.5。将圆柱形试样两端车平、磨光，两端面的不平行度小于 0.015mm。

（1）完成情况：10 块。

（2）检测仪器：RTR-1000 型三轴岩石力学伺服测试系统。

（3）测试条件：常温、围压 0 ～ 30MPa。

（4）水泥石最高围压取值说明：在常规水泥石力学参数测试中，水泥石与地层岩石围压的取值不一样，按照国际国内通用惯例，水泥石三轴抗压力学参数测试时，水泥石的围压一般取 10MPa，最高不超过 20.7MPa。但是个别的石油公司，如斯伦贝谢公司水泥石最高围压测到 30MPa。参考惯例及国外公司的取值，本检测水泥石的最高围压为 30MPa。

4.1.1.2　实验设备及方法

（1）实验设备。

美国 GCTS 公司制造的 RTR-1000 型三轴岩石力学伺服测试系统（图 4.3）。

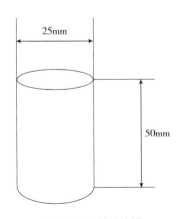

图 4.2　圆柱形试样

图 4.3　RTR-1000 型三轴岩石力学伺服测试系统

该测试系统技术指标：

①最大轴向压力：1000kN；

②最大围压：140MPa；

③孔隙压力：140MPa；

④温度：150℃；

⑤实验控制精度：压力0.01MPa；变形0.001mm。

（2）实验过程。

①启动系统前检查所有的阀门、开关是否处于正常状态；检查SCN2000数字系统控制器的数据连接线，检查紧急开关是否打开。

②启动计算机。

③打开SCN2000数字系统控制器开关，指示灯为黄色时正常。

④启动CATS软件。

⑤用热缩管塑封试样，安装并调整三个应变传感器到适当的位置。

⑥将底座连同试样推入压力室下方，降下压力筒，加液压油，并关闭安全门。

⑦在软件中设置实验参数。

⑧启动液压泵，加围压（$p_c=\sigma_2=\sigma_3$）到指定值，开始实验。

⑨实验结束后保存数据，卸压，将所有阀门及开关回到初始状态。

（3）测试标准。

三轴岩石力学参数测试依据为GB/T 50266—2013《工程岩体试验方法标准》；美国材料与试验协会（ASTM）测试标准：ASTM D2664-04《三轴测试》、D4543-04《岩样制备》；国际岩石力学学会（ISRM）《岩石力学试验建议方法（上集）》。

（4）实验方法。

水泥石三轴试验，是在三向应力状态下测定水泥石强度和变形的一种方法。水泥石强度指水泥石在载荷作用下开始破坏时承受的最大应力及应力和破坏之间的关系，它反映了水泥石承受各种载荷的特性及水泥石抵抗破坏的能力和破坏的规律。反映水泥石强度特性的参数有抗压强度；反映水泥石变形特性的参数有弹性模量和泊松比。

目前，获取水泥石力学参数的方法主要有岩心室内三轴抗压强度试验，室内三轴抗压强度试验是确定水泥石力学参数最基本、直接的方法。

本次实验采用侧向等压方式的三轴试验，三轴抗压强度试验示意图如图4.4所示。

4.1.1.3 数据解释及其数据处理方法

水泥石的三轴抗压强度指水泥石在三轴压力作用下达到破坏的极限强度，在数值上等于水泥石破坏时的最大差应力。

在水泥石三轴抗压强度试验中，水泥石试样的抗压强度由差应力（S_d）来表示：

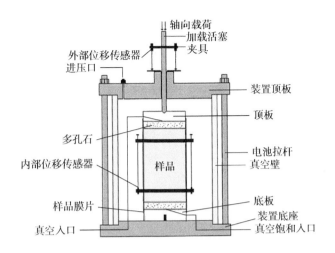

图 4.4　三轴抗压强度试验示意图

$$S_d = \sigma_1 - \sigma_2 \tag{4.1}$$

式中　σ_1——轴向压力，MPa。

水泥石静态弹性参数的测试，是在纵向压力作用下测定试样的纵向（轴向）和横向（径向）变形，据此计算水泥石的弹性模量和泊松比。

根据 GB/T 50266—2013《工程岩体试验方法标准》的规定，弹性模量用抗压强度的 50% 作为应力值和该应力下的纵向应变值进行计算，泊松比用抗压强度 50% 时的横向应变值和纵向应变值进行计算，也可以在任何应力状态下确定弹性模量和泊松比。

由实验数据计算弹性阶段水泥石弹性模量和泊松比。

弹性模量：

$$E = \frac{\Delta P \times H}{A \times \Delta H} \tag{4.2}$$

泊松比：

$$\mu = \frac{H \times d_L}{\pi \times D \times H_{轴向}} \tag{4.3}$$

式中　E, μ——岩样的弹性模量和泊松比；

　　　ΔP——载荷增量；

　　　H——试样高度；

　　　A——试样面积；

　　　ΔH——轴向变形增量；

　　　d_L——周向变形；

　　　$H_{轴向}$——轴向变形。

在进行三轴抗压强度试验时，先将试件施加侧向压力，即最小主应力 σ_3，然后逐渐增大垂向压力，直至破坏，得到破坏时的最大主应力 σ_1，进而得到一个破坏时的应力圆。再采用相同的岩样，改变侧向压力至 σ_3，施加垂直压力直至破坏，得到与之对应的 σ_1，进而又得到另一个破坏应力圆。重复上述过程可以得到多个破坏压力圆，绘制这些应力圆的包络线，即可得到水泥石的抗剪强度曲线。如果把它近似看作是一根直线，则该线在纵轴上的截距即为水泥石的内聚力 C，该线与水平线的夹角即为水泥石的内摩擦角 φ。

数据计算中采用多组数据拟合得拟合一次函数方程，其中所得一次函数的 Y 轴截距为内聚力，斜率为内摩擦角的正切值。

$$\sum \sigma_{0i} \sin\varphi - \sum R_i + n \cdot C \cdot \cos\varphi = 0 \tag{4.4}$$

$$\sum \sigma_{0i}^2 \sin 2\varphi + 2c(\cos 2\varphi \sum \sigma_{0i} + \sin\varphi \sum R_i) - 2\cos\varphi \sum (\sigma_{0i} R_i) - n \cdot C^2 \cdot \sin 2\varphi = 0 \tag{4.5}$$

其中

$$R = \frac{\sigma_1 - \sigma_3}{2}$$

$$\sigma_0 = \frac{\sigma_1 + \sigma_3}{2}$$

式中　C——内聚力，MPa；

　　　φ——内摩擦角，(°)。

4.1.2　南缘水泥石常规三轴抗压力学参数实验结果

试样编号为 1 ~ 10（图4.5），实验温度为常温，围压为 0MPa、5MPa、10MPa、15MPa、20MPa、30MPa，在实验中最大轴向应变大于 4% 时，取轴向应变 4% 时的应力，未超过时则取最大应力，实验中测取泊松比、弹性模量、差应力参数。

图 4.5　试样 1 号照片

4.1.2.1　水泥石莫尔圆的包络线

根据多组围压和差应力，将同一围压下测得的差应力取平均值，图4.6为不同围压测试结果的莫尔圆。

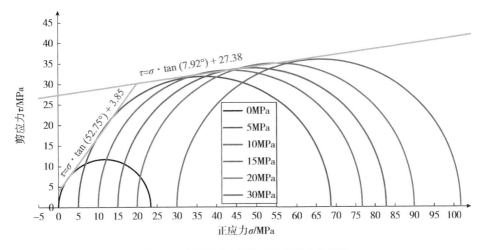

图 4.6　水泥石莫尔圆及其双线性包络切线

（1）在围压小于 5MPa 时，水泥石内聚力为 3.85MPa，内摩擦角为 52.75°，即该水泥石的库伦—摩尔强度曲线方程为：

$$\tau = \sigma \cdot \tan\left(52.75^\circ\right) + 3.85 \qquad (4.6)$$

（2）在围压大于 5MPa 以后，水泥石内聚力为 27.38MPa，内摩擦角为 7.92°，即该水泥石的库伦—摩尔强度曲线方程为：

$$\tau = \sigma \cdot \tan\left(7.92^\circ\right) + 27.38 \qquad (4.7)$$

4.1.2.2　水泥石实验测试结果

南缘水泥石力学参数测试结果（常温）见表 4.1。

表 4.1　南缘水泥石力学参数测试结果（常温）

围压/MPa	弹性模量/MPa	泊松比	内聚力/MPa	内摩擦角/（°）	抗压强度/MPa
围压<5	13464.5	0.165	3.85	52.75	23.4
围压≥5	11395.4	0.158	27.38	7.92	69.22

4.1.3　水泥石考虑温度三轴抗压力学参数实验

试样编号为 15、16、17、18、21，实验温度为 100℃，围压为 0MPa、10MPa、30MPa，在实验中最大轴向应变大于 4% 时取轴向应变 4% 时的应力，未超过时则取最大应力，实验中测取泊松比、弹性模量、差应力参数。

4.1.3.1　水泥石莫尔圆的包络线

根据多组围压和差应力，将同一围压下测得的差应力取平均值，图 4.7 为不同围压测

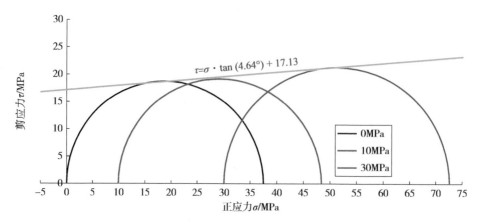

图 4.7　水泥石莫尔圆及其包络切线

试结果的莫尔圆，水泥石内聚力为 17.13MPa，内摩擦角为 4.64°，即该水泥石的库伦—摩尔强度曲线方程为：

$$\tau = \sigma \cdot \tan(4.64°) + 17.13 \tag{4.8}$$

4.1.3.2　水泥石实验测试结果

南缘水泥石力学参数测试结果（温度 100℃）见表 4.2，与常温三轴抗压力学参数实验结果对比，可以得 100℃高温使得水泥石泊松比下降 10.13%，弹性模量下降 37.85%，抗压强度下降 42.94%，表明温度对水泥石力学参数有较大的影响。

表 4.2　南缘水泥石力学参数测试结果（温度 100℃）

围压/MPa	弹性模量/MPa	泊松比	内聚力/MPa	内摩擦角/(°)	抗压强度/MPa
0 ~ 30	7082.63	0.142	17.13	4.64	39.5

4.2　水泥环返高对标及其环空带压评价关键参数

4.2.1　国内外标准典型做法

4.2.1.1　国内标准做法

（1）国内在 SY/T 5480—2016《固井设计规范》中第 11.5.1 节水泥返深设计中规定，浅气层井、高压气井、储气库井和稠油热采井各层次套管应返至地面。

（2）在中国石油勘探与生产公司文件（油勘〔2016〕163 号）关于印发《固井技术规定》的通知中有：

第十一条第二项：高压、酸性天然气井技术套管固井水泥应返至地面。

第十二条中第四项和第七项：高压、酸性天然气井生产套管固井水泥应返至地面。

深井超深井生产套管固井水泥应返至地面。受地质条件限制无法返至地面时，应返至上层套管鞋 200m 以上。

4.2.1.2 国外标准做法

API 65-2《建井中的潜在地层流入封隔》、ISO/TS 16530-2《开采期的井筒完整性》、NORSOK D010—2013《钻井及作业过程中井筒完整性》等标准，对水泥返深都有相关的规定如下：

（1）生产套管的水泥返深应考虑后续修井、再完井和安全封井弃井的可行性，即可把未注水泥段套管切割后取出，便于修井、侧钻或注水泥塞封井弃井。一些生产套管水泥返到井口，B 环空气窜导致环空带压的井，在封井弃井时会遇到困难。

（2）对于陆地或井口和采油气树在海洋平台上的井，环空压力可监测和卸压，水泥环应返到上层套管内至少 100 ~ 200m。

针对水泥返深设计问题，对国内外水泥返深设计的 6 个标准进行了对比分析，见表 4.3。

表 4.3　国内外水泥返深设计标准对比

序号	标准编号及名称	水泥返深要求
1	NORSOK D-010—2013《钻井及作业过程中井筒完整性》	通常情况下，水泥应该上返至套管鞋之上100m处； 生产套管/尾管至少要在套管鞋上方200m处； 如果生产套管段存在一个流入源，水泥应该上返至流入源上方200m测深处
2	API RP 96—2013《深水井设计与施工》	一开、二开和三开套管水泥返深到顶部； 四开、五开和六开套管水泥返深均没有返至上层套管鞋处。这是因为海底井口无法监测环空压力，只好预留裸眼释放压力
3	英国油气《井筒完整性指南》	如果水泥没有返回至上一层套管，至少要上返至距离最浅的碳酸盐岩储层之上300m的距离，如果没有达到设计高度，应该考虑一切必要的补救措施
4	ISO 16530：2—2014《运行阶段井完整性管理》	B环空的水泥封固均没有返至上层套管鞋； C环空的水泥返深需要根据具体地层情况和施工要求来确定其是否返至上层套管鞋处
5	SY/T 5480—2016《固井设计规范》	表层或海洋导管固井水泥返至地面（泥面）； 尾管固井水泥返至尾管悬挂器顶部50m以上； 含盐膏层的井返至盐膏层顶部以上及底部以下200m； 产层固井裸眼段水泥一次封固长度不宜超过800m
6	SY/T 10022.2—2000《海洋石油固井设计规范第2部分：固井工艺》	单级固井：要求尾浆返至套管鞋以上井段300 ~ 500m，钻井液返至钻井工程要求的位置； 分级固井：分级固井第一级尾浆应返至套管鞋以上井段至少300m； 单级油层套管固井：快凝水泥浆应返至油气层顶部以上100 ~ 150m； 分级油层套管固井：常压地层，无论是一级或二级尾浆均应返至油气层顶部以上至少150m，钻井液返至钻井工程设计要求的高度； 尾管固井：水泥浆应返到尾管悬挂器顶部（尾管和上一层套管重叠段长度应为100 ~ 200m）

4.2.2　国内外水泥返深典型做法案例

调研了 18 个国内外高温高压井水泥返深的典型案例井，其汇总见表 4.4。

表4.4　国内外高温高压井水泥返深的通用做法汇总

序号	来源	案例井
1	IADC/SPE 112626	墨西哥湾绿峡谷243区块，水深914m，计划井6280m MD（6075m TVD），计划尾管TOC 5182m，井底温度93℃。该井中导管和表层套管水泥返深至海底泥线，内层套管的水泥环均未返至上层套管鞋处
2	墨西哥湾macondo油田某井	墨西哥湾Macondo油田的某一油井，水深1544m，井深5596m。水泥返深除了一开和二开套管环空水泥环返深至泥线，内层套管环空水泥均未返至上层套管鞋
3	SPE 88814	墨西哥湾Marlin油田的well A-2井，泥线深度1034m，井下封隔器深度3852m。除了一开和二开套管环空水泥环返深至泥线，内层套管环空水泥环均未返至上层套管鞋
4	OTC-21476	挪威Morvin油田高温高压深井，水深340~400m，井深在4500m左右，其设计水泥环返高情况同样是外层返至地面，内层返高至上层套管鞋下面
5	IPTC 16726	中国近海钻探风险管理：对深水井事故的见解及经验教训。墨西哥湾Macondo油田原始的井身设计只能提供两个密封空间，而之后设计的深水油气井多为多层次套管，这样可以提供四个密封空间，大大增强了深水油气井的安全风险。表面的两层套管均是用水泥封固到井口，但是内层套管水泥返高未至上层套管鞋
6	OTC 17119	墨西哥湾深水井（1219~2743m）钻完井，超深井深4953m，深水井深8195m，水深1219m。六开井，外面两层套管固井水泥基本返至泥线，紧接着的两层套管固井水泥均未返至上层套管鞋，悬挂管固井水泥返至悬挂点处
7	SPE 74402	海洋井井深2500m，水深300m左右。导管和表层套管水泥环均封固至泥线。内层技术套管和生产套管水泥环返高未超过上层套管鞋
8	OTC 15133	墨西哥湾深水井内层技术套管水泥返高均低于上层套管鞋高度，生产套管水泥返高在上层套管鞋200m以内，泥线下的井身深度为2426m
9	SPE 151044	Campos盆地超深水井，水深1500m左右，井深6000m左右，表层套管水泥返高到泥线，技术套管外的水泥环返高超过了表层套管的套管鞋，但生产套管外的水泥环没有超过上层套管鞋
10	SPE 123472	水深1570m，垂深2887m，总深度4341m。导管和表层套管的水泥环返至地面，内层套管的水泥环返高均未超过上层套管鞋高度
11	SPE 139440	该井位于巴西海域，泥线深度2141m，井深5993m。该井导管和表层套管的水泥环返高均到泥线，内层套管水泥返深高度均低于上层套管鞋位置，生产套管水泥环返高未返到泥线，其水泥环返高在上层套管鞋200m以内
12	SPE 52822	墨西哥湾的最深井（8493m，水深812m）。导管和表层套管的水泥环返至地面，内层套管水泥环返高均未超过上层套管鞋高度，尾管水泥返至尾管悬挂器
13	OTC11029	这口井深度为3737m，从其井身结构和水泥返高情况可知，最外层两层套管的水泥环返排至地面，内层套管的水泥环均未返排至上层套管鞋
14	SPE 85287	该井的井深4990m，水深390m。固井水泥环返排高度基本上都高于上层套管鞋高度，且技术套管水泥环返排到井口，与其他深水井相比比较特殊
15	SPE 121754	四开井身结构，只有第一开表层套管水泥返到地面，其余各层套管水泥环均未返到地面，但均在上层套管鞋以上。该井控制环空压力的增长，保障该井持续生产
16	SPE 61038	钻探井的风险管理，导管和表层套管水泥均封固至泥线。内层技术套管水泥返高未超过上层套管鞋
17	SPE87171	印度尼西亚高温高压井低压油气田，位于印度尼西亚的ACEH省，属于陆地高温高压井，表层套管水泥返高到地面，技术套管水泥返高为超过上层套管鞋，上层套管水泥返高超过套管鞋200m，尾管水泥返高超过悬挂器
18	SPE 146978	在酸性气田中大斜度高温高压井的成功设计和实施。S-3气井井斜角为88°，压力为73.3MPa，温度为209℃，井深为3662m。该井中各环空均没有被水泥完全封固，而是留下了一定空间

根据国内外文献调研及部分标准分析可以得出：

（1）深水井的井身结构大多比较复杂，套管层次较多，悬挂管出现较多，使用尾管的情况也较多。

（2）深水井的最外面两层套管的水泥均返排至地面或泥线处的水下井口。

（3）紧接着的内部套管的水泥环高度绝大部分低于上层套管鞋下部，具体高度根据其深度和地层条件决定。

（4）最内层套管绝大部分为悬挂尾管，该部分水泥环均返排到悬挂点，高于上层套管鞋位置。

4.2.3　类似南缘高温高压深井、超深井水泥返深对标

根据国内外文献调研及部分标准分析得出如下结论或认识：

（1）陆地深井、超深井、海上深水井等，主要采用尾管悬挂井身结构，其水泥环均返排到尾管悬挂器。

（2）深水井的最外面两层套管的水泥均返排至泥线处的水下井口。技术套管的水泥环高度绝大部分低于上层套管鞋，具体高度取决于地层条件。

（3）中国石油塔里木油田、西南油气田各层套管水泥环全部返到地面，但是塔里木油田主要采用分级箍固井。

新疆油田南缘水泥返深与类似中国石油塔里木油田、西南油气田等各层套管水泥环有差异（图 4.8）。

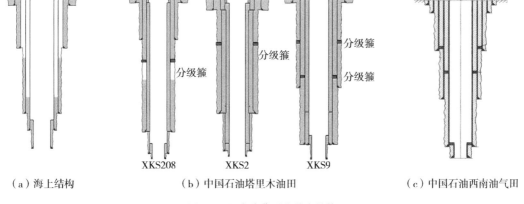

（a）海上结构　　　　（b）中国石油塔里木油田　　　　（c）中国石油西南油气田

图 4.8　国内外典型井井身结构

新疆油田南缘区块水泥返高结构示意图如图 4.9 所示，主要差异如下：

（1）除表层套管外，其余技术套管水泥环返深未到地面。

（2）生产尾管几乎全部用了回接套管，且回接套管固井水泥环均返到地面。

（3）与塔里木油田对比，南缘未用分级箍固井。

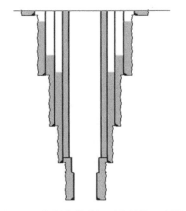

图4.9　新疆南缘水泥返高结构示意图

国内外（包括中国石油塔里木、西南油气田及海上等）表层套管、第一层技术套管，均将水泥环返到地面，由表层套管和第一层技术套管共同支撑各套管重量，控制井口的抬升和下沉风险，防止意外油气上窜到地面的风险。

新疆南缘的井表层套管水泥返到了地面，但是第一层技术套管水泥几乎均没有返到地面，不符合国内外惯例，是否存在井筒完整性及其潜在的安全风险，需要进行系统的后评估（表4.5）。

表4.5　类似井况水泥环返高对比

类似油田	表层套管	技术套管1	技术套管2	生产套管		
				水泥返深	尾管	回接套管
国内外海上	地面	地面	上层套管鞋以下	上层套管鞋以下	有	地面
中国石油塔里木	地面	地面	地面	地面	有	地面
中国石油西南油气田	地面	地面	地面	地面	有	地面
中国石油新疆南缘	地面	未返到地面	未返到地面	地面	有	地面

南缘受地质条件限制或影响，如井漏等，其水泥可以不返到井口，回接生产套管水泥返至悬挂器位置200m以上即可。

4.2.4　套管水泥环返高的设计原则及其建议

通常对于陆地或井口和采油气树在海洋平台上的井，环空压力可监测和卸压，水泥环应返到上层套管内至少100～200m。套管水泥环返高的设计方法及原则如下。

（1）密封性准则：水泥返高200～500m，确保水泥环密封性，且用高可压缩变形性水泥，即低的弹性模量。国外有的回接套管只靠插入密封，不注水泥。

（2）热伸长屈曲准则：水泥返过套管热伸长屈曲失稳段井深，用水泥固定套管防止屈曲失稳。

（3）设计时，考虑将来拔出套管侧钻修井的可行井深。

（4）设计适应套管最大允许环空带压的水泥返深 H，如图4.10所示。因为水泥返得越浅，潜在井口套管环空带压值 p_b 越大。潜在井口套管环空带压值 p_b 和 H 的关系为

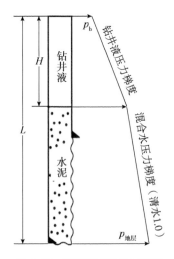

图4.10　环空带压计算示意图

$$p_b = p_{地层} - (1.0/100) \times (L - H) - \rho_{钻井液} gH \qquad （4.9）$$

式中 L——井深；

H——水泥返深。

（5）第一层技术套管水泥返深只返到表层套管存在风险（例如 XG01 井，表层套管返深仅 200m），一旦水泥环破坏，有井口下沉或抬升风险，当严重环空带压时也面临着有油气经表层套管环空或裸眼地层窜到地面风险，不符合国内外惯例。建议第一层技术套管水泥返到井口，与表层套管共同支撑各套管重量，保障不抬升或下沉。

（6）回接套管水泥返到井口危害多于利，主要原因是回接套管水泥环内外均是钢套管，水泥环不能承受当前的固井试压、压裂试压和破堵压力。如果一旦 B 环空带压，则无法补救，也无法封井弃井。即使要封井也必须先找到环空起始窜流点，在该窜流点之上段铣套管 30 ~ 50m，然后打阻隔水泥塞。

以 XH01 井为例，根据式（4.9）得到水泥返深与井口套管环空带压值的关系，见表 4.6。

表 4.6 水泥返深与井口套管环空带压值的关系（以 XH01 井为例）

井深/m	地层压力/MPa	混合水压力梯度/（MPa/100m）	钻井液密度/（g/cm³）	水泥返深/m	井口环空带压/MPa
5903	136	1.0	1.6	0	76.97
				500	74.13
				2500	62.77
				3000	59.93
				3500	57.09
				4000	54.25
				5000	48.57

注：计算的水泥返高与井口环空带压值，可供设计参考。

针对南缘水泥返高及其密封性，提出了如下建议：

（1）南缘表层套管、第一层技术套管，水泥环均返到地面。

（2）南缘回接生产套管水泥返至悬挂器位置在 200 ~ 500m 及以上即可。

（3）确保南缘回接生产套管水泥环密封性，且用高可压缩变形性水泥，即低的弹性模量。

4.2.5 水泥环损伤密封失效

在交变载荷作用下，正如前面有限元分析，井筒水泥环会出现微环隙及微间隙，使得水泥环的密封完整性遭到破坏，图 4.11 给出了水泥环损伤密封失效示意图，图 4.12 为水泥环裂隙照片。在气体侵入以后，因其具有低黏度、低密度的性质，会聚集到环空的上部形成气柱，因此，持续环空压力产生的直接原因就是高压气体的聚集，最终导致井筒产生持续环空压力。过高的环空压力会破坏井身结构的完整性，引起井口上升和套管挤毁等问题，严重危害油气井的安全稳产。与传统的井身结构和管柱强度设计依据相比，持续环空压力的大小直接受到水泥返高的影响。

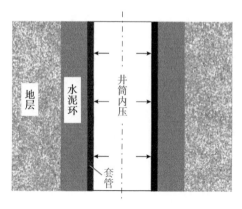

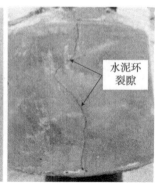

实验前　　　　　　　　　　实验后

图 4.11　水泥环损伤密封失效示意图　　　　**图 4.12　水泥环裂隙照片**

4.2.6　环空压力与流入气体体积随时间变化模型的建立

以 XW01 井为例，研究水泥未返至井口时，完井液或钻井液残留于环空之中，形成密闭含液环空，引起井筒持续环空带压与水泥返高关系，建立数学模型评估环空压力和流入气体体积与时间关系，最终获取最优水泥返深高度。计算思路图如图 4.13 所示，图 4.14 为井身结构及水泥返高情况示意图。

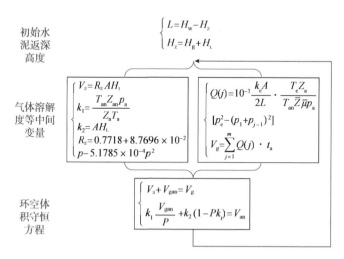

初始水泥返深高度

$$\begin{cases} L = H_w - H_z \\ H_z = H_g + H_L \end{cases}$$

气体溶解度等中间变量

$$\begin{cases} V_s = R_s A H_1 \\ k_1 = \dfrac{T_{an} Z_{an} p_a}{Z_a T_a} \\ k_2 = A H_L \\ R_s = 0.7718 + 8.7696 \times 10^{-2} \\ p - 5.1785 \times 10^{-4} p^2 \end{cases}$$

$$\begin{cases} Q(j) = 10^{-3} \dfrac{k_c A}{2L} \cdot \dfrac{T_e Z_a}{T_{an} \bar{Z} \bar{\mu} p_a} \\ [p_e^2 - (p_1 + p_{j-1})^2] \\ V_g = \displaystyle\sum_{j=1}^{m} Q(j) \cdot t_a \end{cases}$$

环空体积守恒方程

$$\begin{cases} V_s + V_{gan} = V_g \\ k_1 \dfrac{V_{gan}}{P} + k_2 (1 - P k_f) = V_{an} \end{cases}$$

图 4.13　计算思路图

L—水泥环长度，m；H_w—井深，m；H_z—气液柱总长度，m；H_L—液体柱长度，m；H_g—气体柱长度，m；V_s—气体溶解在液柱中的体积，m^3；A—水泥环横截面积，m^2；H_1—液柱初始高度，m；T_{an}—环空上部温度，K；Z_{an}—环空中气体的压缩因子；p_a—气体标况压力，MPa；Z_a—标况下气体压缩因子；T_a—气体的标况温度，K；K_c—水泥环综合渗透率，μm^2；T_e—气藏温度，K；$\bar{Z}$—平均渗流压差下的气体压缩因子；$\bar{\mu}$—平均渗流压差下的气体黏度，MPa·s；p_e—气藏压力，MPa；p_1—环空液柱压力，MPa；p_{j-1}—第 j-1 时间段的环空压力，MPa

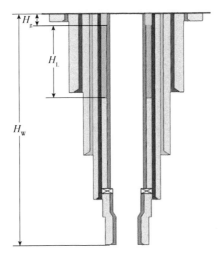

图 4.14　井身结构及水泥返高情况示意图

4.2.7　环空压力与水泥返高的软件模块编制与应用案例

本研究编制了一套水泥返高与环空压力评价软件。通过计算得知，当井深为 8000m、水泥返高达到 4000m 及环空泥浆密度为 2.35g/cm³ 时，在初始生产阶段，井筒环空压力和流入气体流量迅速上升，随生产时间增加，井筒环空压力逐渐趋于平缓，最终井筒压力与地层压力达到平衡，地层气体不再流入井筒环空。从图中可知，其中当生产时间为 300 天时，环空压力达到 47.85MPa，流入气体体积达到 143.00m³，之后一直保持平衡，即环空带压不再增加（图 4.15、图 4.16）。

为明确不同水泥返高对于环空压力和流

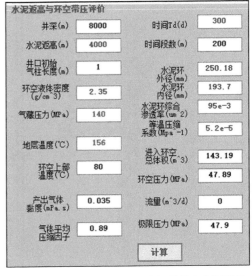

图 4.15　水泥返高与环空压力评价基本参数界面

入气体体积的影响，分别开展水泥返深高度为 2000m、2500m、3000m、3500m 及 4000m 时水泥返高与环控压力评价分析，从图 4.17 和图 4.18 可知，随着水泥返深高度减小，井筒持续环空压力的极限值逐渐增加，流入环空的气体体积也逐渐增加，但最终趋于平衡。当水泥返高为 2000m 时，井筒持续环空压力可达 93.7MPa，当水泥返高为 4000m 时，井筒持续环空压力降到 47.89MPa。

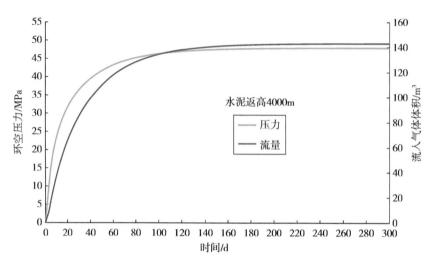

图 4.16　井筒环空压力及流入气体体积随时间变化曲线

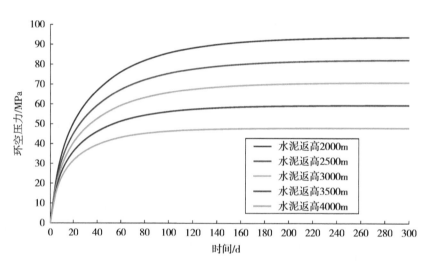

图 4.17　水泥返深井筒环空压力随时间变化曲线

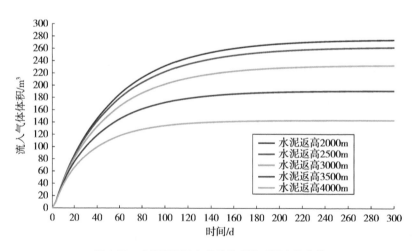

图 4.18　水泥返深流入气体体积随时间变化曲线

4.2.8　水泥返高与环空压力变化图版

根据环空压力与水泥返深高度关系，形成水泥返深高度与环空压力和流入气体体积变化图版。从图版中得：为保障生产过程中井筒管柱安全，在设计过程中应通过调控水泥返深高度，将持续环空压力控制在环空最大允许压力之下。为了避免过大的环空压力和流入气体体积，建议水泥不返回到井口，基于环空最大允许压力确定水泥返高。图 4.19 和图 4.20 分别给出了水泥返深高度与井筒环空压力变化图版及水泥返深高度与环空流入气体体积变化图版。

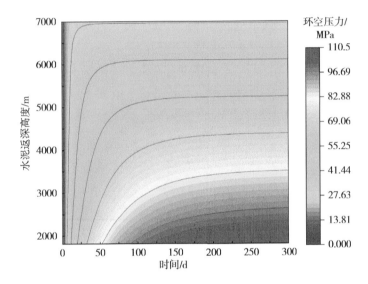

图 4.19　水泥返深高度与井筒环空压力变化图版

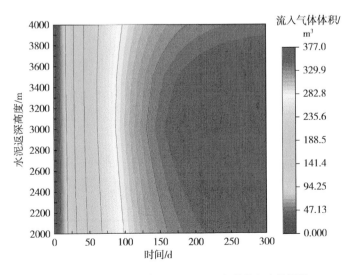

图 4.20　水泥返深高度与环空流入气体体积变化图版

根据南缘井眼与套管匹配关系及其套管选择、设计原则，结合南缘现有井身结构及作业条件，通过对全井筒不同井深套管强度、水泥环塑性应变、微间隙等有限元数值模拟研究和后评估研究，最终形成了开眼尺寸分别为 762mm、660mm 的井身结构方案。

4.3 固井过程动态压力与套管柱力学行为关键技术

4.3.1 固井过程中流体动力学计算数学模型

4.3.1.1 不同时间段返排量计算的数学模型

注入水泥浆固井过程中，根据自流效应的特性，将其关键时刻划分为：假设注水泥后自流效应开始时刻为 T_1，注完设计水泥浆体积时刻为 T_2，在这替钻井液过程中，水泥浆底部还未达到套管鞋的时刻为 T_3，即水泥浆还没有返出套管鞋，水泥浆刚好到达套管鞋处的时刻为 T_4，随后水泥浆开始返出套管鞋进入环空，由于 U 形管效应，套管内"真空"段被挤压缩短，直到"真空"段被泥浆充满为止，此时自流效应结束时刻为 T_5。如图 4.21 所示。

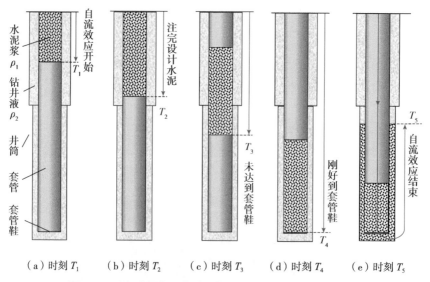

（a）时刻 T_1　（b）时刻 T_2　（c）时刻 T_3　（d）时刻 T_4　（e）时刻 T_5

图 4.21　注入水泥浆固井过程中，自流效应关键时刻示意图

注入水泥时间内，$[T_1 \sim T_2]$ 时间内和 $[T_2 \sim T_3]^*$ 时间内井口返出排量 Q 的计算数学模型分别为式（4.10）和式（4.11）。对于一般井，在该注入水泥时间内，层流时，$k=0.5 \sim 1.5$，紊流时，$k=0.1 \sim 1.0$。

$$Q = \left[\frac{\rho_1 (1 - e^{-kt})}{\rho_2} + e^{-kt} \right] Q_0 \tag{4.10}$$

$$Q = \left[\frac{\rho_1 \left(1 - \mathrm{e}^{-kt}\right)}{\rho_1 + \dfrac{\left(d_{1i}^2 - d_{2i}^2\right)}{\left(d_j^2 - d_{2i}^2\right)}\left(\rho_1 - \rho_2\right)} + \frac{\rho_1}{\rho_2}\mathrm{e}^{-kt} \right] Q_0 \qquad （4.11）$$

最终得出环空钻井液被替换的时间内，即 $[T_3 \sim T_4]$ 时间内和 $[T_4 \sim T_5]^*$ 时间内井口返出排量 Q 的计算数学模型：

$$Q = \left[\frac{\rho_2 \left(1 - \mathrm{e}^{-kt}\right)}{\rho_1 + \dfrac{\left(d_{1i}^2 - d_{2i}^2\right)}{\left(d_j^2 - d_{2i}^2\right)}\left(\rho_1 - \rho_2\right)} + \mathrm{e}^{-kt} \right] Q_0 \qquad （4.12）$$

$$Q = \left[1 - \mathrm{e}^{-kt} \right] Q_0 \qquad （4.13）$$

4.3.1.2　注入过程中流体自动下落段关键参数的数学模型

建立 U 形管效应的加速度计算、真空高度计算的新模型。假设 p_b 为井口泵入压力，p_{out} 和 p_{in} 分别为套管外压力和套管内压力；a_{out} 和 a_{in} 分别为环空流体和套管内流体的加速度，$\dfrac{\mathrm{d}p_{fout}}{\mathrm{d}z}$ 和 $\dfrac{\mathrm{d}p_{fin}}{\mathrm{d}z}$ 分别为套管外和套管内单位长度的摩阻压降。模型建立中以进口为原点，井深方向为正方向，其 U 形管效应模型如图 4.22 所示。

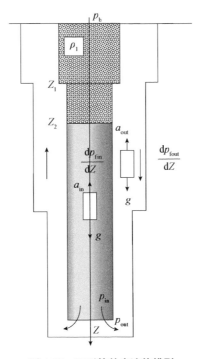

图 4.22　U 形管效应流体模型

根据流体力学中的欧拉（Eular）液体平衡微分方程，可得第 i 段流体的压力微元 dP。假设 Z_1 和 Z_2 位置的压力分别为 p_1 和 p_2，对式（4.14）积分，可得 p_2。

$$F_{in} = (g - a_{in}) - \frac{dp_{fin}}{\rho_i dz} \tag{4.14a}$$

$$dp = \rho_i(g - a_{in})dt - dp_{in} \tag{4.14b}$$

$$p_2 = (p_1 - p_{fin21}) + \rho_i(z_2 - z_1)g - a_{in} \tag{4.15}$$

式中　p_{fin21}——流体在 z_1 和 z_2 两点的套管内的压力降，MPa；

　　　ρ_i——第 i 段流体的密度，kg/m^3；

　　　g——重力加速度，m/s^2。

最终推导该时间段套管环空任意段流体的返出速度 v_j 的计算数学模型式（4.16）。推导出该段时间内，套管内的真空高度 H 的计算数学模型和套管鞋处压力 p_{out} 计算数学模型分别为式（4.17）和式（4.18）。在注水泥浆完成的时间 t_2 开始压胶塞，地面注入流体的速度虽然有所减缓，但其"真空高度"和其余参数的计算仍可用式（4.16）至式（4.18）的计算数学模型求出。

$$v_j = \frac{Q}{S_{out\_j}} + \int_0^{t_2-t_1} \frac{\left(\sum_{i=1}^n (\rho_i g) \ h_{in\_i} - \sum_{j=1}^k (\rho_j g) \ h_{out\_j} - p_{fin} - p_{fout} \right)g}{\sum_{i=1}^n (\rho_i g) \ h_{in\_i} - \sum_{j=1}^k (\rho_j g) \ h_{out\_j} \dfrac{S_{in\_i}}{S_{out\_j}}} dt \tag{4.16}$$

$$H = \frac{S_{out_j}}{S_{in_i}} \int_0^{t_2-t_1} \left[\frac{Q}{S_{out_j}} + \right.$$

$$\left. \int_0^{t_2-t_1} \frac{\left(\sum_{i=1}^n (\rho_i g) \ h_{in_i} - \sum_{j=1}^k (\rho_j g) \ h_{out_j} - p_{fin} - p_{fout} \right)g}{\sum_{i=1}^n (\rho_i g) \ h_{in_i} - \sum_{j=1}^k (\rho_j g) \ h_{out_j} \dfrac{S_{in_i}}{S_{out_j}}} \right] dt - \frac{Q}{S_{in_i}}(t_2 - t_1) \tag{4.17}$$

$$p_{out} = p_{fout} + \sum_{j=1}^k (\rho_j g) \ h_{out_j} +$$

$$\sum_{i=1}^n \left(\frac{S_{in_i}}{S_{out_j}} \left[\frac{\left(\sum_{i=1}^n (\rho_i g) \ h_{in_i} - \sum_{j=1}^k (\rho_j g) \ h_{out_j} - p_{fin} - p_{fout} \right)g}{\sum_{i=1}^n (\rho_i g) \ h_{in_i} - \sum_{j=1}^k (\rho_j g) \ h_{out_j} \dfrac{S_{in_i}}{S_{out_j}}} \right] \frac{(\rho_j g) \ h_{out_j}}{g} \right) \tag{4.18}$$

当时间达到 t_3 时，返出排量等于注入排量，此时 U 形管效应消失，流道中的流体属于稳定流动，其固井过程中，各关键点压力、摩阻系数和水力坡度等动态参数可用以上推导公式计算。

4.3.1.3　真空高度简化计算数学模型和附加碰压力数学模型

根据流体力学的摩阻计算关系，层流状态下可见式（4.20）：

$$hf(t) = h_0 + \frac{p(t)}{\rho_1 g} \tag{4.19}$$

$$hf(t) = \frac{64\mu}{2g\rho_1} \cdot \frac{h_0^2}{d^2 t} \tag{4.20}$$

根据井筒几何结构，可得真空体积 V_0 和由于真空引起的附加排量 Q_0 的计算数学模型，分别为式（4.21）和式（4.22）。

$$V_0 = h_0 \cdot A_2 \tag{4.21}$$

$$V_0 = \frac{\Delta V_0}{\Delta t_0} \tag{4.22}$$

式中　A_2——套管内横截面积；

　　　ΔV_0——在 Δt_0 时间内的真空体积变化。

碰压时的附加压力的计算数学模型为

$$\Delta p = \rho C v_0 \tag{4.23}$$

其中

$$C = \sqrt{\frac{E}{\rho}} \frac{1}{\sqrt{1 + \frac{D}{e} \cdot \frac{E}{E_0}}} \tag{4.24}$$

式中　ρ——流体密度，kg/m^3；

　　　C——压力波传播系数，m/s；

　　　v_0——流体速度，m/s；

　　　E，E_0——流体和套管的弹性系数，即弹性模量，MPa；

　　　D——套管内径，m；

　　　e——套管壁厚，m。

4.3.2　固井注水泥浆动态过程管柱受力模型

固井注替过程中的 U 形管效应是由于注入的水泥浆密度大于钻井液密度，驱动钻井液流动所需的泵压逐渐被水泥浆液柱产生的静液柱压差所代替，井口泵压逐渐下降。直至泵压为零，管柱内流体以"自由落体"的形式下落，井内实际流量不等于泵入排量，在管柱内产生真空段。为使整个模拟计算模型能准确地反映注水泥时井下各参数的变化，模型必须尽量接近真实井况，具有较普遍的代表性，提出以下基本模型条件：

（1）考虑井眼内同时注入多种液体，各种液体密度等性能各不相同；

（2）考虑 U 形管效应现象的出现与影响；

（3）套管处于基本居中位置，允许存在一定偏心但是不影响流体流动。

在固井注水泥浆过程中，管柱内外始终处于联通状态，形成一个大型 U 形管，对管柱进行受力分析，如图 4.23 所示，图中 p_b 为井口注入压力，p_{si}、p_{so} 分别为套管鞋处管内外压力，a_i、a_o 分别为管内及环空流体流动加速度。首先对管内流体进行分析，单位质量流体所受到的轴向力为

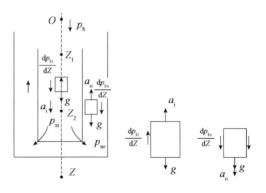

（a）管柱受力图　（b）管内流体　（c）管外流体
　　　　　　　　　受力图　　　受力图

图 4.23　固井管柱注水泥浆动态受力模型

$$z = \frac{mg - ma_i}{m} - \frac{1}{\rho}\frac{\mathrm{d}p_{fi}}{\mathrm{d}Z} \tag{4.25}$$

从井口到套管鞋处管内作用于套管鞋处的压力为

$$p_{si} = p_b - p_{fi} + \sum_{i=1}^{m} q_{ii}h_{ii} - \sum_{i=1}^{m} a_i q_{ii}h_{ii} / gq \tag{4.26}$$

式中　p_{fi}——管内流体摩阻压降，对不同的流变模式和流态有不同的计算公式，Pa；

　　　q_{ii}，h_{ii}——管内第 i 段流体重度（N/m³）及对应高度（m），它们的乘积和组成管内静液压力；

　　　a_i，g——流体下落加速度和重力加速度，m/s²。

若 $a_i = g$，则式（4.26）化成水平稳定管流压降公式。

对于环空流，取和管内流同样的坐标系，则单位质量受力为

$$z = \frac{mg + ma_i}{m} + \frac{1}{\rho}\frac{\mathrm{d}p_{fo}}{\mathrm{d}Z} \tag{4.27}$$

积分后得

$$p_2 = p_1 + p_{fi2o} + qh_{12}(1 - a_o / g) \tag{4.28}$$

式中　p_{fi20}——流体在 Z_0、Z_2 两点之间的环空摩阻压降，Pa；

　　　a_o——管外流体加速度，m/s²。

最终得

$$p_b - p_{fi} + \sum_{i=1}^{m} q_{ii}h_{ii} - \sum_{i=1}^{m} a_i q_{ii}h_{ii} / gq_{ii} = p_{fo} + \sum_{i=1}^{m} q_{oi}h_{oi} + \sum_{i=1}^{m} a_o q_{oi}h_{oi} / gq_{oi} \tag{4.29}$$

$$a_o S_o = a_i S_i \tag{4.30}$$

4.3.3 固井过程中流体动态压力参数分析应用案例

根据固井过程中流体动态压力计算数学模型，开发了固井注水泥浆过程中的流体动态压力计算软件。以 XL01 探井为例，对技术套管固井过程动态压力计算分析，部分计算结果如图 4.24 和图 4.25 所示。

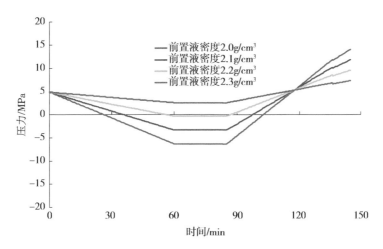

图 4.24　不同前置液密度下泵压随注入时间变化关系

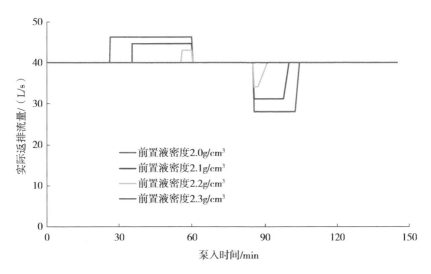

图 4.25　不同前置液密度下实际返排流量随注入时间变化关系

该模型可以分析固井过程中不同前置液密度、排量等对固井过程中动态压力、返排流量等的影响，为固井过程中的流体动态压力参数计算、固井参数优化设计及避免出现真空段现象提供可靠的计算和分析手段。

当泵入流量 Q=40L/s 时，不同前置液密度下，套管内出现的最大真空体积和最大加速度变化见表 4.7。

表 4.7 套管内最大冲击载荷（流量 40L/s）

水泥浆密度/（g/cm³）	前置液密度/（g/cm³）	真空体积/m³	最大加速度变化/（m/s²）	最大冲击载荷/kN
1.9	1.65	8.83	1.06	17.78
	1.45	33.19	3.12	196.75
	1.25	57.55	4.61	504.08
	1.05	81.91	5.74	893.31

根据冲量定理，在 Δt 时间内有

$$F \cdot \Delta t = m_2 v_2 - m_1 v_1 \tag{4.31}$$

式中 F 为在 Δt 时间内的冲击载荷，在短暂时间内，认为该冲击载荷全部作用在套管下部某一位置。由式（4.31）可得冲击载荷 F：

$$F = \Delta m \cdot \Delta a \tag{4.32}$$

其中

$$\Delta m = \rho_1 V_0$$

式中　Δm——真空体积质量变化；

　　　V_0——真空体积，m^3；

　　　Δa——真空段内最大加速度变化，m/s^2。

根据表 4.7，前置液密度为 1.45 g/cm^3 时，可得其真空体积为 33.19m^3，则真空中质量变化 Δm 为

$$\Delta m = 33.19 \times 1900 = 63061 \text{ kg}$$

可知其最大加速度变化为 $\Delta a = 3.12 m/s^2$，则最大冲击载荷 F_{max} 为

$$F_{max} = \Delta m \cdot \Delta a = 63061 \times 3.12 = 196.75 \text{ kN}$$

最大冲击载荷 F_{max} 随前置液的密度变化而变化，几种不同前置液密度的最大冲击载荷见表 4.9。

从表 4.7 中可知，当水泥浆密度与前置液的密度差越大，其冲击载荷越大，当前置液的密度为 1.05 g/cm^3 时，其动态冲击载荷达到 893.31kN，即冲击载荷约 90t。通过大量的计算可知，泵排量的大小对冲击载荷的影响不大，冲击载荷的大小主要取决于两种流体的密度差值，其差值越大，其冲击载荷就越大。

（1）在相同前置液密度下，固井过程中，泵入流量越小，其出现的负压时间越长，且其负压值越大，表明其出现的真空段时间越长，且真空现象越严重。因此在固井过程中，必须根据固井多流体密度参数优化设计出最佳的泵入流量参数数据，以便消除固井过程中

的"真空"现象。

（2）在相同泵入流量下，随着前置液密度的增加，返排流量突变的时间范围逐渐减小，也就是说前置液密度越小，其返排流量突变的范围越大，对预防套管断裂失效越不利，因此必须提高前置液密度，以保证固井过程中套管的安全性。

4.4 建井阶段超深井套管磨损预测关键技术

4.4.1 高温高压深井套管磨损机理

通过搜集我国近年来部分重点深探井的套管磨损情况（表4.8），结合现场工况、套管磨损失效情况及事故记录情况，对套管磨损的特点进行分析总结。可以发现，套管磨损可产生于井口到井下深处很多位置，但主要集中在中上部井段，出现较严重磨损的套管多为第一、二级技术套管；井斜角大或全角变化率大的井段套管磨损严重，造斜点、套管接箍附近的井段往往是发生套管磨损的主要位置；套管磨损造成的井下事故复杂，处理起来比较麻烦。

表 4.8　我国近年来部分重点深探井的套管磨损情况

井号	套管尺寸/mm	套管下深/m	磨损井段/m	检测方法	复杂情况	复杂处理
圣科1井	339.7	1710	610～680磨穿	井下成像测井	阻卡漏失	下套管
英科1井	244.5	4800	610～680磨漏	封隔器检测	井漏	挤水泥
克参1井	244.5	3022	0～10.6磨穿	拆井口	遇阻	换井口
东秋1井	244.5	3570	0～156磨漏	井漏分析	试油套管破裂	换套管
楚参1井	244.5	3079	1300～1400磨漏	井漏分析	4次大井漏	堵漏
却勒1井	244.5	5223	9.5～15磨漏	拆井口/井漏分析	井漏	换井口
莺琼21-1-3井	339.7	3098	138～150磨穿	微井径分析	井漏	换套管
安参1井	244.5	5200	100套管破裂	测井径和声波	试不住压力	—

钻杆接头与套管接触表面的复杂相对运动和受力状况及表面间介质的相互作用，决定了套管磨损类型的多样性。油气井套管磨损可能存在的主要类型按磨损机理和失效类型可分为磨粒磨损、粘着磨损、切削磨损、疲劳磨损、犁沟磨损和腐蚀磨损。这几种磨损形式发生的条件不同，但在很多情况下完全可能同时存在。当套管与钻杆接头表面不能被润滑膜有效地分开且存在研磨机制时，粘着磨损和磨粒磨损占主导地位；当接触表面受到复杂的交变或脉动应力作用，局部达到接触疲劳极限并发生材料剥落时，接触疲劳磨损的作用便会十分突出；而钻井液中的腐蚀性介质在强烈的摩擦作用过程中对摩擦表面产生交替腐

蚀时，腐蚀磨损就更加严重。

在实验室和钻井现场，可以通过磨屑形状来分析判断磨损类型。表4.9列出了四种常见磨损类型磨粒的基本特征参数及形成机理。

表4.9　不同磨损类型磨粒特征及形成机理

磨损类型	磨粒名称	磨粒特征		形成机理
		形状	尺寸/μm	
磨粒磨损	磨料剥离磨粒	月牙状为主，轮廓明显	主尺寸<10，宽度<1~2	由于磨粒嵌入较软的表面，切削硬表面而形成
粘着磨损	正常滑动磨粒	薄片状、碎片状、条状	小于5，个别介于10~15，厚度为0.05~0.1	疲劳剥落，包括碎片状和条状磨粒
	严重滑动磨粒	表面粗糙、划痕、轮廓不规则	一般主尺寸大于20，个别达到数百微米	负荷过大，速度过高，缺油或油膜击穿，相对运动表面温度升高，直至粘着，最后破坏
切削磨损	硬表面切削磨粒	月牙状、螺旋状等，轮廓似弯曲的层状叠加而成	一般主尺寸为10~20，宽度为2~5	由于较硬表面穿入软表面，切削软表面而形成
疲劳磨损	疲劳剥离磨粒	光滑表面，轮廓不规则，片（块）状	主尺寸一般为5~10，最大达100	由于磨粒嵌入较软的表面，切削硬表面而形成
	层状磨粒	平展表面有空洞，轮廓不规则	主尺寸为20~50	交变载荷产生疲劳裂纹，初始沿法线方向，一定深度后转而平行方向延伸致使表层脱落
	球状磨粒	圆球状，个别破裂	直径为1~5	裂纹内表面片屑和随正常滑动磨粒，在裂纹表面相对运动的揉搓作用

目前国内外研究者普遍认为，套管磨损主要是由钻进过程中钻杆的高速旋转造成的，而起下钻等沿井眼方向的滑动过程也会对套管产生磨损，只不过相对前者来说起下钻等过程对套管的磨损量较小。套管磨损主要是钻杆接头与套管内壁之间的摩擦磨损，这是一个很复杂的过程，影响因素众多且影响机理复杂。井身结构、井眼状况、钻具组合、摩擦系数、接触力、钻杆转速、摩擦路程、套管硬度、钻井液性能、全角变化率、套管/钻杆材料、几何尺寸、运动状态、液柱压力、地层性质等对套管磨损都有影响，而通过大量调研和实验发现，其主要影响因素是井眼全角变化率、钻杆/套管的接触力、摩擦系数、钻井液性能、钻杆转速和钻杆/套管的材料属性。

4.4.2　套管磨损主要影响因素

4.4.2.1　井眼全角变化率的影响

井段全角变化率较大时，会使钻杆接头甚至是一些钻杆本体与套管内壁接触产生摩擦磨损，也会使钻杆接头与套管之间的接触力变大加剧磨损。所以合理设计井眼轨迹并尽可能减小全角变化率特别是井斜角对大斜度井钻井减轻套管磨损具有重要意义。

4.4.2.2　接触力的影响

接触力的大小决定了接触应力的分布状况，钻杆接头与套管内壁间的接触力是套管磨损的重要影响因素。接触力本身又与多种因素有关，比如井眼轨迹、钻柱运动状态、钻杆 / 套管的几何尺寸等。井斜角较大或套管变形严重的井段接触力更大，使钻井液润滑膜的润滑作用降低或者消失，使摩擦磨损更加严重。

4.4.2.3　摩擦系数的影响

摩擦系数是影响磨损的主要参数之一，钻柱与套管间的摩擦系数越大，发生严重磨损的可能性越大。平常用于计算的摩擦系数值一般都是多次测试数据的平均值，但由于钻井液、接触力、钻屑、温度和材料特征等因素的影响，钻杆与套管间的摩擦系数是综合影响系数，计算套管磨损时一般通过大量实验测试取其平均值。

4.4.2.4　钻井液性能的影响

钻井液在套管磨损中主要起着润滑作用，主要通过改变摩擦副间摩擦系数来影响套管磨损，因此钻井液性能对磨损速度具有较大影响。清水中套管磨损最严重，水基钻井液和非加重油基钻井液中磨损较少。

4.4.2.5　钻杆转速的影响

钻进过程中钻杆旋转转速一般小于 200r/min，属于低速摩擦磨损范畴。转速在一定程度上会影响金属与金属形成的摩擦副的摩擦系数。随着转速加快，摩擦副之间的相对运动距离（滑移距离）增加，单位时间内的磨损量就增大，加快了套管磨损。

4.4.2.6　材料属性的影响

摩擦副材料属性是影响套管磨损众多因素中最为复杂的，与其材质、热处理工艺和表面性能等均密切相关。材料硬度对套管磨损的影响尤为明显。硬度是固体材料表面抵抗弹性变形、塑性变形或断裂的能力，它与材料的强度、韧性、延展性和耐磨性都有一定的关系，其中硬度与强度之间有近似对应的关系。

另外，钻杆接头的硬质耐磨材料、复杂的钻具组合、匹配不恰当的钻井参数等也会造成套管磨损。

4.4.3　钻杆套管磨损规律室内实验研究

本次套管磨损规律实验采用了西南石油大学摩擦磨损实验室的 MLS–225 型磨损实验机（图 4.26）模拟研究井下不同工况的钻杆 / 套管磨损情况。

4.4.3.1　实验设备及样品

该磨损实验装置主要由电动机、钻井液槽、施力杠杆、加载砝码、钻杆接头试样、套管试样等组成，如图 4.27 所示。在加载砝码上加载的载荷 W，通过施力杠杆系统将载荷传递到套管试样上，使钻杆接头与套管试样产生恒定的侧向接触力 F，当电动机带动钻杆接头试样以一定转速 ω 进行转动时，二者之间将会产生摩擦磨损。

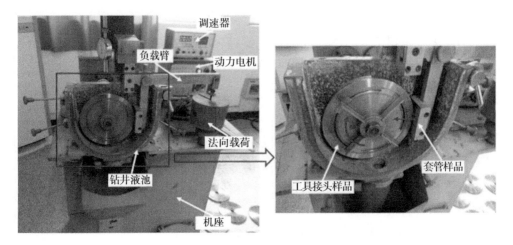

图 4.26　MLS-225 型磨损实验机

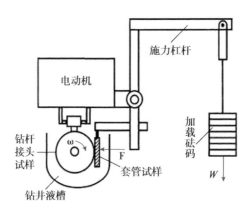

图 4.27　磨损实验装置工作原理图

本实验采用实际套管和 S135 钻杆接头材料制作实验样品（图 4.28），将原始样品经过切割和车床抛光，实验前完成对样品的制作、挑选和测量。

4.4.3.2　实验方案

根据对套管磨损影响因素的分析，确定了磨损实验的条件变量，设计了磨损实验方案。实验条件为：套管样品材料为钢级 TP140V、P110 和 N80 的套管，转速为 60r/min、70r/min 和 80r/min，接触力为 60N、90N 和 120N，温度为室温（20℃）和高温（100℃），摩擦介质为钻井液。实验时，分别测量套管材料磨损 2h、4h、6h、10h、12h、14h 和 20h 的磨损量和磨损深度。实验测量数据标示如图 4.29 所示。

实验操作步骤如下：

（1）清洗：每次实验开始之前，必须彻底刷洗钻井液槽以除去上次实验用的钻井液中的任何遗留物，每个试样要去磁、清除静电，在酒精或丙酮中浸洗，然后用吹风机吹干，而后安装在试样夹具上。

（2）预磨：在完成清洗之后，加上所需的砝码，缓慢放下载荷，让试样与圆轮轻轻地

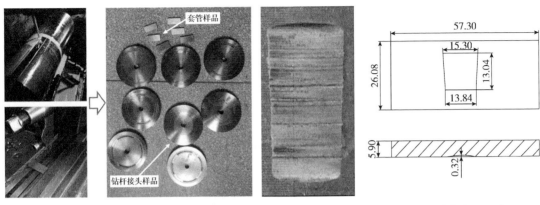

图 4.28　S135 钻杆接头与套管实验样品制作　　　图 4.29　实验测量数据标示（单位：mm）

接合，以一定转速开机预磨，以消除试样表面粗糙度和受力不均带来的实验误差，这个阶段叫作磨合或预磨阶段。

（3）称重：预磨 30min 左右，试样表面会产生一个新鲜磨痕，然后去除钻井液冲洗钻井液槽，卸下夹具，取出并清洗试样，在天平上称重，将此重量作为样品的"原始重量"。

（4）选装试样：对试样进行编号、清洗、干燥，然后进行称重和测量厚度，记录其原始重量和厚度，选取实验所需的试样。将套管试样和钻杆接头试样安装在实验机上，然后在砝码盘上加上预定的砝码，使两试样表面产生恒定的接触力。

（5）加入钻井液：将钻井液加入钻井液槽中。

（6）正式实验：开始实验时，调整转速控制仪，使钻杆接头以设定的转速转动。分别在实验进行后 2h、4h、6h、10h、12h、14h 和 20h 取出套管试样，清洗、干燥，并测量其磨损失重，在三坐标测量仪上测量磨损区域几何参数和最大磨损深度，如图 4.30 所示。

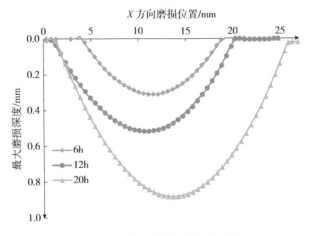

图 4.30　三坐标测量仪下的磨损深度

4.4.3.3 实验结果分析

（1）磨损形态观测。

用三坐标测量仪对磨损实验磨损后的套管样品进行测量分析发现，套管样品磨损后形成凹槽，且实验条件不同时，凹槽形状和深度也会不同，磨损凹槽呈现出中间深、两边浅且基本对称的月牙形，如图 4.31 所示。

（a）磨损 2h	（b）磨损 4h	（c）磨损 6h
（d）磨损 10h	（e）磨损 12h	（f）磨损 20h

图 4.31　不同磨损时间的磨损区域形态图

（2）磨损时间的影响。

在转速、实验接触力、摩擦介质和材料属性等实验条件相同的情况下，磨损时间越长，摩擦做功积累越多，磨损效果越明显，磨损失重和磨损深度越大，如图 4.32 所示。

磨损失重与磨损时间呈线性关系，磨损时间越大，磨损失重越大；最大磨损深度与磨损时间呈非线性增长趋势，随磨损时间的增加，磨损深度先增加较快，增加到一定程度后增加的趋势变缓。

（3）转速的影响。

在接触力、摩擦介质、磨损材料和磨损时间等实验条件相同的情况下，转速越大，磨损越快，单位时间内摩擦副相对运动的距离（滑移距离）越大，磨损量越大，如图 4.33 所示。钻杆转速一般小于 200r/min，属于低速摩擦磨损范畴，理论上钻杆转速对套管磨损的影响不会太大，但转速越大，会增大套管磨损速度，一定时间内的磨损量将增多。

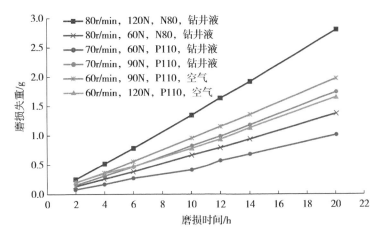

图 4.32 磨损失重与磨损时间关系

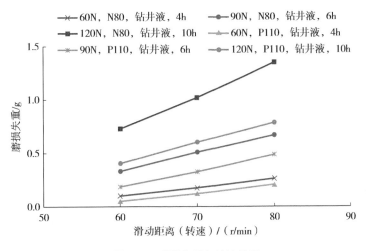

图 4.33 磨损失重与转速关系

（4）接触力的影响。

在摩擦介质、材料属性和磨损时间等实验条件相同的情况下，接触力（施加在套管样品上的正压力）越大，磨损量（套管样品失重）越大，如图 4.34 所示。接触力决定了摩擦副表面的应力分布，是套管磨损的主要影响因素之一，接触力本身又与井眼轨迹、钻柱运动状态、钻杆 / 套管的几何尺寸及材料属性等相关，在全角变化率大的井段，钻杆与套管内壁的接触力将更大。

（5）套管材料的影响。

在转速、接触力、摩擦介质和磨损时间等实验条件相同的情况下，套管样品的材料不同，其磨损量也不同，如图 4.35 所示。实验中发现，随套管钢级提高，套管硬度、抗拉强度、屈服强度等增强，因此高钢级的套管相对较难磨损。

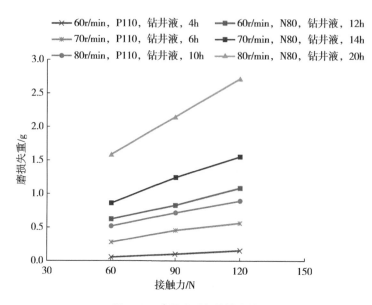

图 4.34 磨损失重与接触力关系

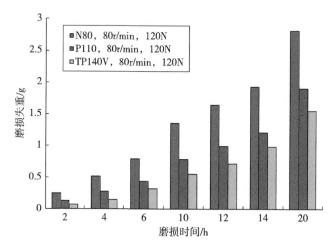

图 4.35 不同套管材料的磨损状况

（6）温度的影响。

实验中对比了高温环境（100℃）和室温环境（20℃）下的套管样品磨损失重情况，如图
4.36 所示。套管样品在高温环境下的磨损失重都比在室温环境下的磨损失重大，说明高温环
境下套管样品更易磨损。查阅相关文献得知，高温环境破坏了钻杆样品与套管样品接触界面
膜的润滑性，摩擦系数变大，导致磨损量比室温时大。温度在摩擦磨损中起着重要作用，它
可以改变钻井液的性能，也可以改变摩擦副表面的材料特性。对摩擦副界面膜而言，有一定
的临界温度，超过这一温度界面膜将脱落、乱向，降低润滑剂的性能，甚至使润滑失效，从
而增大摩擦副间的摩擦系数导致更易磨损。加之，温度的提高，可能使金属材料回火、相变、
表面硬度和强度降低，从而促进粘着磨损的发生，还会影响保护膜的形成，使润滑失效。

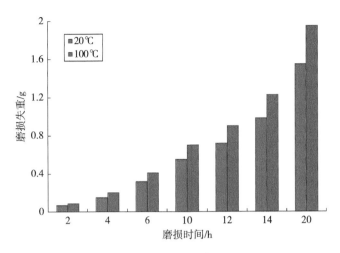

图 4.36 室温和高温下的磨损失重对比

（7）磨损系数取值。

磨损系数即为磨损体积与摩擦功的比值，反映了磨损过程中摩擦功的转化效率。磨损实验的一个重要目的就是得到不同工况下磨损系数的取值或经验公式，为后续井下套管磨损预测提供参数依据。通过处理实验数据，拟合得到 TP140V、P110 和 N80 套管的常温和高温磨损系数，见表 4.10，拟合数据如图 4.37 至图 4.39 所示。

表 4.10 三种套管材料的磨损系数

套管材料	实验环境	磨损系数（室温）/$10^{-7}MPa^{-1}$	磨损系数（高温）/$10^{-7}MPa^{-1}$
TP140V	钻井液	1.114	1.325
P110	钻井液	1.654	1.901
N80	钻井液	2.116	2.533

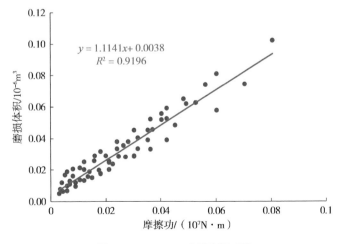

图 4.37 TP140V 套管磨损系数

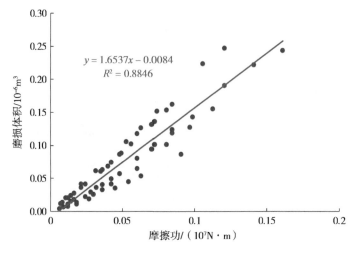

图 4.38　P110 套管磨损系数

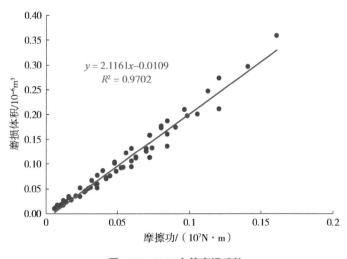

图 4.39　N80 套管磨损系数

4.4.4　套管磨损预测理论研究

4.4.4.1　全井段钻杆 / 套管接触力计算模型

准确的接触力计算是套管磨损预测精度的保证。钻杆接头的直径通常比钻杆本体大得多，特别是钻大斜度井或大位移井时，为提高接头的抗扭强度及耐磨性，往往会选用大直径钻杆接头。因此，在钻井过程中，钻杆接头首先与套管内壁接触，高速旋转下就会造成套管磨损。

为了研究钻杆接头与套管内壁之间的接触力，取一个钻杆接头及分别与其上、下相邻的半根钻杆为独立体进行力学分析，其受力状态如图 4.40 所示。为了便于推导，假设：

（1）钻柱单元的曲率为常数，且与井眼曲率相同；

（2）两测点间的井眼轨迹位于一个空间平面内；

（3）钻柱的弯曲变形仍在弹性范围之内；

（4）只有钻杆接头与套管接触，钻杆本体与套管不接触。

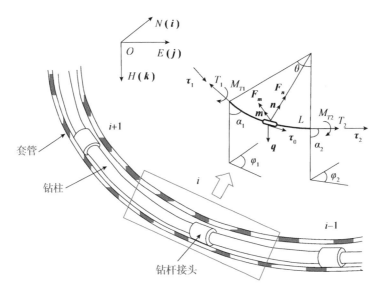

图 4.40 三维井眼中钻柱单元受力情况

通过对选取钻柱单元的受力分析，得到如下平衡方程：

$$
\begin{cases}
T_1 \cos\dfrac{\theta}{2} = T_2 \cos\dfrac{\theta}{2} + qL\cos\bar{\alpha} \pm \mu_{\mathrm{a}}(F_{\mathrm{E}} + F_{\mathrm{S}}) \\[2mm]
F_n = Lq \cdot n - (T_1 + T_2)\sin\dfrac{\theta}{2} \\[2mm]
F_m = Lq \cdot m \\[2mm]
M_{T_1} = M_{T_2} + \mu_{\mathrm{t}} F_{\mathrm{S}} D_{\mathrm{tj}}/2
\end{cases}
\tag{4.33}
$$

式中　T_1，T_2——钻柱单元上端和下端的轴向力，kN；

$\quad\quad M_{T_1}$，M_{T_2}——钻柱单元上端和下端的扭矩，kN·m；

$\quad\quad F_{\mathrm{S}}$——钻杆接头接触力，kN；

$\quad\quad F_n$，F_m——接触力在主法线和副法线方向上的分力，kN；

$\quad\quad F_{\mathrm{E}}$——井下钻柱弯曲变形引起的接触力，kN；

$\quad\quad q$——单位长度钻柱在钻井液中的有效重量，kN/m；

$\quad\quad L$——钻柱单元长度，m；

$\quad\quad \bar{\alpha}$——平均井斜角，(°)；

$\quad\quad \theta$——钻柱单元的的全角变化率，(°)；

$\quad\quad \mu_{\mathrm{a}}$——钻柱与套管之间的轴向摩擦系数，钻柱向上运动时取"+"，钻柱向下运动
　　　时取"-"；

μ_t——钻柱与套管之间的周向摩擦系数；

D_{tj}——钻杆接头直径，m。

管柱单元上端点、下端点和中点的单位切向量分别为

$$\begin{cases} \boldsymbol{\tau}_1 = \sin\alpha_1\cos\varphi_1\boldsymbol{i} + \sin\alpha_1\sin\varphi_1\boldsymbol{j} + \cos\alpha_1\boldsymbol{k} \\ \boldsymbol{\tau}_2 = \sin\alpha_2\cos\varphi_2\boldsymbol{i} + \sin\alpha_2\sin\varphi_2\boldsymbol{j} + \cos\alpha_2\boldsymbol{k} \\ \boldsymbol{\tau}_0 = (\boldsymbol{\tau}_1 + \boldsymbol{\tau}_2)\big/\sqrt{2 + 2\cos\theta} \end{cases} \tag{4.34}$$

$\boldsymbol{n}$ 和 $\boldsymbol{m}$ 分别为钻柱单元的法向量和副法向量，其表达式为

$$\boldsymbol{m} = \frac{1}{\sin\theta}\begin{bmatrix} 0 & -\cos\alpha_1 & \sin\alpha_1\sin\varphi_1 \\ \cos\alpha_1 & 0 & -\sin\alpha_1\cos\varphi_1 \\ -\sin\alpha_1\sin\varphi_1 & \sin\alpha_1\cos\varphi_1 & 0 \end{bmatrix}\begin{bmatrix} \sin\alpha_2\cos\varphi_2 \\ \sin\alpha_2\sin\varphi_2 \\ \cos\alpha_2 \end{bmatrix} \tag{4.35}$$

$$\boldsymbol{n} = \boldsymbol{m}\times\boldsymbol{\tau}_0 \tag{4.36}$$

根据力的合成，钻杆接头与套管的接触力为

$$F_S = \sqrt{F_n^2 + F_m^2} \tag{4.37}$$

由式（4.34）和式（4.37）可知，接触力和轴向力互相耦合，因此需要用迭代法求解。把钻杆按如上方法分成若干个单元，并认为钻铤与套管内壁为连续接触，从而由钻头到井口即可算得整个钻柱的轴向力和接触力分布。

4.4.4.2 月牙形磨损深度计算模型

在套管磨损预测理论中，发展完善且应用广泛的方法是 White 和 Dawson 提出的线性"磨损—效率"模型。他们认为在摩擦磨损过程中，摩擦功的一部分转化为摩擦热，另一部分则表现为套管磨损。套管磨损体积计算公式为

$$V_W = 60\pi\int_{h_0}^{h} f\mu_t F_S D_{tj}\frac{\text{RPM}}{\text{ROP}}\text{d}l \tag{4.38}$$

式中　V_W——套管磨损损失体积，m^3；

f——磨损系数，MPa^{-1}；

RPM——钻杆转速，r/min；

ROP——机械钻速，m/h；

l——钻井深度，m。

针对磨损后套管内壁形成的月牙形磨痕，建立了最大磨损深度计算的几何模型。取钻杆接头与套管的横断面作为研究对象，建立图 4.41 的坐标系。

在图 4.41 中，最大圆为套管外壁圆，中间圆为套管内壁圆，最小圆为钻杆接头外圆，钻杆接头与套管横截面相交的两点是磨损区域的边界点，钻杆接头与套管相交的部分即为横截面上套管的磨损区域。由解析法积分，磨损区域的面积为

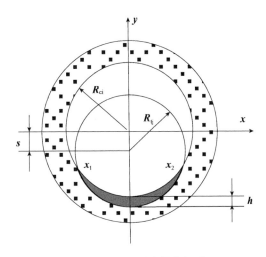

图 4.41 月牙形磨损坐标系

$$A = \int_{x_1}^{x_2} \left[\sqrt{R_{tj}^2 - x^2} + (R_{ci} - R_{tj} + h) - \sqrt{R_{ci}^2 - x^2} \right] \mathrm{d}x$$

$$= (R_{ci} - R_{tj} + h) x_2 + R_{tj}^2 \arcsin \frac{x_2}{R_{tj}} - R_{ci}^2 \arcsin \frac{x_2}{R_{ci}} \tag{4.39}$$

其中

$$x_2 = -x_1 = \sqrt{R_{ci}^2 - \left[\frac{R_{tj}^2 - R_{ci}^2 - (R_{ci} - R_{tj} + h)^2}{2(R_{ci} - R_{tj} + h)} \right]^2} \tag{4.40}$$

式中 R_{tj}——钻杆接头半径，m；

R_{ci}——套管内壁半径，m；

h——套管最大磨损深度；

x_1，x_2——磨损边界的横坐标。

由式（4.38）至式（4.40），采用一定的迭代算法即可求得特定工况下套管的磨损深度。

4.4.5 磨损后套管剩余强度预测方法研究

4.4.5.1 API 均匀磨损模型

API 均匀磨损模型是假设套管内壁被均匀地磨掉了厚度为 h 的一层（图 4.42）。将剩余壁厚 h_s 代入 API 公式中求取磨损套管的剩余强度。由于 API 均匀磨损模型使套管面积损失加大了许多，因而计算得到的剩余强度往往偏小，结论较保守。

（1）剩余抗内压强度。

根据 API 公式，套管磨损后的剩余抗内压强度为

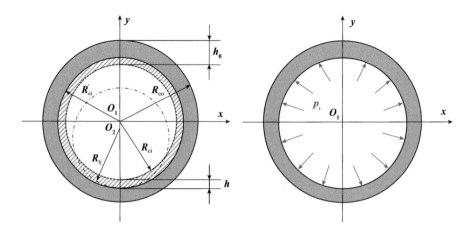

图 4.42　均匀磨损模型

$$p_{\mathrm{API}} = 0.875\left[\frac{2\sigma_s h_s}{D_{\mathrm{R}}}\right] \tag{4.41}$$

式中　p_{API}——抗内压强度，MPa；

　　　σ_s——屈服强度，MPa；

　　　D_{R}——套管外径，mm；

　　　h_s——磨损后剩余壁厚，mm。

（2）剩余抗挤毁强度。

根据 D_{R}/h_s（直径与壁厚比），将挤毁类型分为屈服强度挤毁类型、塑性挤毁类型、塑弹性挤毁类型及弹性挤毁类型 4 种。

①当 $D_{\mathrm{R}}/h_s \leqslant (D_{\mathrm{R}}/h_s)_{\mathrm{YP}}$ 即屈服强度挤毁类型时

$$p = 2\sigma_s \frac{D_{\mathrm{R}}/h_s - 1}{(D_{\mathrm{R}}/h_s)^2} \tag{4.42}$$

其中

$$(D_{\mathrm{R}}/h_s)_{\mathrm{YP}} = \frac{\sqrt{(A-2)^2 + 8\left(B + \dfrac{6.894757C}{\sigma_s}\right)} + (A-2)}{2\left(B + \dfrac{6.894757C}{\sigma_s}\right)} \tag{4.43}$$

$$A = 2.8762 + 1.54885\times10^{-4}\sigma_s + 4.4806\times10^{-7}\sigma_s^2 - 1.621\times10^{-10}\sigma_s^3 \tag{4.44}$$

$$B = 0.026233 + 7.34\times10^{-5}\sigma_s \tag{4.45}$$

$$C = -465.93 + 4.4741\sigma_s - 2.205\times10^{-4}\sigma_s^2 + 1.1285\times10^{-7}\sigma_s^3 \tag{4.46}$$

②当 $(D_R/h_s)_{YP} \leqslant D_R/h_s \leqslant (D_R/h_s)_{PT}$ 即塑性挤毁时

$$p = \sigma_s \left(\frac{A}{D/h_s} - B \right) - 6.894757C \tag{4.47}$$

其中

$$(D_R/h_s)_{PT} = \frac{\sigma_s (A - F)}{6.894757C + \sigma_s B - G} \tag{4.48}$$

$$F = \frac{3.237 \times 10^5 \left(\dfrac{3B/A}{2 + B/A} \right)^3}{\sigma_s \left[\dfrac{3B/A}{2 + B/A} - \dfrac{B}{A} \right] \left(1 - \dfrac{3B/A}{2 + B/A} \right)^2} \tag{4.49}$$

$$G = \frac{FB}{A} \tag{4.50}$$

③当 $(D_R/h_s)_{PT} \leqslant D_R/h_s \leqslant (D_R/h_s)_{TE}$ 即塑弹性挤毁类型时

$$p = \sigma_s \left(\frac{F}{D_R/h_s} - G \right) \tag{4.51}$$

其中

$$(D_R/h_s)_{TE} = \frac{2 + B/A}{3B/A} \tag{4.52}$$

④当 $D_R/h_s \geqslant (D_R/h_s)_{TE}$ 即弹性挤毁时

$$p = \frac{323.7088 \times 10^6}{(D_R/h_s)(D_R/h_s - 1)^2} \tag{4.53}$$

式中　p——套管抗挤毁强度，kPa；

σ_s——套管最小屈服强度，kPa；

$(D_R/h_s)_{YP}$——屈服挤毁与塑性挤毁分界点；

$(D_R/h_s)_{PT}$——塑性挤毁与塑弹性挤毁分界点；

$(D_R/h_s)_{TE}$——塑弹性挤毁与弹性挤毁分界点。

4.4.5.2　偏心圆筒磨损模型

偏心圆筒模型以一个新圆为磨损套管的内壁，该圆圆心位于套管中心与月牙形磨损沟槽最深点的连线上，与套管中心的偏心距为 $h/2$，半径为套管内径加磨损深度的一半，如图 4.43 所示。双极坐标系下的映射函数 $\omega(\zeta)$ 为式（4.54），将式（4.55）的实部和虚部分解，则可以得到式（4.56）。

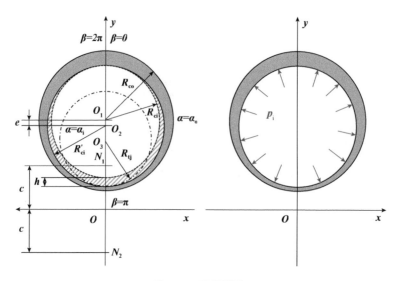

图 4.43 磨损模型

$$z = \omega(\xi) = x + \mathrm{i}y = \mathrm{i}c\coth\left(\frac{\xi}{2}\right) \tag{4.54}$$

$$\xi = \alpha + \mathrm{i}\beta \tag{4.55}$$

$$\begin{cases} x = c\dfrac{\sin\beta}{\cosh\alpha - \cos\beta} \\[2mm] y = c\dfrac{\sinh\alpha}{\cosh\alpha - \cos\beta} \end{cases} \tag{4.56}$$

消去 β 得

$$x^2 + (y - c\coth\alpha)^2 = (c\operatorname{csch}\alpha)^2 \tag{4.57}$$

式（4.57）代表圆心在（0，$c\coth\alpha$），半径为 $c\operatorname{csch}\alpha$ 的圆。分别用 $\alpha=\alpha_i$ 和 $\alpha=\alpha_o$ 表示偏心圆管的内外边界，则

$$\begin{cases} R_o = c\operatorname{csch}\alpha_o \\ R_i = c\operatorname{csch}\alpha_i \\ e = c(\coth\alpha_o - \coth\alpha_i) \end{cases} \tag{4.58}$$

式中　R_o——套管外壁半径，m；

　　　e——偏心圆管内外圆的偏心距，m；

　　　R_i——偏心圆管内壁半径，m。

R_i 与套管内径和磨损深度的关系为

$$R_i = R_{ci} + h/2 \tag{4.59}$$

解得

$$\alpha_o = \sinh^{-1}\left(\frac{c}{R_o}\right) \tag{4.60}$$

$$\alpha_i = \sinh^{-1}\left(\frac{c}{R_i}\right) \tag{4.61}$$

$$c = \frac{1}{2e}\sqrt{R_i^4 + R_o^4 - 2R_o^2 R_i^2 - 2e^2 R_i^2 - 2e^2 R_o^2 + e^4} \tag{4.62}$$

假设该偏心圆管在轴向上具有单位长度，且材料为各向同性弹性材料，忽略体力，求得偏心圆管的应力分量为

$$\begin{cases} c(\sigma_\beta + \sigma_\alpha) = 4cA + 2B(2\sinh\alpha\cos\beta - \sinh 2\alpha\cos 2\beta) - \\ \quad 2C(1 - 2\cosh\alpha\cos\beta + \cosh 2\alpha\cos 2\beta) \\ c(\sigma_\beta - \sigma_\alpha + 2i\tau_{\alpha\beta}) = -2B\big[\sinh 2\alpha - 2\sinh 2\alpha\cosh\alpha\cos\beta + \sinh 2\alpha\cos 2\beta - \\ \quad i(2\cosh 2\alpha\cosh\alpha\sin\beta - \cosh 2\alpha\sin 2\beta)\big] + 2C\big[-\cosh 2\alpha + \\ \quad 2\cosh 2\alpha\cosh\alpha\cos\beta - \cosh 2\alpha\cos 2\beta + i(2\sinh 2\alpha\cosh\alpha\sin\beta - \\ \quad \sinh 2\alpha\sin 2\beta)\big] + D\big[\sinh 2\alpha - 2\sinh\alpha\cos\beta - i(2\cosh\alpha\sin\beta - \sin 2\beta)\big] \end{cases} \tag{4.63}$$

在内压 $(\sigma_\alpha)_{\alpha=\alpha_i} = -p_i$ 和外压 $(\sigma_\alpha)_{\alpha=\alpha_o} = -p_o$ 作用下，边界条件为

$$\begin{cases} (\sigma_\alpha)_{\alpha=\alpha_i} = -p_i, \ (\tau_{\alpha\beta})_{\alpha=\alpha_i} = 0 \\ (\sigma_\alpha)_{\alpha=\alpha_o} = -p_o, \ (\tau_{\alpha\beta})_{\alpha=\alpha_o} = 0 \end{cases} \tag{4.64}$$

式中　p_o——套管承受的外压力，MPa；

p_i——套管承受的内压力，MPa。

解得常数 A、B、C、D 代入式（4.64），则得到套管内外边界的周向应力分别为

$$\begin{cases} (\sigma_\beta)_{\alpha=\alpha_i} = -p_i + 2(p_i - p_o)\frac{R_o^2}{R_o^2 + R_i^2} \times \frac{\left(R_o^2 - e^2\right)^2 - R_i^2\left(R_i + 2e\cos\beta\right)^2}{\left(R_o^2 + R_i^2 - e^2\right)^2 - 4R_i^2 R_o^2} \\ (\sigma_\alpha)_{\alpha=\alpha_o} = -p_o + 2(p_i - p_o)\frac{R_i^2}{R_o^2 + R_i^2} \times \frac{-\left(R_i^2 - e^2\right)^2 + R_o^2\left(R_o + 2e\cos\beta\right)^2}{\left(R_o^2 + R_i^2 - e^2\right)^2 - 4R_i^2 R_o^2} \end{cases} \tag{4.65}$$

令套管内边界处应力达到屈服强度，即可解得偏心圆筒磨损模型的剩余抗内压和剩余抗挤毁强度分别为

$$p_b = \cfrac{\sigma_s}{\cfrac{2R_{co}^2}{R_{co}^2 + R_i^2} \times \cfrac{\left(R_{co}^2 - e^2\right)^2 - R_i^4}{\left(R_{co}^2 + R_i^2 - e^2\right)^2 - 4R_i^2 R_{co}^2} - 1} \tag{4.66}$$

$$p_c = \cfrac{\sigma_s}{\cfrac{2R_{co}^2}{R_{co}^2 + R_i^2} \times \cfrac{R_i^4 - \left(R_{co}^2 - e^2\right)^2}{\left(R_{co}^2 + R_i^2 - e^2\right)^2 - 4R_i^2 R_{co}^2}} \tag{4.67}$$

4.4.5.3 月牙形磨损模型

月牙形磨损几何形状及坐标系如图 4.44 所示。

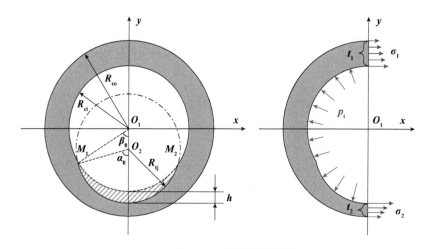

图 4.44 月牙形磨损模型

通过受力分析，得到套管受力平衡条件为

$$\sigma_1 \Delta t_1 + \sigma_2 \Delta t_2 = \int_0^{\alpha_0} p_i R_{tj} \sin\alpha \, d\alpha + \int_0^{\frac{\pi}{2}} p_i R_{ci} \sin\alpha \, d\alpha + \int_{\alpha_0}^{\frac{\pi}{2}} p_i R_{ci} \sin\beta \, d\beta \tag{4.68}$$

$$\sigma_2 \Delta t_2 \left(R_{co} - \frac{1}{2}\Delta t_2\right) - \sigma_1 \Delta t_1 \left(R_{ci} + \frac{1}{2}\Delta t_1\right) = \int_0^{\alpha_0} p_i R_{tj} \left(R_{co} - R_{tj} - \Delta t_2\right) \sin\alpha \, d\alpha \tag{4.69}$$

式中 σ_1——未磨损区域的周向应力；

      σ_2——磨损区域的周向应力；

      Δt_1——未磨损区域套管壁厚；

      Δt_2——磨损区域套管壁厚；

      p_i——内压；

      R_{tj}——磨损半径；

      R_{ci}——套管内半径；

      R_{co}——套管外半径。

其中

$$\alpha_0 = \arccos\left[1 - \frac{h + R_{ci}(1 - \cos\beta_0)}{R_{tj}}\right] \tag{4.70}$$

$$\beta_0 = \arccos\frac{R_{ci}^2 + (R_{ci} - R_{tj} + h)^2 - R_{tj}^2}{2R_{ci}(R_{ci} - R_{tj} + h)} \tag{4.71}$$

联立式（4.70）和式（4.71）解得

$$\sigma_1 = \frac{\left[p_i R_{tj}(1 - \cos\alpha_0) + p_i R_{ci}(1 + \cos\beta_0)\right](2R_{co} - \Delta t_2) - 2p_i R_{tj}(R_{co} - R_{tj} - \Delta t_2)(1 - \cos\beta_0)}{\Delta t_1\left[2(R_{ci} + R_{co}) + (\Delta t_1 - \Delta t_2)\right]} \tag{4.72}$$

$$\sigma_2 = \frac{\left[p_i R_{tj}(1 - \cos\alpha_0) + p_i R_{ci}(1 + \cos\beta_0)\right](2R_{ci} + \Delta t_1) + 2p_i R_{tj}(R_{co} - R_{tj} - \Delta t_2)(1 - \cos\beta_0)}{\Delta t_2\left[2(R_{ci} + R_{co}) + (\Delta t_1 - \Delta t_2)\right]} \tag{4.73}$$

因此，令套管磨损区域应力达到屈服强度，即可解得月牙形磨损模型的剩余抗内压为

$$p_b = \frac{\Delta t_2 \sigma_s\left[2(R_{ci} + R_{co}) + (\Delta t_1 - \Delta t_2)\right]}{\left[R_{tj}(1 - \cos\alpha_0) + R_{ci}(1 + \cos\beta_0)\right](2R_{ci} + \Delta t_1) + 2R_{tj}(R_{co} - R_{tj} - \Delta t_2)(1 - \cos\beta_0)} \tag{4.74}$$

4.4.6 套管磨损服役及其安全性评价

前面讨论了磨损对套管剩余强度的影响，但在套管设计时，还应进行三轴应力校核。所谓三轴应力指作用在套管上的内压、外挤及由套管重力或其他因素引起的轴向拉力同时存在（图4.45），使套管内同时存在径向应力、周向应力和轴向拉力，这种设计方法比双轴应力设计更准确。而双轴应力指设计时，只考虑轴向力和外挤压力，或者只考虑轴向力和

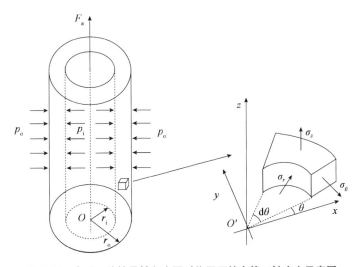

图4.45 内压、外挤及轴向力同时作用下的套管三轴应力示意图

内压力，或只考虑内压力和外挤压力。因此，目前在国内外石油行业中，设计套管时，首先对所选套管进行相应的抗内压、抗外挤、抗拉强度设计，然后采用三轴应力进行校核。

基本假设条件：

（1）套管的半径相对于井眼曲率半径很小；（2）套管材料为线弹性、均匀、各向同性的，并在小变形范围内；（3）套管的线膨胀系数是常数；（4）套管破坏符合 Von Mises 准则。

如图 4.45 所示，z 轴沿井筒中心向下，r 轴沿井筒径向向外，周向（切向）为 θ。根据 Von Mises 屈服强度准则，判断是否满足式（4.75）。如果全部满足则为安全状态，否则处于危险状态。

$$\sigma_{\text{VME}} = \frac{1}{\sqrt{2}} \sqrt{\left(\sigma_r - \sigma_\theta\right)^2 + \left(\sigma_\theta - \sigma_z\right)^2 + \left(\sigma_z - \sigma_r\right)^2} \leqslant \sigma_{\text{s}} \tag{4.75}$$

三轴应力的安全系数 S_3 为

$$S_3 = \frac{\sigma_{\text{s}}}{\sigma_{\text{VME}}} \tag{4.76}$$

式中　σ_r——径向应力，MPa；

　　　σ_θ——周向应力，MPa；

　　　σ_z——轴向应力，MPa；

　　　σ_{VME}——三轴应力，MPa；

　　　σ_{s}——管材屈服强度，MPa；

　　　S_3——三轴应力的安全系数（必须满足 $S_3 \geqslant 1$）。

当套管完整时，套管内壁的周向应力和径向应力分别为

$$\left.\begin{array}{l} \sigma_r = -p_{\text{i}} \\ \sigma_\theta = \dfrac{2r_{\text{o}}^2}{r_{\text{o}}^2 - r_{\text{i}}^2}(p_{\text{i}} - p_{\text{o}}) - p_{\text{i}} \end{array}\right\} \tag{4.77}$$

令

$$\beta = 2r_{\text{o}}^2 / (r_{\text{o}}^2 - r_{\text{i}}^2)$$

$$x = p_{\text{i}} + \sigma_z$$

$$y = p_{\text{i}} - p_{\text{o}}$$

则有

$$S_3 = \frac{\sigma_{\text{s}}}{\sigma_{\text{VME}}} = \frac{\sigma_{\text{s}}}{\sqrt{x^2 - \beta xy + \beta^2 y^2}} \tag{4.78}$$

解得

$$y = \frac{x}{2\beta} \pm \frac{1}{\beta} \sqrt{\left(\frac{\sigma_{\text{s}}}{S_3}\right)^2 - \frac{3}{4}x^2} \tag{4.79}$$

由式（4.77）可以得到双轴应力塑性圆及管柱双轴应力设计的概念如图 4.46 所示。从双轴应力椭圆可以看出，第一象限是拉伸力与内压力的联合作用曲线，在内压力作用下能使套管提高拉伸强度，或者在拉伸力作用下能使套管提高抗内压强度。第二象限是压缩力与内压力联合作用，当套管受到轴向压缩力时，套管的抗内压强度将降低。第三象限是压缩力与外挤力联合作用，当存在轴向压缩力时，套管的抗外挤强度将有所提高。第四象限是拉伸力与外挤力联合作用，当有轴向拉力存在时，套管抗外挤强度将降低。轴向张力—降低抗外挤强度—增大抗内压强度；轴向压缩—增大抗外挤强度—降低抗内压强度。

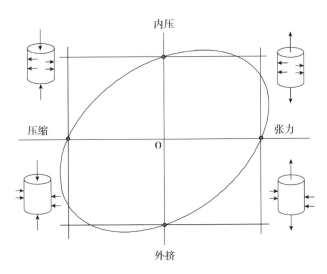

图 4.46　套管双轴应力椭圆示意图

对于磨损后套管，考虑应力集中系数 SCF，构建了磨损套管三轴强度校核模型：

$$\begin{cases} \sigma_z = F_a / A \cdot \text{SCF} \\ \sigma_\theta = p_i \dfrac{r_i^2(r_o^2 + r^2)}{r^2(r_o^2 - r_i^2)} - p_o \dfrac{r_o^2(r_i^2 + r^2)}{r^2(r_o^2 - r_i^2)} \cdot \text{SCF} \\ \sigma_r = -p_i \dfrac{r_i^2(r_o^2 - r^2)}{r^2(r_o^2 - r_i^2)} - p_o \dfrac{r_o^2(r^2 - r_i^2)}{r^2(r_o^2 - r_i^2)} \cdot \text{SCF} \end{cases} \tag{4.80}$$

根据套管磨损预测结果及强度校核模型，可计算并绘制出套管磨损服役前后双轴应力椭圆，套管磨损深度越大，双轴应力椭圆收缩越严重，表示套管承载能力越弱。

基于本研究的套管磨损预测：（1）XG01 探井套管磨损 0.5mm，其应力集中系数为 SCF=1.15；（2）XG02 井套管磨损 1.15mm，其应力集中系数为 SCF=1.28，根据式（4.77），可得这两口井的安全评价区域的应力椭圆区，即图 4.47 和图 4.48 分别为 XG01 探井和 XG02 井套管磨损服役前后的双轴应力椭圆，从图 4.47 和图 4.48 可知，套管磨损后其安全服役区的双轴应力区范围缩小了，但是只要调整合理的生产工作制度，使其套管磨损段的 Mises 有效应力落在安全区以内，即可保证套管的安全性和完整性。

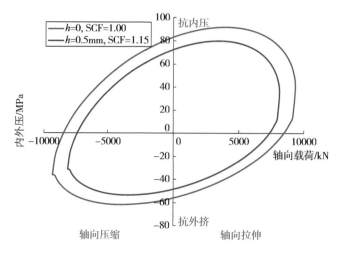

图 4.47　XG01 探井套管磨损前后双轴应力椭圆

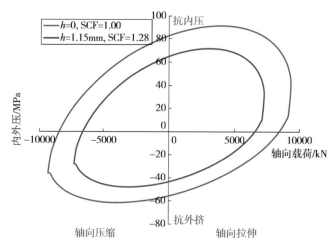

图 4.48　XG02 井套管磨损前后双轴应力椭圆

4.4.7　XG02 井套管磨损现场应用

根据套管磨损预测结果及强度校核模型，开展了套管服役状态及安全性研究，针对 XG01 井、XG02 井、XQ05 井和 XK05 井等进行了磨损预测及安全性评价。下面以 XG02 井套管磨损现场应用为案例进行分析和研究。XG02 井为四开井身结构，井身结构如图 4.49 所示，井身结构数据见表 4.11。该井 ϕ244.5mm 技术套管下入井深 5616m，技术套管下入后，后续四开钻进过程会对该层技术套管造成一定磨损。因此，需要预测技术套管下入并固井后，后续钻井作业对该层 ϕ244.5mm 技术套管的磨损情况。

将 XG02 井的井眼轨迹数据输入磨损预测软件中，得到井眼轨迹垂直投影图、水平投影图和狗腿度随井深变化关系曲线，如图 4.50 所示。ϕ244.5mm 技术套管参数见表 4.12，ϕ244.5mm 套管下入井深 5616m，壁厚为 11.99mm，钢级为 TP140V。

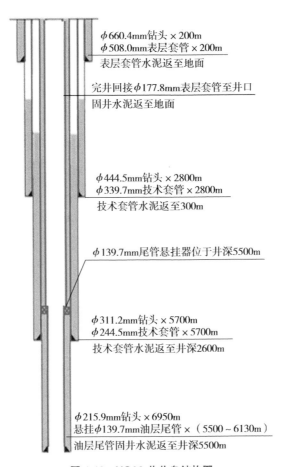

ϕ660.4mm钻头×200m
ϕ508.0mm表层套管×200m
表层套管水泥返至地面

完井回接ϕ177.8mm表层套管至井口
固井水泥返至地面

ϕ444.5mm钻头×2800m
ϕ339.7mm技术套管×2800m
技术套管水泥返至300m

ϕ139.7mm尾管悬挂器位于井深5500m

ϕ311.2mm钻头×5700m
ϕ244.5mm技术套管×5700m
技术套管水泥返至井深2600m

ϕ215.9mm钻头×6950m
悬挂ϕ139.7mm油层尾管×（5500～6130m）
油层尾管固井水泥返至井深5500m

图 4.49　XG02 井井身结构图

表 4.11　XG02 井井身结构数据

开钻次序	钻头尺寸/mm	套管尺寸/mm	套管下深/m	水泥返高/m
一开	660.4	508.0	0～200	地面
二开	444.5	339.7	2803.63	200
三开	311.2	244.5	5616	1975
四开	215.9	177.8回接套管	5500	0～5500
		139.7油层尾管	5500～6130	5500～6130

　　将 XG02 井的井眼轨迹、井身结构、钻具组合和钻井参数等数据输入磨损预测软件中，如图 4.51 所示。采用套管内摩擦系数 0.25，裸眼段摩擦系数 0.35，套管磨损系数 1.65×10^{-14} MPa^{-1}，计算得到四开完钻后 ϕ244.5mm 技术套管磨损情况，如图 4.52 所示。ϕ244.5mm 技术套管最大磨损量为 9.57%，出现在井深 320m 处，最大磨损深度为 1.15mm，套管剩余壁厚为 10.84mm，套管剩余抗外挤强度为 50.64MPa，剩余抗内压强度为 57.15MPa。整体来看，套管磨损较严重的区域主要分布于四个井段：230～320m、1850～2990m、4580～4610m、5240～5330m，其余井段套管磨损较轻，基本可忽略不计，见表 4.13。

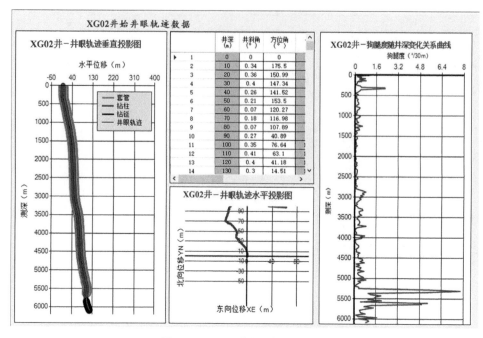

图 4.50　XG02 井井眼轨迹投影图

表 4.12　技术套管柱参数

套管程序	井段/ m	规范		长度/ m	钢级	抗外挤强度/ MPa	抗内压强度/ MPa	抗拉强度/ kN
		尺寸/ mm	壁厚/ mm					
技术套管	0～5616	244.5	11.99	5616	TP140V	56	63.2	8177

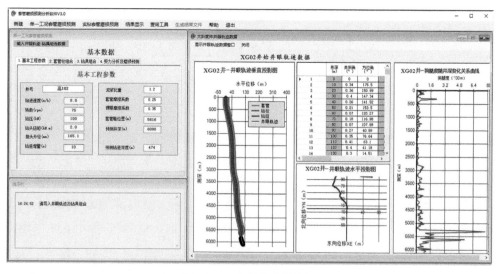

图 4.51　XG02 井基础数据

表 4.13 四个井段套管磨损深度及剩余强度

井段/m	最大磨损深度/mm	最大磨损比例/%	剩余抗外挤强度/MPa	剩余抗内压强度/MPa
230～320	1.15	9.57	50.64	57.15
1850～2990	0.81	6.78	52.20	58.91
4580～4610	0.51	4.22	53.64	60.53
5240～5330	0.81	6.78	52.20	58.91

四开钻井从井深 5616m 钻至井深 6100m，四开钻井所采用的钻具组合及钻井参数见表4.14。将狗腿度、侧向力、套管剩余强度和套管磨损深度沿井深的分布进行综合对比，如图 4.52 所示。磨损风险点与侧向力保持一致，而侧向力与狗腿度、轴向力相关。采用 API 均匀磨损模型计算剩余强度，套管抗外挤、抗内压强度降低与磨损量呈正相关关系。

表 4.14 四开钻具组合及钻井参数

钻头尺寸/mm	钻井液密度/（g/cm³）	钻达井深/m	进尺/m	机械钻速/（m/h）	钻压/tf	转速/（r/min）	本趟钻钻具组合（简要描述）
215.9	2.34	5907	291	2.0	9	80	ϕ215.9mmPDC钻头+双母接头430×4A0+ϕ159mm回压阀+ϕ159mm钻铤×21根+ϕ159mm随钻震击器+ϕ159mm钻铤×3根+根转换接头（4A1×NC55）+ϕ127mm加重钻杆（6根）+根转换接头（NC55×BHDH55）+ϕ139.7mm斜坡钻杆（S135）
215.9	2.32	5932.5	25.5	0.9	8	80	ϕ215.9mmPDC钻头+双母接头430×4A0+ϕ159mm回压阀×2+ϕ159mm钻铤×3根+ϕ213mm扶正器+ϕ159mm钻铤×18根+ϕ159mm随钻震击器+ϕ159mm钻铤×3根+根转换接头（4A1×410）+ϕ127mm加重钻杆（6根）+根转换接头（411×BHDH55）+ϕ139.7mm斜坡钻杆（S135）
215.9	2.33	6024.37	91.87	0.47	6	50	ϕ215.9mmPDC钻头+双母接头430×4A0+ϕ159mm回压阀×2+ϕ159mm钻铤×3根+ϕ213mm扶正器+ϕ159mm钻铤×18根+ϕ159mm随钻震击器+ϕ159mm钻铤×3根+根转换接头（4A1×410）+ϕ127mm加重钻杆（6根）+根转换接头（411×BHDH55）+ϕ139.7mm斜坡钻杆（S135）
214.4	2.33	6033.37	9	1.48	4	50	ϕ214.4mm取心钻头+取心筒+411×4A0+ϕ159mm回压阀×2+ϕ159mm钻铤×24根+4A1×410+ϕ127mm加重钻杆（6根）+ϕ127mm钻杆（127根）+根转换接头（411×BHDH55）+ϕ139.7mm斜坡钻杆（S135）
215.9	2.33	6100	66.63	0.68			ϕ215.9mmPDC钻头+双母接头430×4A0+ϕ159mm回压阀×2+ϕ159mm钻铤×3根+ϕ213mm扶正器+ϕ159mm钻铤×18根+ϕ159mm随钻震击器+ϕ159mm钻铤×3根+根转换接头（4A1×410）+ϕ127mm加重钻杆（6根）+根转换接头（411×BHDH55）+ϕ139.7mm斜坡钻杆（S135）

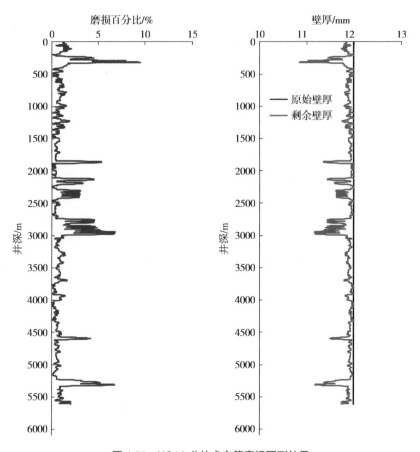

图 4.52　XG02 井技术套管磨损预测结果

4.5　水泥环质量对套管力学强度影响规律研究

本节首先建立了套管偏心及水泥环缺失的地层—水泥环—套管完整性评价的有限元力学模型，开展了非均匀地应力作用下，不同套管偏心距与套管峰值应力关系的研究认为，套管偏心会导致套管应力值增加。其次开展了水泥环缺失与套管强度的变化规律研究，针对南缘超深井，只要有水泥环缺失，生产套管在水泥环缺失处均会发生塑性变形失效。然后开展了水泥环损坏程度的定量数据研究，水泥环厚度越厚，其破坏程度越小。最后开展了南缘现有常规水泥石与柔性水泥石的损伤及其对套管强度的影响研究，得出采用柔性水泥固井可大幅提高套管及水泥环的安全性。建议南缘高温高压超深井采用 4.0GPa 以下的柔性水泥，以保证其水泥环—套管的井筒完整性。

4.5.1　水泥环缺陷对套管强度影响研究

在深井和超深井中，水泥环缺陷对井下环境的安全性和生产效率都具有重要影响，因此，研究水泥环缺陷的形态、特征和变化规律是非常必要的，这可以通过实验研究、数值模拟和现场监测等方法来完成。水泥环缺陷会导致套管失去支撑，从而引起套管局部塑性应变损伤破坏、塌陷或断裂等问题。同时会导致水泥环的密封性失效，从而引起油气泄漏等问题。本节在考虑非均匀地应力和套管内压作用下，开展了套管偏心和水泥环缺失对套管和水泥环应力分布影响规律研究，对于确保套管的稳定性和安全性具有重要意义。在研究中，需要考虑不同的井口压力、温度、井深等因素，并结合实际情况进行分析和评估。

4.5.1.1 不同偏心距对套管强度的影响研究

根据南缘 XT1 井身结构，井深 5300m 时为双层套管组合，套管偏心模型图如图 4.53 所示。

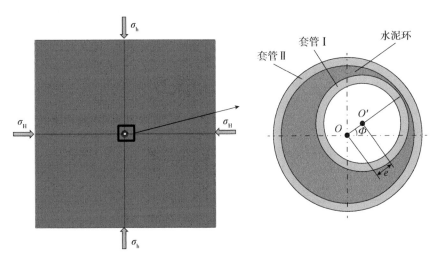

图 4.53 套管偏心的有限元实体模型示意图

图 4.53 中，井眼几何中心为 O 点，生产套管中心为 O' 点，偏心距 e 指井眼中心与套管中心之间的距离差，偏心角 Φ 指的是井眼中心和套管中心之间的夹角。此时内压为 152MPa，温度为 130℃，套管钢级均为 TP140V，该温度下 TP140V 材料屈服强度为 927MPa。

对偏心距 e 分别为 0mm、10mm、20mm、25mm 的双层套管进行有限元分析，通过有限元计算，偏心角度为 90° 时，不同偏心距下套管 Mises 应力分布云图如图 4.54 所示。由图 4.54 可知，套管 Ⅱ 出现局部集中载荷，峰值应力在外层套管内壁 90° 和 270° 方向上，当偏心距逐渐增加时，套管的峰值应力上升，偏心距为 25mm 时，套管峰值应力最大为 689MPa，较未发生偏心时的峰值应力增加 13%。偏心导致套管强度降低，未偏心时安全系数最大为 1.52，偏心距为 25mm 时安全系数最小为 1.35，套管均处于弹性变形状态。

偏心会导致水泥环的厚度不均匀，发生偏心时，水泥环在其中一个侧面将更薄，而在另一侧面将更厚，这会导致水泥环的结构不稳定，从而降低其性能和可靠性。其次，偏心可能会导致水泥环中出现空隙或裂缝。水泥环的一侧可能与井壁接触不紧密，从而导致水泥环中出现空隙。这些空隙会使水泥环更容易受到应力的影响，从而导致水泥环的破裂或剥落。套管偏心还可能会影响水泥环的密封性能，如果发生偏心，水泥环的接触面积将减少，从而可能导致水泥环不能完全密封井眼，这可能会导致井眼中的油气渗漏，并增加钻井操作中的风险。因此，为了确保水泥环的性能和可靠性，必须确保套管和井眼之间的间隙均匀，以便水泥环能够完全接触井眼并形成均匀的密封。

不同偏心距下水泥环内塑性应变分布云图如图 4.55 所示。从结果可知，随着偏心距的增加，水泥环内的塑性应变也在增加，最大应变出现在水泥环变薄附近，塑性应变超过水泥环的承载能力时，导致水泥环的破裂或失效。

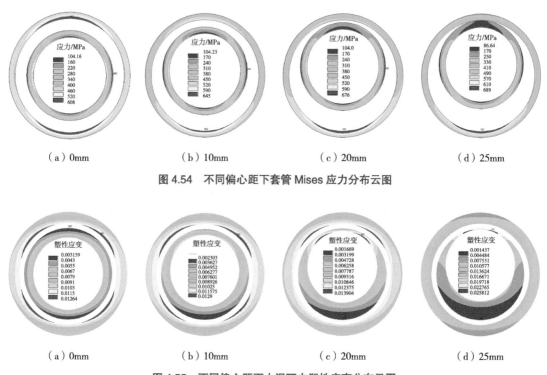

（a）0mm　　　　　　（b）10mm　　　　　　（c）20mm　　　　　　（d）25mm

图 4.54　不同偏心距下套管 Mises 应力分布云图

（a）0mm　　　　　　（b）10mm　　　　　　（c）20mm　　　　　　（d）25mm

图 4.55　不同偏心距下水泥环内塑性应变分布云图

4.5.1.2　不同偏心角度对套管强度的影响研究

偏心度角度会导致水泥环内部应力不均匀，从而使水泥环的强度受到影响，也会影响套管内部的应力分布。当套管偏心角度较大时，套管内部的应力不均匀，导致套管受到的应力集中，从而增加套管变形和破裂的风险。

偏心距为 25mm 时，偏心角度 ϕ 分别为 0°、30°、45°、60°、90° 的套管 Mises 应力分布云图如图 4.56 所示。

由图 4.56 可知，套管 Ⅱ 出现局部集中载荷，峰值应力在外层套管内壁 90° 和 270° 方向附近，当偏心角度逐渐增大时，套管内的峰值应力增大。偏心角度为 90° 时，套管峰值应力最大为 689MPa，较 0° 时峰值应力增加 8%。偏心角度为 0° 时安全系数最大为 1.46，偏心角为 90° 时安全系数最小为 1.35，此时套管均处于弹性变形状态。这是因为在最大地应力方向，套管所受应力最大，而偏心距越大则会导致套管的截面受到更大的应力，从而提高了套管的承载能力。在最小地应力方向，套管所受应力最小，而偏心距越大则会导致套管的截面受到更小的应力，从而减小了套管的承载能力。当套管的承载能力无法承受最小地应力方向的载荷时，套管就会发生挤毁的现象。

不同偏心角度下水泥环内塑性应变分布云图如图 4.57 所示。由图 4.57 可知，内层水泥环塑性应变在径向上呈现向外逐渐降低的趋势，随着偏心角度逐渐增大，水泥环内的塑性应变先增大后减小，60° 时塑性应变最大，最大应变出现在水泥环变薄附近。

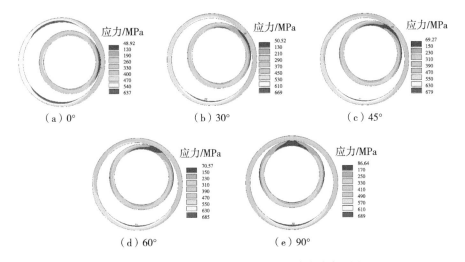

图 4.56　不同偏心角度下套管 Mises 应力分布云图

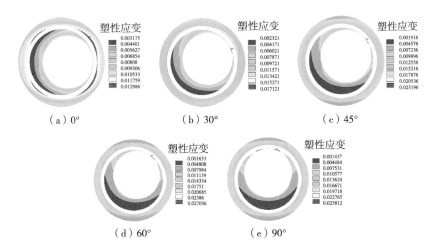

图 4.57　不同偏心角度下水泥环内塑性应变分布云图

4.5.1.3　不同缺失方向对套管强度的影响研究

通过实验研究发现，水泥环缺陷的形态非常复杂，因此需要深入研究其方向和角度对套管 Mises 应力的影响。本节研究了在南缘井身结构中，水泥环缺失情况对套管力学强度的影响。水泥环缺失模型图如图 4.58 所示，θ 为水泥环缺失角度，β 为水泥环缺失中心与水平方向夹角，即水泥环缺失方向。

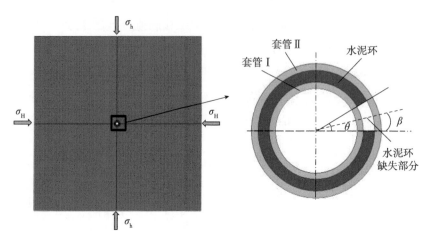

图 4.58   水泥环缺失的有限元实体模型示意图

水泥环作为套管固定的支撑物，其缺失会导致套管上部分应力集中，从而增加了套管在该部位的应力水平。在非均匀应力的情况下，这种局部应力集中可能会更加严重。水泥环缺失后，套管可能会发生微小的位移，导致套管与井壁间的间隙发生变化，从而进一步影响套管应力分布。水泥环缺失可能导致井内流体和沉积物侵入套管和套管外壁之间的空隙中。这些侵入物可能会改变套管的应力分布，从而导致不均匀的应力分布。通过有限元计算，水泥环不同缺失方向 β 为 0°、30°、60°、90° 时 Mises 应力分布云图如图 4.59 所示。

由图 4.59 结果可知，非均匀地应力作用下，水泥环缺失导致套管受到局部高应力的作用，进而引起套管应力集中、变形增大等强度减弱的现象，可能导致套管的失效。套管内外壁在水泥环缺失区域发生了局部应力集中，随着缺失位置偏向最小地应力方向，套管 I 的整体应力增加，而套管 II 整体应力降低，β 为 90° 时套管 I 最大应力值为 1206MPa，而套管 II 最大应力值仅为 937 MPa。在该处套管 I 和套管 II 内的应力均超过其套管屈服应力 927MPa，套管发生塑性变形失效。从安全系数角度分析，β 为 0° 时安全系数最大为 0.88，β 为 90° 时安全系数最小为 0.77。

在套管内外壁逆时针取若干节点，提取对应的参数值，绘制出不同的缺失方向下套管 I 和套管 II 内外壁对应的 Mises 应力分布曲线（图 4.60、图 4.61）。

由图 4.61 可知，水泥环不同方向的缺失对应的应力分布曲线基本相同，一旦水泥环开始出现缺失，缺失处会产生明显的应力集中，导致套管应力迅速增加。在套管内壁和外壁的应力分布方面，套管 I 内壁和套管 II 外壁的峰值应力出现在缺失水泥环的两个交界面处。这是因为缺失处的应力集中导致了该位置的应力值增加，而在缺失处两侧的水泥环依

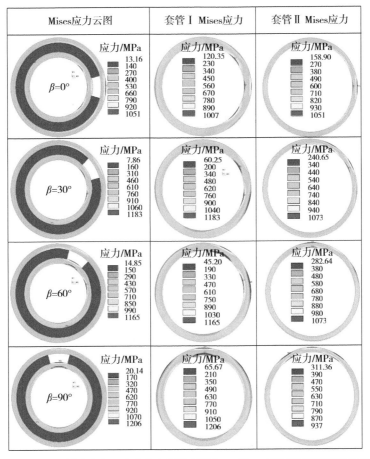

图 4.59　水泥环不同缺失方向下应力分布云图（温度 130℃，140V 套管屈服强度 927MPa）

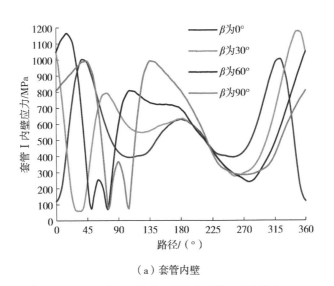

（a）套管内壁

图 4.60　水泥环缺失不同方向套管 I 应力分布

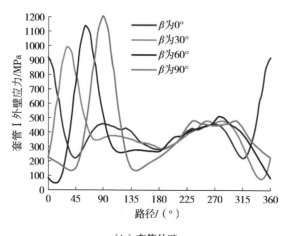

（b）套管外壁

图 4.60　水泥环缺失不同方向套管Ⅰ应力分布（续）

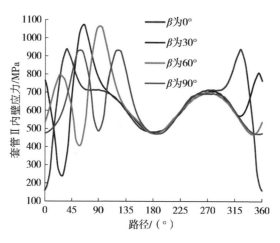

（a）套管内壁

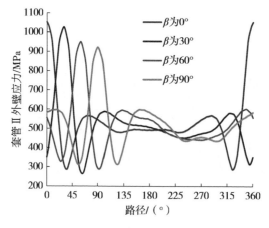

（b）套管外壁

图 4.61　水泥环缺失不同方向套管Ⅱ应力分布

然存在，其对应的应力分布曲线与缺失前相比没有明显变化。相比之下，套管Ⅰ外壁和套管Ⅱ内壁的峰值应力则出现在水泥环缺失中心。这是因为在套管外壁和内壁上，缺失处两侧的应力分布曲线没有明显的变化，而缺失处的应力集中导致了该位置的应力值增加。因此，套管Ⅰ外壁和套管Ⅱ内壁的峰值应力出现在缺失中心。这表明在水泥环缺失时，套管内外壁的应力分布出现了明显的不对称性。在缺失水泥环的交界面处，套管受到了较大的压力，因此峰值应力也相应较高。然而，在水泥环缺失的中心区域，由于没有支撑作用，套管的应力也较高。值得注意的是，套管Ⅰ和套管Ⅱ的峰值应力均超过了套管的屈服应力927MPa，这意味着在这些区域发生了局部塑性应变损伤破坏，在交变载荷的影响下这些破坏可以进一步扩展，从而导致套管失效。因此，在进行井下工程操作时，需要对套管的缺陷进行及时监测和维护，以确保井下作业的安全性和可靠性。

4.5.1.4 不同缺失角度对套管强度的影响研究

水泥环不同缺失角度 θ 为 60°、90°、120°、150° 下 Mises 应力分布云图如图 4.62 所示。

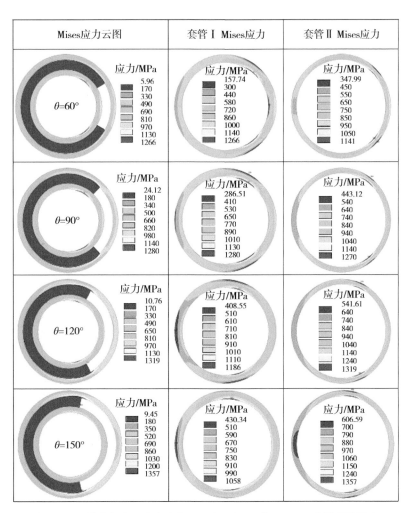

图 4.62 水泥环不同缺失角度下应力分布云图（温度 130℃，140V 套管屈服强度 927MPa）

由图 4.62 可知，随着缺失角度的增大，套管峰值应力逐渐增大，套管Ⅰ和套管Ⅱ的峰值应力出现在缺失水泥环的两个交界面处，均位于套管内壁。此情况下，套管Ⅰ和套管Ⅱ峰值应力均超过了套管的屈服应力 927MPa，即集中载荷处发生了局部塑性应变损伤破坏，导致套管失效。θ 为 60° 时安全系数最大为 0.73，θ 为 90° 时安全系数最小为 0.68。

图 4.63、图 4.64 分别为 β 取 0° ~ 360° 时，套管Ⅰ和套管Ⅱ在不同的缺失角度下内外壁对应的 Mises 应力分布曲线。由图可知，当水泥环出现缺失时，套管 Mises 应力会迅速增加，而且会在缺失处产生明显的应力集中。套管内外壁应力分布呈现波浪状，但变化规律不同。套管Ⅰ内壁和套管Ⅱ外壁直接承受内压和地应力作用，应力分布规律为缺失的中心位置应力最小，两边交界面处即 $\theta/2$ 和（360° — $\theta/2$）附近应力最大。套管Ⅰ外壁和套管Ⅱ内壁应力分布规律为缺失的中心位置应力最大，两个交界面即 $\theta/2$ 和（360° — $\theta/2$）附近应力逐渐减小。

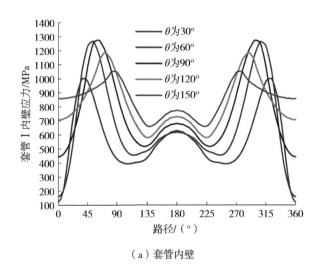

（a）套管内壁

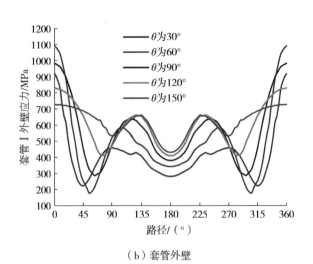

（b）套管外壁

图 4.63 水泥环缺失不同角度 θ 套管Ⅰ应力分布

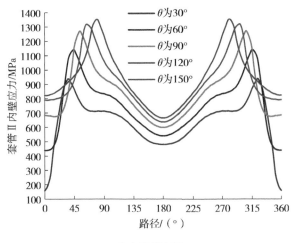

（a）套管内壁

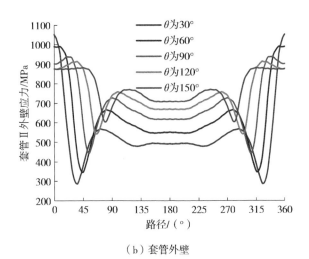

（b）套管外壁

图 4.64 水泥环缺失不同角度 θ 套管Ⅱ应力分布

4.5.2 水泥环厚度对套管强度影响研究

水泥环是固井中重要的一环，其厚度大小会影响套管承载能力。因此，在套管安全性评价分析中，需要考虑水泥环厚度对套管强度的影响，研究不同水泥环厚度对套管强度的影响程度，以及对套管强度变化规律的影响。以南缘某井为案例，研究 8100m 井深下不同水泥环厚度的塑性破坏规律及对套管强度影响规律，此时套管外径为 139.7mm，其水泥环厚度分别为 14.3mm、22.7mm、48.9mm 和 62.85mm，基本参数见表 4.15。

表 4.15 基本参数

井深/m	温度/℃	最小内压/MPa	最大内压/MPa	最小地应力/MPa	最大地应力/MPa
8100	187	83	184	187	225

4.5.2.1 水泥石力学性能

通过水泥石力学参数实验，南缘水泥石在不同的围压下，展现了不同的应力应变曲线，这些曲线反映了在外部施加不同压力时南缘水泥石的应变和应力关系。常温下南缘水泥石在不同围压下应力应变曲线如图4.65所示。在高温环境下，南缘水泥石应力应变曲线如图4.66所示。由实验结果可知，南缘水泥石塑性应变达到1.6%时，水泥石开始发生塑性开裂破坏。

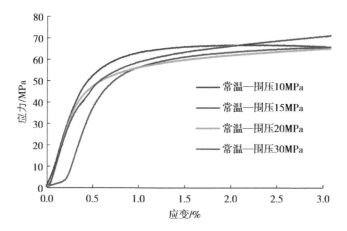

图 4.65　不同围压下南缘水泥石应力应变曲线

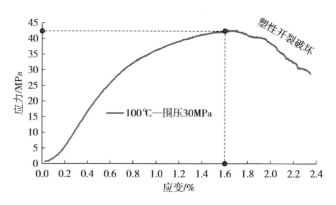

图 4.66　高温下南缘水泥石应力应变曲线

泥岩和盐岩等较软地层的地应力往往呈现非均匀分布的情况，可能会对套管水泥环的稳定性和密封性造成影响。特别是在油田注水开发后，注入的水可能会渗入泥岩层，使泥岩因吸水而软化变为塑性，导致泥岩层的力学性质发生改变，周围的地应力作用也会随之改变。这可能会导致套管水泥环的承载能力下降，从而影响井下的安全运行。因此，在设计和施工套管和水泥环时，需要充分考虑地层的力学性质、地应力的分布情况及注水开发等因素的影响，并采取相应的措施来确保套管水泥环的稳定性和密封性。地层—水泥环—套管有限元模型如图4.67（a）所示。水泥环内外壁接触压力示意图如图4.67（b）所示，该处为单层水泥环结构，由有限元力学模型可知，水泥环内壁 p_{cin} 是井筒内压通过套管后传递的压力，而水泥环外壁 p_{cout} 是地应力传递过来的压力。

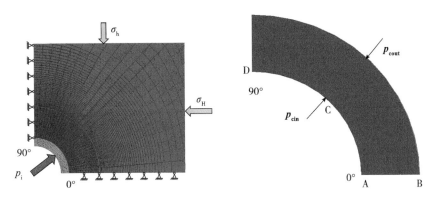

（a）地层—水泥环—套管有限元模型　　（b）水泥环厚度 AB 及其内壁 ACD 路径示意图

图 4.67　有限元模型及其路径示意图

4.5.2.2　不同厚度水泥环应力分析

不同厚度的水泥环应力分布云图如图 4.68 和图 4.69 所示。由图 4.68 可知，在最小内压 83MPa 作用下，不同厚度水泥环应力分布略有不同，随着厚度增加，水泥环内应力最大应力区域（50 ~ 53MPa）出现其外壁，且占比越来越大，其内壁应力较小，表明水泥环发生塑性变形后，可能在第一界面发生了较大的微间隙。

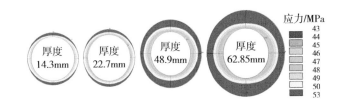

图 4.68　不同厚度下水泥环应力分布云图（最小内压 83MPa）

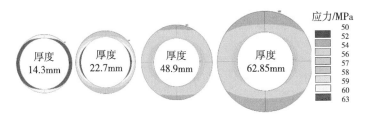

图 4.69　不同厚度下水泥环应力分布云图（最大内压 184MPa）

由图 4.69 可以看出，在最大内压 184MPa 作用下，不同厚度水泥环应力分布不同，水泥环厚度为 14.3mm 时，内部应力几乎全部达到 59 ~ 63MPa，随着厚度增加，水泥环内应力逐渐减小且分布趋于均匀，厚度为 22.7mm 时，仅内壁出现部分应力最大值，厚度大于

48.9mm 时水泥环整体应力均小于 60MPa。结果表明，增加水泥环的厚度，完全能够降低其应力的大小及其分布。

提取水泥环径向路径 AB 上的应力，应力分布曲线如图 4.70 所示。从路径 AB 曲线图中可知，随着内压增加，水泥环整体应力增大，在 184MPa 时，水泥环主要承受来自套管内压的作用，内壁应力较大，83MPa 时主要承受来自地层的挤压，外壁应力较大。在相同内压作用下随着厚度增加，水泥环内应力均减小。结果表明，高内压作用下，水泥环厚度越小，其内部路径上的应力越大，且随路径的增加而降低。低内压作用下，水泥环厚度越小，其内部路径上的应力越大，随路径的增加而增加，刚好与高内压的规律相反。

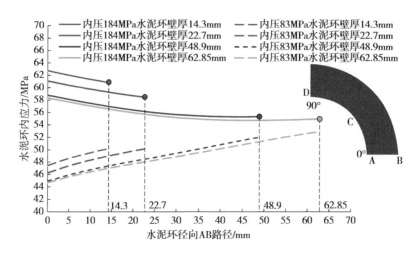

图 4.70　不同厚度 AB 路径上水泥环应力分布曲线

4.5.2.3　不同厚度水泥环损伤破坏程度定量研究

在最大内压 184MPa 作用下，不同厚度的水泥环塑性应变云图如图 4.71 所示，其红色区塑性应变达到 1.6%，为水泥环塑性破坏区。由图 4.71 可知，水泥环在内压作用下已发生塑性破坏，破坏从内壁往外壁延伸，随着壁厚的增加，塑性破坏区域所占比例逐渐减少，说明增加水泥环壁厚能减缓局部塑性破坏。

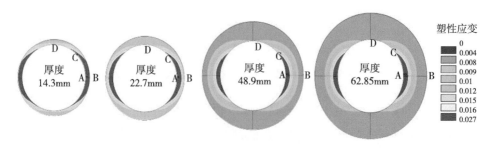

图 4.71　不同厚度的水泥环塑性应变云图

为研究此工况下不同厚度水泥环内部破坏程度，分别提取径向路径 AB 和环向路径
ACD 上的塑性应变值，其塑性分布曲线如图 4.72 和图 4.73 所示。由图 4.72 和图 4.73 可知，
随着路径增加，水泥环内 AB 和 ACD 路径内的塑性应变降低。图中塑性应变超过 1.6% 的
区域为塑性破坏区，即处于该区域的水泥环已经破坏。水泥环厚度 14.3mm 的 AB 路径已经
全部破坏，ACD 路径破坏程度达到了 59.6° 的范围，但随着厚度增加，破坏深度和角度逐
渐减小，未破坏水泥环剩余厚度增加。结果表明，随着水泥环厚度的增加，能有效改善塑
性破坏情况，水泥环的密封完整性也更安全。

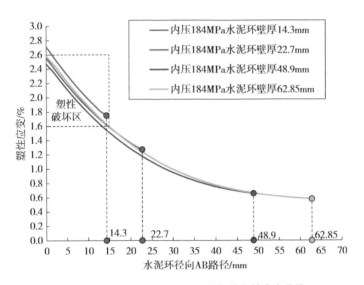

图 4.72　不同厚度水泥环 AB 路径的塑性应变曲线

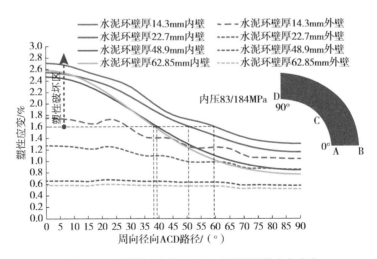

图 4.73　不同厚度水泥环 ACD 路径的塑性应变曲线

表 4.16 和表 4.17 为水泥环损坏程度的定量数据，水泥环厚度为 14.3 ~ 62.85mm 时，
AB 和 ACD 路径水泥环破坏程度分别为 23.75% ~ 100% 和 42.44% ~ 66.22%。结果表明，

水泥环厚度对井筒密封完整性有较大的影响，建议在井眼尺寸允许的条件下，增加水泥环厚度。

表 4.16　水泥环厚度与 AB 路径损伤破坏程度

厚度/mm	最大破坏厚度/mm	最小完好厚度/mm	破坏程度/%	完好程度/%
14.3	14.3	0	100	0
22.7	14.755	7.945	65	35
48.9	13.142	35.758	26.88	73.12
62.85	14.927	47.923	23.75	76.25

表 4.17　水泥环厚度与 ACD 路径损伤破坏程度

厚度/mm	破坏范围/(°)	完好范围/(°)	破坏程度/%	完好程度/%
14.4	59.6	30.4	66.22	33.78
22.7	50.6	39.4	56.22	43.78
48.9	39.4	50.6	43.78	56.22
62.85	38.2	51.8	42.44	57.56

不同水泥环厚度与水泥的破坏程度有较大的关系，其变化曲线如图 4.74 所示。从图中曲线可知，水泥环厚度在 14.3 ~ 31.7mm 时，其 AB 和 ACD 路径方向的破坏程度大于 52%，在该范围内随着水泥环厚度的增加，其破坏程度降低较快。水泥环厚度在 31.7 ~ 50mm 内，随着水泥环厚度的增加，ACD 路径破坏程度降低较慢些，其 AB 路径破坏程度降低也较快些。水泥环厚度在 50 ~ 63mm 内，随着水泥环厚度的增加，其 AB 和 ACD 路径破坏程度降低基本趋于平稳。结果表明，增加厚度能有效减缓水泥环破坏，但随着厚度一直增加，破坏程度趋于稳定，因此合理增加水泥环厚度能有效保护水泥环，但水泥环太厚会增加钻井成本。

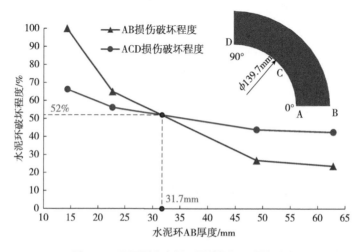

图 4.74　不同厚度水泥环及其损坏程度的关系

4.5.2.4 不同厚度水泥环下套管安全性评价

通过有限元计算，水泥环厚度为48.9mm时套管Mises应力分布云图如图4.75所示。由图4.75可知，对于单层套管，套管外部直接与地层接触时，当套管内压较高时，套管整体应力分布更均匀，更安全。当内压较小时，在内壁90°方向，即最小地应力方向，发生应力集中，最大应力值为759MPa。考虑温度对套管屈服强度的影响时，套管屈服应力为902MPa，此工况下，套管最大应力未超过屈服应力，安全系数为1.19，套管不会发生失效。

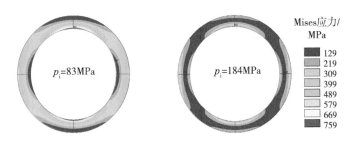

图4.75 水泥环厚度为48.9mm时套管应力分布云图

为进一步定量化分析水泥环厚度对套管强度影响，分别计算了不同水泥环厚度下套管应力分布，其最大应力值及其安全系数变化规律见表4.18和如图4.76所示。由计算结果可知，随着水泥环厚度增加，套管内最大应力逐渐降低，套管安全系数逐渐上升，且随厚度的增加，安全系数上升幅度逐渐减小。当水泥环厚度为14.3mm时，套管安全系数为1.08，当厚度为62.85mm时，套管安全系数为1.21。结果表明，适当增加水泥环厚度可以提高套管的力学强度，有利于增加套管柱的安全性，但过厚的水泥环可能会增加钻井成本和操作难度，需要考虑多个因素，如井深、地质条件、环境要求等，以确保水泥环既能起到保护作用，又不会增加过多的成本和操作难度。

表4.18 不同水泥环厚度下，套管最大应力及其安全系数评价结果

水泥环厚度/mm	外径/mm	内压/MPa	钢级	最大应力/MPa	考虑温度的屈服应力/MPa	安全系数
14.3	139.7	83/184	140V	832	902	1.08
22.7	139.7	83/184	140V	792	902	1.14
48.9	139.7	83/184	140V	759	902	1.19
62.85	139.7	83/184	140V	748	902	1.21

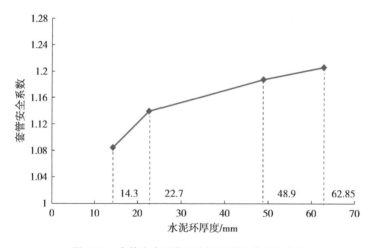

图 4.76　套管安全系数随水泥环厚度的变化关系

4.5.3　不同水泥弹性模量对水泥环—套管完整性影响研究

不同的水泥浆体系在固井过程中有着不同的物理化学反应和机理，不同的水泥浆体系将会形成不同弹性模量力学参数的水泥石，水泥石的弹性模量对套管强度也有着不同的影响。因此，水泥环—套管完整性及其安全性评价分析中，需要考虑不同弹性模量水泥对套管强度的影响。

研究结果表明，套管的安全系数存在较大的问题，在恶劣的环境下存在套管失效的风险。为了保证套管的安全使用，提出采用低弹性模量，即"柔性"水泥来提高水泥环—套管完整性及其安全性。以斯伦贝谢为代表的典型柔性水泥，其弹性模量在 3.5 ~ 5.5GPa，与南缘现有水泥力学参数的对比情况详见表 4.19，其具有较低的弹性模量和良好的弹性变形能力，可在井内承受较大的力和变形。

表 4.19　南缘现有水泥与"柔性"水泥力学参数

材料名称	弹性模量/GPa	泊松比	热膨胀系数/℃$^{-1}$	内聚力/MPa	内摩擦角/（°）	三轴抗压强度/MPa	塑性破坏应变/%
南缘现有水泥	7.08	0.142	10^{-5}	17.13	4.64	39.5	1.6
斯伦贝谢柔性水泥	3.93	0.150	10^{-5}	3.97	3.5	8.45	4.0

为研究水泥不同弹性模量下水泥环损坏情况，计算了内压 184MPa 下，不同厚度南缘现有水泥及柔性水泥沿 AB 路径和 ACD 路径的塑性应变，其路径如图 4.77 所示，其有限元计算结果如图 4.77 和图 4.78 所示。柔性水泥塑性应变达到 4% 开始发生塑性破坏，较南缘现有水泥能承受更大的塑性应变而不发生破坏。由图 4.78 可知，柔性水泥厚度大于 48.9mm 后不会出现水泥环塑性破坏，而南缘现有水泥石在厚度为 62.85mm 时仍出现塑性损伤现象。

相比南缘现有常规水泥，柔性水泥增强了水泥的柔韧性和抗裂性能，具有更高的柔性和延展性，可以更好地适应地层变形和压力变化，减少水泥环和套管的应力集中和延缓塑性开裂破坏的发生，从而保证固井的可靠性和安全性。

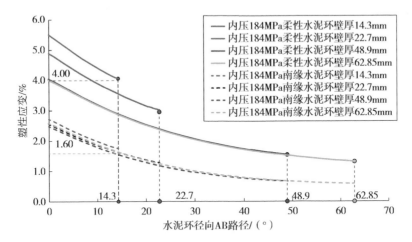

图 4.77 不同厚度南缘现有水泥及柔性水泥沿 AB 路径的塑性应变曲线

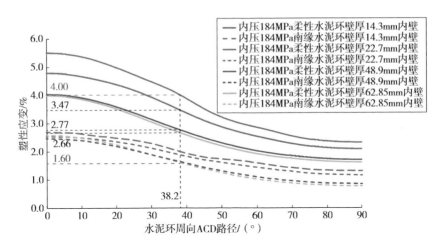

图 4.78 不同厚度南缘现有水泥及柔性水泥沿 ACD 路径的塑性应变曲线

为进一步定量分析不同水泥弹性模量对套管强度的影响规律，分别计算不同厚度下南缘现有水泥及柔性水泥下套管安全系数，计算结果见表 4.20 和如图 4.79 所示。

表 4.20 不同厚度南缘现有水泥及柔性水泥环境下套管安全系数

外径/mm	套管钢级	内压/MPa	水泥环厚度/mm	柔性水泥下安全系数	南缘水泥下安全系数	安全系数差值
139.7	140V	108.1	14.3	1.88	1.08	0.8
139.7	140V	108.1	22.7	2.4	1.14	1.26
139.7	140V	108.1	48.9	2.89	1.19	1.7
139.7	140V	108.1	62.85	2.89	1.21	1.68

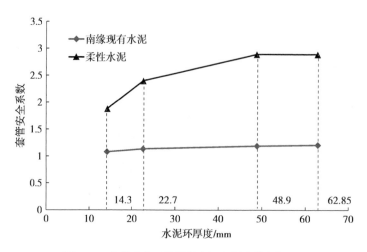

图 4.79　套管安全系数随其水泥环厚度的变化关系

在设计水泥环时，不仅要考虑其抗压强度，还应注重其抗拉强度和弹性模量，这些因素对于保护套管和水泥环的完整性非常重要，因为它们可以减少外部载荷对水泥环的影响，从而减少套管损坏的风险。通过计算对比南缘现有水泥与柔性水泥下套管安全系数可知，柔性水泥下井筒套管的安全系数明显较高，当水泥环厚度为 62.85mm 时，套管安全系数为 2.89，而南缘现有常规水泥下套管安全系数仅为 1.21，这是由于柔性水泥具有较好的交变应力承载能力，在高压作用下能释放压缩应力，减小水泥环周向拉应力，避免拉伸破坏，同时外观体积微膨胀，可阻止微环隙形成，提高了水泥石抵抗外部冲击作用的能力，能承受更大压力，提高套管承载性能，从而达到保护套管的目的。但随着厚度增加，套管安全系数上升幅度逐渐下降，因此过厚的水泥环未必能够起到提高套管承载性能的效果，反而增加了作业成本和难度。结果表明，采用柔性水泥进行固井工程可以大幅提高套管的承载能力和安全使用性能，保证井筒的稳定性和安全性，从而更好地满足油气开发的需求。

4.6　水泥环缺失对多层套管应力影响规律研究

4.6.1　水泥环缺失套管受力分析

油气井在开采过程中，套管同时承受来自地层的外挤压力（这里设套管受均匀外挤压力）及井筒的内压，由于水泥环小段的环状缺失（在缺失部分一般会被地层中的水充满），在缺失的界面处套管容易发生局部塑性应变损伤破坏，导致套管损坏。

套管均匀受压，套管应力可由受压的厚壁筒的拉梅公式来计算，即

$$\begin{cases} \sigma_r = \dfrac{r_1^2}{r_2^2 - r_1^2}\left(1 - \dfrac{r_2^2}{r^2}\right)p_i - \dfrac{r_2^2}{r_2^2 - r_1^2}\left(1 - \dfrac{r_1^2}{r^2}\right)p_o \\[4mm] \sigma_\theta = \dfrac{r_1^2}{r_2^2 - r_1^2}\left(1 + \dfrac{r_2^2}{r^2}\right)p_i - \dfrac{r_2^2}{r_2^2 - r_1^2}\left(1 + \dfrac{r_1^2}{r^2}\right)p_o \\[4mm] \tau_{r\theta} = 0 \end{cases} \tag{4.81}$$

式中　σ_r——径向应力，MPa；

　　　σ_θ——周向应力，MPa；

　　　p_o——外挤压力，MPa；

　　　p_i——内压力，MPa；

　　　r_2——套管外半径，mm；

　　　r_1——套管内半径，mm；

　　　r——套管壁上任意一点的半径，mm。

采用适用于金属材料的 Von Mises 失效准则（第四强度理论），判断套管是否进入屈服阶段，其中 Von Mises 失效准则表达式为

$$2 \times \sigma_{vm}^2 = (\sigma_1 - \sigma_2)^2 + (\sigma_2 - \sigma_3)^2 + (\sigma_1 - \sigma_3)^2 \tag{4.82}$$

当式（4.82）中的等效应力 σ_{vm} 值超过套管的屈服极限强度时，就认为套管进入了屈服。

4.6.2　水泥环环空全部缺失的有限元分析

4.6.2.1　建立新模型的方法和原理

由于多种复杂原因使得水泥环缺失，在复杂地应力和井筒内压等多重作用下，容易造成套管损坏，引发重大事故。针对水泥环缺失导致套管损坏问题，在实际的深井、超深高温高压井实际井况中，尤其是在复杂条件多层套管作用后，水泥环缺失部位应力状态及套管的安全性分析与评价等非常重要，而目前现场工程师或研究人员只能凭经验保守估算认为缺失部位压力为零，或者直接按液体密度液柱压力计算其外压，直接施加到缺失部位，该方法要么过于保守，要么过于不安全。为计算真实情况下缺失部位流体与套管、水泥环的耦合作用，采用一种特殊的体积控制的加载方式，引入了圈闭流体单元。作为一种覆盖在腔体边界面上的表面单元，该单元与腔体内边界共节点，在腔体内边界面上形成一个封闭的区域。

圈闭流体单元能模拟结构变形与内部流体压力变化之间的耦合作用。圈闭流体单元可以指定在的某个区域内的体积变化，将压力控制加载转变为体积控制加载，通过体积的变

化来计算压力的大小。圈闭流体单元用来模拟被流体充满的腔体结构（图4.80），模拟的腔体结构的受力状态除了受外部的载荷作用，还与内部流体的压力变化有关，同时腔体的变形影响内部流体的压力变化。

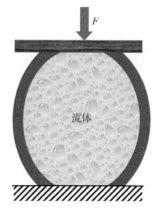

图4.80　充满流体的腔体结构示意

ANSYS软件提供了可用于模拟可压缩各向同性弹性非黏性流体。含封闭流体的腔体，流固耦合则需要通过流体增加固体的内部虚功。其内能表达式为

$$W' = W + \int_{S_s} t_{si} v_{si} \mathrm{d}S + \int_{S_f} t_{fi} v_{fi} \mathrm{d}S \tag{4.83}$$

式中　W——固体的内能；

　　　S_s——包围流体体积的当前固体表面；

　　　S_f——包围流体体积的当前流体表面；

　　　t_{si}——固体表面上一点的牵引力分量i；

　　　t_{fi}——流体表明上一点的牵引力分量i；

　　　v_{si}——固体表面上一点的速度分量i；

　　　v_{fi}——流体表面上一点的速度分量i。

内部虚功表达式：

$$\delta W' = \delta W - p \int_{S_s} n_i v_{si}\, \mathrm{d}S - \delta p \left(\int_{S_s} n_i v_{si}\, \mathrm{d}S - \int_{V_f} v_{fi,i}\, \mathrm{d}V \right) \tag{4.84}$$

式中　$v_{fi,i}$——$\mathrm{div} v_f$，即速度v_f在一点的散度；

　　　V_f——当前流体体积；

　　　n_i——垂直于包围流体体积的流体表面的外法线分量I；

　　　p——流体压力。

式（4.84）等号右侧的第二项是流体静压对包含流体的固体所做的虚功，表示流体和固体之间的耦合。

耦合系统的刚度矩阵为

$$D\delta W' = D\delta W - DP\delta\dot{V}_{\mathrm{s}} - PD\delta\dot{V}_{\mathrm{s}} - \delta P\left(D\dot{V}_{\mathrm{s}} - D\dot{V}_{\mathrm{f}} + \frac{w}{\rho_{\mathrm{f}}^{2}} D\rho_{\mathrm{f}} \right) \qquad (4.85)$$

在 ANSYS 软件中提供的圈闭流体单元非常适合用于解决流固耦合问题中流体体积和压力的计算。分析的缺失部分水泥环四周完全被固体包围，适合采用圈闭流体单元解决这一流固耦合问题。

为此，该模型创新性地引入了圈闭流体单元解决缺失处流固耦合问题，采用弹塑性接触问题的有限元法理论、非连续介质非线性接触问题的原理及其方法，建立了多层套管作用下水泥环环向缺失的有限元力学评价模型，该模型可以准确和定量计算不同内压和地应力通过地层水泥环技术套管水泥环等传递到水泥环缺失位置的实际压力。

该模型包含地层—水泥环、水泥环—技术套管、技术套管—水泥环及水泥环等，其相互界面之间全部用高度非线性的接触力学有限元模型，模型中各界面之间可以有间隙，也可紧密接触，即该模型可模拟水泥环具有微间隙的工况，同时可以直接获得接触界面之间的接触压力，也就是可以直接获得从地层传递到水泥环缺失位置处的压力，以前各学者的模型几乎均将地层—水泥环、水泥环—套管等之间建立的连续介质模型作为一个整体，这种模型均无法获得来自地层传递到界面的压力。

同时新模型中，地层岩石及其水泥石计算的材料模式采用岩石力学破坏准则中的 Drucker–Prager 准则，即 DP—材料模式，以前的学者大部分均采用线弹性模式，这与实际岩石力学和水泥环的强度变化及其破坏不吻合。

水泥环和岩石材料模式选用 Drucker–Prager 破坏判断准则，表达式为：

$$f = \alpha I_1 + \sqrt{J_2} - k = 0 \qquad (4.86)$$

$$I_1 = \sigma_1 + \sigma_2 + \sigma_3 \qquad (4.87)$$

$$J_2 = \frac{1}{6}\left[(\sigma_1 - \sigma_2)^2 + (\sigma_2 + \sigma_1)^2 + (\sigma_1 - \sigma_3)^2 \right] \qquad (4.88)$$

式中　α, k——材料参数，与材料自身内摩擦角和内聚力相关；

　　　σ_1, σ_2, σ_3——最大、中间、最小主应力。

ANSYS 软件在 10.0 以后的版本，为了克服 DP 模型无法反映材料硬化、屈服面单一等问题，开发了 Extended Drucker–Prager 模型，即 EDP 模型或扩展的 DP 模型。新开发的 EDP 模型只能应用到新开发的单元，传统单元仅支持原 DP 模型，所以很多研究者仍采用了原来的 DP 模型，但是传统单元也不再支持新技术，传统单元模型正在被逐步淘汰。EDP 模型中需要输入两个参数，包括压力敏感参数 α 和材料屈服应力 σ_y，它们与黏聚力和内摩擦角之间的关系如下：

$$\alpha = \frac{6\sin\phi}{3-\sin\phi} \qquad (4.89)$$

$$\sigma_y = \frac{6C\cos\phi}{3-\sin\phi} \qquad (4.90)$$

采用新的高阶单元使用了 EDP 模型来模拟岩石、水泥环的力学性能。

4.6.2.2 有限元力学模型

根据实际情况和现场资料，建立了套管 I—水泥环缺失—套管 II—水泥环—套管 III—水泥环—地层的轴对称有限元实体模型，力学模型如图 4.81 所示，按圣维南原理可知，井眼尺寸 5 ~ 7 倍以外的范围的地应力场不受影响，因此研究地层范围 W 选取为 4m，研究高度 H 选取为 10m，缺失高度 L_0 选取为 1m，缺失宽度选取为 10mm。

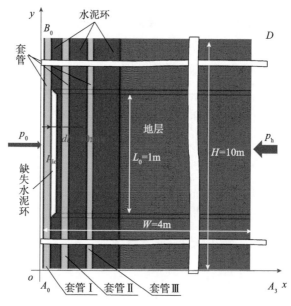

图 4.81　有限元实体模型

整个模型采用 8 节点的单元划分结构网格，不同材料界面之间采用接触有限单元，总共建立了 6 组接触对单元模型，水泥环缺失处采用圈闭流体单元模拟，该模型可以准确分析套管 I—水泥环缺失—套管 II—水泥环—套管 III—水泥环—地层之间的相互接触作用压力的定量关系，能准确分析在不同内压及复杂条件下水泥环缺失对套管的影响。

4.6.2.3　边界条件及材料属性

南缘区块地层压力高达 159MPa，最大水平地应力梯度为 0.0278MPa/m，最小水平地应力梯度为 0.0231MPa/m。则在压裂工况下，按管内压裂液密度 ρ_d 取 1.2g/cm^3，压裂破盘需要的压裂最大油压（泵压）为 120MPa，对应的套压（油管背压）p_c 需要 60MPa。环空保护液密度取 1.45g/cm³，则在计算位置井筒内压 p_i 为 88MPa，即在图 4.82 的有限元模型中井筒内壁施加 p_i，地层压力 p_H 取最大水平地应力 46MPa，相关参数见表 4.21，水泥环缺失位置取液体密度为 1.65g/cm³，则缺失处压力 p_{ic} 为 31MPa，即在图中给圈闭流体单元施加静水压力 31MPa，由于模型处于地层中部，模型上下两端进行位移约束。

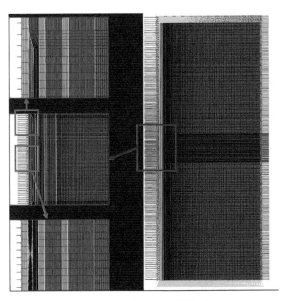

图 4.82　有限元力学模型

表 4.21　计算位置地应力及其井筒内压

井深/m	最大地应力σ_H/MPa	最小地应力σ_h/MPa	计算内压p_i/MPa	水泥环缺失处静水压力p_{ic}/MPa
2000	56	46	88	31

在压力作用下，水泥环缺失处液体介质的体积变化通常用压缩率 β（1/MPa）来表示。

$$\beta = -\frac{1}{V}\frac{\mathrm{d}V}{\mathrm{d}p} \tag{4.91}$$

式中　V——液体介质的体积，m³；

　　　p——压力，MPa。

β 的倒数为体积弹性模量，$K = \dfrac{1}{\beta}$（MPa），缺失处液体采用水的体积弹性模量计算，即 K 值为 2.18×10^3MPa。

根据现场资料可知，地层岩石平均弹性模量为 24.8 ~ 45.4GPa，泊松比为 0.23，岩石抗拉强度为 9.38MPa，岩石密度为 2.5g/cm³，地层破裂压力梯度为 2.6g/cm³。其水泥缺失位置地层岩石—水泥环—套管力学参数见表 4.22。

表 4.22　地层岩石—水泥环—套管力学参数

材料名称	弹性模量/GPa	泊松比	内聚力/MPa	内摩擦角/(°)	备注
套管	210	0.3			
水泥	7.0	0.23	9.0	28	水泥质量良
地层	45.4	0.25	25	28	取自南缘资料

4.6.3　结果分析与讨论

4.6.3.1　有限元结果分析

根据图 4.81、图 4.82 的力学有限元模型及力学边界条件，经过有限元模拟计算，得到图 4.83 的套管—水泥环缺失—套管—水泥环—套管—水泥环—地层的 Von Mises 应力分布云图。由图 4.83 可知，由于水泥环缺失部位有流体作用，水泥环完好部位应力大于缺失部位，图 4.84 为不同的套管应力云图，从图中可以看出，三层套管中套管 I 应力最大，套管 II、

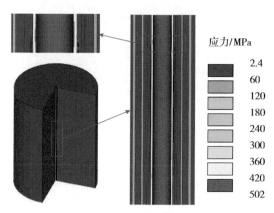

图 4.83　套管—水泥环—地层的 Von Mises 应力分布云图

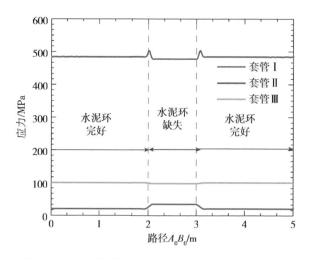

图 4.84　水泥环缺失时沿路径 A_0B_0 套管内应力变化曲线

套管Ⅲ应力相对较小，都处于弹性变形。套管Ⅰ和套管Ⅲ水泥环完好部位应力大于缺失部分的应力，而套管Ⅱ应力计算结果数值最小，其分布正好相反，在水泥环缺失段应力最大。

为了研究水泥环缺失对套管应力分布的影响，提取水泥环缺失时沿路径 A_0B_0 套管内的应力结果如图4.84所示，从图中可以看出，由于套管内壁受到内压，而外壁在水泥环完好段受到地层传到套管外壁的压力的作用，在缺失段受到液体的压力的作用，水泥环缺失部位流体的压力和地层传递到套管外壁的应力不一致，在水泥环缺失与水泥环完好的交界面有一个应力集中，在水泥环完好与缺失界面应力达到最大，因界面剪切作用所致。从图4.84中也看出，在这种多层套管水泥环作用情况下，对套管Ⅰ的影响最大。因此，后文重点对套管Ⅰ进行受力分析。

多层套管和水泥环同时受到来自地层与井筒的压力，如图4.85所示，三层套管、三层水泥环和地层之间共存在6个界面，图4.86绘制了不同界面的应力沿路径的分布规律。

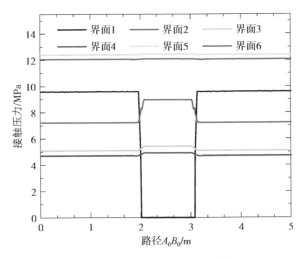

图 4.85 接触界面接触压力曲线

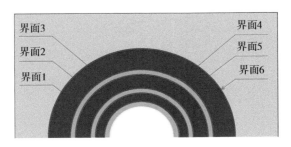

图 4.86 三层套管和三层水泥环结构界面示意

从图4.85中可以得出，由于水泥环的缺失，在水泥环缺失段，不同的界面的接触压力均有增加，而图4.85中界面1因在缺失段因地应力不能通过水泥环传到套管，因此接触压力为0MPa。界面2的接触压力因水泥环缺失增加的最为明显，接触压力最大的是靠近地层的界面 5 和界面 6，其主要是承担来自地层的地应力，其次是界面 1 和界面 2 主要承受来自井筒内的压力，而中间的界面 3 和界面 4 的接触压力偏小。

4.6.3.2 不同套压下的计算结果

由以上分析可知，水泥环环向全部缺失是造成生产套管、技术套管潜在失效的因素之一。套压也会对套管应力强度有较大影响，因此取套压 p_c 分别为 0MPa、10MPa、20MPa、30MPa、40MPa、60MPa 进行分析计算，得到图 4.87 所示不同套管的应力沿路径 A_0B_0 的变化情况。

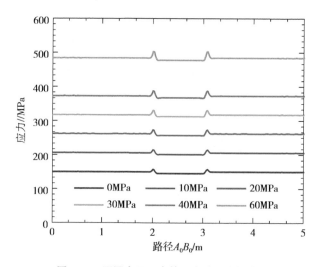

图 4.87　不同套压下套管 I 内壁沿路径变化

不同的内压对水泥环环状缺失的套管 I 的应力影响如图 4.88 所示，由图 4.88 可知，在不同内压下，在水泥环缺失段，随着内压增大套管内的应力逐渐增大，较大内压会增强界面剪切作用。套压继续增加，在水泥环缺失交界处应力会超过套管的屈服强度，套管在该

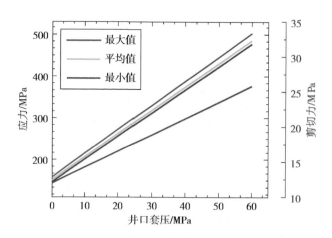

图 4.88　不同套压下套管 I 内壁应力变化规律

处区域进入塑性屈服。因此建议开采过程中控制套压范围，保持在合理的范围，也是一个防控水泥环缺失的有效措施。

4.6.3.3　水泥环缺失处不同流体计算结果

水泥环缺失的地方通常都被流体工作介质充满，在上文中流体是一个可压缩流体，但是工程中如果假设为不可压缩流体介质处理，计算结果可以从图4.88中看出，假设为不可压缩流体时，在水泥环缺失位置的应力反而最小，这是由于水泥环缺失处的流体，受到来自井筒内压及地层压力的作用，流体不可被压缩，来自地层的压力传递到油层套管Ⅰ会变得更大，水泥环缺失处油层套管Ⅰ同时也受到内部的井筒压力，相互抵消一部分，使得此处应力值反而更小。

流体的体积弹性模量 K 值为 $2.18 \times 10^3 \mathrm{MPa}$。但是在实际的固井中，水泥环处的液体内不可避免地会混入气泡等，使 K 值显著减小，为了研究不同的体积弹性模量对结果的影响，为此体积弹性模量 K 值从 $(0.4 \sim 2) \times 10^3 \mathrm{MPa}$ 选取了不同的值，按建立的模型进行了计算。在水泥环缺失处，还存在一个极端情况，缺失处全部是气体填充，由于气体和液体具有完全不同的性质，假定环空处是一个理想气体，其符合状态方程（Ideal Gas Law）：

$$pV = nRT \tag{4.92}$$

现场资料获取，该井井口常年平均温度为 16℃，压裂工况时，井底稳态温度为 80℃，则在该缺失位置的温度为 37.6℃，则缺失处的压力仍按 p_{ic} 计算即 31MPa，那么此处的气体的密度为

$$\rho_f = \rho_0 \frac{p_t T_0}{p_0 T_t} = 1.293 \times \frac{31 \times 273.15}{0.101 \times (273.15 + 37.6)} \approx 334 \mathrm{kg/m^3} \tag{4.93}$$

因此，模型中将流体单元的材料设置为气体，密度为 $334\mathrm{kg/m^3}$，计算的各层套管的 Von Mises 应力如图 4.89 所示。

由于缺失段是气体，可以压缩，缺失部位的应力分布规律（图 4.89）和图 4.90 所示的规律有所不同，这是由于地层压力不能有效传到套管上，井筒的压力也不能有效地传递到水泥环上，因此在套压作用下，水泥环完好与缺失的界面产生剪切作用，在水泥环缺失段产生了较高应力。

三层套管在固井质量差的水泥环缺失段

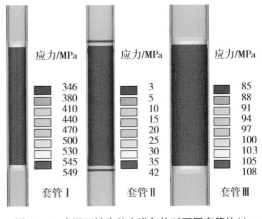

图 4.89　水泥环缺失处充满气体时不同套管的 Von Mises 应力分布云图

均产生了较高应力，三层套管中套管Ⅰ应力仍是最大，最大位置转移到水泥环缺失位置，但套管Ⅱ因不能收到来自井筒内的压力，从而套管Ⅱ应力变小。

如图 4.90 为不同的气体体积弹性模型的计算结果，从图中可以看出，随着体积弹性模量 K 值的减小，水泥环缺失部位的流体的抗压缩能力减弱，从地层传递到油层套管Ⅰ的应力不断减小，使得套管Ⅰ的应力逐渐增加，此时套管Ⅰ在缺失段是高应力区，在水泥环缺失的交界面附近应力最高，当缺失处流体变为气体时，在水泥环缺失段仅受到井筒内压的作用，产生鼓胀效应，套管在固井质量差的水泥环缺失段产生了较高应力，易发生局部损伤破坏。综上所述，若水泥环环状缺失且缺失部位填充为气体，在井筒内压较大时，套管更容易损坏。

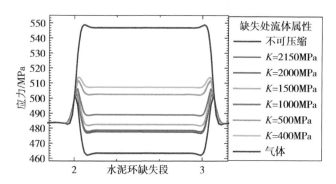

图 4.90　不同流体性质套管Ⅰ内壁在水泥环缺失段变化

图 4.91 为图 4.86 所示的不同界面在水泥环缺失处的接触应力分布图，从图中可以看出，各界面的接触压力的变化同时受到井筒内压和地层压力的影响，当水泥环缺失位置为气体时，井筒的压力不能传递到水泥环，因此界面 2 的接触压力减小最明显，其次界面 3 和界面 4 的接触压力减小，界面 5 和界面 6 是接触压力最大的界面。

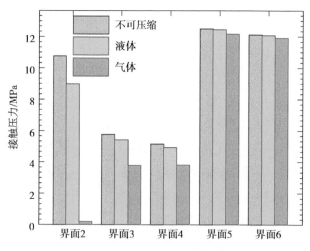

图 4.91　水泥环缺失位置不同界面的接触压力

因此在固井时，应该优化水泥返高，表层套管和外层套管外水泥应返到井口，生产套管的水泥返深应综合考虑后续工作的开展，可以不返回到井口。

4.7 超深井射孔冲击动载荷引起封隔器断裂失效的仿真分析

近年来，国内油气井开发向着深井、超深井甚至万米特超深井方向发展，在超深井开发过程中，常采用射孔—试油—酸化三联作业工艺，于是对射孔管串质量要求更加严格。同时射孔作业中需要使用高爆炸药，而爆炸引起的巨大应力波将沿着管串向上传播，带来强烈的振动冲击。在井下套管狭窄空间中，由于射孔作业产生的局部高压及冲击，导致射孔管柱在薄弱环节处出现损伤甚至断裂情况，严重影响射孔作业的安全进行，而且国内已经多次出现在射孔作业完成后提起井下封隔器管柱发现断裂的情况。图 4.92 所示为新疆某超深直井 XW01 井在射孔过程中封隔器上部中心管螺纹连接处断裂照片。为保证油气井建井投产顺利进行，对射孔作业中管串结构薄弱处进行深入的理论和试验研究。

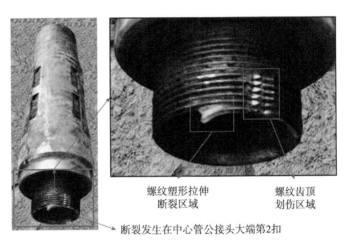

螺纹塑形拉伸
断裂区域

螺纹齿顶
划伤区域

断裂发生在中心管公接头大端第2扣

图 4.92　XW01 井封隔器部分管串断裂照片

从图 4.92 中井下封隔器部分管串断裂照片发现，断裂发生在封隔器中心管上部公接头大端第 2 扣，断口沿着螺纹周向断裂，完全断裂时螺纹处出现明显塑性撕裂，在外螺纹顶部出现明显的刮伤，且发生在一条直线上，明显区别于螺纹正常上下扣时的旋转路径，说明封隔器中心管螺纹在断裂失效时出现轴向直线运动，导致外内螺纹齿顶相互刮伤。根据现场提供的封隔器结构，在中心管上部螺纹处，上方有液压锚爪，下方有卡瓦和胶桶固定，在正常作业中螺纹处受力较小，而现场出现断裂，说明在 XW01 井射孔作业中液压锚爪、卡瓦和胶桶至少存在一处或全部失效，且中心管螺纹顶端与上部接头在封隔器坐封期间紧密接触，两者之间的台肩不存在间隙，中心管受压缩不会导致断裂，只可能是拉伸载荷造成封隔器中心管断裂并掉入井中。但作用于封隔器上的冲击力不会是下部管串自重引起，而是射孔作业过程中高爆物爆炸时，产生的冲击波沿射孔管柱向上传播，在封隔器中心管结构薄弱处引起断裂失效。

通常中心管螺纹断裂与材料强度、结构强度（尺寸因素）、螺纹牙型尺寸（含应力集中）等自身因素有关，也与预紧力、轴向拉伸、弯曲、内压、冲击振动等载荷有关。通过分析研究，中心管螺纹断裂失效主要与其材料强度、结构尺寸、轴向拉力及射孔爆轰瞬时冲击振动载荷有关，这里将重点研究这些参数与其螺纹断裂失效的影响。

目前关于封隔器失效研究主要集中于胶桶密封失效、卡瓦咬合套管引起的损伤及封隔器锚定失效等失效形式，而在射孔作业中考虑减振器减振效果仍造成封隔器管串断裂失效的研究相对较少，并与油田实际作业情况不符。

因此根据 XW01 井在完成射孔作业后，基于封隔器中心管螺纹连接处出现断裂现象，建立封隔器中心管在液压减振器减振作用下瞬态冲击动力学的有限元仿真模型，用于分析在射孔过程中封隔器中心管受力情况，并为井下封隔器中心管连接处塑形破坏开展安全评价，为控制或避免中心管螺纹断裂失效提供理论依据和指导，同时也为封隔器的设计、各种安全施工提供理论依据。

4.7.1　射孔管串结构及其受力工况

4.7.1.1　射孔管串结构及其工作原理

XW01 井现场使用的射孔作业管串由封隔器、减振器、射孔枪、连接油管等组成，结构示意图如图 4.93 所示。

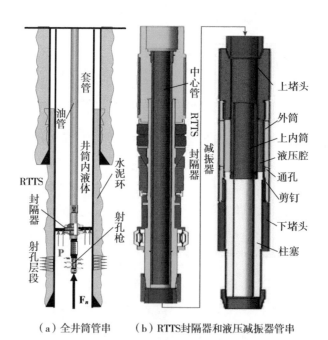

（a）全井筒管串　　（b）RTTS封隔器和液压减振器管串

图 4.93　射孔管串结构受力示意图

射孔管串结构的工作原理：在射孔作业时，射孔枪中炸药爆炸，推动弹珠射穿套管和地层，在储层中射穿很多弹孔通道，达到激活地层，增大产量的目的。而射孔时，需要弹珠有足够大的初始动能射穿套管和地层，产生的巨大瞬时作用力其中一部分将沿着管串向上传播，在上部作业管串中产生很大的振动冲击，为减少向上传递的能量，现场通过 RTTS 封隔器连接减振器以达到减振效果，其中减振器是一种在射孔作业中减少爆炸物产生的应力波向上传递引起上部管串冲击的结构，通过减少应力波向上传递的能量，达到减振作用。

当射孔枪射孔时，产生的冲击振动波沿着管串向井口传播，到达减振器下部柱塞时，推动柱塞向上运动，减少液压腔容积，将液体从通孔泄出，当减振器阻塞冲击上堵头时，对上部管串产生压缩作用，而冲击下堵头时，则产生拉伸作用。由于射孔枪中爆炸物爆炸时间很短，通常只有几毫秒，所以在分析上部减振器和封隔器受力时，将射孔枪产生的瞬时作用力对减振器作用视为一个初始速度作用于减振器下内筒。

4.7.1.2 射孔管串受力工况

基于某 XW01 超深井现场实际作业情况，其管串受力示意图如图 4.93 所示，在射孔前，封隔器中心管处于力学平衡状态，轴向受到重力、浮力及下部管串的拉力，径向上受到射孔液的初始压力 p_0，而射孔时油管加压至 70MPa，射孔弹呈现螺旋分布，当射孔枪在射孔液中爆炸时，其周围介质受到高温、高速、高压的爆炸作用，爆炸产物以极高的速度向周围扩散，强烈压缩相邻流体，使其压力、温度急剧增加，形成初始压力场，产生的压力对于封隔器中心管的冲击呈现各向同性，冲击载荷作用时间很短，井筒内瞬间形成动态压力 p，且均匀冲击载荷将沿着管串向上传播，作用于井下套管和 RTTS 封隔器等结构。

射孔作业中射孔枪高爆物在井下爆炸会产生巨大的瞬时压力，其压力通用计算方法为

$$p = C \cdot p_1(V, E) \qquad (4.94)$$

式中　C——燃烧质量分数，%；

$\quad\quad p_1$——爆炸产生气体的压力，MPa。

假定在现场使用的起爆物产生的应力波前沿以常速传播，其爆炸产生的膨胀压力 p_1 采用 JWL 状态方程表示为

$$p_1 = A\left(1 - \frac{\omega}{R_1 V}\right)e^{-R_1 V} + B\left(1 - \frac{\omega}{R_2 V}\right)e^{-R_2 V} + \frac{\omega E}{V} \qquad (4.95)$$

其中

$$V = \rho_0 / \rho$$

$$E = \rho_0 e$$

式中　ρ_0——炸药初始密度；

$\quad\quad \rho$——爆轰产物密度；

e——内能；

A，B，R_1，R_2 和 ω——输入参数，见表4.23。

表4.23　射孔弹爆生气体的 JWL 状态方程参数

炸药类型	$\rho/$（g/cm^3）	$D/$（km/s）	P_{CJ}/GPa	$e_0/$（kJ/cm^3）	A/GPa
HMX	1.8191	9.11	42	10.5	778.3
	B/GPa	R_1	R_2	ω	V_0
	7.07	4.2	1	0.3	1

射孔瞬间对管柱产生的冲击载荷 F 可以通过公式（4.96）计算得到。

$$F = \pi p_{max} \left(r_{out}^2 - r_{in}^2 \right) \tag{4.96}$$

式中　F——冲击载荷，N；

p_{max}——爆炸冲击波峰值压力，MPa；

r_{out}——射孔管串外径，mm；

r_{in}——射孔管串内径，mm。

由于受到冲击载荷 F 作用，在中心管上部螺纹连接处的轴向应力 σ_n 为

$$\sigma_n = \frac{F}{\pi(r_{out}^2 - r_{in}^2)} \tag{4.97}$$

式中　σ_n——中心管上部螺纹连接处的轴向应力，MPa。

当冲击载荷 F 大到管柱发生螺旋屈曲时，屈曲载荷 F_c 需要满足式（4.98）：

$$F_c = 5.55\sqrt[3]{EI\rho^2 V^2 g^2} - (p_i A_i - p_o A_o) < F \tag{4.98}$$

式中　F_c——管串屈曲时承受的载荷，N；

E——管柱的弹性模量，GPa；

I——管柱横截面的惯性矩，kg·m^2；

ρ——管柱密度，kg/m^3；

V——管柱线体积，m^3；

p_i——管柱内压，Pa；

p_o——管柱外压，Pa，

A_i——管柱内圆面积，m^2；

A_o——管柱外圆面积，m^2。

当管柱处于螺旋屈曲状态时，管柱上弯曲应力 σ_m 为

$$\sigma_m = \frac{M}{W} = \frac{2F}{\pi r_{out}^2} \tag{4.99}$$

其中

$$M = Fr_{\text{out}}/2$$

$$W = \pi r_{\text{out}}^3/4$$

式中 σ_m——管串发生螺旋屈曲时的弯曲应力，MPa；

   M——管柱发生螺旋屈曲时，在中心管处受到的弯矩，N·mm；

   W——圆形截面的抗弯截面系数，mm^3。

由于中心管同时受到爆轰产生的内外压作用，于是不考虑内外压对中心管的应力影响，即中心管上理论应力值为弯曲应力值与轴向拉伸应力值之和，即

$$\sigma = \sigma_n + \sigma_m \qquad\qquad (4.100)$$

由于现场使用的中心管材料屈服强度为 785.6MPa，抗拉强度为 862MPa，即当中心管上理论应力值 σ 超过 σ_s=758.6MPa 时，表示中心管发生屈服；而超过 862MPa 时，表示中心管发生断裂。

虽通过式（4.96）至式（4.98）可以评估计算出减振器上的最大冲击力，但是经过液压减振器减振后传递到封隔器下部的力却无法计算，而且封隔器结构并不规整，无法用解析式精确计算封隔器上部的受力情况，只能使用有限元方法进行模拟仿真。

4.7.2 射孔管串瞬态冲击动力学有限元模型建立

新疆某超深井 XW01 井钻完井深 8200m，射孔封隔器及减震器管串结构如图 4.94（a）所示，RTTS 封隔器长度为 1231mm，下部减振器总长度为 2585mm，质量为 100kg，下部管串总质量为 2t。减振器和封隔器之间连接油管并没有出现断裂失效等情况，所以不考虑连接油管而直接将减振器和封隔器连接。基于 XW01 超深井管串结构，建立的射孔管串瞬态冲击动力学有限元力学仿真模型及其网格模型如图 4.94（b）所示。

射孔管串为 P110 钢级，其泊松比为 0.3，弹性模量为 2.1×10^5MPa，屈服强度为 758.6MPa，抗拉强度为 862MPa。

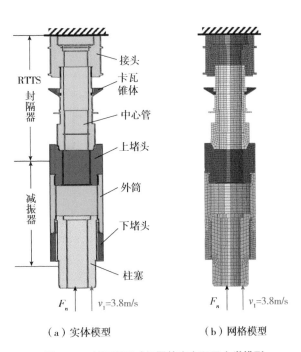

（a）实体模型   （b）网格模型

图 4.94 封隔器及减振器管串有限元力学模型

减振器活塞行程为 320mm，在实际射孔作业中测得减振器瞬时速度及加速度随时间的变化关系如图 4.95 所示，图 4.95 中 V_1—V_3、A_1—A_3 分别表示射孔管串上不同位置的瞬时速度和加速度曲线，从速度曲线得到射孔过程中减振器最大速度为 3.8m/s，速度和加速度曲线在 0.245s 后峰值减小，认为冲击作用时间为 0.245s，且现场提供双向减振器压缩减振效率最大降低 70%，拉伸减振效率最大降低 30%。

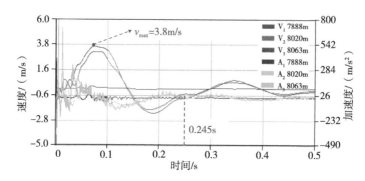

图 4.95　管串瞬时冲击速度及加速度随时间的变化关系

在有限元建模过程中不考虑 RTTS 封隔器和减振器之间的连接油管，直接将两者相连，以简化计算模型。于是将 RTTS 封隔器上部连接头顶面进行固定约束，而液压锚头、卡瓦及胶桶等构件由于射孔冲击已经部分或全部失效，于是对这些部件不做固定约束，从图 4.95 中显示，作用时间约为 0.245s，根据 $MV_1=F_nt$，得到作用力 F_n=31.0kN，减振器柱塞上施加初始速度 v_1=3.8m/s，当考虑双向减振器减振效果，可计算出：（1）单减振器柱塞去程（压缩）阻尼力为 F_n=−21.71kN，回程（拉伸）阻尼力为 F_n=9.31kN；（2）双减振器柱塞去程阻尼力为 F_n=−28.21kN，回程阻尼力为 F_n=15.81kN，模型边界条件和载荷施加情况如图 4.94 所示。

4.7.2.1　中心管冲击断裂失效强度分析

通过有限元分析带阻尼的柱塞冲击堵头过程，发现减振器柱塞在冲击上堵头后，将被弹回再冲击下堵头，且在冲击上下堵头过程中封隔器中心管上将出现应力集中区域，封隔器结构上应力分布情况如图 4.96 所示。将图 4.96 中得到的有限元结果，单独提取中心管应力分布情况，得到在减振器柱塞冲击上下堵头时刻中心管上应力分布，如图 4.97 所示，图 4.97 中红色区域为应力值超过 P110 管材屈服强度区域，发现危险区域将出现在中心管上部螺纹连接处，当冲击上堵头时应力值达到 805.4MPa，此时中心管上应力分布如图 4.97（a）所示；当冲击下堵头时其最大应力值达到 925.1MPa，中心管上应力分布如图 4.97（b）所示，超过了 P110 管材抗拉强度 862MPa，即某些局部位置将开始发生断裂失效，逐渐扩展到整个截面，且冲击下堵头时对中心管产生拉伸作用，与现场中心管螺纹连接处拉伸损伤情况相符。

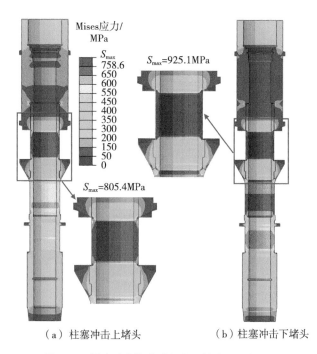

（a）柱塞冲击上堵头　　　　　（b）柱塞冲击下堵头

图 4.96　柱塞冲击堵头过程中心管应力分布云图

在整个柱塞冲击上下堵头过程中，中心管上部螺纹连接处 A 点和 B 点 Mises 应力随时间关系如图 4.98 所示，RTTS 封隔器的中心管螺纹连接处瞬时最大应力出现两个峰值，0.09s 达到 805.4MPa，在 0.21s 柱塞冲击下堵头时瞬时应力达到 925.1MPa，超过中心管抗拉强度 862MPa，冲击波引起的交变应力导致局部位置开始发生断裂失效，逐渐扩展到整个截面，造成螺纹接头断裂。即图 4.98 中，A、B 点局部位置将开始发生断裂失效，逐渐扩展到整个截面，导致该处出现危险区域，造成螺纹断裂。图 4.98 中断裂位置与图 4.92 中现场实际断裂位置吻合，该部分结构需要优化改进以满足抗断裂强度的要求。

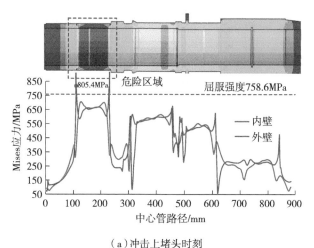

（a）冲击上堵头时刻

图 4.97　中心管内外壁应力分布曲线

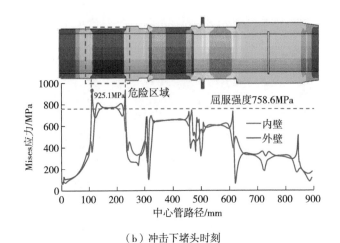

（b）冲击下堵头时刻

图 4.97　中心管内外壁应力分布曲线（续）

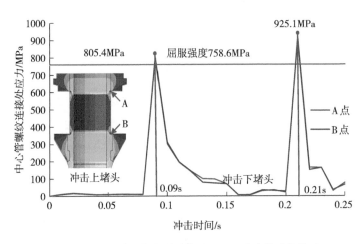

图 4.98　中心管上部螺纹连接处 Mises 应力随时间关系

4.7.2.2　中心管内冲击速度变化分布

　　柱塞冲击过程中速度波将沿管柱向上传递，通过有限元分析得到柱塞冲击上下堵头时，速度分布云图（图 4.99），冲击上堵头时在中心管下部最大速度为 4.67m/s，此时中心管受到压缩作用，冲击下堵头时中心管下部最大速度为 2.34mm/s，此时中心管受到拉伸作用，且封隔器上部螺纹连接处将出现速度往复交替，会导致该处出现较大的拉压交变应力，导致低应力水平下也会在图 4.98 中 A、B 点发生疲劳断裂。而交界面一旦出现在结构薄弱处，则会给整体结构带来安全隐患，因此可以采取镦粗中心管上结构薄弱处增加强度或者增加减振器的冲击行程以减小冲击载荷。

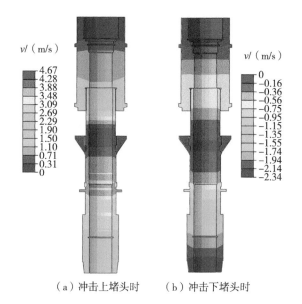

（a）冲击上堵头时 　（b）冲击下堵头时

图 4.99　柱塞冲击堵头过程中心管速度分布云图

4.7.3　单减振器与双减振器减振效果理论分析

在超深井中存在不可预测的复杂工况，建议在封隔器下面采用两个减振器，即可降低现有的两个应力峰值，理论上压缩和拉伸减振效率增加 1 倍，但实际上双减振器的减振效果达到多少，还需要进行理论分析和实验测试。

由于射孔产生的瞬时冲击力作用时间很短，假定减振器系统由于射孔瞬时冲击力而离开平衡位置，建立减振器二阶带阻尼的质量—弹簧简化力学系统模型，如图 4.100 所示，简

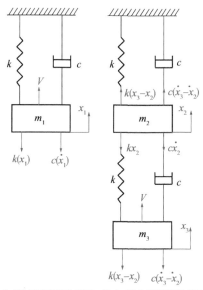

（a）单减振器简化模型　（b）双减振器简化模型

图 4.100　单双减振器力学模型示意图

化模型将单减振器等效为弹簧和阻尼并联结构，其中减振器的柱塞将在平衡位置附近进行衰减间歇振动。

根据减振器简化模型得到单减振器的运动微分方程为

$$m_1\ddot{x}_1 = -c\dot{x}_1 - kx_1 \qquad (4.101)$$

式中 m_1——减振器及下部管柱质量，kg；

x_1——射孔冲击减振器时柱塞产生的轴向位移，m；

c——减振器等效阻尼系数，N/（m/s）；

k——减振器等效刚度系数，N/m。

双减振器的运动微分方程为

$$\begin{cases} m_2\ddot{x}_2 = c(\dot{x}_3 - \dot{x}_2) + k(x_3 - x_2) - c\dot{x}_2 - kx_2 \\ m_3\ddot{x}_3 = -c(\dot{x}_3 - \dot{x}_2) - k(x_3 - x_2) \end{cases} \qquad (4.102)$$

式中 m_2——减振器质量，kg；

m_3——减振器及下部管柱质量，kg；

x_2——射孔冲击上部减振器时柱塞产生的轴向位移，m；

x_3——射孔冲击下部减振器时柱塞产生的轴向位移，m。

根据现场测井数据得到速度最大值为 3.8m/s，则模型中单减振器初始条件为 x_1（0）= 0m；$\dot{x}_1$（0）=3.80m/s，双减振器初始条件为 x_2（0）=0m；$\dot{x}_2$（0）=0m/s；x_3（0）=0m；$\dot{x}_3$（0）=3.8m/s，设定减振器等效阻尼系数 c 为 100N/（m/s），等效刚度系数 k 为 50000N/m，由公式（4.101）和公式（4.102）结合减振器结构及性能参数计算得到单双减振器分别在 m_1 和 m_2 处的理论振动衰减曲线如图 4.101 所示，双减振器最大振幅比单减振器的振幅降低了50%。

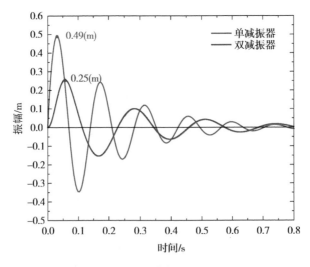

图 4.101   单、双减震器振幅随时间变化曲线

图 4.102 为采用有限元法评价的双减振器的应力云图，基于前面计算结果：双减振器柱塞去程（压缩）阻尼力为 F_n=-28.21kN，回程（拉伸）阻尼力为 F_n=15.81kN，根据图 4.94 有限元模型，计算得到单、双减振器分别作用下封隔器上部中心管应力分布云图，如图 4.102 所示。从图 4.102 的结果可知，单减振器中心管上最大应力为 925.1MPa，采用双减振器最大应力下降至 542.2MPa，降低了 42%，小于中心管材料屈服强度 758.6MPa，此时结构处于安全状态，且西部油田现场某井应用已经证明了其双减振器效果的优越性。

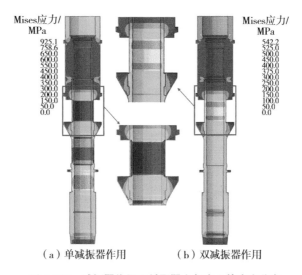

（a）单减振器作用　　（b）双减振器作用

图 4.102　减振器作用下封隔器上部中心管应力分布

4.7.4　封隔器中心管结构改进与应用

根据 XW01 井封隔器中心管螺纹连接部分断裂失效分析及有限元数值模拟分析可知，该封隔器原结构接头螺纹部分的结构设计存在问题，其厚度偏薄，导致其在超深井射孔冲击动载荷作用下不能满足其材料的抗拉强度。提出将原结构接头螺纹部分镦粗增加其壁厚，降低其应力水平。图 4.103 为接头螺纹部分镦粗 2mm 的有限元数值模拟计算结果。从图 4.103 可知，当螺纹连接处壁厚镦粗 2mm 时，中心管上最大应力值从原结构的 925.1MPa 降至 674.3MPa，其最大应力降低了 27%，小于中心管材料屈服强度 758.6MPa，此时结构处于安全状态。基于以上计算结果，提出了其中心管螺纹接头部分的改进方案，如图 4.104 所示，即将其接头部分镦粗而增加壁厚 2 ~ 3mm，然后再加工螺纹，能够满足其材料在超深井中射孔冲击动载荷作用下的抗拉强度，避免断裂失效。

以上改进的结构方案已提供给该 RTTS 封隔器生产厂家，新结构产品在新疆某油田成功应用了 5 口井，控制了超深井中射孔冲击动载荷引起的中心管断裂失效问题，该新产品得到了推广应用。

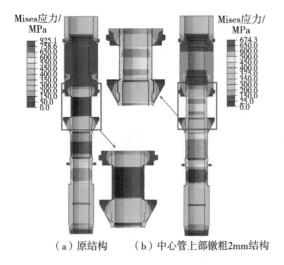

图 4.103　螺纹连接处镦粗与原有结构对比应力云图　　图 4.104　中心管上部螺纹连接部分镦粗改进结构

（1）建立的超深井射孔管串瞬态冲击动力学有限元模型，可以仿真模拟射孔瞬态冲击载荷作用下封隔器的断裂失效问题。

（2）通过射孔瞬态冲击载荷作用下射孔管串的有限元仿真模拟分析可知：在射孔爆轰 0.09s 和 0.21s 时，中心管接头螺纹处分别出现应力峰值 805.4MPa 和 925.1MPa，分别超过了管材的屈服强度和抗拉强度，导致局部位置萌生裂纹，逐渐扩展到整个截面，造成螺纹接头断裂。

（3）仿真模拟的断裂位置与现场实际封隔器中心管接头断裂位置吻合，提出了该断裂接头部分镦粗而增加壁厚 2 ~ 3mm 的改进方案，其最大应力降低 27% 以上，满足抗断裂强度的要求，得到了现场应用，控制了超深井中射孔冲击动载荷引起的中心管断裂失效问题。

5 南缘高温高压井试油、压裂阶段井筒完整性关键技术

试油、压裂阶段是油气井全生命周期内最重要的一个阶段，准噶尔盆地南缘储层埋藏深、高温、高压，基质物性差，试油与压裂改造时受到超高地层压力、超高地层破裂压力、井身结构、管柱及工具结构等因素限制，在试油、压裂阶段对井筒完整性带来了一系列问题。套管水泥环密封完整性是井筒完整性的薄弱环节，尤其是高温高压等井下苛刻条件，极易引起套管水泥环密封完整性失效。本章介绍高温高压井试油、压裂阶段井筒完整性关键技术，侧重于水泥环—套管的完整性问题，其中包括井筒试压对井筒潜在风险分析研究、试油压裂期间水泥环套管完整性评价、不同固井质量、交变载荷等对完整性的影响分析。

5.1 井筒试压对井筒潜在风险分析研究

5.1.1 固井前后套管柱试压规范及其水泥环损伤问题

表 5.1 为固井过程中 SY/T 5467—2007《套管柱试压规范》对比，试压损伤水泥环，在套管与水泥环界面产生微环隙，可能导致 B 环空带压。

表 5.1 固井过程中套管柱试压规范

来源	标准要求	说明
SY/T 5467—2007《套管柱试压规范》	注水泥后立即试压的套管柱试压值为套管抗内压强度值、浮箍正向试验强度值和套管螺纹承压状态下剩余连接强度最小值三者中最低值的55%，稳压10min，无压降为合格	强调注水泥碰压后立即试压，环空水泥环呈液态、半液态，试压不损伤水泥环
	固井质量评价后试压的套管柱，套管直径小于或等于244.5mm（9⅝in）的套管柱试压值为20MPa，套管直径大于244.5mm（9⅝in）的套管柱试压值为10MPa，稳压30min，压降小于或等于0.5MPa为合格	强调注水泥凝固后再试压，会损伤水泥环或套管。套管小于9⅝in的试压值20MPa，大于者试压值10MPa，稳压30min，压降小于或等于0.5MPa为合格
API 65-2《建井中的潜在地层流入封隔》	1. 法规要求对套管进行压力测试，最好是在凝胶强度达到一定水平之前进行套管压力测试。压力测试可以在水泥凝固后进行，但这可能会导致微环空形成或损坏水泥环。保持套管压力测试应在最短时间内完成。 2. 压力测试的效果取决于水泥的性能、测试套管时的压力（以及套管的增大量）和水泥周围地层的性能在钻穿胶结套管鞋之前，一般建议最小抗压强度为500psi（3.45MPa）	强调注水泥凝固后再试压，会损伤水泥环或套管

在 API RP90-1（第 2 版，2021）《海上油井的环形套管压力管理》标准中就后期套管试压测试潜在的环空损伤问题有明确的表述：

（1）后期的环空升压 / 降压对井筒存在潜在的损伤；

（2）多次升压 / 降压的循环可能造成环空水泥环密封性损伤；

（3）允许的升压 / 降压次数与固井的质量设计和环空水泥环状况有关。

如果进行过多的降压 / 升压试验，压力循环会破坏水泥环密封的完整性。这些试验会导致水泥中的拉伸应力开裂。如果形成，这些应力诱发的裂缝可能会增加向环空输送超临界压力的地层流体（液体或气体，或两者）的非预期流量。应考虑环空水泥特定类型和设计的安全压力循环条件。

以南缘 XH01 井为例，其 S1、S2 层试油作业交变压力参数工况见表 5.2，XH01 井"光油管"完井、试压，将会在替液射孔、破堵、退液、压裂、停泵、关井、退液、试产及关井观察等极限交变压力作用下，导致生产套管全井筒水泥塑性破坏，影响水泥密封完整性，通过对交变载荷作用下水泥环损伤进行大量的有限元数值模拟定量分析和研究，建议不用"光油管"试压和完井。

表 5.2　XH01 井 S1、S2 层试油作业交变压力参数工况

S1层试油作业			S2层试油作业		
工况	套压/MPa	油压/MPa	工况	套压/MPa	油压/MPa
替液射孔	0	11.67	替液	0	11.67
破堵	67.88	77.6	坐封前	72	109
退液	13.07	29.46	放喷1	68.74	12.34
压裂	74	107	放喷2	49.43	0.81
停泵	68.4	78.6	试产	26.72	24.56
关井	60.76	72.58	关井观察	62.35	89.72
退液	51.45	69.44			
试产	16.48	34.52			
关井观察	0	11.72			

5.1.2　套管试压损伤水泥环案例

表 5.3 是四川某井后续作业对声幅测井评价固井质量影响的现场实例，套管试压损伤水泥环。表 5.4 为套管内压力降低声幅对比，在 1.72g/cm³ 的高内压时，固井合格率为 81.61%，在清水密度的低内压时，其固井合格率为 24.97%，表明水泥环内存在微间隙。图 5.1 为套管室内实验结果照片，即试压 31MPa 时，水泥环损伤结果，由图可见在水泥环内出现了纵向开裂、横向开裂及水泥环与套管脱离的破坏现象。

表5.3 四川某井试压前后声幅对比

名称	试压	优/%	中/%	差/%	固井合格率/%
ϕ244.5mm 套管固井	试压15MPa前	83.18	7.43	9.39	90.61
	试压15MPa后	37.53	27.34	35.13	64.87
ϕ177.8mm 套管回接固井	试压15MPa前	99.32	0.10	0.59	99.41
	试压15MPa后	73.16	6.97	19.87	80.13
	射孔后	40.30	29.17	30.53	69.47

表5.4 管内压力降低声幅对比

名称	钻井液密度/（g/cm³）	优/%	中/%	差/%	固井合格率/%
ϕ244.5mm 套管固井	1.72	47.28	34.33	18.39	81.61
	清水	—	—	—	24.97

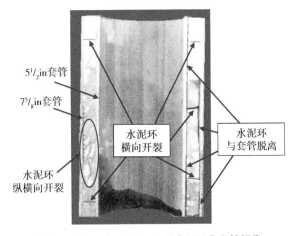

图5.1 套管试压31MPa后水泥环永久性损伤

5.1.3 超深井井筒套管试压分析

从固井和试油报告得知，南缘超深井井筒要经历几次高压试压，有压力高达99MPa的。怀疑高压试压和操作损伤套管及水泥环，导致潜在环空带压（如XH01的B环空带压）。

以XG01探井为例：

（1）第一次试压：采气树安装后，用清水对采气树、大四通及井筒整体试压。油层中部压力可达163.09MPa。试压99.00MPa，稳压不小于10min，压降不大于0.7MPa，且密封部位无渗漏为合格。

（2）第二次试压：依据《新疆油田公司试油作业井控管理规定》（2021版），新井上试压须按套管抗内压强度的80%、采气树额定工作压力与最高井口关井压力三者中的最小值进行井筒试压，试油接井后，在密度1.00g/cm³清水中井筒试压99MPa。

（3）射孔液采用密度 1.00g/cm³ 的清水，射孔时按照 10MPa 负压计算，井口加压到 57.84MPa，后在 3min 内快速将压力加至 70.17MPa。

试压损伤水泥环，在套管与水泥环界面产生微环隙，可能导致 B 环空带压。

5.2 XG01 探井试油压裂水泥环套管完整性评价

根据公开文献资料，XG01 探井为准噶尔盆地南缘地区的重要发现井，2019 年 1 月，XG01 探井 13mm 油嘴日产原油 1213m³、天然气 32.17×10^4m³，油气当量 1520m³，创造了中国陆相碎屑岩单井日产最高纪录，成为中国陆相碎屑岩储层首口千吨井，成为准噶尔盆地深层油气勘探的重要里程碑。储层为白垩系齐古组，岩性为灰色荧光粉—细砂岩，油气藏孔隙压力为 134MPa。

前期试油期间存在油井出砂现象，出砂监测仪有明显异常，生产期间有出砂现象。因此，XG01 探井在 2019 年 5 月至 2020 年 5 月期间，为清理油管沥青垢，共开展六次清管作业。最近一次因生产通道堵塞于 2020 年 7 月关井。由于本次关井时间长，地层能量恢复，出砂粒径、砂埋高度、胶结程度、产层套变情况不明，增加了修井风险，可能存在修井无法疏通情况。现急需要评价复产过程来回加压、卸压，水泥石会不会受到破坏。是否需要大修，重新下管柱压裂、完井。XG01 探井屏障分析示意图见表 5.5 和图 5.2 所示。

表 5.5　XG01 探井屏障部件明细

井屏障部件		评价内容
第一井屏障	井下安全阀	耐压117MPa、耐温177℃、试压合格
	气密封油管	下入过程无阻卡，扣型3SB，上扣扭矩符合要求
	插入密封	耐温232℃，抗内压强度100.2MPa，抗外挤强度100.32MPa，抗拉强度：39.33t
	MHR封隔器	耐压差90MPa，耐温177℃，抗内压强度101.7MPa，抗外挤强度89.7MPa
	油层套管及水泥环	井段5050～5837m水泥胶结不合格，由RCB资料估计的水泥返高在5530m
第二井屏障	采油树	耐压140MPa、耐温121℃、材质EE级，PSL 3G，试压合格
	大四通	耐压140MPa、耐温121℃、材质EE级，PSL 3G，试压合格
	7in套管	气密封套管、抗内压强度120.2MPa，关井条件下，套管安全系数不小于1.24
	5$\frac{1}{2}$in套管	气密封套管、抗内压强度155.6MPa
	水泥环	井段450～2800m水泥胶结不合格，5537～5613m水泥胶结合格

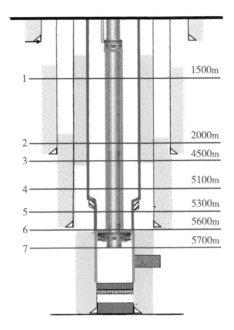

图 5.2 全井段不同位置井深剖面示意图（绿色为第一屏障，红色井筒为第二屏障）

5.2.1 全井段不同层位有限元模型建立

根据南缘 XG01 探井钻完井井身结构、投产管柱结构，将该井划分出 7 个不同位置井深剖面，如图 5.2 所示。该井在不同垂深处井筒管柱及水泥返高情况存在一定的差异，且高温高压井在生产过程中会引起井筒温度全面上升，故分别针对全井段 7 个关键位置的套管—水泥环组合体，即从井口到井底，分别为 1500m（三层套管）、2000m（三层套管）、4500m（双层套管）、5100m（双层套管）、5300m（双层套管）、5600m（单层套管）及5700m（单层套管），进行了套管—水泥环组合体完整性数值模拟研究。该井井身结构参数及组合体情况见表 5.6。组合体计算模型的部分材料力学参数见表 5.7。

表 5.6 井身结构参数及组合体情况

序号	井段/m	井深/m	钻头直径/mm	P110表层套管/mm		TP140技术套管/mm		TP140油层套管/mm		组合体情况
				直径	壁厚	直径	壁厚	直径	壁厚	
1	0～1825	1500	444.5	339.73	12.29	244.48	11.99	177.8	13.72	3层套管 2层水泥环
2	1825～2707	2000	444.5	339.73	12.29	244.48	11.99	177.8	13.72	3层套管 3层水泥环
3	2707～4756	4500	331.15			244.48	11.99	177.8	13.72	2层套管 2层水泥环
4	4756～5175	5100	331.15			250.8	15.88	177.8	13.72	
5	5175～5428	5300	331.15			250.8	15.88	139.7	14.27	

序号	井段/m	井深/m	钻头直径/mm	P110表层套管/mm		TP140技术套管/mm		TP140油层套管/mm		组合体情况
				直径	壁厚	直径	壁厚	直径	壁厚	
6	5428~5653	5600	215.9					139.7	14.27	1层套管 1层水泥环
7	5654.9	封隔器								
	5657~5943	5700	215.9					139.7	14.27	

表 5.7　套管、南缘水泥石及地层力学参数

材料名称	弹性模量/GPa	泊松比	热膨胀系数/℃$^{-1}$	内聚力/MPa	内摩擦角/(°)	抗压强度/MPa	备注
套管	210	0.3	1.2×10^{-5}				
水泥（100℃）	7.08	0.142	1.0×10^{-5}	17.13	4.64	39.5	来自南缘水泥石实验测试结果
水泥（常温）	11.40	0.158	1.0×10^{-5}	27.38	7.92	69.22	
地层（封隔器以上）	45.4	0.23	6.0×10^{-6}	38	28		来自X井岩石力学实验测试结果
地层（封隔器以下）	24.8	0.23	6.0×10^{-6}	25	25		

5.2.1.1　井身结构与地层力学参数及其力学边界条件

根据 XG01 探井地应力测试可得其垂向压力、最大水平地应力和最小水平地应力随井深的变化关系，以及地应力随井深变化关系，相关曲线如图 5.3 所示。井口常年平均温度为 16℃，储层温度为 136℃，高产时井底流温为 155℃。

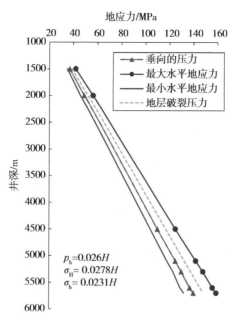

图 5.3　地应力随井深变化关系图

（1）地应力及其井筒内压。

环空保护液液密度：$\rho=1.45\text{g/cm}^3$

最大水平地应力：$\sigma_{\text{H}}=0.0278H$

最小水平地应力：$\sigma_{\text{h}}=0.0231H$

封隔器以上内压：$p_{\text{oup}}=p_{\text{out}}+\rho gH\times10^{-6}$

封隔器以下内压：$p_{\text{odown}}=p_{\text{in}}+\rho gH\times10^{-6}$

（2）压裂工况（按极限工况计算）。

油管内压裂液密度：$\rho=1.2\text{g/cm}^3$

压裂最大油压（泵压）：$p_{\text{in}}=120\text{MPa}$

对应套压（背压）：$p_{\text{out}}=60\text{MPa}$

（3）复产工况（按极限工况计算）。

油管内原油密度：$\rho=0.85\text{g/cm}^3$

油管内纯气密度：$\rho=0.3\text{g/cm}^3$

井口油压：$p_{\text{in}}=20\text{MPa}$

套压：$p_{\text{out}}=10\text{MPa}$

5.2.1.2 含温度变化的有限元模型建立

根据图 5.2 中 XG01 探井不同垂深截面套管—水泥环组合情况及表 5.7 中套管—水泥环参数，建立的 7 个关键位置截面地层—水泥环—套管 1/4 实体模型，如图 5.4 所示。

| （a）1500m三层套管 两层水泥环 | （b）2000m三层套管 三层水泥环 | （c）4500/5100/5300m两层套 管两层水泥环 | （d）5600/5700m单层套管 单层水泥环 |

图 5.4　不同井深位置截面地层—水泥环—套管有限元 1/4 实体模型（平面应变问题）

在高温环境下，金属的实际屈服强度会下降，导致材料变得更容易塑性变形，因此在设计过程中需要考虑材料的热稳定性，以及在高温环境下如何减少套管热应力和热膨胀等问题。套管强度随温度变化关系见表 5.8。在有限元数值模拟中，水泥环材料选择的 DP 模式材料，图 5.5 是根据边界条件建立的地层—水泥环—套管有限元模型，每个位置的有限元力学模型结构相同，只是边界参数数值不同。

表 5.8　套管强度随温度的变化关系

钢级	实验测试数据拟合公式
P110	$K_t = 9.6315 \times 10^{-5}T^2 + 4.7798 \times 10^{-2}T - 1.2204$
125V	$K_t = -1.5476 \times 10^{-5}T^2 + 5.7051 \times 10^{-2}T - 1.1660$
140V	$K_t = 5.2904 \times 10^{-5}T^2 + 2.8500 \times 10^{-2}T - 0.5971$
155V	$K_t = 8.2045 \times 10^{-5}T^2 + 2.4932 \times 10^{-2}T - 0.4901$
实际屈服强度（MPa）	$Y_{pt} = Y_p(1 - K_t/100)$

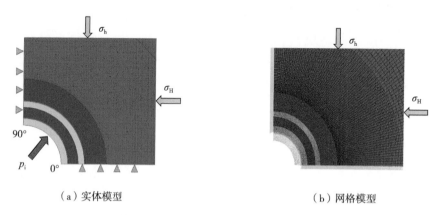

（a）实体模型　　　　　　　　　　　　　（b）网格模型

图 5.5　地层—水泥环—套管有限元模型

图 5.5 模型的特点为：

（1）使用高度非线性的接触力学有限元模型来描述地层—水泥环、水泥环—技术套管、技术套管—水泥环及水泥环等各界面之间的相互作用，从而更准确地评价水泥环完整性。

（2）该模型考虑了水泥环具有微间隙的工况，使得模拟更加真实，同时可以直接获得接触界面之间的接触压力，从而可以直接获得从地层传递到水泥环缺失位置处的压力。

5.2.2　极限工况下全井段水泥环完整性评价

极限压裂工况部分参数见表 5.9。在极限压裂工况下，地层—水泥环—套管除了受到地应力、井筒压力的内部应力作用外，还受到温差变化引起的热应力作用。由于套管、水泥环和地层的热膨胀系数不相同，因此会导致水泥环发生复杂的应力破坏和变形。温度随井深的变化关系曲线如图 5.6 所示。以 5700m 位置为例，地层温度为 130℃，压裂工况稳态时，该位置井底预测温度为 50.2℃，那么整个压裂过程中温度降低了 79.8℃，压裂工况下计算基本参数见表 5.10。如果是计算其他位置水泥环的数值模拟，那么表 5.10 中的地应力参数和温度将是对应计算位置的数值。

表 5.9 极限压裂工况参数

项目	压裂工况
环空保护液液密度 ρ_1 / (g/cm³)	1.45
油管内压裂液密度 ρ_2 / (g/cm³)	1.2
压裂最大油压 p_{out} /MPa	120
套压 p_{in} /MPa	60
封隔器以上套管内压/MPa	$p_i = p_{out} + \rho_1 gH \times 10^{-6}$
封隔器以下套管内压/MPa	$p_i = p_{in} + \rho_2 gH \times 10^{-6}$

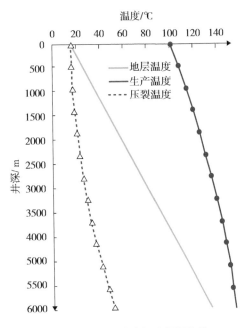

图 5.6 压裂、生产温度剖面曲线

表 5.10 压裂工况数值模拟计算基本参数（位置 5700m）

工况	井口油压/MPa	井口套压/MPa	管内流体密度/ (g/cm³)	环空液体密度/ (g/cm³)
压裂	120	60	1.2	1.45
垂向地应力/MPa	最大地应力/MPa	最小地应力/MPa	计算位置内压/MPa	井底温度/℃
140	159	132	187	50.2

5.2.2.1 全井段水泥环 Mises 应力分析

基于图 5.4 及图 5.5 建立的地层—水泥环—套管有限元模型，对不同井深位置的水泥环进行有限元数值模拟计算，其计算结果如图 5.7 所示，为从 1500m 到封隔器 5654.9m 井段不同截面内水泥环的 Mises 应力分布云图。图 5.7 可知，从 1500m 开始，随着井深的增加，水泥环内的最大应力逐渐增大，在 5100m 时应力值达到 59MPa，但在 5300m 应力水平反而降低，这是由于5300m时内层水泥环厚度增加，改变了整体应力分布，降低了应力最大值。当井深为5600m，此时为单层水泥环，水泥环内壁出现应力最大值68MPa。

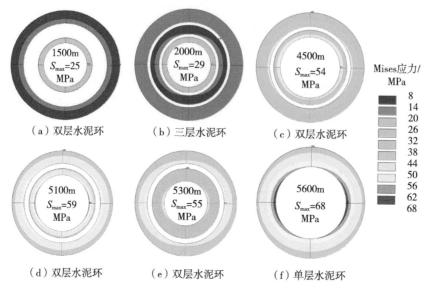

（a）双层水泥环　　　　（b）三层水泥环　　　　（c）双层水泥环

（d）双层水泥环　　　　（e）双层水泥环　　　　（f）单层水泥环

图5.7　封隔器以上水泥环Mises应力分布云图

封隔器5700m以下水泥环Mises应力分布云图如图5.8所示。由图5.8可知，在封隔器5700m以下为单层套管和单层水泥环，整体应力远大于上部水泥环应力，最大值为108MPa。主要因为套管内压力来自井口油压及其液柱压力，因此其套管的内压力远大于封隔器以上生产套管内压力，而且该层段地层岩石力学参数远低于封隔器以上的非储层段地层的岩石力学参数，抵抗外部地应力的能力比非储层段较弱，因此地应力会更多地直接作用于水泥环，导致封隔器以下的水泥环处于更恶劣的工况，反之封隔器以上的内层水泥环受到外层套管的保护。

5.2.2.2　井口至封隔器水泥环塑性破坏分析

5300m位置的水泥环塑性应力分布如图5.9所示。从图5.7（e）井深5300m位置可知，虽然其水泥环内的最大应力为55MPa，小于图5.7（d）中的59MPa，但是从图5.8可知，该位置内层水泥环内壁已经发生了塑性变形，由于水泥是脆性材料，一旦出现塑性变形就有发生破坏的风险，导致其完整性受到影响。

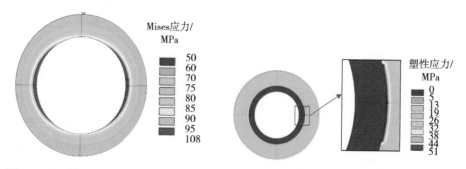

图5.8　封隔器5700m以下水泥环应力分布　　图5.9　封隔器以上5300m水泥环内的塑性应力

因此，在极限压裂工况下，5100m 以上水泥环完整性处于安全状态，5300m 左右及以下、封隔器以上水泥环完整性处于亚安全状态，也就说该工况下，水泥环可能已经发生塑性破坏。

为进一步研究不同井深下水泥环实际承受压力情况，提取水泥环周向路径上的有效压力差值，如图 5.10 所示。由于 1500m 和 2000m 位置水泥环内外压差平均分别为 4.7MPa 和 6.7MPa，且几乎为均匀压差，因此这两个位置水泥环的内外压差没有在图 5.10 中描述。通过对比分析可以看出，随着井深增加，内层水泥环承受的实际压力增加，但在周向路径 0° ~ 45° 内 5300m 位置水泥环实际承受压力大于 5600m 位置水泥环实际承受压力，这也是 5300m 时应力水平较低但发生塑性变形的原因。

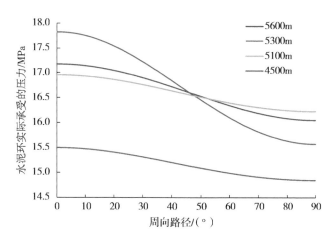

图 5.10　水泥环内外壁压力差值随其周向路径的变化关系

5.2.2.3　封隔器以下水泥环塑性破坏分析

封隔器以下 5700m 位置水泥环内的塑性应力数值模拟评价结果如图 5.11 所示，从图 5.11 可知，在非均匀地应力影响下，水泥环内的最大塑性应力为 108MPa，发生在水泥环内壁 0° 方向，即最大地应力方向上。水泥环内壁出现了塑性应力，即发生了塑性变形破坏，其水泥环塑性破坏区域见图中红色区域，

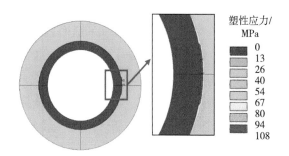

图 5.11　封隔器以下 5700m 水泥环内的塑性应力分析结果

看起来区域较小，但是如果多次反复来回压裂，将必然导致其塑性区域向外部扩展，最终导致水泥环完整性全部被破坏。封隔器以下位置受到高压流体作用，水泥环内壁面出现塑性变形，导致第一界面出现微间隙，一定程度地降低水泥环的塑性应变，但是却因此增加了套管应力水平，微间隙的产生导致更易发生流体泄漏，从而造成环空带压问题，存在井

筒安全性风险。针对该井段的问题，可以通过控制水泥浆的性质，来提高水泥浆凝固后水泥环的屈服强度，提高水泥环抵抗外载荷的能力从而降低水泥环失效问题的发生。

在 5700m 位置水泥环内外壁接触压力随周向路径上的变化曲线如图 5.12 所示。由图 5.12 可知，水泥环内壁实际承受压力为 131MPa，而水泥环外壁实际承受压力为 106MPa，作用在水泥环上的有效压力为其差值，即 $p_{cin}-p_{cout}=131-106=25MPa$，因此，其实际有效压力远远低于其内外壁的实际压力，但是还是高于封隔器以上的水泥环内的有效压力。5700m 以下的井筒内压和地应力大幅度增加，因此 5700 ~ 5900m 段的水泥环均会在该工况下破坏失效，即破坏了该井的第二屏障（水泥环）。

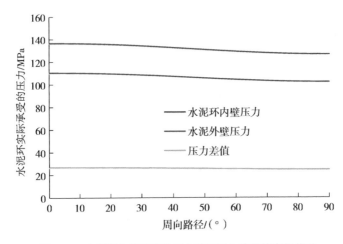

图 5.12　水泥环内外壁接触压力随其周向路径的变化关系

5.2.3　不同井底温度下水泥环内的塑性应力—应变失效分析

5.2.3.1　不同加载时刻水泥环内的塑性应力—应变分析

前面数值模拟计算压裂下井底稳态预测温度为 52℃ 的工况，但是实际井底温度很难预测，因此本节研究中将模拟计算压裂时井底稳态温度 t_{bt} 分别为 60℃、70℃ 和 80℃ 的工况下，封隔器以下（井深 5700m）水泥环内的应力—应变变化规律，为水泥环完整性评价提供更多数据，在研究中同时进行了不考虑温度变化的水泥环应力强度模拟计算。

水泥环内的塑性应力、塑性应变、最大应力及其水泥环内的有效压力，分别如图 5.13 至图 5.15 所示。图 5.13 为井底不同压裂温度下水泥环内壁塑性应力随加载时间的变化关系，图 5.13 中 $t_{bt}=0$ 表示模拟计算中不考虑温度的影响。从图 5.13 中可知，加载过程中水泥环内很快（0.02s）就出现了约 25MPa 的塑性应力，随后很快达到峰值 108MPa，然后又回落到 25MPa，然后交替变化，主要原因是水泥环是脆塑性材料，应力达到 108MPa 破坏后，又回落到 25MPa，随着加载的进行，水泥环内的塑性应力交替地变化失效。不考虑温度（$t_{bt}=0$）影响时，塑性应力只有在 0.2s 以内有一个峰值，然后一直保持 25MPa 的塑性应力不变，即不考虑温度影响的压裂工况只有一次性对水泥环产生失效破坏。而考虑温度影响时，由于套管、水泥环和地层的热膨胀系数不同，因此固体应力和温度引起的热应力耦合作用下使水泥环交替的重复破坏。

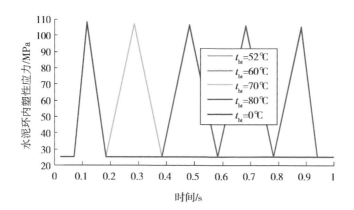

图 5.13　井底不同压裂温度下水泥环内壁塑性应力随加载时间的变化关系（井深 5700m）

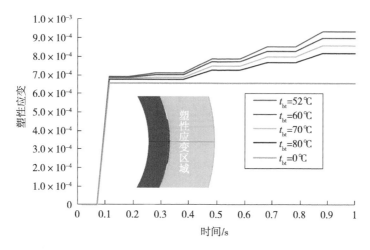

图 5.14　井底不同压裂温度下水泥环内壁塑性应变随加载时间的变化关系（井深 5700m）

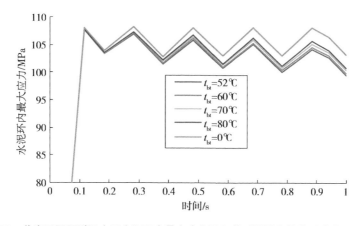

图 5.15　井底不同压裂温度下水泥环内最大应力随加载时间的变化关系（井深 5700m）

图 5.14 为井底不同压裂温度下水泥环内壁塑性应变随加载时间的变化关系，图 5.14 中 t_{bt}=0 表示模拟计算中不考虑温度的影响。从图 5.14 中可知，加载过程中水泥环内在 0.115s 后就突变出现了较高的塑性应变，随后随着加载时间的增加，即加载载荷的增加，水泥环内的塑性应变及其应变区域（图 5.14 中红色塑性应变区域）也逐渐呈台阶式的增加，直到加载完成后，塑性应变达到最大值。从图 5.14 中可知，井底温度越小，其水泥环内产生的塑性应变越大。图 5.14 中不考虑温度（t_{bt}=0）影响时，在 0.115s 时塑性应变就到达最大值，随后的加载过程中一直保持不变，但是其最大塑性应变均小于其他所有考虑温度影响的最大塑性应变。

图 5.15 为井底不同压裂温度下水泥环内最大 Mises 应力随加载时间的变化关系，图 5.15 中 t_{bt}=0 表示模拟计算中不考虑温度的影响。从图 5.15 中可知，加载过程中水泥环内很快（0.115s）就突变出现了约 108MPa 的塑性应力，然后随着加载时间的增加，在该数值的基础上回落约 4.1MPa 后又上升约 5.5MPa，然后交替变化，主要原因是水泥环是脆塑性材料，应力达到 108MPa 破坏后，又回落到 4.1MPa 然后上升到 5.5MPa，随着加载的进行，水泥环内的塑性应力交替的变化失效。

图 5.15 中不考虑温度（t_{bt}=0）影响时，加载过程中其水泥环内的最大应力均高于考虑温度影响的最大应力，主要原因是温度效应为降温效应，水泥环内的应力有所下降。因此，考虑温度影响更符合实际工况。

5.2.3.2　加载结束时水泥环内的塑性应变分析

只要水泥环内有塑性应变，水泥环就已经发生了塑性破坏，破坏了其局部密封完整性，但是不一定会影响全井筒的完整性，还需要综合分析和评价才能判断全井筒水泥环密封完整性问题。

图 5.16 为加载结束，井底温度 52℃时水泥环内壁塑性应变分布云图，图 5.17 为井底压裂温度 52℃下的水泥环内壁塑性应变沿径向 AB 路径的变化关系。

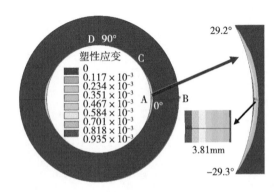

图 5.16　井底压裂温度 52℃下的水泥环内塑性应变分布云图（井深 5700m）

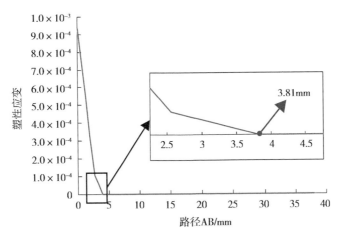

图 5.17　井底压裂温度 52℃下的水泥环内壁塑性应变沿径向 AB 路径的变化关系（井深 5700m）

从图 5.16 或图 5.17 中可知，水泥环内最大塑性应变为 9.35×10^{-4}，发生在水泥环内壁 0° 位置，其塑性应变沿内壁周向路径约 29.2° 范围内，如图 5.18 所示。从图 5.17 中可知，水泥环沿径向 AB 路径塑性应变发生的最大深度为 3.81mm。从而得出结论：在该工况下，水泥环发生塑性破坏的范围为水泥环内壁轴向范围 –29.2° ~ 29.2°，径向范围为 0 ~ 3.81mm。

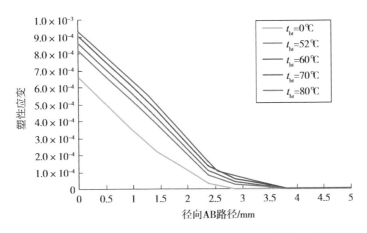

图 5.18　井底不同压裂温度下的水泥环内壁塑性应变沿径向 AB 路径的变化关系（井深 5700m）

图 5.18 为加载结束，井底不同压裂温度下的水泥环内壁塑性应变沿径向 AB 路径的变化关系，图 5.18 中 $t_{bt}=0$ 表示模拟计算中不考虑温度的影响。从图 5.18 中可知，不考虑温度影响时，其径向最大塑性破坏深度为 2.86mm，周向最大塑性破坏角度为 23.6°。同样，从图 5.18 中可知，考虑温度时，井底温度 52 ~ 80℃时，水泥环内壁塑性破坏最大范围统计见表 5.11，从表 5.11 或图 5.18 可知，周向最大塑性破坏角度为 27.0° ~ 29.2°，最大塑性应变为（8.16 ~ 9.35）$\times 10^{-4}$，其中值得注意的是：径向最大塑性破坏深度均为 3.81mm，

也就是在该模拟计算的井底温度范围内，水泥环内的塑性破坏没有向径向进一步的扩展，而是塑性破坏向周向扩展了。由表 5.11 中可知，在该极端工况下，考虑温度影响时，水泥环内壁周向塑性破坏最大范围占整个内壁周长的 32.44%，最大径向塑性破坏深度占水泥环厚度的 10%，属于局部轻度水泥环损伤破坏。

表 5.11　水泥环内壁塑性破坏最大范围

井底温度/℃	周向最大塑性破坏角度/(°)	周向塑性破坏范围/%	径向最大塑性破坏深度/mm	径向塑性破坏深度范围/%	最大塑性应变/10^{-3}
0	23.6	26.22	2.86	7.51	0.656
52	29.2	32.44	3.81	10	0.935
60	29.2	32.44	3.81	10	0.9
70	28.1	31.22	3.81	10	0.858
80	27	30	3.81	10	0.816

图 5.19 为加载结束，井底不同压裂温度下的水泥环内壁塑性应变沿周向 ACD 路径的变化关系，图 5.19 中 $t_{bt}=0$ 表示模拟计算中不考虑温度的影响。从图 5.19 中可知，其塑性应变沿周向 ACD 路径均小于有温度变化的塑性应变，且其塑性应变曲线有波动，不平滑。考虑井底压裂温度变化的影响时，从图 5.19 中可知，其塑性应变沿周向路径随井底温的降低而增加，因此，理论上，油田现场可以控制或调节压裂时降低温度来控制水泥环内的塑性应变，以降低水泥环的完整性破坏。

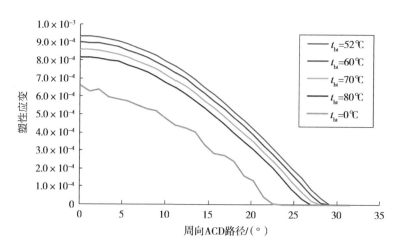

图 5.19　水泥环内壁塑性应变沿周向 ACD 路径的变化关系（井深 5700m）

5.2.3.3　不同压裂温度下水泥环内外壁有效压力分析

图 5.20 为压裂极端工况下，图 5.4（d）所示 5700m 位置处不同压裂温度下水泥环内外壁路径上的有效压力（接触压力差值）变化曲线。

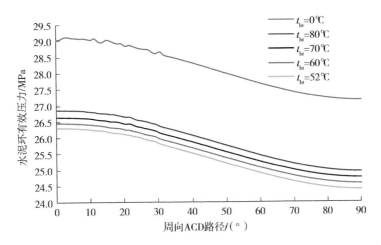

图 5.20 水泥环内外壁有效压力随周向 ACD 路径的变化关系（井深 5700m）

图 5.20 中不考虑温度（t_{bt}=0）影响时，其水泥环内的有效压力 27.0 ~ 29.0MPa 均高于考虑温度影响的最大有效压力，如图 5.20 中 t_{bt}=0 的有效压力曲线明显高于其他工况的压力曲线，主要原因是温度效应为降温效应，水泥环内的有效压力有所下降。因此，考虑温度影响更符合实际工况。从图 5.20 中可知，考虑温度影响时，水泥环内的有效压力随着井底稳态温度增加而增加，即井底温度为 52℃时的水泥环内有效压力最低为 24.5 ~ 26.3MPa，井底温度为 80℃时的水泥环内有效压力最高为 25.0 ~ 26.8MPa，但是从数值上看，温度 52 ~ 80℃范围内的最大有效压力仅相差 0.5MPa，但是水泥环材料属于脆塑性材料，如果水泥环材料已经处于塑性或者临界塑性状态，只要增加很小的压力，水泥环即可加速破坏失效。

因此得出新认识：

（1）理论上油管大尺寸、高泵压、大排量工况，可以使井底稳态温度迅速降到最低，套管—水泥环—地层在降温的"负热应力"可以消除部分井底高内压及地应力引起的"固体应力"，即热固应力耦合效应。

（2）如果油管小尺寸、低泵压、小排量，井底压裂温度可能会较高，不利于水泥环的安全性及其密封完整性。

5.3 固井质量差的水泥环完整性评价

5.3.1 深井、超深井固井质量问题

深井、超深井受井身结构的影响，井不但深，而且环空间隙又较小，实践证明，再好的固井工艺也很难保证全井段固井质量问题，因此，也很难保证水泥的胶结强度问题。如 XG01 探井 RCB 固井质量测井解释成果见表 5.12，其解释井段水泥胶结均不合格，在

450～2800m 和 5050～5830m 第一界面水泥胶结及第一界面水泥胶结都是"差"，另外该井油层尾管固井质量也不合格（水泥返高 5530m、水泥填充及胶结差）。然而由于固井质量不合格，在压裂及压后生产过程存在较高的井筒完整性、安全风险，风险级别较高（固井质量差），是必须要面对的实际问题。

表 5.12　XG01 井 RCB 固井质量测井解释成果表

解释井段/m	厚度/m	RCB解释		备注
		一界面水泥胶结	二界面水泥胶结	
450～2800	2350	胶结差	胶结差	水泥胶结不合格
5050～5830	780	胶结差	胶结差	水泥胶结不合格

5.3.2　固井水泥胶结强度质量数值模拟中分级研究和分析

在水泥环完整性有限元数值模拟计算中，为了评价水泥环的损伤破坏程度，首先需要知道水泥固井后其胶结强度及胶结质量等的水泥石的详细强度数据，而 RCB 固井质量测井解释只能解释第一界面水泥胶结及第二界面水泥胶结是"优、良、中、差"定性评价，但不能解释水泥石内部的实际胶结强度和胶结质量，为此通过大量的室内实验研究、现场评价结果及数值模拟的评价经验，本研究中固井水泥胶结强度、胶结质量数值模拟分级参考表 5.13 进行评价分析，通过对 XG01 探井大量的水泥环完整性有限元数值模拟分析和研究，表 5.13 中的数据能够定量评价 XG01 探井压裂和复产过程中来回加压、卸压水泥环的完整性评价。

表 5.13　固井水泥胶结强度、胶结质量数值模拟分级参考

固井水泥质量	弹性模量/GPa	泊松比	内摩擦角/（°）	内聚力/MPa	备注
1	7	0.23	28	12	优
2	7	0.23	28	10	
3	7	0.23	28	9	良
4	7	0.23	28	8	
5	7	0.23	27	7	中
6	7	0.23	26	6	
7	7	0.23	25	5	差
8	7	0.23	24	4	
9	7	0.23	23	3	极差
10	7	0.23	22	2	
11	7	0.23	21	1	

根据本研究建立的 XG01 探井套管—水泥环—地层作用下水泥环完整性数值模拟的有限元模型，同时结合表 5.13 中固井水泥胶结强度、胶结质量数值模拟分级，开展了大量水泥环力学强度及其完整性数值模拟研究。图 5.21 为加载结束，不同水泥石胶结强度下的水泥环内壁塑性应变沿周向 ACD 路径的变化关系（井深 5700m，t_{bt}=52℃），从图 5.21 中可知，在压裂极端工况下，随着水泥石胶结强度的降低，即固井质量降低，水泥环内的塑性应变逐渐增大，也就是说其破坏程度逐渐最大。从图 5.21 中可知，在水泥环内聚力（胶结强度）为 12MPa 时，即固井质量为优，但在极端压裂工况下，水泥环内壁也出现了部分塑性破坏，但其塑性破坏区域远大小其他胶结强度的塑性破坏区域。从图 5.21 中可知，水泥石胶结强度在 6～12MPa 以内，其水泥环内壁周向塑性区在 0°～70° 范围内，还没有扩展到整个内壁。但是其水泥石胶结强度低于 5MPa 后，其塑性破坏区已经达到 90°，即整个水泥环内壁全部进入塑性变形，水泥石胶结强度越小，塑性区除了周向扩展外，同时扩展到水泥环径向深度就越深（图 5.22）。

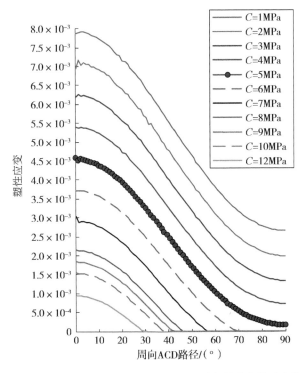

图 5.21　不同胶结强度下的水泥环内壁塑性应变沿周向 ACD 路径的变化关系（井深 5700m，t_{bt}=52℃）

为了更好地进行综合分析，其塑性破坏区域可以用图 5.21 中每条曲线与坐标柱围成的面积来描述，即用塑性应变功 W 来评价水泥环的破坏程度，见式（5.1），式中 $f(x)$ 为图 5.21 中每条曲线的拟合方程，x 是 x 坐标路径位置，$0 \leqslant x \leqslant s$，$s$ 为对应水泥石胶结强度的最大塑性范围，其值见表 5.14 中周向最大塑性破坏角度 θ，可以通过 θ 计算出 s，见式（5.2），

式中 R 为水泥环内壁半径。根据图 5.23 中的每条曲线，由式（5.1）面积积分，可得到其周向路径塑性功 W 随水泥胶结强度的变化关系，如图 5.23 所示。

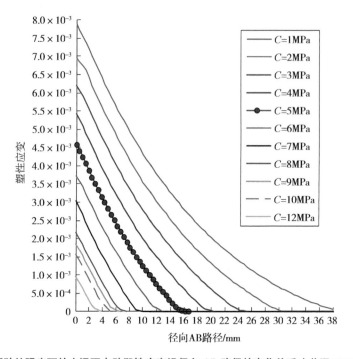

图 5.22　不同胶结强度下的水泥环内壁塑性应变沿径向 AB 路径的变化关系（井深 5700m，t_{bt}=52℃）

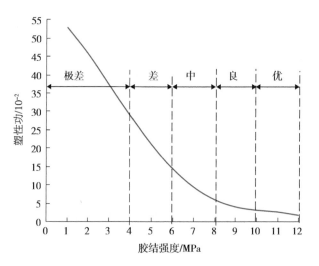

图 5.23　周向路径塑性功随水泥胶结强度的变化关系

$$W=\int_0^s f(x)\mathrm{d}x \qquad (5.1)$$

$$s=\frac{\pi\theta}{180}R \qquad (5.2)$$

　　图 5.22 为加载结束，不同水泥石胶结强度下的水泥环内壁塑性应变沿径向 AB 路径的变化关系（井深 5700m，t_{bt}=52℃），从图 5.22 中可知，在极端压裂工况下，随着水泥石胶结强度的降低，即固井质量降低，水泥环内的塑性应变逐渐增大，也就是说其破坏程度逐渐最大。

　　从图 5.22 中可知，在水泥环胶结强度为 12MPa 时，即固井质量为优，但在极端压裂工况下，水泥环沿径向 3.81mm 以内也出现了部分塑性破坏，但其塑性破坏区域远大小其他胶结强度的塑性破坏区域，从图 5.24 中可知，水泥石胶结强度在 2 ~ 12MPa，其水泥环径向塑性区在 0 ~ 31.91mm 范围内，还没有扩展到整个内壁。但是其水泥石胶结强度低于 1MPa 后，其塑性破坏区已经达到水泥环厚度 38mm，即该部位整个水泥环径向厚度全部进入塑性变形。

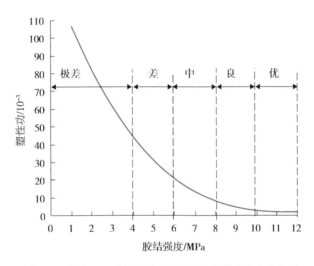

图 5.24　径向 AB 路径塑性功随水泥胶结强度的变化关系

　　根据图 5.21 和图 5.22 计算结果，可以统计出不同水泥胶结强度下，水泥环内壁周向及其径向塑性应变区的最大扩展范围，见表 5.14，从表 5.14 可知，水泥石胶结强度在 6 ~ 12MPa 以内，其水泥环内壁周向塑性区在 29.2° ~ 69.7° 范围内，还没有扩展到整个内壁，仅占水泥环内壁的 32.44% ~ 77.44%。但是其水泥石胶结强度低于 5MPa 后，其塑性破坏区已经达到 90°，即整个水泥环内壁全部（100%）进入塑性变形。从表 5.14 可知，水泥石胶结强度越小，塑性区除了周向扩展外，同时扩展到水泥环径向深度就越深，但是径向扩展速度要比周向扩展速度要慢得多，水泥石胶结强度在 2 ~ 12MPa，其水泥环径向塑性区在 3.81 ~ 31.91mm 范围内，仅占水泥环厚度的 10% ~ 83.75%，还没有扩展到整个内壁。但是其水泥石胶结强度达到 1MPa 后，其塑性破坏区已经达到水泥环厚度 38mm，即该部位整个水泥环径向厚度全部进入塑性变形。

表 5.14　水泥环内壁周向及其径向塑性破坏最大范围

胶结强度/MPa	周向最大塑性破坏路径/mm	周向最大塑性破坏角度/(°)	周向塑性破坏范围/%	径向最大塑性破坏深度/mm	径向塑性破坏深度范围/%	最大塑性应变/10^{-3}
12	35.6	29.2	32.44	3.81	10	0.935
10	46.57	38.2	42.44	5.24	13.75	1.55
9	52.06	42.7	47.44	6.67	17.51	1.84
8	57.54	47.2	52.44	7.62	20	2.15
7	69.98	57.4	63.78	10.48	27.51	3.04
6	84.97	69.7	77.44	12.85	33.73	3.73
5	109.72	90	100	16.67	43.75	4.59
4	109.72	90	100	20.48	53.75	5.41
3	109.72	90	100	25.72	67.51	6.19
2	109.72	90	100	31.91	83.75	6.93
1	109.72	90	100	38.1	100	7.88

　　因此，在实际固井过程中，必须控制固井质量，确保固井质量达到优良以上。表 5.14 中也给出了水泥石不同胶结强度下其最大塑性应变，由于水泥石属于脆塑性材料，只要水泥环内发生塑性应变，水泥环就可能已经发生塑性损伤破坏。从表 5.14 中的塑性应变数据可知水泥胶结强度越低，越容易发生塑性破坏，从而影响其水泥环的密封完整性。根据图 5.23 和图 5.24 及式（5.1）积分计算，分别得到图 5.23、图 5.24 的周向路径塑性功及其水泥环厚度方向径向路径塑性功随其水泥石胶结强度的变化关系曲线。

　　从图 5.23 可知，在相同极限压裂工况下，水泥胶结质量"良"以上，即胶结强度 8 ~ 12MPa，其塑性功为（1.55 ~ 5.34）×10^{-2}，见表 5.15。水泥胶结质量为"中"时，即胶结强度 6 ~ 8MPa，其塑性功为（5.34 ~ 14.08）×10^{-2}。水泥胶结质量为"差"时，即胶结强度 4 ~ 6MPa，其塑性功为（14.08 ~ 29.11）×10^{-2}，水泥胶结质量为"极差"时，即胶结强度 1 ~ 4MPa，其塑性功为（29.11 ~ 53.04）×10^{-2}。

表 5.15　周向水泥石胶结质量与塑性功计算结果

胶结强度/MPa	路径最大位移/mm	路径最大角度/(°)	塑性功/10^{-2}	水泥石质量
12	35.6	29.2	1.55	优
11	42.55	34.9	2.30	
10	46.57	38.2	3.25	
9	52.06	42.7	4.24	良
8	57.54	47.2	5.34	
7	69.98	57.4	8.66	中
6	84.97	69.7	14.08	

胶结强度/MPa	路径最大位移/mm	路径最大角度/（°）	塑性功/10⁻²	水泥石质量
5	109.72	90	21.61	差
4	109.72	90	29.11	
3	109.72	90	36.93	
2	109.72	90	44.97	极差
1	109.72	90	53.04	

为了更好地进行综合分析，其塑性破坏区域同样可以用图 5.22 中每条曲线与坐标柱围成的面积来描述，即用塑性应变功 W 来评价水泥环的破坏程度，根据图 5.22 中的每条曲线，由式（5.1）面积积分，可得到其水泥环厚度方向 AB 路径塑性功 W 随水泥胶结强度的变化关系，如图 5.24 所示。有了这两个方向路径塑性功的定量数据，即可对不同水泥胶结质量下其完整性和强度安全性进行评价。

图 5.24 为水泥环厚度方向径向路径塑性功随其水泥石胶结强度的变化关系曲线。表 5.14 为径向水泥石胶结质量与塑性功计算结果，与表 5.15 比较可知，在水泥胶结质量"良"以上，径向塑性功比周向塑性功小 7.8 ~ 10.88 倍，即要小一个数量级，也就是说在实际压裂工况中，水泥环内壁周向塑性应变扩展速度要比其径向扩展速度快 7.8 ~ 10.88 倍。

由表 5.16 可知，在相同极限压裂工况下，水泥胶结质量"良"以上，即胶结强度 8 ~ 12MPa，其塑性功为（1.43 ~ 6.92）×10⁻³，其中 E 表示塑性应变，为无单位的量纲。水泥胶结质量为"中"时，即胶结强度 6 ~ 8MPa，其塑性功为（6.92 ~ 20.74）×10⁻³。水泥胶结质量为"差"时，即胶结强度 4 ~ 6MPa，其塑性功为（30.74 ~ 44.73）×10⁻³，水泥胶结质量为"极差"时，即胶结强度 1 ~ 4MPa，其塑性功为（44.73 ~ 106.44）×10⁻³。

表 5.16　径向水泥石胶结质量与塑性功计算结果

胶结强度/MPa	路径最大位移/mm	塑性功/10⁻³	水泥石质量
12	3.81	1.43	优
11	5.24	2.38	
10	5.24	3.63	
9	6.67	5.13	良
8	7.62	6.92	
7	10.48	12.79	中
6	12.85	20.74	
5	16.67	31.33	差
4	20.48	44.73	
3	25.72	61.33	极差
2	31.91	81.64	
1	38.1	106.44	

为了进一步详细分析周向塑性功与径向塑性功的关系，将表 5.15 和表 5.16 中不同水泥石胶结强度下的周向塑性功除以其对应的径向塑性功，得到其比值随其胶结强度的变化关系（图 5.25、表 5.17）。从图 5.25 和表 5.17 可知，在相同极限压裂工况下，水泥胶结质量为"优"时，即胶结强度 10 ~ 12MPa，其周向塑性功要比其径向塑性功大 8.95 ~ 10.88 倍，水泥胶结质量为"良"时，即胶结强度 8 ~ 10MPa，其周向塑性功要比其径向塑性功大 7.72 ~ 8.95 倍，水泥胶结质量为"极差—中"时，即胶结强度 1 ~ 8MPa，其周向塑性功要比其径向塑性功大 4.98 ~ 7.72 倍。

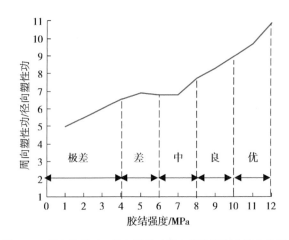

图 5.25　周向塑性功 / 径向塑性功随水泥胶结强度的变化关系

表 5.17　周向塑性功 / 径向塑性功与胶结强度的关系

胶结强度/MPa	周向塑性功/径向塑性功	水泥石质量
12	10.88	优
11	9.66	
10	8.95	
9	8.27	良
8	7.72	
7	6.77	中
6	6.79	
5	6.9	差
4	6.51	
3	6.02	极差
2	5.51	
1	4.98	

从上面的数据可得出结论：

（1）水泥胶结质量为"优"时，塑性应变不容易向径向方向扩展，即不易扩展到水泥环内部，仅在水泥环内有较快的塑性应变损伤，有利于水泥环完整性及其安全性。

（2）水泥胶结质量为"差"以下时，塑性应变容易向径向方向扩展，不利于水泥环完整性及其安全性。

5.3.3　不同水泥胶结质量下水泥环内塑性破坏分析

图 5.26 和图 5.27 分别为不同水泥胶结质量下的水泥环内塑性应变及其塑性应力的扩展变化云图，在相同极限压裂工况下，模拟计算了水泥环固井质量优、良、中、差及极差工况下水泥环内的塑性扩展过程及其损伤程度。从图 5.26（a）中可知，当水泥环固井质量为"优"时，只在水泥环内壁最大水平地应力方向发生了很小部分区域塑性应变，其塑性应变最大值为 0.935×10^{-3}，不会严重影响水泥环的强度及其完整性问题。当水泥环固井质量为"良"时，如图 5.26（b）所示，与图 5.26（a）比较，水泥环内壁塑性应变区域向外扩展了一部分，且其塑性应变最大值增加为 2.15×10^{-3}。当水泥环固井质量为"中"时，如图 5.26（c）所示，与图 5.26（b）比较，水泥环内壁塑性应变区域又向外扩展了一部分，且其塑性应变最大值增加为 3.04×10^{-3}，此时破坏区的定量数值由表 5.14 可知，其内壁周向塑性应变区为 $-57.4° \sim 57.4°$，其径向塑性区深度为 $0 \sim 10.48mm$，即塑性破坏区已经进入壁厚 10.48mm 了，该部分水泥环发生塑性破坏将可能导致其密封完整性及其强度安全性出现问题。

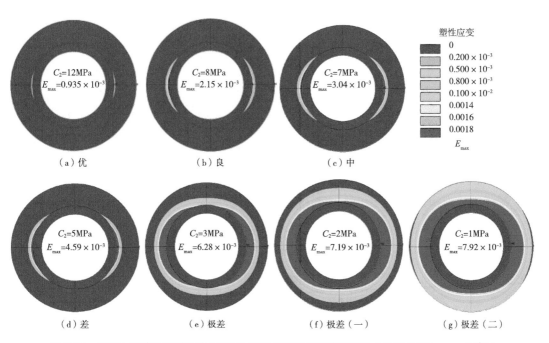

图 5.26　不同水泥胶结质量下的水泥环内塑性应变的扩展变化云图（井深 5700m，t_{bt}=52℃）

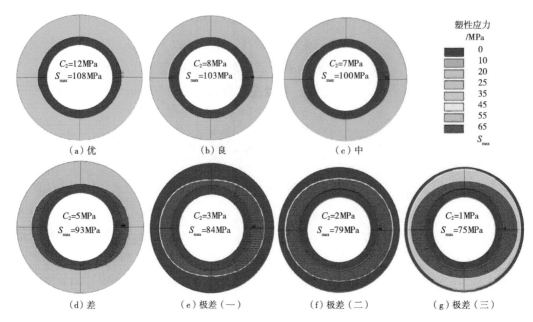

图 5.27　不同水泥胶结质量下的水泥环内塑性应力的扩展变化云图（井深 5700m，t_{bt}=52℃）

当水泥环固井质量为"差"时，如图 5.26（d）所示，与图 5.26（c）比较，水泥环内壁塑性应变区域又向外扩展了一部分，且其塑性应变最大值增加为 $4.59×10^{-3}$，此时破坏区的定量数值由表 5.14 或图 5.21 可知，其内壁周向塑性应变区为 −90°～90°，即周向已经全部进入塑性应变，其径向塑性区深度为 0～16.67mm，即塑性破坏区已经进入壁厚16.67mm，占壁厚的 43.75%，该部分水泥环已经发生了较严重的塑性破坏，将导致其密封完整性及其强度安全性出现问题。

当水泥环固井质量为"极差"时，如图 5.26（e）至图 5.26（g）所示，与前面的所有结果相比较，其水泥环内壁塑性应变区域已经明显贯穿了整个水泥环内壁，且其最大径向塑性区深度已经达到了 25.72～38.1mm，占壁厚的 67.51%～100%，该部分几乎整个水泥环已经发生了非常严重的塑性破坏，已经严重破坏了其密封完整性及其强度安全性。

图 5.27 为不同水泥胶结质量下的水泥环内塑性应力的扩展变化云图，在相同极限压裂工况下，模拟计算了水泥环固井质量优、良、中、差及极差工况下水泥环内的塑性扩展过程及其损伤程度。图 5.27 塑性应力云图与图 5.26 塑性应变云图是对应的，只不过图 5.27 是提取的水泥环内的塑性应力进行分析和研究。

从图 5.27（a）中可知，当水泥环固井质量为"优"时，只在水泥环内壁最大水平地应力方向发生了很小部分区域塑性应力，其塑性应力最大值为 108MPa，由于区域小，不会严重影响水泥环的强度及其完整性问题。当水泥环固井质量为"良"时，如图 5.27（b）所示，与图 5.27（a）比较，水泥环内壁塑性应力区域向外扩展了一部分，且其塑性应力最大值为103MPa。当水泥环固井质量为"中"时，如图 5.27（c）所示，与图 5.27（b）比较，水泥环内壁塑性应力区域又向外扩展了一部分，且其塑性应力最大值为 100MPa，此时破坏区的定量数值由表 5.14 可知，其内壁周向塑性应力区为 –57.4° ~ 57.4°，其径向塑性区深度为 0 ~ 10.48mm，即塑性破坏区已经进入壁厚 10.48mm，该部分水泥环发生塑性破坏将可能导致其密封完整性及其强度安全性出现问题。

当水泥环固井质量为"差"时，如图 5.27（d）所示，与图 5.27（c）比较，水泥环内壁塑性应力区域又向外扩展了一部分，且其塑性应力最大值为 93MPa，此时周向已经全部进入塑性应力，其径向塑性区深度为 0 ~ 16.67mm，即塑性破坏区已经进入壁厚 16.67mm，占壁厚的 43.75%，该部分水泥环已经发生了较严重的塑性破坏，将导致其密封完整性及其强度安全性出现问题。

当水泥环固井质量为"极差"时，如图 5.27（e）至图 5.27（g）所示，与前面的所有结果相比较，其水泥环内壁塑性应力区域已经明显贯穿了整个水泥环内壁，且其最大径向塑性区深度已经达到了 25.72 ~ 38.1mm，占壁厚的 67.51% ~ 100%，该部分几乎整个水泥环已经发生了非常严重的塑性破坏，已经严重破坏了其密封完整性以及其强度安全性。

5.4 XG01 探井全井段水泥环完整性及风险评价

图 5.28 为 XG01 探井在井口极限压力 120MPa 工况下，背压 60MPa，井底压裂稳态温度 t_{bt}=52° 下的有限元数值模拟计算结果。对高温高压井极限工况下套管的安全性进行评价，主要通过在现有的安全系数允许范围内对全井段的套管进行评价。对从 1500m 到封隔器 5700m 以下不同截面套管内的 Mises 应力分布云图如图 5.28 所示。

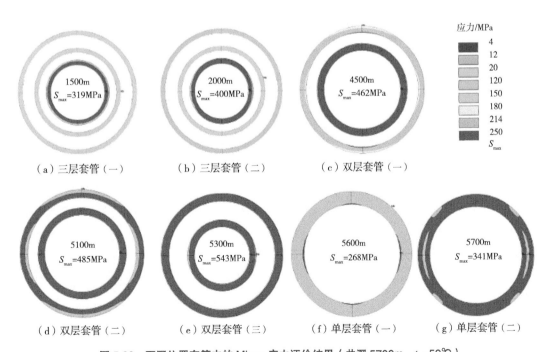

图 5.28　不同位置套管内的 Mises 应力评价结果（井深 5700m，t_{bt}=52℃）

从图 5.28 中可知，从 1500m 开始，随着井深的增加，套管内的最大应力并非规律性的增加，1500 ~ 5300m 套管内的最大应力是随井深的增加而增加，即由 319MPa 增加到了 543MPa，该井段分别为三层和双层套管。5600 ~ 5700m 套管内的最大应力为 268 ~ 341MPa，均远低于上部套管内的应力，主要原因是该井段为单层套管，外部水泥环直接与较软的地层连接，井筒内较高的压力产生的应力受地层较大的变形影响，使得单层套管内的应力低于双层套管以上的生产套管内的应力。结果表明，全井段生产套管内的应力最大值为 543MPa，在 5300m 井段附近，该最大值 543MPa 远小于套管的屈服应力，因此在极端压裂工况下，套管处于安全工作状态。

为详细对比各位置套管应力分布情况，将图 5.21 中套管内壁沿周向路径的 Mises 应力提取出来，其结果如图 5.29 所示。从图中曲线可以看出，5300m 位置以上套管的内壁应力随着井深增加而增大，5300m 时套管应力最大，且沿周向路径逐渐降低。5600m 和 5700m 位置为单层套管和单层水泥环组合，套管应力水平较低，且呈现先减小后增大的变化趋势，这是由于水泥环承受大部分载荷，对套管起到了保护作用。

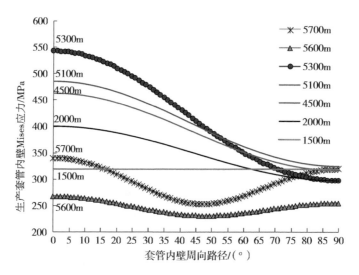

图 5.29　套管内壁应力随其内壁路径的关系

为进一步准确评价全井段套管安全性，利用安全系数法计算出在极限压裂工况下套管内的安全系数，计算结果如图 5.30 所示。从图 5.30 可以看出，在极端压裂工况下，全井段内套管的安全系数均在 1.78 以上，石油行业标准中，套管的三轴应力安全系数为 1.25，但是塔里木油田复杂超深井，规定其套管的三轴应力安全系数为 1.5，因此，本研究中也取套管的三轴应力安全系数为 1.5，即套管强度是安全的。

对全井段水泥环完整性及套管安全性开展风险评价。通过有限元计算，得到全井段套管水泥环完整性评价结果见表 5.18。

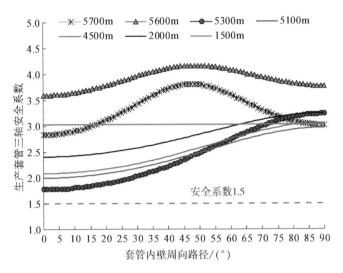

图 5.30 套管内壁安全系数随其内壁路径的关系

表 5.18 全井段完整性定量评价结果

井深	最大水平地应力/MPa	最小水平地应力/MPa	套管内压/MPa	水泥环最大应力/MPa	水泥环最大有效压力/MPa	套管最大应力/MPa	水泥环失效
1500	42	35	81	25	4.7	318	无
2000	56	46	88	29	6.9	400	无
4500	125	104	124	54	15.5	462	无
5100	142	118	132	59	17	485	无
5300	148	123	130	55	17.8	543	水泥塑性破坏
5600	156	129	140	68	17.2	268	有塑性风险
5654.9	封隔器						
5700	159	132	187	108	26.3	340	水泥塑性破坏

从表 5.18 的评价结果可知，在极端工况下，从井口到 5100m，水泥环应力整体较低，仍然处于弹性阶段，没有发生塑性变形破坏的风险，完整性不受影响。在 5100m 以下，通过模拟计算发现，水泥环完整性可能会被极端工况破坏，尤其是 5300m 位置水泥环开始出现了部分塑性破坏，主要是极端工况下增加背压（60MPa）和 1.45g/cm³ 的环空保护液液柱压力及较高的非均匀地应力引起的，同时该位置水泥固井质量较差，甚至可能没有水泥。在封隔器 5700m 以下，主要是极端工况导致套管内压 187MPa 及较高的非均匀地应力引起的水泥环局部破坏区域扩大，同时另外一个原因是该段为储层段，其地层岩石力学参数远低于封隔器以上的非储层段地层的岩石力学参数，抵抗外部地应力的能力比非储层段较弱。从表 5.18 中可知，从 5300m 位置开始，水泥环有发生塑性破坏的风险；全井段套管内的最大应力发生在 5300m 位置，应力大小为 543MPa，其安全系数为 1.78，因此全井段套管柱力学强度满足要求，即套管处于安全状态。

5.5 XH01 井交变试油压裂下全井筒水泥环完整性定量评价

5.5.1 全井筒水泥完整性有限元实体模型建立

图 5.31 为 XH01 井完井 S1 层及其 S2 层试油投产井身及其油管柱结构示意，其中 S1 层为"光油管"试油投产，S2 层为带封隔器油管柱试油投产。XH01 井在不同垂深处井筒管柱及水泥返深情况存在一定的差异，故分别针对其全井筒 6 个关键部位水泥环进行了完整性数值模拟研究，即从井底到井口，分别为 5505 ~ 6165m（单层套管）、4987 ~ 5505m（双层套管）、2785 ~ 4987m（双层套管）、962 ~ 2785m（三层套管）、467 ~ 962m（三层套管）及 0 ~ 467m（三层套管，C 环空缺水泥）处井筒水泥环分布情况开展不同垂深剖面上水泥环数值模拟分析。其有限元实体模型及其力学模型同上一节一致，其中模拟计算的层位如图 5.31 所示。

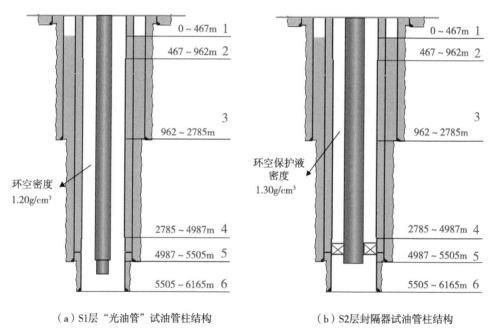

（a）S1层"光油管"试油管柱结构　　　　　（b）S2层封隔器试油管柱结构

图 5.31　XH01 井不同垂深剖面计算水泥环完整性位置示意图

根据 XH01 井井身结构及套管—水泥环数据，按照不同井深位置处套管尺寸可将其分为 6 种不同类型套管—水泥环组合，最终建立 XH01 井全井筒水泥环完整性有限元模型，根据不同井深位置，对其施加相应压力及温差等边界参数。

5.5.2 交变温度—压力载荷工况边界参数

XH01 井 S1、S2 层试油作业工况下井口交变压力参数数据见表 5.19。根据实际作业情况，在试压过程中井筒初始温度应确定为回接套管固井后温度。根据 XH01 井试油参数，根据不同工况预测软件得到 XH01 井 S1 层 /S2 层试油温度与固井后的温度变化剖面变化曲线（图 5.32、图 5.33）。根据图 5.32 可获得 XH01 井 S1 层试油不同井深数值模拟计算温度参数数据，见表 5.20。表 5.21 为 XH01 井 S1、S2 层试油不同井深数值模拟计算地应力基本参数数据。

表 5.19 XH01 井 S1、S2 层试油作业交变压力参数工况

S1层试油作业			S2层试油作业		
工况	套压/MPa	油压/MPa	工况	套压/MPa	油压/MPa
替液射孔	0	11.67	替液	0	11.67
破堵	67.88	77.6	坐封前	72	109
退液	13.07	29.46	放喷1	68.74	12.34
压裂	74	107	放喷2	49.43	0.81
停泵	68.4	78.6	试产	26.72	24.56
关井	60.76	72.58	关井观察	62.35	89.72
退液	51.45	69.44			
试产	16.48	34.52			
关井观察	0	11.72			

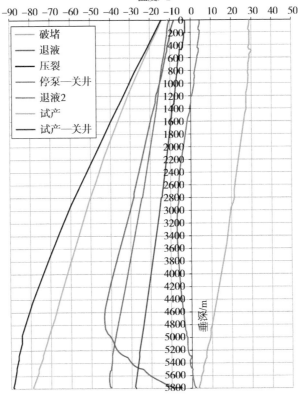

图 5.32 S1 层试油温度与固井时的温差变化

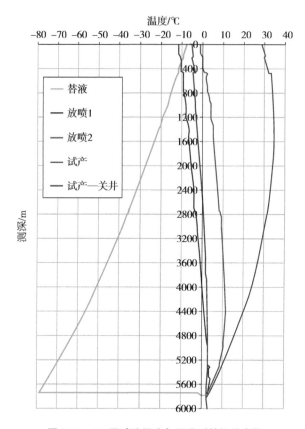

图 5.33 S2 层试油温度与固井时的温差变化

表 5.20 XH01 井 S1 层试油不同井深数值模拟计算温度参数

井深/m	温度参数	温度/℃							
		破堵	退液	压裂	停泵—关井	退液2	试产	试产—关井	原地温
979	试油温度	20.27	33.51	18.47	33.46	50.23	76.98	41.26	37.10
	温度变化	−28.43	−15.19	−30.23	−15.24	1.53	28.29	−7.44	
4915	试油温度	47.08	75.18	33.82	79.71	114.54	126.79	92.75	117.83
	温度变化	−70.44	−42.34	−83.7	−37.81	−2.98	9.27	−24.77	
5639	试油温度	52.81	110.97	42.21	88.73	130.36	134.43	102.18	132.68
	温度变化	−77.37	−19.21	−87.97	−41.45	0.18	4.24	−28	

表 5.21 XH01 井 S1 层试油不同井深数值模拟计算地应力基本参数

井深/m	套管层数	垂向地应力/MPa	最大地应力/MPa	最小地应力/MPa
979	三层	23	28	24
4915	双层	120	140	118
5639	单层	138	161	136

5.5.3 S1 层试压作业全井段水泥环完整性评价

在有限元数值模拟中，水泥环材料选择的 DP 模式材料，图 5.34 为 XH01 井在 S1 层试油作业中压裂工况时，井口压力为 74MPa 工况下，全井段不同截面内水泥环的 Mises 应力分布，从图 5.34 中可知，随着井深增加，水泥环内的最大应力也在增加，地应力及井筒压力随之增加，最终导致最外层水泥环应力逐渐增大。

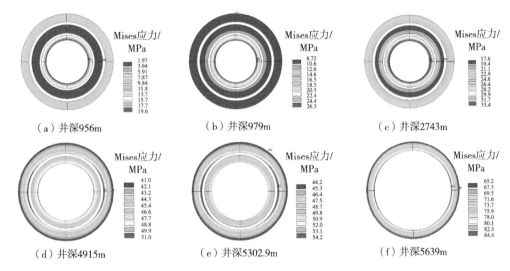

图 5.34　水泥环内的应力评价结果

图 5.35 为 XH01 井在 S1 层试油作业中，加载结束时全井段不同截面内水泥环内的塑性应变分析，从图 5.35 中可知，随着井深增加，水泥环内壁逐渐发生塑性应变，即发生了塑性变形破坏，且水泥环塑性变形逐渐严重。相对于上部井段，下部单层水泥环（5505m）由于地层岩石对水泥环产生的缓解作用，此时并未发生塑性破坏。

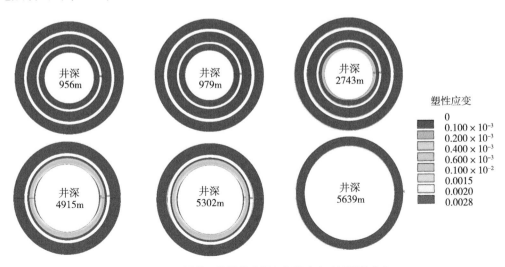

图 5.35　不同井深位置的水泥环塑性应变（试压结束）

为清楚反映不同位置井筒水泥环在试压过程破坏情况，进而取得压裂过程不同位置井筒水泥环塑性应力（图5.36）。在压裂工况下，三层套管—水泥环组合（956m）及单层套管—水泥环组合（5639m）处塑性应力为0，此时并未发生塑性变形，然而随着井筒压力及温差增加，在979～5302m井段水泥环产生塑性应力，并呈现逐渐增加趋势，其中在4915m处外层水泥环也开始产生塑性应力，表明在压裂阶段，该部位水泥环发生严重塑性破坏现象。

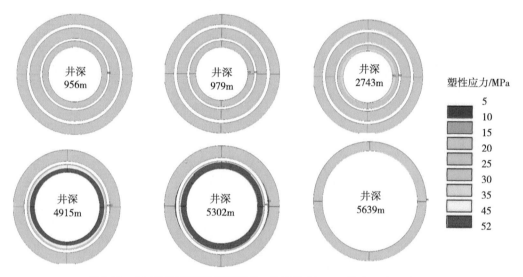

图5.36　S1层试油压裂阶段不同井深位置的水泥环塑性应力（压裂工况）

根据前面表述的模型，进行分析计算，表5.22为XH01井不同井深位置处井筒各层水泥环完整性评价结果，可以发现在下部单层套管并未发生水泥环失效现象，此外由于压力及温差变化较小，在956m（三层套管）处水泥环也未发生塑性破坏现象。然而在井深为980～5302m处水泥环由于试压作业过程中较大的压力及温差整段发生塑性破坏。

表5.22　XH01井水泥环完整性评价结果

井深/m	最大水平地应力/MPa	最小水平地应力/MPa	水泥环1最大应力/MPa	水泥环1塑性应变	水泥环2最大应力/MPa	水泥环2塑性应变	水泥环3最大应力/MPa	水泥环3塑性应变	组合类型	水泥环失效
956	27.28	23.01	19.38	0	2.03	0	6.13	0	3层	无
979.6	27.96	23.58	27.30	2.22×10^{-4}	13.05	0	10.35	0	3层	塑性破坏
2743	78.29	66.02	34.34	1.41×10^{-3}	24.42	0	25.64	0	3层	塑性破坏
2805	80.05	67.52	38.79	1.34×10^{-3}	32.48	5.14×10^{-4}	—	—	2层	塑性破坏
4915	140.27	118.30	50.47	2.70×10^{-3}	51.43	1.19×10^{-3}	—	—	2层	塑性破坏
5302	151.32	127.62	52.30	2.60×10^{-3}	54.91	1.12×10^{-3}	—	—	2层	塑性破坏
5639	160.94	135.73	85.45	0	—	—	—	—	单层	无

图 5.37、图 5.38 分别为试压作业各个阶段中井筒内层水泥环最大应力及塑性应变变化曲线。可以发现在各个阶段随着不同工况作用下井筒压力及温差的变化,有限元计算的井筒水泥环应力呈现相应的波动。此外,随着井深增加,井筒水泥环应力都随之增加。此外从图 5.38 可以得知,在破堵—退液—压裂阶段,随着井筒压力及温差的增加,进而导致井筒水泥环塑性变形逐渐增加,然而在压裂至关井阶段,由于井筒水泥环已经发生相应塑性变形,加之其井筒温差及压力相对有所下降,进而导致在压裂至关井阶段水泥环塑性变形并未加剧。

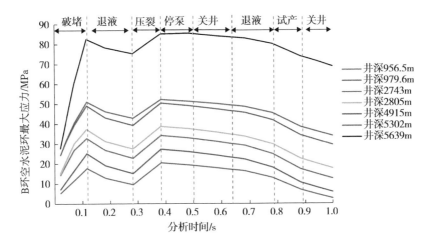

图 5.37 试压过程中最大应力变化曲线图

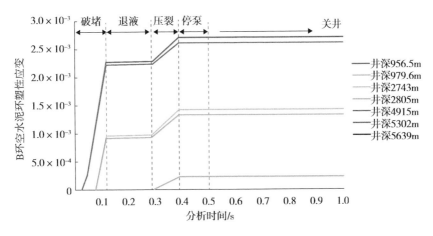

图 5.38 试压过程中塑性应变变化曲线

图 5.39 为不同井深位置处 B 环空水泥环环向塑性应变变化曲线,由于地层最大水平主应力方向为横向,因此,同样温差及井筒压力作用下,A 点(0°)水泥环上塑性破坏现象普遍高于 D 点(90°)。此外,井筒压力随着井深增加而增大,在井深较浅位置(956m)处井筒水泥环并未发生塑性破坏现象。在井深 5503 ~ 6165m 井段,井筒压力增大,水泥环发生塑性破坏现象。井段井筒水泥环是单层水泥环,在试压作业过程中,地层水泥环其弹性

模量等力学参数与地层相对较近，进而导致井筒水泥环将部分应力传递至地层中。

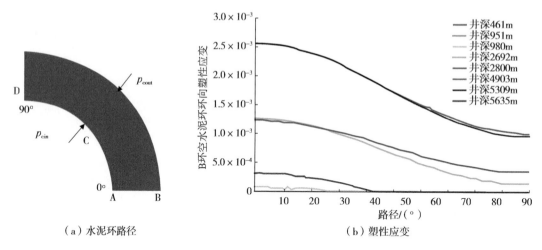

（a）水泥环路径　　　　　　　　　　（b）塑性应变

图 5.39　不同井深位置处 B 环空水泥环环向塑性应变变化曲线

与单层套管水泥环组合不同，在井段为 979～5302m 处井筒—水泥环组合方式呈现两层套管—水泥环或者三层水泥环，与水泥环外部为地层不同，在该井段水泥环外壁为套管材料，其力学材料性质相对水泥环及地层差异较大，造成井筒水泥环在压力作用下产生明显应变，最终使得该井段位置处水泥环在内压及温差作用下产生塑性破坏现象。

5.5.4　S2 层试压作业全井段水泥环完整性评价

同 S1 层试压作业分析方法一致，进行全井段水泥环完整性分析。图 5.40 为 XH01 井在 S2 层试油作业中坐封前，井口油压 72MPa、套压 109MPa 工况下，全井段不同截面内水泥环的 Mises 应力分布，从图 5.40 中可知，随着井深的增加，水泥环内的最大应力增加，地应力及井筒压力也随之增加，最终导致最外层水泥环应力逐渐增大。

为清楚反映不同位置井筒水泥环在试压过程破坏情况，进而取得封隔器憋压坐封时不同位置井筒水泥环塑性应力（图 5.41）。在坐封前工况下，三层套管—水泥环组合（951m）处塑性应力为 0，此时并未发生塑性变形，然而随着井筒压力及温差增加，水泥环产生塑性应力，并呈现逐渐增加趋势，其中在 5309m 处外层水泥环也开始产生塑性应力，表明在该阶段，该部位水泥环发生严重塑性破坏现象。

图 5.42 为 XH01 井在 S2 层试油作业中，加载结束时全井段不同截面内水泥环内的塑性应变分析，从图 5.42 中可知，随着井深增加，水泥环内壁逐渐发生塑性应变，即发生了塑性变形破坏，随着井深增加，水泥环塑性变形逐渐严重。与 S1 层试油作业不同，位于封隔器下部单层水泥环（5639m），在较大的油压作用下，以及温度、地应力等共同作用下，此时也发生塑性破坏。

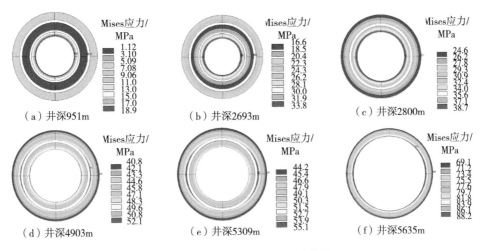

图 5.40 水泥环内的应力评价结果

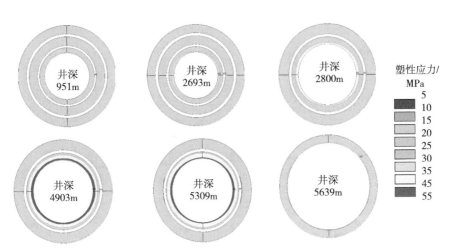

图 5.41 不同井深位置的水泥环塑性应力（坐封前）

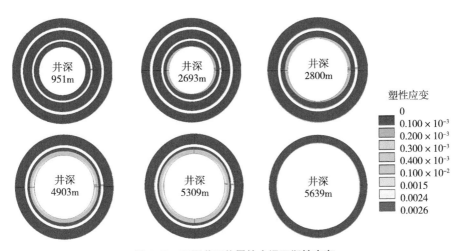

图 5.42 不同井深位置的水泥环塑性应变

表 5.23 为 S2 层试压作业过程中不同井深位置处各层水泥环完整性评价结果，当水泥环质量较好情况下，S2 试压作业过程中 951m 以上井段（三层套管）并未发生水泥环塑性损伤，然而在井深为 980 ~ 5302m 处，管柱由于试压作业过程中具有较大的压力，以及在温差作用下，会造成井筒水泥环整段发生塑性破坏。对于封隔器下部井段（5635m）水泥环，此时在 S2 层试压作业过程中，水泥环发生局部塑性损伤。

表 5.23 XH01 井 S2 层试压作业过程中水泥环完整性评价结果

井深/m	最大水平地应力/MPa	最小水平地应力/MPa	水泥环1最大应力/MPa	水泥环1塑性应变	水泥环2最大应力/MPa	水泥环2塑性应变	水泥环3最大应力/MPa	水泥环3塑性应变	组合类型	水泥环失效
461	13.16	11.10	18.52	0	2.03	0	2.88	0	3层	无
951	27.14	22.89	20.00	0	2.21	0	5.76	0	3层	无
980	27.97	23.59	27.11	7.3×10^{-5}	12.83	0	10.46	0	3层	塑性破坏
2692	76.83	64.80	34.64	1.26×10^{-3}	23.97	0	25.76	0	3层	塑性破坏
2800	79.91	67.40	39.62	1.23×10^{-3}	33.2	3.42×10^{-4}	—	—	2层	塑性破坏
4903	139.93	118.02	52.03	2.56×10^{-3}	54.48	1.01×10^{-3}	—	—	2层	塑性破坏
5309	151.52	127.79	54.17	2.56×10^{-3}	58.45	9.61×10^{-4}	—	—	2层	塑性破坏
5635	160.82	135.63	89.37	3.19×10^{-4}	—	—	—	—	单层	塑性损坏

图 5.43 为 XH01 井在 S2 层试压作业过程中不同位置水泥环应力变化曲线，可以发现由于 S2 层试压作业过程中井筒封隔器的坐封作用，造成井筒水泥环最大应力均出现在试压作业坐封阶段。其中当井深为 5635m（单层水泥环），水泥环最大应力达至 89.36MPa，此时井筒水泥环也发生塑性损伤。并且对于封隔器上部井段，随着井深增加，水泥环塑性破坏更为严重。

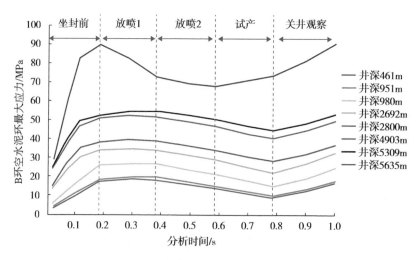

图 5.43 B 环空水泥环向塑性应力变化

当井筒封隔器坐封后，其产生的封隔作用直接导致上部井段井筒套压与等效油压大小直接相关。在放喷过程中随着油压减小，井筒压力呈现一定减低，最终导致水泥环塑性损伤情况得到减缓或消失。然而由于封隔器憋压过程中产生的较高压力，在放喷作业开始时，井筒水泥环仍发生一定塑性损伤。此外，相对于 S1 层压裂工况，因坐封憋压产生较高的井筒压力，最终使得井深 5635m 位置（单层套管）水泥环也发生一定塑性损伤，如图 5.44 所示。

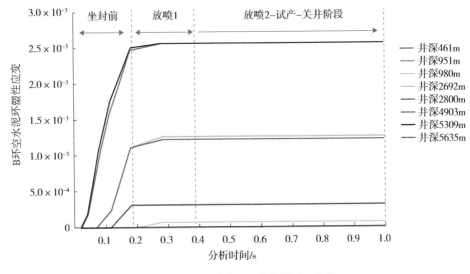

图 5.44　B 环空水泥环向塑性应变变化

对于 S2 层试压作业而言，由于 S2 层试压作业过程中封隔器进行憋压坐封，造成在坐封过程中井筒压力较大，而对于封隔器上部井段，此时套压等量于当量油压，从图 5.45 可知，当井深增加至 980m 处内层水泥环在横向上（0°）开始出现塑性变形，随着井深增加，水泥环塑性损伤范围逐渐增加，井深为 2692m，井筒水泥环内层已全部发生塑性损伤。相对于 S1 层试压作业，S2 试压作业过程中，由于封隔器封隔作用，此时下部井段（单层套管）井筒压力明显增加，最终导致封隔器下部井段水泥环也开始发生塑性损伤，其中当井深为 5635m 时水泥环局部部分发生塑性变化。

图 5.46 为 S2 层试压过程中封隔器坐封阶段，5635m（单层套管）位置水泥环应力及应变云图，其中可以发现，相对于 S1 层试压过程单层套管水泥环未发生塑性失效情况，此时该位置水泥环内壁已发生部分塑性损伤，其中最大塑性应变、Mises 应力以及塑性应力均位于最大水平地应力方向水泥环内壁上，最大塑性应力为 77.17MPa。相对于封隔器上部井段（双层 / 三层套管水泥环组合）由于地层对水泥环缓解作用，使得该位置水泥环得到一定保护作用，最终造成该位置水泥环塑性损伤情况相对于其他井段明显较小。从图 5.39（b）水泥环环向塑性变化曲线可知，此时该位置处水泥环环向塑性损伤范围仅为 0°～ 40°。

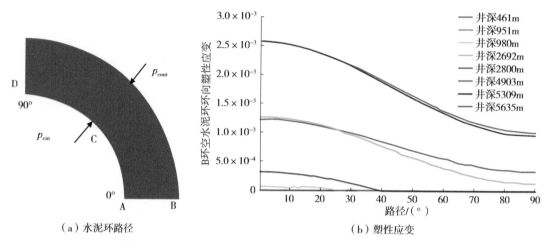

（a）水泥环路径　　　　　　　　　　　　　　（b）塑性应变

图 5.45　不同井深位置处 B 环空水泥环环向塑性应变变化曲线

图 5.46　封隔器坐封时，5635m 位置水泥环 Mises 应力及塑性应变应力分布云图

5.5.5　XH01 井水泥环完整性成果与认识

（1）在 XH01 井 S1 层"光油管"试压作业过程中，979 ～ 2785m 井段（三层套管—水泥环组合）和 2785 ～ 5505m 井段（双层套管—水泥环组合）井筒水泥环分别在破堵及压裂阶段发生塑性损伤及破坏现象。

（2）S1 层试压作业过程中，由于地层作用，对于 5503 ～ 6165m 井段（单层套管水泥环组合）其虽然承受较大井筒压力，但井筒水泥环并未发生塑性损伤现象。

（3）在 S2 层试压作业过程中，由于封隔器的憋压坐封，使得井筒中存在较大的压力，最终导致不同位置处井筒水泥环在坐封阶段均出现明显塑性损伤现象。

（4）在 S2 层试压作业过程中，封隔器坐封后，随着放喷阶段井筒压力减小，水泥环塑性损伤现象逐渐缓解。在试产到关井阶段，水泥环未发生进一步塑性损伤。

（5）相对于 S1 试压作业，在 S2 试压作业过程中，因封隔器坐封所产生较大的井筒压力，封隔器下部水泥环也发生一定塑性损伤现象。但相对于上部井段（双层／三层套管组合）水泥环塑性损伤情况相对较小。

（6）通过全井筒水泥塑性破坏的井筒完整性研究发现，"光油管"试压、完井将会在替液射孔、破堵、退液、压裂、停泵、关井、退液、试产及关井观察等极限交变压力作用下，导致生产套管全井筒水泥塑性破坏，影响水泥密封完整性，建议不用"光油管"试压和完井。

国内塔里木、四川及少量的准噶尔南缘的回接套管B环空带压，大量的回接生产套管外B环空带压的教训，说明以下问题。

（1）内外层都是钢结构，无地层吸收水泥浆析出的自由水，回接套管水泥浆可能形成纵向水带，并由此导致环空带压且环空带压的压力值偏高。

（2）考虑回接套管外的有2～3层技术套管，水泥环处于一个刚性围压环境，当回接套管内压力变化时（如井口A环空压力随钻井液密度而变化），将会造成回接套管水泥环产生"微环隙"，如图5.47所示。

建议：

（1）采用较低弹性模量的柔性水泥，会使得水泥环有较好的韧性。当套管有径向变形，水泥环不至于被压碎或产生"微环隙"，可以跟随套管径向变形收缩或扩展。如斯伦贝谢的Flexcement。

（2）回接套管水泥不返到地面，水泥只返到回接筒之上的某个高度，水泥环面之上保留较长的钻井液柱段，较少的水泥固井，水泥量少可采用价格较高的柔性水泥配方或柔性水泥外加剂。

（3）回接套管底端带管外封隔器。

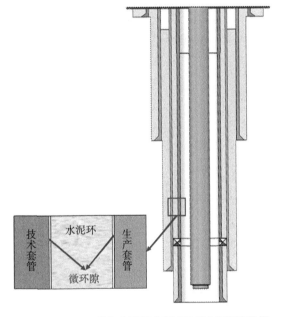

图5.47　XH01井多次极限交变试油后水泥环产生微环隙示意图

5.6　南缘762开眼尺寸井身结构全井筒水泥环完整性分析

5.6.1　全井筒水泥环完整性分析有限元模型的建立

为研究交变温度压力下全井筒水泥环的力学特征，以前期开眼尺寸为762mm井身结构为基础，结合实际南缘区块地应力及管柱强度随温度变化关系，按照水泥环套管组合方式，分别选取井深为2800m，5000m，6200m，6400m，7300m及8100m位置，开展交变温度压力下全井筒关键位置水泥环完整性分析。图5.48为南缘开眼尺寸为762mm的井身结构及其全井筒关键位置示意图，由于压裂作业过程中井筒内压及温度处于重复变化状况，为此对不同关键点位置施加一定周期变化的内压及非均匀地应力。其中井筒底部管柱（8100m）所受最大内压为 184MPa，最小内压为 83MPa，图 5.49 为井筒内压及地应力随时间变化曲线，图 5.48（c）及图 5.50 为水泥环载荷及各界面示意图。

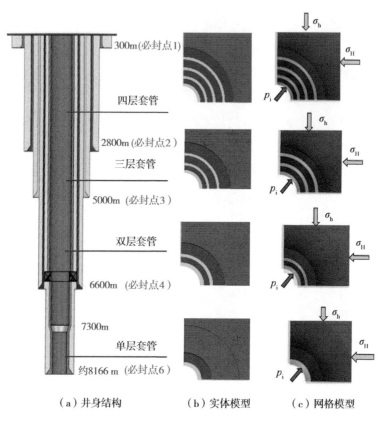

（a）井身结构　　　（b）实体模型　　　（c）网格模型

图 5.48　全井筒关键位置示意图

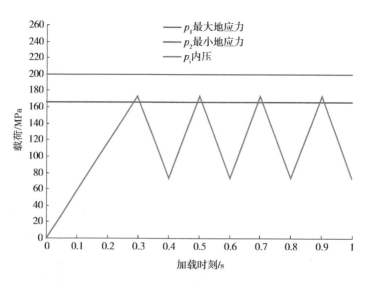

图 5.49　井深为 8100m 处井筒内压及地应力随时间变化曲线

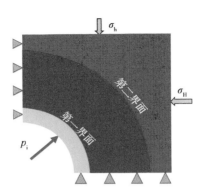

图 5.50　水泥环载荷及各界面示意图

5.6.2　全井筒在交变载荷作用下水泥环完整性评价

交变载荷作用下，不同井筒位置套管应力分布云图如图 5.51 和图 5.52 所示，从图中可知：在交变载荷作用下井筒各位置套管满足强度设计要求。对于单层套管，套管外部为水泥环—地层，井筒管柱内压较高时更为安全。而当井筒内压较小时，在最小地应力方向（90°）内壁上发生应力集中，最大应力为 759MPa。对于多层管柱，外层套管对内层套管的保护作用，在地应力作用下，外层管柱内壁内的压力远高于外层套管内的应力，其最大值为 820MPa（6400m），而内部管柱主要受井筒内压影响。而从交变载荷作用下不同位置套管安全系数表 5.24 可知，随着温度增加，套管最大应力也呈现明显增加趋势，其中当井深为8100m 时，井筒管柱最大应力为 759MPa，由于套管材料屈服强度随着温度增加呈现一定增加趋势，通过计算最终得知井筒各位置套管柱均处于安全状况。

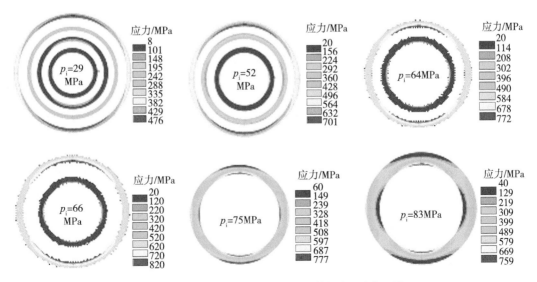

图 5.51　内压较小时，不同位置套管柱应力分布云图

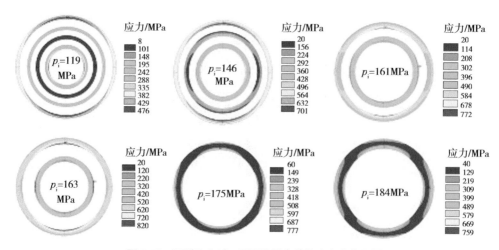

图 5.52　压裂作业时，不同位置套管柱应力分布云图

表 5.24　交变载荷作用下不同位置套管安全系数表

井深/ m	温度/ ℃	最小/最大内压/ MPa	最小地应力/ MPa	最大地应力/ MPa	外径/ mm	内径/ mm	钢级	温度屈服应力/ MPa	最大应力/ MPa	套管安全系数
2800	71	29/119	65	78	473.1	445.34	110V	738	476	1.55
					365.1	337.34	140V	949	266	3.57
					282.58	250.18	140V	949	148	6.41
					193.7	161.3	140V	949	450	2.11
5000	120	52/146	116	139	365.1	337.34	140V	931	701	1.33
					282.58	250.18	140V	931	363	2.56
					193.7	161.3	140V	931	574	1.62
6200	146	64/161	143	172	282.58	250.18	140V	920	772	1.19
					193.7	161.3	140V	920	595	1.55
6400	150	66/163	148	178	282.58	250.18	140V	919	820	1.12
					168.28	138.88	155V	1016	610	1.67
7300	170	75/175	169	203	168.28	138.88	155V	1005	777	1.29
8100	187	83/184	187	225	139.7	108.1	140V	902	759	1.19

　　对于井筒水泥环而言，在多层套管—水泥环组合井段，在地应力的挤压作用下，最外层水泥环应力明显较大，且随着井深（地应力）增加呈现一定上升趋势。图 5.53 为多层套管—水泥环组合方式水泥环在交变载荷作业下应力及塑性应变云图。当井深为 2800m 时，水泥环最大应力为 43MPa，而此时最外层水泥环外壁发生一定塑性变形而其中随着管柱深度增加，最大塑性应变位于最大主应力方向，大小为 0.2%，而随着井深增加，最外层水泥环塑性应变逐渐加剧。其中当井深为 6400m 时，水泥环最大塑性应变达 1.2%。结合水泥环

力学实验可知，水泥环临界塑性破坏应变为1.6%。最终表明：多层套管—水泥环组合，井筒水泥环处于安全状况。

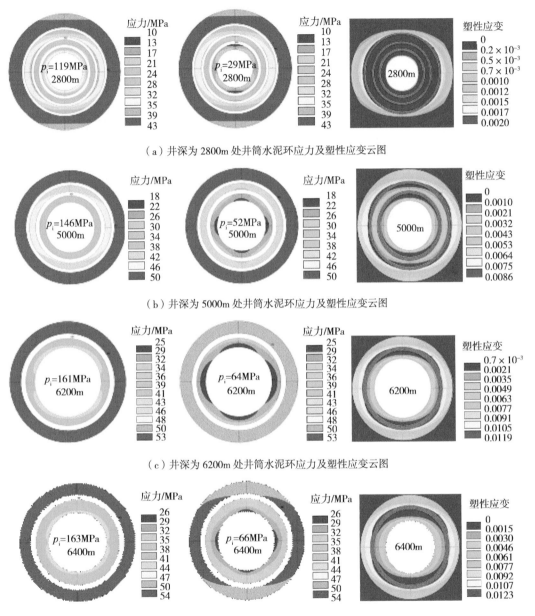

（a）井深为2800m处井筒水泥环应力及塑性应变云图

（b）井深为5000m处井筒水泥环应力及塑性应变云图

（c）井深为6200m处井筒水泥环应力及塑性应变云图

（d）井深为6400m处井筒水泥环应力及塑性应变云图

图5.53　多层套管水泥环组合方式水泥环在交变载荷作业下应力及塑性应变云图

图5.54为交变载荷作用下，下部单层套管—水泥环组合水泥环应力及塑性应变云图。在内压较低时，因为地应力的挤压作用，管柱最大应力出现在水泥环外壁，且随着地应力增加水泥环应力范围明显增加。而当内压较高时，由于井筒内压和地应力间的共同作用，管柱应力相对内压较小时有所增大，最大应力均位于水泥环最大主应力方向的内壁上。其

中当井深为 8100m 时，水泥环最大应力为 59MPa。此外，随着井深增加，地层水泥环塑性应变区域范围也逐渐增加，而水泥环最大塑性应变从井深为 6601m 开始均高于 1.6%，其中当井深为 8100m 时，水泥环最大塑性应变达 2.5%。表明下部单层套管水泥环均发生了不同程度的塑性破坏。此外，随着井筒内压增加，水泥环最大应力从外壁逐渐转移至水泥环内壁最大主应力方向。

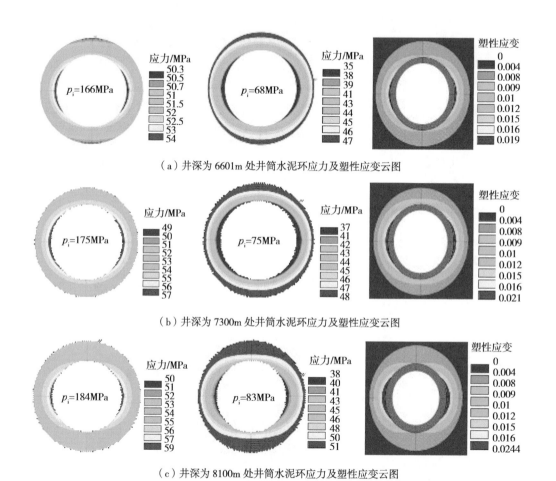

（a）井深为 6601m 处井筒水泥环应力及塑性应变云图

（b）井深为 7300m 处井筒水泥环应力及塑性应变云图

（c）井深为 8100m 处井筒水泥环应力及塑性应变云图

图 5.54　交变载荷作用下，下部单层套管水泥环组合水泥环应力及塑性应变云图

根据单层、多层套管水泥环的有限元力学模型可知，水泥环内外壁可能是套管，也有可能是地层，水泥环内壁 P_{cin} 是井筒内压通过套管后传递的压力，而水泥环外壁 P_{cout} 是地应力传递过去的压力，如果是多层套管，则还需要通过外层套管传递到最里面生产套管外面水泥环的外壁。

从表 5.25 交变载荷作用下井筒水泥环微间隙数据表可知：第一界面微间隙为 65.33 ~ 105.89μm，第二界面微间隙为 26.15 ~ 55.68μm，微间隙数据可供井筒密封完整性评价参考。

表 5.25 交变载荷作用下不同位置井筒水泥环微间隙数据表

井深/m	温度/℃	最小/最大内压/MPa	最小地应力/MPa	最大地应力/MPa	第一界面微间隙/μm	第二界面微间隙/μm	第三界面微间隙/μm	第四界面微间隙/μm
2800	71	29/119	65	78	95.98	42.31	34.61	21.61
5000	120	52/146	116	139	99.3	46.25	37.91	25.16
6200	146	64/161	143	172	96.39	54.89	34.46	23.77
6400	150	66/163	148	178	85.49	35.44	25.87	17.54
7300	170	75/175	169	203	105.89	55.68	—	—
8100	187	83/184	187	225	65.33	26.15	—	—

综上可知：温度、压力对套管、水泥环上的应力及塑性应变分布状况有明显的影响，其中水泥环最大应力在高内压时处于内壁，而在低内压工况时，因地应力挤压作用，水泥环最大应力出现在外壁上。此外水泥环塑性应变随着井深及温度增加呈现明显增加趋势，其中相对于多层套管—水泥环组合，单层套管—水泥环组合中水泥环更易发生塑性破坏损伤。

6 南缘高温高压井生产期间完整性关键技术

南缘高温高压超深井服役环境更为恶劣，在生产阶段存在较多的完整性问题，例如由于高温热膨胀效应引发的井口抬升严重，高温高压气井的环空带压难以杜绝，油管柱失效等问题。本章集中论述南缘高温高压井生产期间完整性关键技术，包括井口抬升或下沉风险评价、超深油气井试油管柱振动机理、环空带压风险评价及控制措施等内容。

6.1 南缘高温高压超深井井口抬升或下沉风险评价技术

目前各大油田普遍存在由于高温热膨胀效应引发的井口抬升现象，严重威胁正常生产作业安全。本研究以新疆油田南缘区块 XS101H 井为研究案例，基于井筒多级传热理论，通过有限元方法模拟多级套管—水泥环—地层非线性传热过程及热膨胀现象，提出了一种新的井口抬升计算方法。

6.1.1 井口抬升机理及多级传热理论

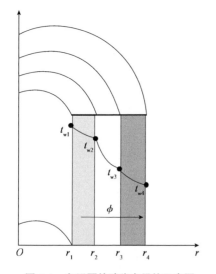

图 6.1 多层圆筒壁稳态导热示意图

对于高温高压生产井而言，各级套管、水泥环与地层呈现多级传热系统，在生产过程中，由于井筒底部温度远高于地层原始温度和井口温度，导致生产过程中地层径向上温度从井筒向地层远端逐渐传递。然而由于套管、水泥环和地层的热力学参数不同，会导致整个温度剖面呈现非线性关系，水泥环的缺失情况会使温度剖面变得更加复杂。以 XS101H 井为例，建立多级圆筒壁稳态导热示意图，如图 6.1 所示。

可将 XS101H 各级套管、水泥环、地层导热率分别视为 λ_1、λ_2、λ_3，内、外壁面维持均匀恒定的温度 t_{w1}、t_{w2}、t_{w3} 及 t_{w4}。由于通过各层圆筒壁的热流量相等，且总导热热阻等于各层导热热阻之和。因此单位长度圆筒的导热热流量为式（6.1），以此类推，对于多层不同材料组成的多层圆筒壁的稳态导热，单位长度管的热流量为式（6.2）。

$$\phi_l = \frac{t_{w1} - t_{w4}}{R_{\lambda l1} + R_{\lambda l2} + R_{\lambda l3}}$$

$$= \frac{t_{w1} - t_{w4}}{\frac{1}{2\pi\lambda_1}\ln\frac{r_2}{r_1} + \frac{1}{2\pi\lambda_2}\ln\frac{r_3}{r_2} + \frac{1}{2\pi\lambda_3}\ln\frac{r_4}{r_3}} \tag{6.1}$$

以此类推，对于多层不同材料组成多层圆筒壁的稳态导热，单位管长度的热流量为

$$\phi_l = \frac{t_{w1} - t_{w(n+1)}}{\sum_{i=1}^{n} R_{\lambda li}} = \frac{t_{w1} - t_{w(n+1)}}{\sum_{i=1}^{n} (1/2\pi\lambda_i)\ln(r_{i+1}/r_i)} \tag{6.2}$$

式中 $R_{\lambda li}$——多层圆筒壁中第 i 层圆筒壁的导热热阻，℃/W；

r_i——第 i 层圆筒壁的半径，m；

λ_i——多层圆筒壁中第 i 层圆筒的导热率，W/（m·℃）；

t_{wi}——多层圆筒壁中第 i 层圆筒内外壁面的温度，℃。

套管是具有热理性金属材料，在温差作用下会产生一定线膨胀，形成套管轴向伸长和径向形变，在套管端部产生轴向位移或趋势。当套管端部受井口约束限制或受到水泥石胶结作用导致套管不能自由伸长，套管产生应力重新分布，使套管产生轴向作用力。当轴向作用力大于套管重力及水泥石胶结作用力和井口重量等外载荷时，套管将举升井口，出现井口抬升现象，井口抬升力学模型如图 6.2 所示。

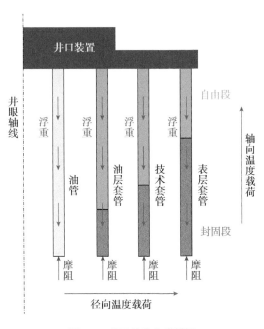

图 6.2 井口抬升力学模型

对于生产井而言，井筒温度随着实际生产作业中产量的升高而增加，当井筒产量及温度一定时，其套管线膨胀计算公式为

$$\Delta L = \varepsilon L = \alpha \Delta TL \tag{6.3}$$

式中　ΔL——套管轴向线膨胀量，m；

　　　ε——温度应变；

　　　L——管柱长度，m；

　　　α——套管热膨胀系数，℃$^{-1}$；

　　　ΔT——温度变化，℃。

井口套管热膨胀效应对井口产生的作用力计算公式为

$$F_{tj} = \sigma_j A_j = \frac{\Delta L_j}{L_j} E_j A_j \tag{6.4}$$

将 $\Delta L = \alpha \Delta TL$ 代入式（6.4），可得

$$F_{tj} = \alpha_j \Delta T_j E_j A_j \tag{6.5}$$

式中　F_{tj}——第 j 层套管热膨胀对井口产生的作用力，N；

　　　σ_j——第 j 层套管井口热膨胀应力，Pa；

　　　ΔL_j——第 j 层套管井口热应变，m；

　　　L_j——第 j 层套管长度，m；

　　　E_j——第 j 层套管材料的弹性模量，Pa；

　　　A_j——第 j 层套管材料井口的横截面积，m^2；

　　　α_j——第 j 层套管热膨胀系数，℃$^{-1}$；

　　　ΔT_j——第 j 层套管温差，℃。

6.1.2　井口抬升计算方法及有限元模型建立

按照实际作业顺序，可将油井各层套管分为初始阶段—下放阶段—固井阶段—生产阶段。在下放阶段，各级套管在自重及摩阻作用下会发生一定伸长，并产生一定预应力，随着固井作业中水泥浆完全凝固，会对管柱产生相应的封固作用，同时将各级套管在下放阶段所产生的伸长量及应力状态封固在地层中；在生产阶段，由于井筒温度上升，各级套管随之产生一定热应力和热膨胀量，与预拉应力共同作用下，使得套管上应力状态发生变化。当温度产生的热应力大于固井作业完成后套管预拉应力时，套管井口处出现抬升风险。

关于井口抬升计算，常规解析解方法忽略了非线性传热过程对套管应力的影响，不能准确反映套管真实的伸长量，对于井身结构和受力复杂的工况，其结果往往误差较大。为还原地层各级管柱在不同阶段受力情况，基于多级传热理论及有限元数值方法，利用生死单元技术提出一种全新的井口抬升计算方法（图6.3）。

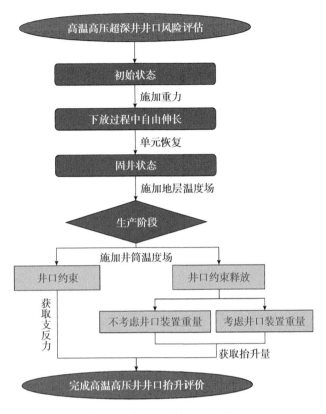

图 6.3 井口抬升计算方法流程

（1）自重伸长：当套管在井筒中下放到位时，井口套管头受到采油树的约束，同时由于浮重作用，管柱会发生一定程度的初始伸长，故在模型中将套管井口位置固定，计算套管在浮重及下放摩阻作用下自由伸长量。

（2）固井阶段：由于水泥浆凝固后会将管柱在浮重作用下产生的拉伸应力及伸长量封固在地层中，并与之形成一个整体。首先通过使用生死单元技术在固井阶段恢复了地层及水泥环位置处网格，以还原固井后水泥环对套管柱之间封固作用；其次，为避免出现网格畸变现象，借助 ALE 自适应网格（Arbitrary Lagrangian-Eulerian）方法对固井作业后模型的网格形态进行调整，在该阶段计算过程中，除了保持管柱顶部约束不变之外，对所有套管底部施加一定轴向约束，以保证下放阶段钻柱应力状态可持续存在于固井阶段；最后开展井筒管柱在固井状态有限元分析。

（3）生产阶段：在生产过程中，由于产量的不同，井筒温度分布状态随之不同，管柱所产生的热膨胀量及热应力相应变化。根据生产过程中井筒流体在流向井口过程中的温度分布及地层地温梯度，开展多级套管—水泥环—地层热传递过程及温度场诱发井口抬升分析。为了获得生产过程中各级套管对井口的支反力，首先对套管井口位置进行约束，其次结合实际井口装置重量解除井口位置约束，最终获取井口抬升高度。

XS101H 井为新疆油田某区块新开发的一口高温高压高产水平井，其井身结构如图 6.4 所示。实际井深 5528m，垂深 4720.7m，最大井斜角 89.33°，造斜点 4484m，在井深 4600m 时实测地层温度 124.38℃。表层套管、技术套管、油层套管尺寸分别为 339.7mm、244.5mm、139.7mm，环空水泥返深分别至井口、2285m、3483m 处，由于产量较高，该井采用油层套管作为生产管柱。因为油层套管、技术套管环空存在大段未封固井段，使得地层管柱受水泥环约束相对较小，因此，在生产过程中随着井筒温度变化，地层管柱易产生位移变化，发生井口抬升现象。

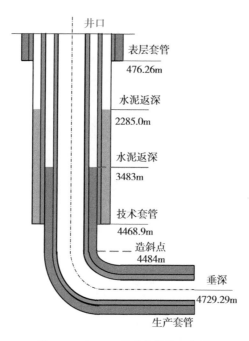

图 6.4　XS101H 井井身结构示意图

根据 XS101H 井井身结构，针对垂深为 4484m 以上井段，建立多层套管—水泥环—地层多体系统热固耦合轴对称模型。该模型轴向总长 4484m，横向为 10m，其中各级管柱、水泥环、地层力学参数见表 6.1。由于纵横比较大，为了显示更为清楚，将模型横向系数放大 4000 倍，如图 6.5 所示。

表 6.1　XS101H 井地层管柱—地层—水泥环力学参数

材料名称	弹性模量/GPa	泊松比	热膨胀系数/℃$^{-1}$	传热系数/［W/（m·K）］
套管	210	0.3	1.2×10^{-5}	43.2
水泥环	7	0.23	1.0×10^{-5}	0.81
地层	45.4	0.25	6.0×10^{-6}	1.75

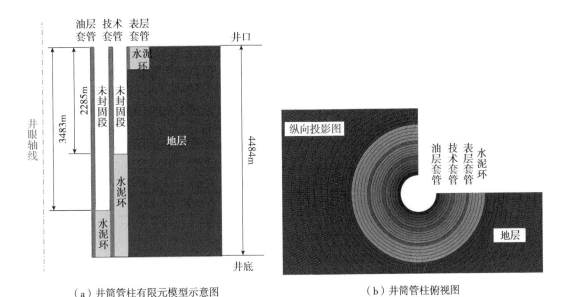

（a）井筒管柱有限元模型示意图　　　　　　　（b）井筒管柱俯视图

图 6.5　多层套管—水泥环—地层多体系统热固耦合有限元模型

6.1.3　XS101H 井口抬升与下沉评价应用案例

6.1.3.1　下放过程套管轴向变形位移评价

管柱的应力状态对井口抬升现象的发生影响显著。对于井眼轨迹复杂的水平井来说，在下放过程中，除自重作用外，套管同时还承受一定的下放摩阻和流体浮力。当下放摩阻和流体浮力较大时，套管拉伸情况明显减缓，在生产状况下，随着温度所产生的热膨胀应力大于管柱原有拉伸应力时，井口位置处会发生抬升。因此为准确计算 XS101H 井井口抬升情况，首先需保证下放过程中管柱应力状态精确性。图 6.6 为 XS101H 井管柱下放过程中井口大钩载荷变化情况，可以发现在造斜点以后，实际大钩载荷减少 21.2kN，即表明其管柱在水平段下放过程中摩阻大小为 21.2kN。

各级管柱下放后应力及轴向位移分布云图如图 6.7 所示，其中井筒各级管柱最大应力都位于井口、最大轴向位移都位于井底处，其中油层套管、技术套管及表层套管上最大应力分别为 284.3MPa、284.2MPa、29.6MPa；最大伸长量分别为 2.80m、2.78m、0.03m。此时井筒管柱在井口的支反力分别为 112t、229t、27.9t。

6.1.3.2　固井后套管轴向变形位移评价

通过生死单元技术将地层和水泥环恢复，以还原固井完成后井筒各级管柱分布状况。固井作业完成后，由于井筒水泥浆凝固后对井筒管柱存在一定封固作用，即各级管柱与地层形成新的整体，从而将拉伸状态下的各级管柱封固在地层中，各级管柱上应力及其伸长量不会发生变化，如图 6.7 所示。

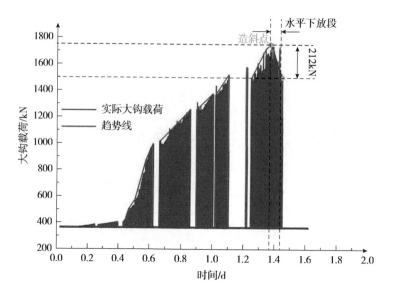

图 6.6 XS101H 井管柱下放过程中井口大钩载荷变化曲线

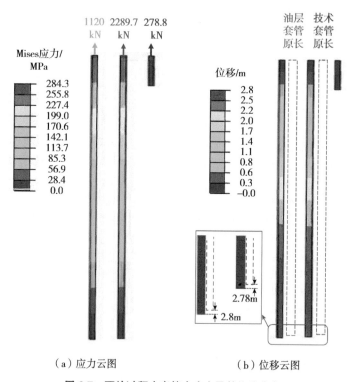

（a）应力云图　　　　　　　（b）位移云图

图 6.7 下放过程中套管内应力及其位移分布

6.1.3.3 正常生产工况

图 6.8 为正常生产工况下地层温度场及各级管柱应力轴向位移分布云图，为了确定 XS101H 井在实际生产过程中井口抬升情况，通过 Wellcat 软件计算得知在正常生产过程中该井油层套管井口温度为 98.6℃，井底温度为 138.1℃。生产过程中井筒内温度剖面曲线如图 6.8（a）所示。地层温度在径向上从油层套管向远端开始逐渐降低。由于 XS101H 井存在大段无水泥封固段管柱，无法有效抑制不同载荷下管柱的变形情况，在生产过程中，未封固段管柱在会发生一定回缩。当井口无压重时，XS101H 井各级管柱应力及位移分布云图如图 6.8（b）所示，由于下部水泥环约束作用，各级管柱最大应力及位移仍位于其管柱底部，大小为分别为 278.6MPa、2.8m。在水泥未封固段底部，其应力增加区域明显增大，即表明该处套管此时受到一定的压缩作用。井口处的油层套管、技术套管及表层套管上位移相对于初始状况分别下沉 0.53m、1.13m、0.01m。各级管柱井口位置分别产生 100.2kN、577.4kN、139.4kN 的下拉力。当井口装置压重为 9t 时 XS101H 各级管柱应力及位移分布云图如图 6.8（c）所示。可以发现在井口施加 9t 的井口压重后，由于水泥环的封固作用，最大位移仍位于井底处，大小为 2.8m。相对于井口无压重状况下，此时未封固段各级管柱轴向压缩情况更为严重，井口处油层套管、技术套管及表层套管下沉量分别达为 0.92m、1.32m、0.01m。根据以上结论可知井口是否存在井口装置压重时，XS101H 井都处于安全状况，即表明在正常生产作业过程中，XS101H 井不会产生井口抬升风险。

6.1.3.4 极限生产工况

随着产量的上升，井筒温度会急剧上升。在极限生产工况下，即生产过程中井筒管柱井口温度为 117℃时，地层温度场和各级管柱应力及位移如图 6.9 所示。从图 6.9（a）可知，此时在径向上从井筒至远端地层温度逐渐降低。相对于正常工况下，地层各级管柱温度明显较高，其中技术套管及表层套管温度增加幅度明显较大。最终使得各级管柱热膨胀量及热应力随着增加。当井口无压重时，各级套管应力及位移分布云图如图 6.9（b）所示。由于下部水泥环封固作用，地层管柱上最大位移发生部位及大小并未发生变化，大小仍为 2.8m；但管柱上最大应力减小至 281.3MPa。在井口处，油层套管及表层套管分别产生 28.2kN、467.2kN 的上顶力，进而会造成油层套管和表层套管产生抬升风险，然而由于表层套管环空水泥环无缺失，在水泥环封固作用下，表层套管并不会发生抬升。与油层套管不同，大段未封固段水泥环造成部分技术套管管柱并未得到有效约束，随着生产过程中产生的热应力并未完全消除管柱原有预拉应力，生产过程中技术套管会发生下沉，下沉量大小为 0.9m，同时井口位置产生 754.7kN 的上拉力。

由于生产过程中井口装置自重对地层管柱起到一定的下压作用，当井口装置压重 9t 时，各级套管应力及位移分布云图如图 6.9（c）所示。相对于井口无压重时各级管柱井口位移和支反力大小，由于井口装置重量，造成油层套管由抬升变为下沉，下沉量大小为 0.38m，对

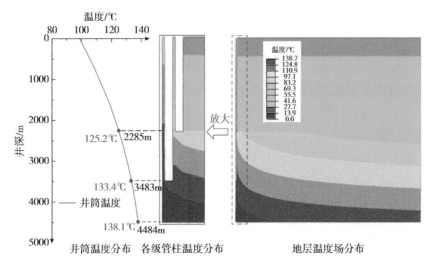

（a）地层温度场分布云图

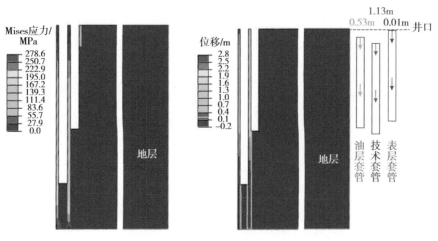

（b）井口无装置压重

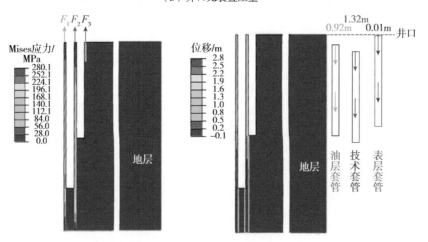

（c）井口装置压重 9t

图 6.8　正常生产过程中井筒管柱应力应变分布云图

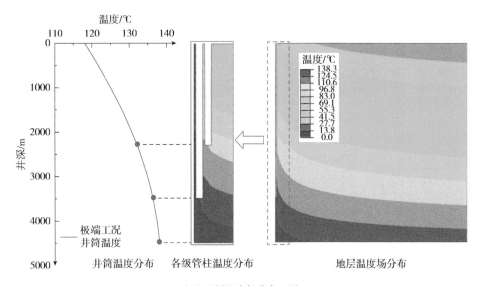

（a）地层温度场分布云图

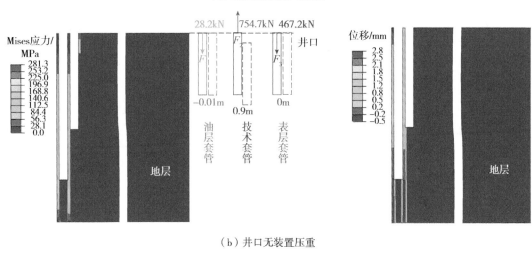

（b）井口无装置压重

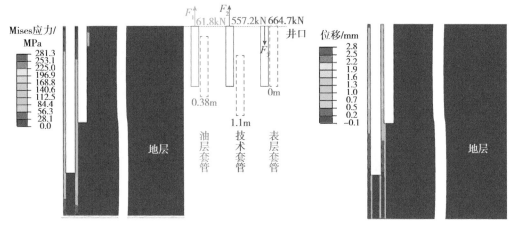

（c）井口装置压重 9t

图 6.9　极限生产作业过程中井筒管柱应力应变分布云图

井口产生的下拉力大小为 61.8kN。技术套管下沉量增加至 1.1m，对井口处上拉力减小至 557.2kN，表层套管对井口产生的上顶力增加至 664.7kN。生产过程中，井筒各级管柱通过井口装置连接在一起，即可将其视为整体。当井口装置无压重时，各级管柱对井口整体产生 704.1kN 上顶力，井口装置压重 9t 时，各级管柱对井口整体产生 614.1kN 上顶力，然而由于表层套管环空水泥环无缺失，在表层套管环空水泥环约束作用下，最终造成井口整体并未出现抬升现象。

在极限工况下，由于表层套管环空水泥环的封固作用，进而使得 XS101H 井口不会出现整体抬升风险。为验证表层套管水泥环对井口抬升的影响，进而开展表层套管水泥环缺失 100m 时井口抬升风险分析。

图 6.10 为表层套管水泥环缺失 100m 时地层温度场和各级管柱应力及位移云图，从图 6.10 可知，地层温度大小及分布并未发生明显变化，由于表层套管环空水泥环存在 100m 缺失，深度为 100m 内地层温度明显下降。相对于表层套管未缺失情况下，由于表层套管水泥环存在缺失，在生产过程中表层套管产生的热膨胀及上顶力未得到水泥环封固，除表层套管外，油层套管和技术套管的最大应力和最大位移分布都未发生变化。在井口装置无压重时，表层套管发生抬升，抬升量为 0.1m，并对井口产生 652.6kN 上顶力。各级套管对井口产生 213.6kN 整体上顶力，同时井口整体发生抬升，抬升量为 0.03m。在井口装置压重 9t 时，由于压重作用，表层套管抬升量为 0.1m，表层套管上顶力减小至 562.6kN，此时各级套管对井口整体产生 123.6kN 上顶力，井口整体抬升量减小至 0.02m。从上可知，当表层套管发生缺失时，XS101H 存在井口抬升风险。

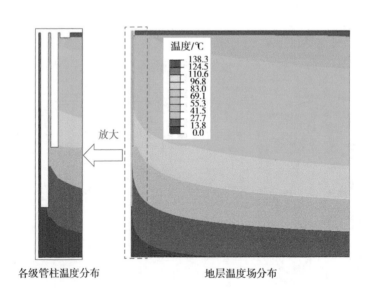

（a）地层温度场分布云图

图 6.10 表层套管水泥环缺失时井筒管柱应力应变分布云图

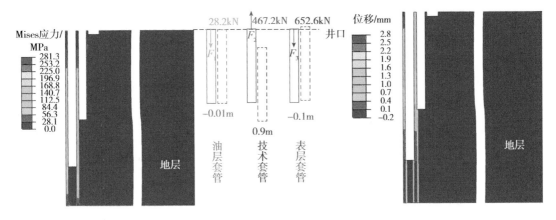

（b）井口无装置压重

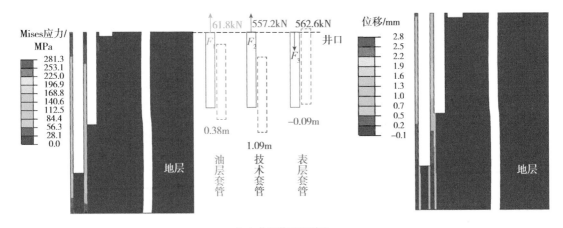

（c）井口装置压重 9t

图 6.10 表层套管水泥环缺失时井筒管柱应力应变分布云图（续）

图 6.11 为 XS101H 井口支反力分布示意图。根据不同工况下 XS101H 各级管柱井口支反力及位移情况，得到不同工况下各级管柱井口支反力和抬升量，见表 6.2、表 6.3，可以发现在正常生产工况下，XS101H 并不会出现井口抬升风险。当极限工况下，当表层套管水泥环固井质量较好时，表层套管井口处存在较大的上顶力，最大可达 704.1kN，然而由于水泥环的封固作用，造成 XS101H 井口并不会产生整体抬升现象，然而当表层套管水泥环存在缺失，水泥环对管柱约束作用下降，在井口无压重时，各级管柱整体产生 213.6kN 的上顶力，井口整体抬升 3cm。当井口存在 9t 压重时，此时井口整体抬升量略有下降，大小为 2cm。最终可

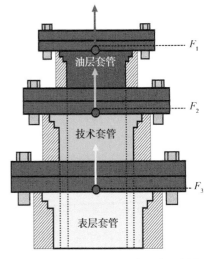

图 6.11 XS101H 井口支反力示意图

知，表层套管水泥环质量直接决定 XS101H 口抬升风险，当表层套管水泥环质量较好，该井不会出现井口抬升风险。

表 6.2　不同工况下各级管柱井口支反力（正值为下拉力、负值为上顶力）

作业工况		支反力/kN			
		油层套管 F_1	技术套管 F_2	表层套管 F_3	整体 F
下放过程		1120.0	2289.7	278.8	—
固井作业		1120.0	2289.7	278.8	—
正常生产	井口无压重	100.2	577.4	139.4	
	井口压重9t	190.2	667.4	229.4	
极限生产	表层套管水泥环无缺失 井口无压重	−28.2	467.2	−754.7	−704.1
	表层套管水泥环无缺失 井口压重9t	61.8	557.2	−664.7	−614.1
	表层套管水泥环缺失 井口无压重	−28.2	467.2	−652.6	−213.6
	表层套管水泥环缺失 井口压重9t	61.8	557.2	−562.6	−123.6

表 6.3　不同工况下各级管柱井口抬升量（正值为下沉、负值为抬升）

作业工况		下沉量/m			
		油层套管	技术套管	表层套管	整体下沉量
正常生产	井口无压重	0.53	1.13	0.00	0.00
	井口压重9t	0.92	1.32	0.00	0.00
极限生产	表层套管水泥环无缺失 井口无压重	−0.01	0.90	0.00	0.00
	表层套管水泥环无缺失 井口压重9t	0.38	1.09	0.00	0.00
	表层套管水泥环缺失 井口无压重	−0.01	0.90	−0.10	−0.03
	表层套管水泥环缺失 井口压重9t	0.38	1.09	−0.09	−0.02

6.1.4　井口抬升与下沉预测版图应用案例

以上建立的南缘高温高压井口抬升与下沉的有限元计算模型已经在新疆油田 XS102、XS101H 井、XJ06H 等后评估中成功应用。

6.1.4.1　井口抬升与表层套管水泥环损伤深度预测图版

通过使用该技术，最终形成井口抬升与表层套管水泥环损伤高度变化图版。该图版可根据实际井口抬升情况及生产参数，准确评估表层套管水泥环损伤程度，目前该图版已在 XS101H 井、XS102 成功应用，其井身结构分别如图 6.12 和图 6.13 所示。

XS101H 井油样全分析：密度 0.793g/cm³，黏度（50℃）1.70mPa·s，含蜡 5.64%，凝固点 10.0℃。气样分析：甲烷含量 84.65%，相对密度 0.677。XS101H 井用射孔—压裂—桥塞联作方式对井段 5028 ~ 5528m 分 11 级进行套管压裂改造后，获 8mm 油嘴试产。

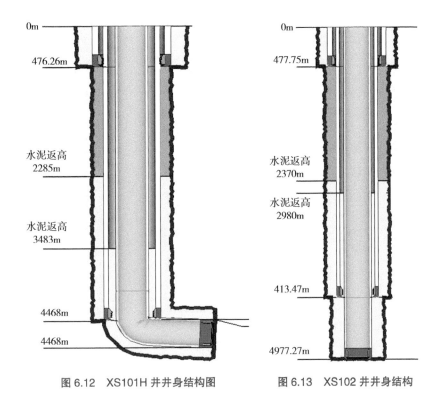

图 6.12 XS101H 井井身结构图　　　　图 6.13 XS102 井井身结构

XS101H 井（油和气、无水）试油工况：套压 40MPa，产油 231.4t/d，产气 21.72 × $10^4m^3/d$，含油 100%，井底流温：127℃。试油温度剖面预测结果中地层流体的露点压力（实验测定）为 49.75MPa（图 6.14）。

XS102 油样全分析：密度 0.791g/cm³，黏度（50℃）1.52mPa·s，含蜡 5.85%，凝固点 6℃。气样全分析：甲烷含量 83.57%，相对密度 0.6917。XS102 分层射孔、压裂后合试，试产获 10mm 油嘴。

XS102（油、气、水）试油工况：套压 24.53MPa，产油 134.3m³/d，产气 15.2 × $10^4m^3/d$，产水 277.7m³/d，流压流压 49.48MPa，流温 123.4℃。试油温度剖面预测结果如图 6.15 所示。

只有表层套管上部水泥环损伤后，在作业或生产过程中，由于井筒温度变化，导致各层套管缩短或伸长，才有可能发现井口下沉或抬升。本研究将对 XS101H 及 XS102 井试油阶段（井筒升温）进行井口抬升分析。

计算方法：根据表层套管水泥环损伤深度，如图 6.16 所示，计算井口抬升高度，形成图版曲线，根据图版曲线，以及现场实测井口抬升高度，可反过来预测表层套管损伤深度。

初始条件：生产套管固井完成后的温度场为初始条件。

计算条件：最终试油最高产量、井底温度为计算条件。

为了对比分析，根据实际井身结构及其试油工况，假设 XS101H 及 XS102 井表层套管损伤深度均为 200m，其井口压重均为 98kN，根据各自试油工况的油、气、水的最大产量，

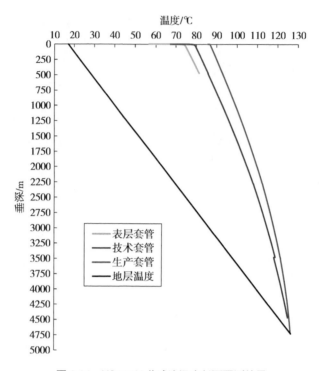

图 6.14 XS101H 井试油温度剖面预测结果

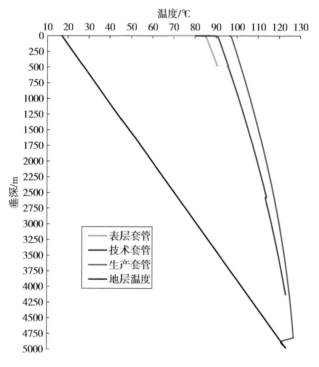

图 6.15 XS102 井试油温度剖面预测结果

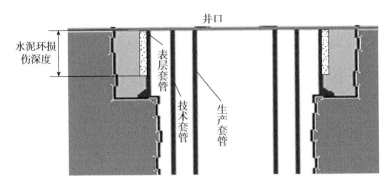

图 6.16 XS101H 及 XS102 井井身结构局部示意图

其井口抬升评价计算结果见表 6.4。从表 6.4 中可知，XS101H 的各层套管直径均大于 XS102 井直径，XS101H 的生产套管水泥返深要比 XS102 井的深 903m，其技术套管的返深要比 XS102 井的浅 85m，同时这两口井的试油产量也不同，因此导致各层套管的引起的位移增量有较大差异，XS101H 井口抬升 2.5cm，XS102 井口抬升 9mm，从数值上来看，XS102 容易抬升。

表 6.4 表层套管水泥环损伤 200m 时井口抬升评价计算结果

井口压重 98kN	XS101H			XS102			XS101H 与 XS102 井返深差/m
	直径/mm	水泥返深/m	位移增量/cm	直径/mm	水泥返深/m	位移增量/cm	
表层套管	339.73	0	−0.90	273.05	0	−1.10	0
技术套管	244.7	2285	−19.2	193.67	2370	−13.9	−85
生产套管	139.7	3483	−9.4	127	2580	−10.9	903
试油工况	—		32.0	—		34.9	—
井口抬升	—		2.50	—		9.00	—

为了更系统地分析不同水泥环损伤高度与井口抬升的关系，不断改变模型水泥环损伤高度，其评价结果见表 6.5 及其图 6.17 图版曲线。根据该图版曲线，以及现场实测井口抬升高度，可反过来预测或评价表层套管损伤高度。

表 6.5 XS101H 及 XS102 口抬升评价结果

表层套管水泥环损伤深度/m	井口压重（98kN）		井口压重（0kN）	
	XS102–98kN	XS101H井–98kN	XS102–0kN	XS101H井–0kN
	井口抬升高度/cm	井口抬升高度/cm	井口抬升高度/cm	井口抬升高度/cm
0	0	0	0	0
10	0.6	0.2	0.6	0.3
20	1.1	0.5	1.2	0.6

表层套管水泥环损伤深度/m	井口压重（98kN）		井口压重（0kN）	
	XS102–98kN	XS101H井–98kN	XS102–0kN	XS101H井–0kN
	井口抬升高度/cm	井口抬升高度/cm	井口抬升高度/cm	井口抬升高度/cm
50	2.8	1.1	3	1.3
100	5.2	1.9	5.7	2.3
200	9	2.5	10.1	3.4
300	11.5	1.8	13.2	3.2
400	13	0.2	15.2	2.1

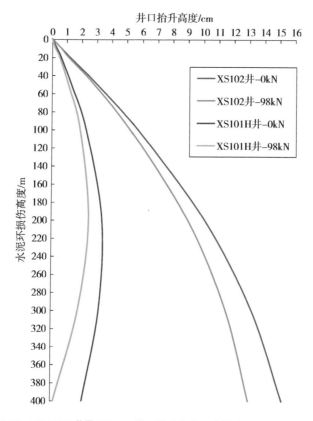

图 6.17 XS101H 井及 XS102 井口抬升与表层套管水泥环损伤高度图版

评价结果如图 6.17 图版曲线。该图中给出了井口无压重及压重为 98kN 两种工况下，XS101H 及 XS102 井口抬升与表层套管水泥环损伤高度图版曲线。

结论与认识：

（1）表层套管无水泥环损伤，两口井井口无抬升。

（2）在相同水泥环损伤高度下，XS102 井口抬升的可能性远远高于 XS101H 井，其主要原因：

①试油生产工况及其套管柱结构尺寸不同。其表层套管外径分别为273mm和339.73mm，尺寸越大，承载面积越大，平均上顶压力越小，因此XS101H井不容易抬升。

②可能是生产套管、技术套管水泥环返深的差异引起的，其水泥环返深差异最大相差903m。

（3）该两口井曲线形状有差异，XS101H井曲线中，水泥环抬升高度随着水泥环损坏深度的增加，先非线性增加，随后在220m左右，又开始非线性减小，最终到水泥环损坏深度400m时，几乎井口不抬升。

（4）XS102曲线中，水泥环抬升高度随着水泥环损伤深度的一直非线性增加，如图6.17所示。

（5）井口有压重时，如图6.17所示，在98kN的压重下，井口抬升版图曲线也随着下降。

（6）根据各层套管不同的水泥环返深，以及不同生产工况及不同作业工况，可以制作不同井况详细的井口抬升与下沉的图版曲线，为水泥环返深设计、生产制度的工况制定提供依据。

6.1.4.2 压裂期间井口抬升及套管强度安全性预测

本节开展XS101H井压裂及其随产气和产油量变化的井口抬升及其抬升力引起的安全性评价。通过对XS101H井在压裂温度剖面预测，可知井口压力75MPa、排量3m³/min压裂后期储层温度降低约75°，整个井口"缩短"18.4cm，即下沉18.4cm，由此产生的各层套管三轴应力及其安全系数见表6.6，按设计安全系数1.5，表6.6中表层套管安全系数为1.14，但是大于1.0，处于"亚安全状态"，但是该压裂工况不会持续很久，属于短期行为，事后将会恢复"安全状态"。通过后评估预测，新井设计时，在相同外径的基础上，可以提高壁厚，由XS101H井现在的9.66mm提高到12.195mm，其安全系数即可达到1.43，或者提高钢级，见表6.7。

表6.6 XS101H井压裂井口各层套管三轴应力及其安全系数后评估预测数据

项目	表层套管J55	技术套管P110	生产套管TP125
三轴应力/MPa	266.08	223.76	541.3
安全系数	1.14	3.31	1.65

表6.7 表层套管壁厚纲级与安全系数新井设计选用参考

名称	钢级/ksi	外径/mm	壁厚/mm	表层套管安全系数
表层套管	55	339.73	9.66	1.14
	55	339.73	10.925	1.28
	55	339.73	12.195	1.43
	110	339.73	12.195	2.86

由表 6.6 和表 6.7 可知，压裂期间井口下沉，井口表层套管安全系数为 1.14 小于 1.5，处于"亚安全状态"，其余各层套管安全系数大于 1.5，处于安全性生产。类似新井设计可参考选用表层套管尺寸。

6.1.4.3 开井试油（生产）期间井口抬升及套管强度安全性预测

对 XS101H 井生产产量进行预算估计，计算出不同产量下的 B、C 环空压力、井口抬升及各层套管受力的计算值，计算结果见表 6.8，该井口抬升及各层套管受力随其油气当量的变化关系绘制于图 6.18。从图 6.18 中可知，当井口抬升 4.6cm 时，井口的合计上"顶力"为 1515.51kN（详见表 6.8），仅考虑上顶力不能评价井口套管的安全性问题，还必须同时考虑 A 环空、B 环空及 C 环空对各层套管产生的内外压力，即"三轴应力"才能评价其安全性，根据表 6.8 中预测数据及三轴应力计算公式，可得图 6.19 中的"三轴应力"随油气当量的变化关系曲线，当井口抬升 4.6cm 时，各层套管内的三轴应力均低于 225MPa（最低强度表层套管 J55 屈服应力为 379MPa），各层套管处于安全生产。

表 6.8　XS101H 井 B、C 环空压力、井口抬升以及各层套管受力预测数据

油嘴/mm	油气当量/（m³/d）	产油量/（m³/d）	产气量/（10⁴m³/d）	井口压力/MPa	井口温度/℃	井口抬升/cm	B环空压力/MPa	C环空压力/MPa	表层套管压缩力/kN	技术套管上顶力/kN	生产套管上顶力/kN	合计上顶力/kN
6	130	65.2	6.5	47.3	47.30	0	13.47	2.21	−2399.95	1708.79	1073.32	382.17
8	339.6	169.6	17	46.5	73.88	0	26.52	11.34	−1372.43	1534.21	826.46	988.24
12	802.2	401.2	40.1	43.8	90.15	0.0	33.89	18.26	−695.83	1397.65	687.95	1389.78
14	1060.4	530.4	53	41.9	93.44	1.7	35.25	19.66	−554.16	1368.57	653.89	1468.29
16	1299.3	649.7	65	39.4	95.08	3	35.78	20.34	−478.94	1353.12	628.98	1503.16
20	1826.9	913.5	91.3	34.7	96.84	4.5	36.2	20.98	−395.16	1337.73	591.77	1534.34
24	2289.7	1144.9	114.5	30.2	96.65	4.6	35.68	20.77	−393.74	1336.58	572.67	1515.51
28	2667.6	1333.8	133.4	25.4	95.60	4.3	34.95	20.31	−411.71	1341.82	553.01	1483.13
30	2825.2	1412.6	141.3	23.1	94.57	3.8	34.24	19.81	−447.77	1348.17	549.62	1450.02
34	3081.5	1540.7	154.1	19.3	92.32	2.6	33.01	18.82	−521.22	1363.91	546.13	1388.81
38	3271.1	1635.5	163.6	16.2	89.85	1.3	31.81	17.82	−601.32	1381.06	547.44	1327.18
40	3346.8	1673.4	167.3	14.9	88.67	0.6	31.16	17.35	−639.64	1386.20	550.40	1296.96
45	3412.4	1706.2	170.6	13.7	90.20	1.8	31.9	18.06	−563.32	1373.30	527.83	1337.81
50	3469.5	1734.8	173.5	12.4	87.64	0.2	30.47	16.86	−665.47	1393.40	536.79	1264.71
60	3666.1	1833.1	183.3	9.7	83.03	0	28.99	15.44	−797.17	1420.11	560.03	1182.97
65	3728.3	1864.1	186.4	8.8	81.89	0	28.68	15.21	−817.13	1423.27	561.83	1167.97

通过对 XS101H 井生产产量进行估计，可计算该井井口抬升及各层套管三轴安全系数随其油气当量的变化关系，如图 6.20 所示。

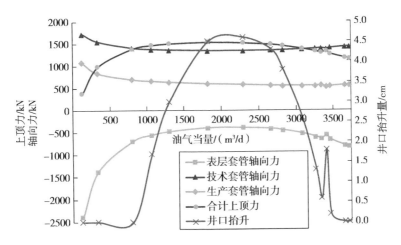

图 6.18　井口抬升量、套管受力随其产量的变化关系

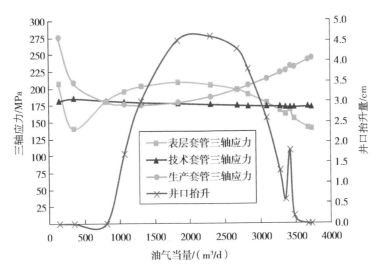

图 6.19　井口抬升量、套管三轴应力随其产量的变化关系

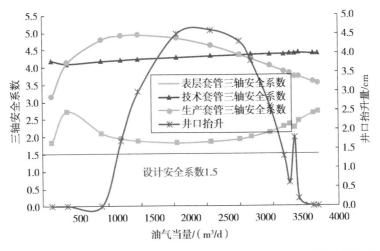

图 6.20　井口抬升量及各层套管三轴安全系数随其油气当量产量的变化关系

通过以上分析得出结论：开井试油（生产）期间井口抬升期间，各层套管安全系数均大于 1.5，其各层套管处于安全性生产。

根据预测产量数值，得到 XS101H 井井口抬升情况：当使用 14mm 油嘴、油气当量产量为 1060m³/d 时，井口出现抬升，抬升量为 1.7cm，随着产量增加，最大抬升量可达到 4.6cm。

根据表 6.8 中的油气产量数据，经过大量的有限元数值模拟计算，得到了 XS101H 井产油量—产气量与井口抬升预测图版，如图 6.21 所示，根据该图版可以制定生产制度，调节产量来控制井口抬升与下沉，为井口安全生产提供了理论指导依据。

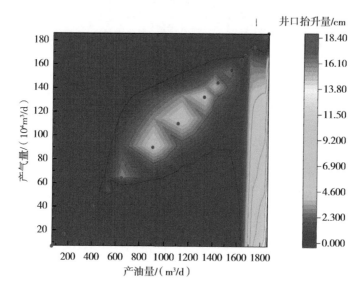

图 6.21　XS101H 井产油 / 产气量与井口抬升预测图版

6.1.4.4　XJ06H 井口抬升及其抬升力引起的安全性评价

XJ06H 为三开井身结构，其井身结构如图 6.22 所示，其基本结构数据见表 6.9。

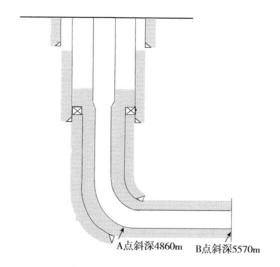

图 6.22　XJ06H 井井身结构图

表 6.9 XJ06H 井井身结构及其套管钢级尺寸

钻头尺寸/mm	深度/m	套管名称	外径/mm	壁厚/mm	钢级（扣型）	抗内压/MPa	抗外挤/MPa	下入深度/m	水泥返深/m	阻流环深/m
444.5	0 ~ 501	表层套管	365.1	13.88	TP140V（气密封扣）	61.0	25.2	13.23 ~ 500	地面	—
333.4	501 ~ 3740	技术套管	273.05	12.57	P-110（梯形扣）	51.40	31.8	12.8 ~ 3736.5	580	—
241.3	3740 ~ 4769	技术尾管	193.70	10.92	TP110V（梯形扣）	74.90	76.4	3531.74 ~ 4769	3528.90	—
165.1	4769 ~ 5570	油层套管	139.70	10.54	TP125V（气密封扣）	110.3	120.2	12.0 ~ 3352.16	2872	5516.95
			127.00	11.10	TP125V（气密封扣）	131.80	140.2	3352.16 ~ 4849.33		
			127.00	11.10	BG125V（长圆扣）	110.30	148.5	4849.33 ~ 5532.52		

注：技术尾管悬挂器位于 3528.90 ~ 3532.35m。

2022 年 4 月 12 日施工经过：12：30—15：00，卸采气树，安装大闸阀，挖圆井，对油技套环空打平衡压至 25.0MPa 时，压力突降至 14.0MPa，井口突然整体抬升（20 ~ 30cm）后回落，同时圆井坑返出大量清水。

2022 年 4 月 14 日：15：00—19：00，用清水对油技套环空分别打压 5.0MPa、10.0MPa、15.0MPa，稳压正常，井口未抬升，打压过程中表层套管头出水。19：00—19：30，对油技套环空打压至 17.0MPa 时，井口突然整体抬升（约 7cm），稳压 12min，压力降至 16.7MPa，后放压至 10.0MPa，井口开始回落，放压至 0MPa，井口落位（比打压前高约 1cm）。

2022 年 4 月 16 日：17：17—5：00，油层套管憋压 55MPa，从油技套环空缓慢打压至 12MPa 时，井口抬升 14cm 左右，如图 6.23 所示，稳压 15min，压力降至 11.7MPa；套管压力 54MPa；油技套环空放压至 7MPa 时井口开始回落，放压后井口比原位置高 3cm 左右。

图 6.23 XJ06H 井口抬升 14cm

井口抬升的具体原因和井口抬升对井口的影响不明确，本井为高压高产气井，在压裂及试油过程中，井口受压力、温度激动，井口刺漏失控井控风险高，需进一步评估。

根据本研究建立的南缘高温高压井口抬升与下沉的有限元计算模型，以及 XJ06H 井不同产气量工况下井口抬升情况及各级套管受力安全性预测评价结果（表 6.10），发现产量为 $48.2 \times 10^4 m^3/d$ 井口抬升情况相对更为严重。其中产量为 $48.2 \times 10^4 m^3/d$，当 B、C 环空均存在较大长度的自由段管柱（2872m，580m）时，井口最大抬升量为3.7cm。当C环空反挤水泥至井口时，井口抬升量仅为0.2cm。按设计安全系数1.5计算，产量分别为$25.51 \times 10^4 m^3/d$、$48.2 \times 10^4 m^3/d$，不同水泥环返深工况下的井筒各级管柱三轴安全系数均大于1.5，即管柱均处于"安全状态"。

表6.10　XJ06H井井口抬升预测分析数据

产气量/ （$10^4 m^3/d$）	工况	井口抬升量/ cm	轴向力/kN			三轴应力/MPa			安全系数		
			表层套管	技术套管	生产套管	表层套管	技术套管	生产套管	表层套管	技术套管	生产套管
25.51	BC环空无水泥	0.4	13.04	880.14	736.52	155.03	105.13	202.01	6.23	7.22	4.27
	C环空反注水泥	0	−1217.16	1421.96	726.68	230.03	100.65	240.69	4.20	7.54	3.58
48.2	BC环空无水泥	3.7	728.21	730.47	609.81	118.91	291.29	198.18	8.12	2.60	4.35
	C环空反注水泥	0.2	−1027.58	1585.30	597.39	118.39	358.58	234.69	8.16	2.12	3.67

6.2　生产期间油管柱振动机理关键技术

6.2.1　油管柱流固耦联轴向振动数学模型

在高压高产气井中，流体与管柱之间的耦合作用会改变水锤波的频谱特征，因此在描述管柱轴向振动时需要考虑另外2个管柱结构方程，即4方程模型。

直井油管柱的坐标系如图6.24所示，其中z轴方向与管道轴线方向相同，并沿井口指向井底，假设油管柱满足下列假设：

（1）油管为均质、弹性和各向同性的圆管；

（2）忽略油管径向变形引起的流体径向运动及流体绕管轴的旋转运动；

（3）管道与流体之间的摩擦耦合可以忽略；

（4）油管柱内为单相气体；

（5）流体压力和流速在同一管道截面内是恒值；

（6）流体和管柱运动速度远小于其中的波速，因此可以忽略控制方程中的对流项。

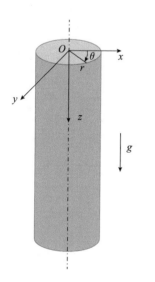

图6.24　油管柱轴向振动模型坐标系

为便于理解，规定所使用的直角坐标系中，x，y，z 的分布均符合右手定则，并且在局部坐标系中，x-z 平面为重力所在平面，z 轴方向与管道轴线方向相同；所使用的参量，除特别说明外，均采用国际标准单位。

6.2.1.1　流体控制方程

据连续流及 Navier–Stokes 运动方程，采用圆柱坐标系来描述流体运动，其中轴向坐标 z，径向坐标 r，时间坐标 t。

流体连续性方程：

$$\frac{\partial \rho_f}{\partial t} + v_z \frac{\partial \rho_f}{\partial z} + v_r \frac{\partial \rho_f}{\partial r} + \rho_f \frac{\partial v_z}{\partial z} + \frac{\rho_f}{r} \frac{\partial}{\partial r}(r v_r) = 0 \tag{6.6}$$

流体轴向运动方程：

$$
\begin{aligned}
&\rho_f \frac{\partial v_z}{\partial t} + \rho_f v_z \frac{\partial v_z}{\partial z} + \rho_f v_r \frac{\partial v_z}{\partial r} + \frac{\partial p}{\partial z} = \\
&F_z + \left(\kappa + \frac{1}{3}\mu\right) \frac{\partial}{\partial z}\left[\frac{\partial v_z}{\partial z} + \frac{1}{r}\frac{\partial(r v_r)}{\partial r}\right] + \mu\left[\frac{1}{r}\frac{\partial}{\partial r}\left(r \frac{\partial v_z}{\partial r}\right) + \frac{\partial^2 v_z}{\partial z^2}\right]
\end{aligned}
\tag{6.7}
$$

流体径向运动方程：

$$
\begin{aligned}
&\rho_f \frac{\partial v_r}{\partial t} + \rho_f v_z \frac{\partial v_r}{\partial z} + \rho_f v_r \frac{\partial v_r}{\partial r} + \frac{\partial p}{\partial r} = \\
&F_r + \left(\kappa + \frac{1}{3}\mu\right) \frac{\partial}{\partial r}\left[\frac{\partial v_z}{\partial z} + \frac{1}{r}\frac{\partial(r v_r)}{\partial r}\right] + \mu\left[\frac{1}{r}\frac{\partial}{\partial r}\left(r \frac{\partial v_r}{\partial r}\right) - \frac{v_r}{r^2} + \frac{\partial^2 v_r}{\partial z^2}\right]
\end{aligned}
\tag{6.8}
$$

式中　v_z，v_r——流体轴向运动速度和径向运动速度；

　　　ρ_f——流体密度；

　　　F_z，F_r——流体重力产生的轴向体力和径向体力，对于直井，$F_z = \rho_f g$，$F_r = 0$；

　　　κ——流体的体积黏性系数；

　　　μ——流体动力黏性系数；

　　　p——流体压力；

　　　z——管柱轴向长度；

　　　r——管柱径向厚度；

　　　t——时间。

流体参数 v_z、v_r、ρ_f 和 p 均为坐标 z、r 和 t 的函数。

天然气的状态方程：

$$\rho_f = \frac{p}{Z R_g T} \tag{6.9}$$

式中　Z——平均温度压力下的天然气的压缩因子；

R_g——气体常数；

T——温度。

将式（6.9）两端对时间 t 取微分，得

$$\frac{\partial \rho_f}{\partial t} = \frac{1}{ZR_gT}\frac{\partial p}{\partial t} = \frac{\rho}{Z\rho R_gT}\frac{\partial p}{\partial t} = \frac{\rho}{p}\frac{\partial p}{\partial t} \tag{6.10}$$

忽略流体控制方程式（6.6）至式（6.8）中的对流项，将流体控制方程简化为

流体连续性方程：

$$\frac{1}{p}\frac{\partial p}{\partial t} + \frac{\partial v_z}{\partial z} + \frac{1}{r}\frac{\partial}{\partial r}(rv_r) = 0 \tag{6.11}$$

流体轴向运动方程：

$$\rho_f\frac{\partial v_z}{\partial t} + \frac{\partial p}{\partial z} = \rho_f g + \frac{\mu}{r}\frac{\partial}{\partial r}\left(r\frac{\partial v_z}{\partial r}\right) \tag{6.12}$$

流体径向运动方程：

$$\rho_f\frac{\partial v_r}{\partial t} + \frac{\partial p}{\partial r} = 0 \tag{6.13}$$

将方程式（6.11）和式（6.12）两边同时乘以 $2\pi r$，并对 r 从 0 到 R（R 为管柱内半径）积分，两边再同时除以油管过流面积 πR^2。另外，对于长波长的管柱，忽略流体径向运动的影响，即令 $\frac{\partial v_r}{\partial r}\big|_{r=R} = 0$，将方程简化得到式（6.14）和式（6.15）。

流体连续性方程：

$$\frac{1}{P}\frac{\partial P}{\partial t} + \frac{\partial V}{\partial z} + \frac{2}{R}v_r\big|_{r=R} = 0 \tag{6.14}$$

流体轴向运动方程：

$$\rho_f\frac{\partial V}{\partial t} + \frac{\partial P}{\partial z} = \rho_f g + \frac{2}{R}\mu\frac{\partial v_z}{\partial r}\big|_{r=R} = \rho_f g - \frac{2}{R}\tau_0 \tag{6.15}$$

其中

$$\tau_0 = -\mu\frac{\partial v_z}{\partial r}\big|_{r=R} \tag{6.16}$$

$$V = \frac{1}{\pi R^2}\int_0^R 2\pi R \cdot v_z \mathrm{d}r \tag{6.17}$$

$$P = \frac{1}{\pi R^2}\int_0^R 2\pi R \cdot p \mathrm{d}r \tag{6.18}$$

式中 τ_0——管壁处流体的切应力；

V 和 P——分别为流体断面平均流速和流体断面平均压力。

6.2.1.2 管柱控制方程

由于理想状态下直井油管柱为轴对称结构，用柱坐标系下的轴向、径向运动方程来描述管柱的运动，管柱受力示意图如图 6.25 和图 6.26 所示。

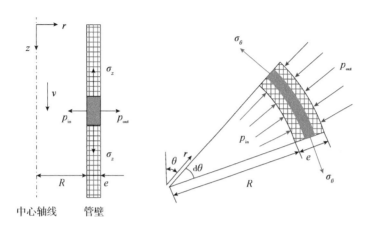

图 6.25　作用在管壁上的应力　　图 6.26　作用在管壁单元上的法向应力

根据管柱轴向、径向上的应力平衡关系，忽略管柱的弯曲刚度、旋转惯性和剪切变形，得到管柱轴向和径向运动方程式（6.19）和式（6.20）。

$$\rho_{\mathrm{p}}\frac{\partial \dot{u}_z}{\partial t} + \rho_{\mathrm{p}}\dot{u}_z\frac{\partial \dot{u}_z}{\partial z} + \rho_{\mathrm{p}}\dot{u}_r\frac{\partial \dot{u}_z}{\partial r} = \frac{\partial \sigma_z}{\partial z} + \frac{1}{r}\frac{\partial (r\tau_{zr})}{\partial r} + \rho_{\mathrm{p}}g \tag{6.19}$$

$$\rho_{\mathrm{p}}\frac{\partial \dot{u}_r}{\partial t} + \rho_{\mathrm{p}}\dot{u}_z\frac{\partial \dot{u}_r}{\partial z} + \rho_{\mathrm{p}}\dot{u}_r\frac{\partial \dot{u}_r}{\partial r} = \frac{1}{r}\frac{\partial (r\sigma_r)}{\partial r} + \frac{\partial \tau_{rz}}{\partial z} - \frac{\sigma_\theta}{r} \tag{6.20}$$

式中　u_z，u_r——管柱轴向运动位移和径向运动位移；

　　　$\dot{u}_z$，$\dot{u}_r$——管柱轴向运动速度和径向运动速度；

　　　ρ_{p}——管柱密度；

　　　σ_z，σ_r，σ_θ——管柱轴向应力、径向应力和环向应力；

　　　τ_{zr}，τ_{rz}——管柱的剪切应力。

式（6.19）和式（6.20）中方程左侧第 2 项、第 3 项为流体迁移效应所引起的迁移力，当管内流体介质的速度较大时，流体的平均流动速度幅值远大于其脉动速度幅值，因此脉动速度产生的迁移力可以忽略。将式（6.19）和式（6.20）两边同时乘以 $2\pi r$，并对 r 从 R 到 $R+e$（e 为管柱壁厚）积分，两边再同时除以 $\pi e(2R+e)$，得到管柱轴向和径向运动方程式（6.21）和式（6.22）。

$$\rho_{\mathrm{p}}\frac{\partial \bar{u}_z}{\partial t} = \frac{\partial \bar{\sigma}_z}{\partial z} + \frac{R+e}{\left(R+\frac{1}{2}e\right)e}\tau_{zr}\big|_{r=R+e} - \frac{R}{\left(R+\frac{1}{2}e\right)e}\tau_{zr}\big|_{r=R} + \rho_{\mathrm{p}}g \tag{6.21}$$

$$\rho_{\mathrm{p}} \frac{\partial \bar{u}_r}{\partial t} = \frac{R+e}{\left(R+\dfrac{1}{2}e\right)e} \sigma_r \big|_{r=R+e} - \frac{R}{\left(R+\dfrac{1}{2}e\right)e} \sigma_r \big|_{r=R} - \frac{1}{R+\dfrac{1}{2}e} \bar{\sigma}_\theta \tag{6.22}$$

$$\bar{u}_z = \frac{1}{2\pi\left(R+\dfrac{1}{2}e\right)e} \int_R^{R+e} 2\pi r \cdot \dot{u}_z \mathrm{d}r \tag{6.23}$$

$$\bar{u}_r = \frac{1}{2\pi\left(R+\dfrac{1}{2}e\right)e} \int_R^{R+e} 2\pi r \cdot \dot{u}_r \mathrm{d}r \tag{6.24}$$

$$\bar{\sigma}_z = \frac{1}{2\pi\left(R+\dfrac{1}{2}e\right)e} \int_R^{R+e} 2\pi r \cdot \sigma_z \mathrm{d}r \tag{6.25}$$

$$\bar{\sigma}_\theta = \frac{1}{e} \int_R^{R+e} \sigma_\theta \mathrm{d}r \tag{6.26}$$

式中　$\bar{u}_z$，$\bar{u}_r$——管柱截面平均轴向运动速度和管柱截面平均径向运动速度；

$\bar{\sigma}_z$，$\bar{\sigma}_\theta$——管柱截面平均轴向应力和管柱截面平均环向应力。

式（6.23）为管柱轴向运动速度与轴向应力的关系式，而式（6.24）为管柱径向运动速度与环向应力的关系式，因此，需要管柱应力—位移关系方程来完善此模型。根据广义胡克定律，对于三维各向同性的固体，正应变与正应力呈线性关系，管柱的应力—应变关系式为

$$\varepsilon_z = \frac{1}{E}\left[\sigma_z - \nu\left(\sigma_r + \sigma_\theta\right)\right] \tag{6.27}$$

$$\varepsilon_r = \frac{1}{E}\left[\sigma_r - \nu\left(\sigma_z + \sigma_\theta\right)\right] \tag{6.28}$$

$$\varepsilon_\theta = \frac{1}{E}\left[\sigma_\theta - \nu\left(\sigma_z + \sigma_r\right)\right] \tag{6.29}$$

式中　ε_z，ε_r，ε_θ——管柱轴向应变、径向应变和环向应变；

E——管柱弹性模量；

ν——管柱泊松比。

管柱的几何方程（应变—位移关系式）为

$$\varepsilon_z = \frac{\partial u_z}{\partial z} \tag{6.30}$$

$$\varepsilon_r = \frac{\partial u_r}{\partial r} \tag{6.31}$$

$$\varepsilon_\theta = \frac{\partial u_\theta}{\partial \theta} \tag{6.32}$$

由式（6.21）至（式6.32）可得管柱轴向应力—位移关系为

$$\sigma_z = E\frac{\partial u_z}{\partial z} + \nu\left(\sigma_r + \sigma_\theta\right) \tag{6.33}$$

将式（6.33）方程两边对时间 t 取偏微分，并方程两边同时乘以 $2\pi r$，并对 r 从 R 到 $R+e$ 积分，两边再同时除以 $\pi e(2R+e)$，可得到管柱轴向应力—速度关系式

$$\frac{\partial \bar{\sigma}_z}{\partial t} = E\frac{\partial \bar{\dot{u}}_z}{\partial z} + \nu\frac{\partial \bar{\sigma}_r}{\partial t} + \nu\frac{\partial \bar{\bar{\sigma}}_\theta}{\partial t} \tag{6.34}$$

其中

$$\bar{\sigma}_r = \frac{1}{2\pi\left(R+\dfrac{1}{2}e\right)e}\int_R^{R+e} 2\pi r\cdot\sigma_r\mathrm{d}r \tag{6.35}$$

$$\bar{\bar{\sigma}}_\theta = \frac{1}{2\pi\left(R+\dfrac{1}{2}e\right)e}\int_R^{R+e} 2\pi r\cdot\sigma_\theta\mathrm{d}r \tag{6.36}$$

6.2.1.3　流固耦合条件

流体与固体运动方程之间的耦合通过接触界面 $r=R$ 处的边界条件来实现，耦合界面处的边界条件为

$$\tau_{zr}\big|_{r=R} = -\tau_0 \qquad \tau_{zr}\big|_{r=R+e} = 0 \tag{6.37}$$

$$\sigma_r\big|_{r=R} = -p_{\mathrm{in}} \qquad \sigma_r\big|_{r=R+e} = -p_{\mathrm{out}} \tag{6.38}$$

$$\dot{u}_r\big|_{r=R} = v_r\big|_{r=R} \qquad \dot{u}_r\big|_{r=R+e} = 0 \tag{6.39}$$

式中　p_{in}，p_{out}——管柱承受的流体内压力和外压力。

式（6.37）和式（6.38）为动力耦合边界条件，分别表示作用在管柱内外壁的剪切力和流体压力，式（6.39）为运动耦合边界条件，表示管柱运动速度与流体运动速度之间的关系。

6.2.1.4　流固耦合4方程模型

将流固耦合条件代入流体运动方程和管柱运动方程，并经过一系列的公式变换，最终得到油管柱流固耦合轴向振动的4方程模型。

流体轴向运动方程：

$$\frac{\partial V}{\partial t} + \frac{1}{\rho_{\mathrm{f}}}\frac{\partial P}{\partial z} = g - \frac{\lambda_{\mathrm{f}}\left(V-\dot{u}_z\right)\left|V-\dot{u}_z\right|}{4R} \tag{6.40}$$

流体连续性方程：

$$\frac{\partial V}{\partial z} + \left(\frac{1}{P} + \frac{2}{E}\frac{R}{e}\right)\frac{\partial P}{\partial t} - \frac{2\nu}{E}\frac{\partial \sigma_z}{\partial t} = 0 \tag{6.41}$$

管柱轴向运动方程：

$$\frac{\partial \dot{u}_z}{\partial t} - \frac{1}{\rho_p}\frac{\partial \sigma_z}{\partial z} = g + \frac{\lambda_f \rho_f \left(V - \dot{u}_z\right)\left|V - \dot{u}_z\right|}{8\rho_p e} - \frac{\lambda_w \rho_w \dot{u}_z \left|\dot{u}_z\right|}{8\rho_p e} \tag{6.42}$$

管柱轴向应力—速度关系方程：

$$\frac{\partial \dot{u}_z}{\partial z} - \frac{1}{E}\frac{\partial \sigma_z}{\partial t} + \frac{\nu}{E}\frac{R}{e}\frac{\partial P}{\partial t} = 0 \tag{6.43}$$

式中 λ_f——天然气的摩阻系数；

λ_w——油套环空中充填的完井液的摩阻系数。

6.2.2 油管柱固耦联横向振动数学模型

假设油管柱的横向振动与轴向振动相互独立，流体对管柱横向振动的影响体现在其惯性上，采用直角坐标系推导管柱横向振动模型，其中 z 轴方向与管道轴线方向相同，并沿井口指向井底，如图 6.27 所示。

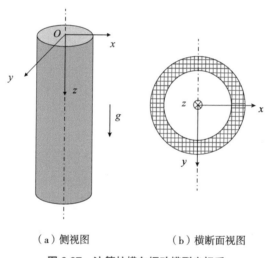

（a）侧视图 （b）横断面视图

图 6.27 油管柱横向振动模型坐标系

6.2.2.1 管柱控制方程

在管柱横截面上，以下方程自动满足：

$$\iint x\mathrm{d}x\mathrm{d}y = \iint y\mathrm{d}x\mathrm{d}y = 0 \tag{6.44}$$

在 z—y 平面上，根据 Timoshenko 梁理论，采用 Cowper 方法可导出管柱轴向运动（z 方向）和横向运动（y 方向）的微分管柱轴向、横向运动方程分别为式（6.44）和式（6.45）。

$$\rho_p \frac{\partial \dot{u}_z}{\partial t} + \rho_p \dot{u}_x \frac{\partial \dot{u}_z}{\partial x} + \rho_p \dot{u}_y \frac{\partial \dot{u}_z}{\partial y} + \rho_p \dot{u}_z \frac{\partial \dot{u}_z}{\partial z} = \frac{\partial \tau_{zx}}{\partial x} + \frac{\partial \tau_{zy}}{\partial y} + \frac{\partial \sigma_z}{\partial z} + F_z \tag{6.45}$$

$$\rho_p \frac{\partial \dot{u}_y}{\partial t} + \rho_p \dot{u}_x \frac{\partial \dot{u}_y}{\partial x} + \rho_p \dot{u}_y \frac{\partial \dot{u}_y}{\partial y} + \rho_p \dot{u}_z \frac{\partial \dot{u}_y}{\partial z} = \frac{\partial \tau_{yx}}{\partial x} + \frac{\partial \sigma_y}{\partial y} + \frac{\partial \tau_{yz}}{\partial z} + F_y \qquad (6.46)$$

式中 $\dot{u}_z$、$\dot{u}_y$、$\dot{u}_x$——管柱轴向运动速度和横向运动速度;

ρ_p——管柱密度;

σ_z、σ_y——管柱轴向应力和横向应力;

τ_{zx}、τ_{zy}、τ_{yx}、τ_{yz}——管柱的剪切应力;

F_z、F_y——管柱轴向和径向体积力;

t——时间。

式(6.45)和式(6.46)分别表示管柱轴向和横向的线性动量平衡方程。其中,变量$\dot{u}_z$、$\dot{u}_y$、$\dot{u}_x$、τzx、τ_{zy}、τ_{yx}、τ_{yz}为坐标z、y、x和时间t的函数,管柱密度ρ_p为定值。由于管柱变形较小,忽略式(6.45)和式(6.46)左侧的对流项,即左侧最后三项。管柱体积力即重力,理想状态下直井油管柱为绝对竖直放置,$F_z = \rho_p g$,$F_y = 0$。将式(6.45)和式(6.46)可化简为式(6.47)和式(6.48)。

$$\rho_p \frac{\partial \dot{u}_z}{\partial t} = \frac{\partial \tau_{zx}}{\partial x} + \frac{\partial \tau_{zy}}{\partial y} + \frac{\partial \sigma_z}{\partial z} + \rho_p g \qquad (6.47)$$

$$\rho_p \frac{\partial \dot{u}_y}{\partial t} = \frac{\partial \tau_{yx}}{\partial x} + \frac{\partial \sigma_y}{\partial y} + \frac{\partial \tau_{yz}}{\partial z} \qquad (6.48)$$

为了将方程一维线性化处理,将式(6.47)左右两边同时乘以y,再将得到的新公式与式(6.48)沿管柱横截面积分,得到管柱绕x轴转动方程式(6.49)和管柱横向运动方程式(6.50)。

$$\rho_p I_p \frac{\partial \bar{\theta}_x}{\partial t} = \iint y \left(\frac{\partial \tau_{zx}}{\partial x} + \frac{\partial \tau_{zy}}{\partial y} \right) dxdy - \frac{\partial M_x}{\partial z} \qquad (6.49)$$

$$\rho_p A_p \frac{\partial \bar{u}_y}{\partial t} = \iint \left(\frac{\partial \tau_{yx}}{\partial x} + \frac{\partial \sigma_y}{\partial y} \right) dxdy - \frac{\partial Q_y}{\partial z} \qquad (6.50)$$

其中

$$\bar{\theta}_x = \frac{1}{I_p} \iint y \dot{u}_z dxdy \qquad (6.51)$$

$$\bar{u}_y = \frac{1}{A_p} \iint \dot{u}_y dxdy \qquad (6.52)$$

$$M_x = -\iint y \sigma_z dxdy \qquad (6.53)$$

$$Q_y = -\iint \tau_{yz} dxdy \qquad (6.54)$$

$$A_p = \iint dxdy = 2\pi \left(R + \frac{1}{2} e \right) e \qquad (6.55)$$

$$I_{\mathrm{p}} = \iint y^2 \mathrm{d}x\mathrm{d}y = \frac{1}{4}\pi\left[(R+e)^4 - R^4\right] \tag{6.56}$$

式中 $\bar{\theta}_x$——管柱绕 x 轴的截面平均转动角速度；

$\bar{u}_y$——管柱 y 方向的截面平均运动速度；

M_x——x 方向的弯矩；

Q_y——y 方向的横向剪切力；

A_{p}——管柱的横截面积；

I_{p}——管柱的截面惯性矩。

绕 x 轴的转动位移 θ_x、x 方向的弯矩 M_x 及 y 方向的横向剪切力 Q_y 如图 6.28 所示。采用分部积分及高斯散度定理，将式（6.53）和式（6.54）中的积分项化简得

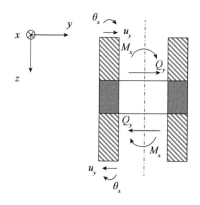

图 6.28 广义力及位移

$$\iint y\left(\frac{\partial \tau_{zx}}{\partial x} + \frac{\partial \tau_{zy}}{\partial y}\right)\mathrm{d}x\mathrm{d}y = \iint\left[\frac{\partial(y\tau_{zx})}{\partial x} + \frac{\partial(y\tau_{zy})}{\partial y} - \tau_{zy}\right]\mathrm{d}x\mathrm{d}y \tag{6.57}$$
$$= \oint y\left(\tau_{zx}n_x + \tau_{zy}n_y\right)\mathrm{d}s - \iint \tau_{yz}\mathrm{d}x\mathrm{d}y = \oint yT_z\mathrm{d}s + Q_y = Q_y$$

$$\iint\left(\frac{\partial \tau_{yx}}{\partial x} + \frac{\partial \sigma_y}{\partial y}\right)\mathrm{d}x\mathrm{d}y = \oint\left(\tau_{yx}n_x + \sigma_y n_y\right)\mathrm{d}s = \oint T_y\mathrm{d}s = 0 \tag{6.58}$$

式中 n_x，n_y——垂直于管柱壁面的单位向量分量；

$\mathrm{d}s$——管柱壁面上的线单元；

T_z，T_y——z 方向和 y 方向的表面牵引力，产生于恒定剪切力 τ_0、轴对称压力 p_{in} 及 p_{out} 的综合作用。

上述运动方程式（6.49）为转动角速度与弯矩的关系式，而式（6.50）为管柱横向运动速度与横向剪切力的关系式。需要补充以下应力—位移关系式使整个模型更加完善，轴向正应力、横向切应力—位移关系式分别见式（6.59）和式（6.60）。

$$E\frac{\partial u_z}{\partial z} = \sigma_z - \nu(\sigma_x + \sigma_y) \tag{6.59}$$

$$\frac{\partial u_y}{\partial z} + \frac{\partial u_z}{\partial y} = \frac{\tau_{yz}}{G} \tag{6.60}$$

式中　ν——管柱的泊松比；

　　　G——管柱的剪切模量，$G=0.5E/(1+\mu)$。其中，管柱位移 u_y 和 u_z 可表示为其平均值与局部偏差之和。

$$u_y = \overline{u}_y + u_y^{\ *} \tag{6.61}$$

$$u_z = \overline{u}_z + y\overline{\theta}_x + u_z^{\ *} \tag{6.62}$$

其中

$$\overline{u}_y = \frac{1}{A_p}\iint u_y \mathrm{d}x\mathrm{d}y \tag{6.63}$$

$$\overline{u}_z = \frac{1}{A_p}\iint u_z \mathrm{d}x\mathrm{d}y \tag{6.64}$$

$$\overline{\theta}_x = \frac{1}{I_p}\iint y u_z \mathrm{d}x\mathrm{d}y \tag{6.65}$$

当管柱发生横向振动变形时，其横截面将不再是平面，$u_z^{\ *}$ 可表示其弯曲变形，位移的局部偏差满足式（6.66）。将式（6.61）和式（6.62）代入式（6.59）和式（6.60），可得到式（6.67）和式（6.68）。

$$\iint u_y^{\ *}\mathrm{d}x\mathrm{d}y = \iint u_z^{\ *}\mathrm{d}x\mathrm{d}y = \iint y u_z^{\ *}\mathrm{d}x\mathrm{d}y = 0 \tag{6.66}$$

$$E\frac{\partial \overline{u}_z}{\partial z} + yE\frac{\partial \overline{\theta}_x}{\partial z} = \sigma_z - \nu(\sigma_x + \sigma_y) - E\frac{\partial u_z^{\ *}}{\partial z} \tag{6.67}$$

$$\frac{\partial \overline{u}_y}{\partial z} + \overline{\theta}_x = \frac{\tau_{yz}}{G} - \frac{\partial u_y^{\ *}}{\partial z} - \frac{\partial u_z^{\ *}}{\partial y} \tag{6.68}$$

为了将方程一维线性化处理，将式（6.67）方程左右两边同时乘以 y，将式（6.68）方程左右两边同时除以 A_p，再将得到的新公式沿管柱横截面积分，可得到弯矩—转动位移式（6.69）和横向剪切力—位移关系式（6.70）。

$$EI_p\frac{\partial \overline{\theta}_x}{\partial z} = -M_x - \nu\iint(\sigma_x + \sigma_y)\mathrm{d}x\mathrm{d}y \tag{6.69}$$

$$\frac{\partial \overline{u}_y}{\partial z} + \overline{\theta}_x = \frac{1}{A_p G}\iint\left(\tau_{yz} - G\frac{\partial u_z^{\ *}}{\partial y}\right)\mathrm{d}x\mathrm{d}y \tag{6.70}$$

式（6.69）中的积分项可以忽略，这是因为横向正应力 σ_x 和 σ_y 相对于轴向应力 σ_z 很小。而式（6.70）中的积分项可表示为式（6.71）。κ^2 为剪切系数，对于厚壁圆筒，κ^2 可表示为式（6.72）。其中，$m = 1 \Big/ \left(1 + \dfrac{e}{R}\right)$，对于薄壁圆筒，$m$ 可近似为 1。因此对于薄壁圆筒，κ^2 可表示为式（6.73）。

$$\iint \left(\tau_{yz} - G \frac{\partial u_z^*}{\partial y}\right) \mathrm{d}x \mathrm{d}y = -\frac{Q_y}{\kappa^2} \tag{6.71}$$

$$\kappa^2 = \frac{6(1+\mu)(1+m^2)^2}{(7+6\mu)(1+m^2)^2 + (20+12\mu)m^2} \tag{6.72}$$

或

$$\kappa^2 = \frac{2(1+\mu)}{4+3\mu} \tag{6.73}$$

6.2.2.2 流体控制方程

在研究管柱横向振动时，将管内流体视为随管柱一起运动的刚性气柱。因此，需要修改式（6.71）左侧的惯性项，将单位长度流体的质量附加到管柱上，即用 $\rho_p A_p + \rho_f A_f$ 代替 $\rho_p A_p$，其中 $A_f = \pi R^2$ 为横截面上的流域面积。最终得到 $z\text{-}y$ 平面内管柱横向振动的 4 方程模型式（6.74）至式（6.77）。

$$\frac{\partial \bar{\theta}_x}{\partial t} + \frac{1}{\rho_p I_p} \frac{\partial M_x}{\partial z} = \frac{1}{\rho_p I_p} Q_y \tag{6.74}$$

$$\frac{\partial \bar{\theta}_x}{\partial z} + \frac{1}{EI_p} \frac{\partial M_x}{\partial t} = 0 \tag{6.75}$$

$$\frac{\partial \bar{u}_y}{\partial t} + \frac{1}{\rho_p A_p + \rho_f A_f} \frac{\partial Q_y}{\partial z} = 0 \tag{6.76}$$

$$\frac{\partial \bar{u}_y}{\partial z} + \frac{1}{\kappa^2 G A_p} \frac{\partial Q_y}{\partial t} = -\bar{\theta}_x \tag{6.77}$$

同理可得 $z\text{-}x$ 平面内管柱横向振动的 4 方程模型式（6.78）至式（6.81）。

$$\frac{\partial \bar{\theta}_y}{\partial t} + \frac{1}{\rho_p I_p} \frac{\partial M_y}{\partial z} = \frac{1}{\rho_p I_p} Q_x \tag{6.78}$$

$$\frac{\partial \bar{\theta}_y}{\partial z} + \frac{1}{EI_p} \frac{\partial M_y}{\partial t} = 0 \tag{6.79}$$

$$\frac{\partial \bar{u}_x}{\partial t} + \frac{1}{\rho_p A_p + \rho_f A_f} \frac{\partial Q_x}{\partial z} = 0 \tag{6.80}$$

$$\frac{\partial \bar{u}_x}{\partial z} + \frac{1}{\kappa^2 G A_p} \frac{\partial Q_x}{\partial t} = -\bar{\theta}_y \tag{6.81}$$

6.2.3 油管柱受迫阻尼振动数学模型

油管柱在外部激振力作用下的振动属于瞬态动力学问题，同时油管柱振动过程中受到阻尼力的作用而振动能量逐渐耗散，属于阻尼振动，本节将采用瞬态动力学方法研究油管柱的阻尼振动特性。

瞬态动力学分析是用于确定承受任意的随时间变化载荷的结构动力学响应的一种方法。瞬态动力学分析求解的基本运动方程见式（6.82）。

$$[M]\{\ddot{u}\} + [C]\{\dot{u}\} + [K]\{u\} = \{R(t)\} \qquad (6.82)$$

式中　$[M]$——质量矩阵；

　　　$[C]$——阻尼矩阵；

　　　$[K]$——刚度矩阵；

　　　$\{\ddot{u}\}$——节点加速度矩阵；

　　　$\{\dot{u}\}$——节点速度矩阵；

　　　$\{u\}$——节点位移矩阵；

　　　$\{R(t)\}$——广义外力矩阵。

阻尼是反映结构体系振动过程中能量耗散特征的参数，任何现实的结构系统都具有振动阻尼。因此，阻尼是结构动力分析的基本参数，对结构动力分析结果的准确性有很大的影响。通常而言，阻尼力的方向总是与物体运动的方向相反。因此，材料的阻尼系数越大，意味着其减振效果或阻尼效果越好。

油管柱振动过程中的阻尼有以下几方面：（1）油管材料内摩擦（分子间内摩擦力）；（2）油管与井壁接触部位的摩擦或库伦阻尼；（3）油管内天然气和油管外环空保护液产生的阻尼。

阻尼矩阵可以用于模态分析、谐响应分析和瞬态动力学分析，总阻尼矩阵为

$$[C] = \alpha[M] + (\beta + \beta_c)[K] + \sum_{j=1}^{N_m}\left\{\left(\beta_j^m + \frac{2}{\Omega}\beta_j^{\xi}\right)[K_J]\right\} + \sum_{k=1}^{N_e}[C_k] + [C_{\xi}] \qquad (6.83)$$

式中　$[C]$——结构阻尼矩阵；

　　　α——常值质量矩阵阻尼系数；

　　　$[M]$——结构质量矩阵；

　　　β——常值刚度矩阵阻尼系数；

　　　β_c——变值刚度矩阵阻尼系数；

　　　$[K]$——结构刚度矩阵；

　　　N_m——结构中材料数量；

　　　β_j^m——材料 j 的刚度矩阵阻尼系数；

　　　β_j^{ξ}——材料 j 的常值刚度矩阵阻尼系数；

Ω——周期性激振频率；

$[K_j]$——材料 j 的刚度矩阵比例；

N_m——结构中单元数量；

$[C_k]$——单元阻尼矩阵；

$[C_\xi]$——频率相关阻尼矩阵。

油管柱在井内是相对静止的，只是在受到外力扰动后有小位移的振动，因此假设油管柱单元阻尼模型属于小阻尼系统，油管柱单元的阻尼矩阵采用瑞利阻尼（Rayleigh Damping），即假设阻尼矩阵可表示为质量矩阵和刚度矩阵的线性组合：

$$[C] = \alpha[M] + \beta[K] \tag{6.84}$$

式（6.84）中系数 α 和 β 是与材料特性相关的常数，本研究将分析不同阻尼系数下油管柱的受迫振动特性，以便为控制油管柱振动提供理论依据。

6.3 生产管振动及其压力波动应用案例

6.3.1 XG01 探井油管柱力学模型及边界条件

6.3.1.1 井身结构数据及其管柱结构

XG01 探井完井管柱结构如图 6.29 所示，其井身结构数据、油管柱力学强度参数及油管柱结构尺寸分别见表 6.11 和表 6.12。MHR 封隔器下入井深 5654m。

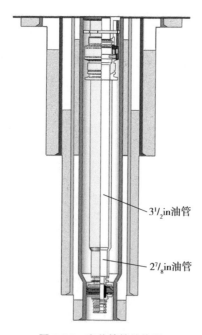

3$\frac{1}{2}$in油管

2$\frac{7}{8}$in油管

图 6.29　完井管柱结构图

表 6.11　XG01 探井井身结构数据

套管层次	钻头尺寸/mm	套管尺寸/mm	壁厚/mm	钢级	下深/m	抗外挤强度/MPa	抗内压强度/MPa
1	660	508	12.7	J55	198.78	5.3	15.2
2	444.5	339.73	12.19	TP110V/TP110B	2707.45	22.1	34.0
3	311.15	244.48	11.99	TP140V	4755.93	56.1	63.2
		250.8	15.88	TP140V	4755.93 ~ 5428.54	99.1	63.2
4	215.9	177.8	13.72	TN140HC	5175.29	120.3	120.2
		139.70	14.27	TP140V	5175.29 ~ 5918.32	189.7	155.6

表 6.12　XG01 探井油管柱力学强度参数

油管外径/mm	钢级	壁厚/mm	内径/mm	抗外压/MPa	抗内压/MPa	管体屈服强度/kN
88.9	TN110SS	9.525	69.85	145.1	142.2	1802
73.025	TN110SS	7.01	59.004	131.6	127.4	1103

6.3.1.2　压力、温度及产能数据

地层压力为 133.17MPa，地层温度为 135.8℃，最高关井油压为 96.89MPa，第一试油期间实测井底最高温度为 160℃，最高折算预测日产量为 1213m³。

根据表 6.13 中油管柱结构尺寸，建立的油管柱有限元力学模型如图 6.30 所示。图 6.30 中 AB 段为整个油管柱，不同的颜色为不同尺寸的油管，A 点和 B 点全固定约束。

表 6.13　油管柱结构及下深

油管外径	壁厚/mm	下深/m	段长/m	线重/（kg/m）	质量/kg	总质量/t
31/2-3SB	9.525	4940	4940	19.272	95203.68	104.33
27/8-3SB	7.01	5716	776	11.756	9122.656	

模型的边界条件有：内外流体压力、A 点处的提拉力 F_{wh}、管柱自重 W、B 点处的底部轴向压力 F_b、温度变化引起的热应力。从图 6.30 中可知，油管柱从上到下，外部环空受静压力作用，井口套压为零。内部受井口油压和液柱压力作用。坐封时管内外流体密度为 1.45g/cm³。生产时：油产量 500m³/d，井口压力 70MPa，无背压，井口温度 95℃。

图 6.31 为 XG01 探井井筒温度随井深的分布图，投产前温度由井口（25℃）向井底（132℃）线性增加。投产后，在产量为 $500 \times 10^4 m^3/d$ 的工况下，温度由井口的 95℃非线性增加到 135℃。图 6.32 为 XG01 探井轴向载荷分布，由图 6.32 可知，投产前 0 ~ 4000m 的油管处于拉伸状态，投产后 0 ~ 3500m 的油管处于拉伸状态，投产后，油管的轴向载荷均小于投产前。

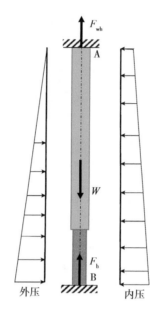

图 6.30　油管柱有限元力学模型

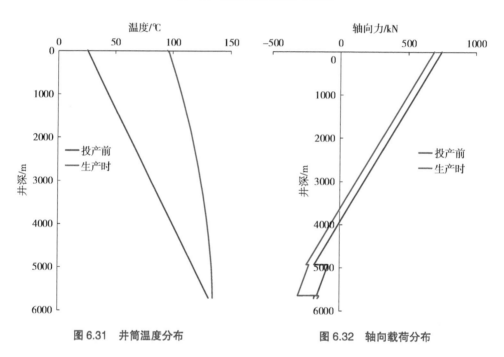

图 6.31　井筒温度分布　　　　　　　　图 6.32　轴向载荷分布

6.3.2　XG01 探井油管柱静力学强度分析

针对油管柱静力学与动力学分析，编写了 ANSYS 软件的 APDL 代码，在代码中可根据实际工况修改井口油压、套压、油管尺寸等参数，本节将重点对油管柱的静力学进行分析研究。

油管柱的内外压力如图 6.33 所示，由图 6.33 可知，外压力主要是由于环空液的静液柱压力造成的，由井口 0MPa 到井底 80.3MPa 线性增加，内压力由井口油压 70MPa 逐渐增加

到井底的 87.8MPa。油管柱的轴向力分布如图 6.34 所示，井口轴向力为 729kN，封隔器处
轴向力为 –319kN，中和点深度为 3795m。

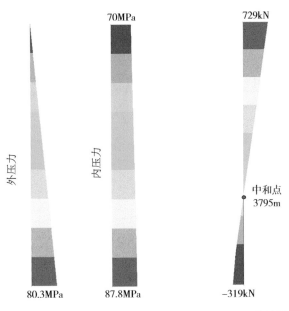

图 6.33　油管内外压力分布　　　图 6.34　油管柱轴向力

　　图 6.35 为油管 Mises 应力和油管三轴安全系数，由图可知，油管柱上 Mises 应力最大的
位置发生在井口处，在井深 4940m 处管柱发生变径，Mises 应力也发生突变。由油管 Mises
应力及三轴安全系数计算结果可知，油管的静力学强度能满足要求。

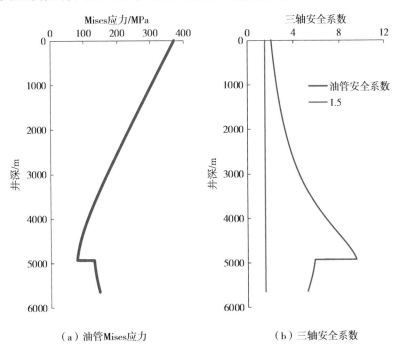

（a）油管 Mises 应力　　　　　　　（b）三轴安全系数

图 6.35　油管 Mises 应力油管三轴安全系数

表 6.14 为前人推导的关于经典的油管柱屈曲问题的解析解公式，根据这些公式可以根据管柱的承受的轴向压缩载荷从而判别出管柱屈曲的形式。

表 6.14　管柱屈曲形式判别式

轴向压缩载荷	屈曲形式
$F < 2\sqrt{\dfrac{EIw\sin a}{r}}$	直线
$2\sqrt{\dfrac{EIw\sin a}{r}} < F < 2\sqrt{\dfrac{2EIw\sin \alpha}{r}}$	正弦屈曲
$2\sqrt{\dfrac{2EIw\sin a}{r}} < F < 4\sqrt{\dfrac{2EIw\sin a}{r}}$	正弦屈曲或螺旋屈曲
$4\sqrt{\dfrac{2EIw\sin a}{r}} \leq F$	只有螺旋

注：F—轴向压缩力；p—螺距；r—油管柱环空间隙；I—为油管柱惯性矩；E—为油管柱弹性模量；w—管柱单位长度的重量；α—井斜角。

图 6.36 为管柱屈曲形态与临界载荷示意图，管柱在受到轴向压缩载荷超过一定值时，管柱会呈现不同的形式：

（1）当管柱所受的压缩力 $F < F_{cr1}$ 时，管柱呈直线形态，即没有屈曲。

（2）当管柱所受的压缩力 $F_{cr1} < F < F_{cr2}$ 时，管柱为正弦稳定的屈曲形态。

（3）当管柱所受的压缩力 $F_{cr2} < F < F_{cr3}$ 时，管柱为正弦和螺旋不稳定的屈曲形态。

（4）当管柱所受的压缩力 $F > F_{cr3}$ 时，管柱为螺旋稳定的屈曲形态。

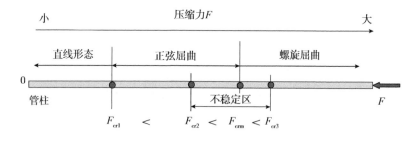

图 6.36　管柱屈曲形态与临界载荷示意图

根据表 6.14 的公式，计算出 $3\frac{1}{2}\text{in} \times 9.525\text{mm}$ 油管及 $2\frac{7}{8}\text{in} \times 7.01\text{mm}$ 油管各个临界值，具体数值见表 6.15 中管柱屈曲临界载荷值。

表 6.15 管柱屈曲临界载荷值

油管尺寸/（in×mm）	临界屈曲载荷/kN			
	正弦屈曲F_{cr1}	不稳定正弦屈曲F_{cr2}	不稳定螺旋屈曲F_{crm}	螺旋屈曲F_{cr3}
$3^1/_2 \times 9.525$	97.38	160.16	229.33	275.44
$2^7/_8 \times 7.01$	44.13	72.57	103.91	124.81

6.3.3 XG01 探井油管柱瞬态动力学研究

图 6.37 为油管的前 15 阶振型分析图，由图 6.37 可知整个油管的横向位移在 ±10mm 以内。图 6.38 为油管前三阶振型分析图，由图 6.38 可知，在第一阶振型中，油管在 4400m 左右处发生了最大横向位移，最大位移为 4.85mm；在第二阶振型中，油管在 5100m 左右处发生了最大横向位移，最大位移为 5.52mm；在第三阶振型中，油管在 5300m 左右处发生了最大横向位移，最大位移为 6.45mm；总结可知，油管在前三阶振型的最大的横向位移发生在井深 4400m 以下的油管，横向位移数值均没有超过 ±10mm。

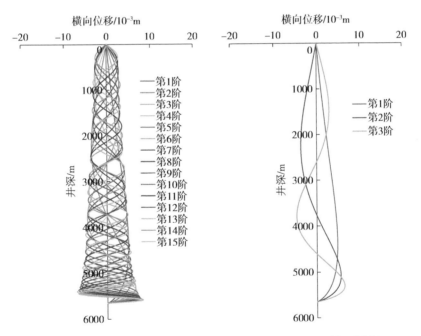

图 6.37 油管前 15 阶振型分析　　图 6.38 前三阶振型分析

图 6.39 为油管轴向位移分析，由图 6.39 可知，原始油管的轴向位移最大值为 2.55m，发生在井深 3000m 处的油管柱上，发生时间为 t=8.5s 时。由图 6.40 油管轴向力分析可知，管柱振动使得油管柱的轴向力分布发生了变化，中和点位置也发生了变化。油管的中和点深度变化范围为 3416～5370m，井口的油管顶部轴向力在 0～10s 的变化范围为 364～1045kN 之内。

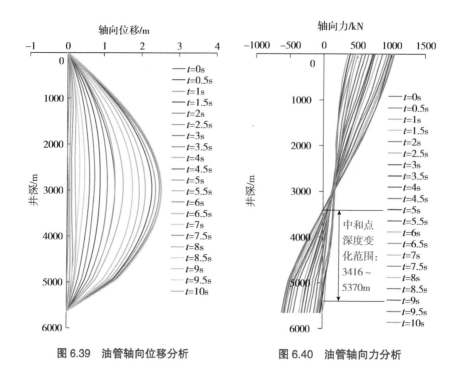

图 6.39 油管轴向位移分析　　　　　图 6.40 油管轴向力分析

　　从图 6.41 油管 Mises 应力分析可知，Mises 应力在管柱结构改变处发生突变，管柱振动使得油管柱的 Mises 应力分布发生了变化，原始油管在 0～10s 内的振动中 0～4940m 的油管 Mises 应力变化较小，4940m 以下的油管 Mises 应力变化较大，如图 6.41 所示。

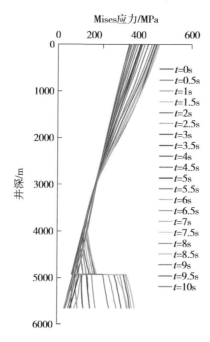

图 6.41 油管 Mises 应力分析

油管的中和点深度变化范围为 3416 ~ 5370m，如图 6.42 所示。油管的中和点深度变化范围较大，大部分时刻中和点以下的一部分管柱处于屈曲状态，部分时刻中和点以下管柱虽受压，但压缩力未超过临界屈曲载荷，管柱仍未屈曲（如 $t=2.5s$，$t=5s$，$t=7s$，$t=7.5s$，$t=9.5s$ 和 $t=10s$ 时刻）。

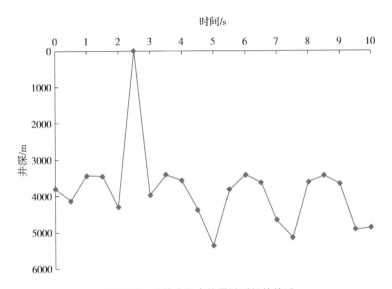

图 6.42　油管中和点位置随时间的关系

对油管中和点处 Mises 应力分析，如图 6.43 所示。油管在中和点处承受交变应力，油管中和点处的平均应力为 132.88MPa，应力幅为 19.85MPa。

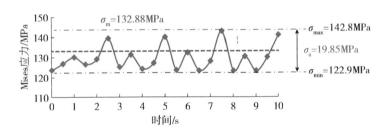

图 6.43　油管中和点处 Mises 应力变化

对于油管上不同位置轴向振动位移分析如图 6.44 所示，轴向振动位移呈周期性变化，在中和点以下，随着距离中和点越远，管柱的轴向振动位移越小。油管中和点处的轴向振动位移最大值为 2.4m。

对于油管上不同位置轴向振动速度分析如图 6.45 所示，油管的轴向振动速度呈周期性变化，在中和点以下，随着距离中和点越远，管柱的轴向振动速度越小。油管中和点处的轴向振动速度最大值为 3.1m/s。

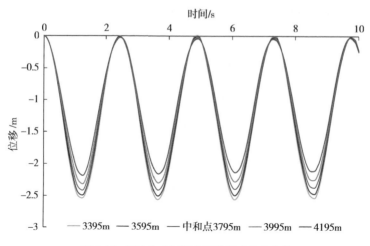

图 6.44　距中和点不同位置处振动位移变化

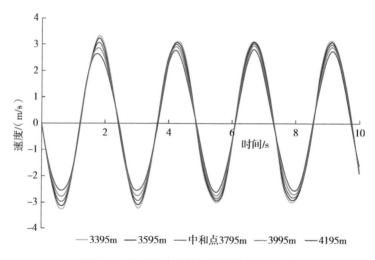

图 6.45　距中和点不同位置处振动速度变化

对于油管上不同位置轴向振动加速度分析如图 6.46 所示，油管的轴向振动加速度呈周期性变化，在中和点以下，随着距离中和点越远，管柱的轴向振动加速度越小。油管中和点处的轴向振动加速度最大值为 7.3m/s^2。

对于油管上不同位置轴向力分析如图 6.47 所示，油管的轴向力呈周期性变化，在中和点以下，随着距离中和点越远，管柱的轴向力越小。油管中和点处的轴向力最大值为 126kN。对于油管上不同位置轴向应力分析如图 6.48 所示，油管的轴向应力呈周期性变化，在中和点以下，随着距离中和点越远，管柱的轴向应力越小。油管中和点处的轴向应力最大值为 62MPa。

根据 XG01 探井管柱静、动力学的分析和计算，得出其管柱静、动力学安全系数的综合评价计算结果，如图 6.49 所示。从图 6.49 可知，动力学分析中安全系数的范围为 1.67 ~ 2.38，最小安全系数为 1.67，比静力学问题的安全系数 2.04 降低了 18.14%，主要原

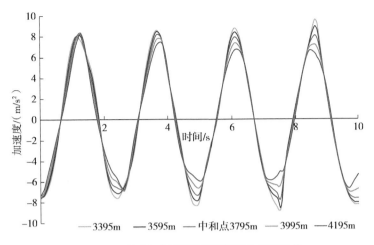

图 6.46 距中和点不同位置处振动加速度变化

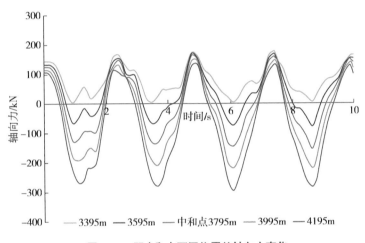

图 6.47 距中和点不同位置处轴向力变化

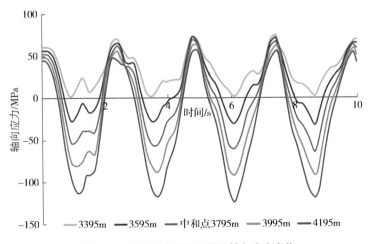

图 6.48 距中和点不同位置处轴向应力变化

因是管柱振动使其油管轴向力发生了变化，轴向力最大值的位置也发生了变化，甚至轴向力的最大值不在井口，而发生在其他位置，因此，管柱振动使其某时刻某位置的轴向力增加，从而降低了管柱的安全系数。

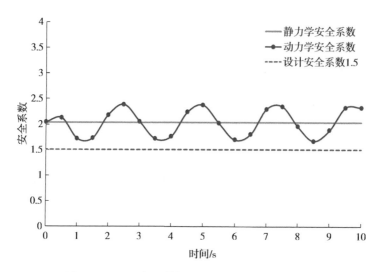

图 6.49　XG01 探井管柱静、动力学安全性评价结果

动力学问题的油管柱最小安全系数为 1.67，大于其设计安全系数 1.5，因此 XG01 探井在 500m³/d 的产量下，从动力学强度的计算和分析结果可知，发生振动的油管柱仍然处于安全生产状态。但是管柱振动可能会导致油管柱螺纹连接部分的松动、气体泄漏或连接部分管柱疲劳破坏，造成油管柱的其他安全性问题。

不同气量下管柱的静力学和动力学安全系数随时间的变化关系如图 6.50 所示。由图 6.50 可知，当不考虑共振的条件下，随着产量的增加，管柱的静力学安全系数有所降低，而动力学安全系数降低更迅速，并逐渐接近设计安全系数 1.5。

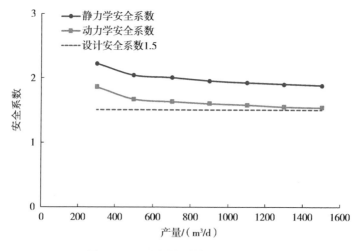

图 6.50　不同产量下管柱安全系数变化

6.3.4 XG01 探井生产管柱受迫振动研究

6.3.4.1 管柱轴向受迫振动分析

根据 XG01 探井的油管柱结构尺寸，建立的封隔器以上油管柱轴向受迫振动的有限元力学模型如图 6.51 所示。图中 A 点为封隔器，B 点为井口，AB 段为井口与封隔器之间的油管柱，油管柱总长度为 5654m，C 点井深为 4940m，C 点为 $\phi88.9mm$ 油管与 $\phi73mm$ 油管的结构变化处。油管柱有限元力学模型的边界条件：油管柱在 A 点和 B 点受到全约束，A 点处的井口拉力 F_H、油管柱重量 G、B 点处的底部轴向压缩力 F_B、C 点处沿 z 轴负方向的瞬时轴向加速度 a、温度引起的热应力、油管内部与外部的流体压力及管内外流体的阻尼力等。

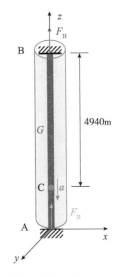

图 6.51　油管柱轴向受迫振动有限元模型

利用 ANSYS 软件的瞬态动力学分析功能对管柱受迫振动进行分析。图 6.52 为不同阻尼系数下，4940m 井深处油管柱轴向振动位移随时间的变化关系。通过瞬态动力学有限元分析可知，在流速变化产生的激振力 $R(t)$ 作用下，油管柱将会产生一定的振动响应。当阻尼系数 $\alpha=0$ 时，管柱将处于无阻尼振动，其振动状态将一直持续下去，加速管柱疲劳损伤破坏。当阻尼系数 $\alpha\neq0$ 时，在高压高产气体激振力作用下，管柱起始处于较大的振动，在阻尼力作用下逐渐衰减，最终趋于稳定的非振动状态。

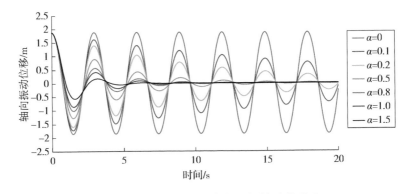

图 6.52　油管柱轴向振动位移随时间变化关系

图 6.53 为 $\alpha=0.5$ 时油管柱轴向振动位移衰减曲线。由图可知，阻尼的存在使得油管柱振动的振幅不断衰减，油管柱在振动的过程中为克服阻尼力而做功，当初始时刻外界赋予油管柱振动的能量全部消耗殆尽，油管柱就会停止振动。油管柱振幅按照递减指数曲线 $y=A_0e^{-at/2}$ 逐渐衰减，初始时刻振幅为 $A_0=1.87m$，随后振幅逐渐衰减，$t_1=2.98s$ 时刻，振幅 $A_1=0.88m$；$t_2=5.98s$ 时刻，振幅 $A_2=0.42m$；$t_3=8.97s$ 时刻，振幅 $A_3=0.20m$。

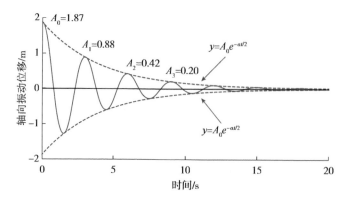

图 6.53　油管柱轴向振动位移衰减曲线（α=0.5）

　　图 6.54 和图 6.55 分别为不同阻尼系数下 4940m 井深处油管柱轴向振动速度和轴向振动加速度随时间的变化关系。与振动位移的变化规律类似，在阻尼振动情况下（$\alpha \neq 0$），振动速度和加速度逐渐衰减，并最终趋于稳定的非振动状态，且随着阻尼系数的增加，阻碍油管振动的阻尼力增加，振动速度和加速度的衰减速度加快；在无阻尼振动情况下（$\alpha = 0$），管柱振动将会一直持续下去，直到管柱发生破坏或新的激振力出现。

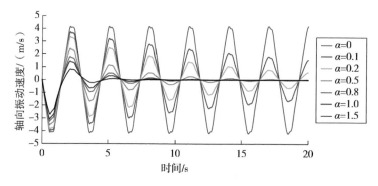

图 6.54　油管柱轴向振动速度随时间变化关系

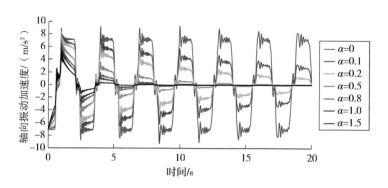

图 6.55　油管柱轴向振动加速度随时间变化关系

图 6.56 为不同阻尼系数下，封隔器处轴向力随时间变化关系。其中轴向拉力为正，轴向压力为负，起始时刻封隔器处底部轴向力为 –319kN，在无阻尼振动情况下（$\alpha=0$），封隔器处轴向力发生周期性变化；在阻尼振动情况下（$\alpha \neq 0$），虽然起始时刻封隔器处底部轴向力较大，但随着阻尼系数的增加，底部轴向力的振幅逐渐降低，且衰减速度加快，直到管柱处于稳定的非振动状态。

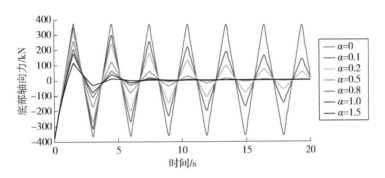

图 6.56　封隔器处轴向力随时间变化关系（拉正压负）

图 6.57 为不同阻尼系数下，井深 500m 处油管柱 Mises 应力振幅随时间的变化关系。在无阻尼振动情况下（$\alpha=0$），管柱 Mises 应力振幅达到 200MPa，且一直持续下去，在一定时间内，必将造成管柱的疲劳破坏失效；在阻尼振动情况下（$\alpha \neq 0$），虽然起始时刻管柱的 Mises 应力振幅仍然很高，但随着阻尼系数的增加，管柱 Mises 应力振幅逐渐降低，且衰减速度加快，直到管柱处于稳定的非振动状态。阻尼系数 $\alpha=0.5$ 时，油管柱最大 Mises 应力振幅为 129MPa；阻尼系数 $\alpha=1.0$ 时，油管柱最大 Mises 应力振幅为 91MPa。

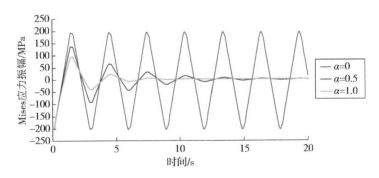

图 6.57　井深 500m 处油管柱 Mises 应力随时间变化关系

由分析可知，油管柱振动的阻尼主要包括油管材料内摩擦、与井壁接触部位的摩擦及油管内流体和油管外环空保护液产生的阻尼。其中，人为可控的因素只有环空保护液的阻尼效应，环空保护液对油管振动起着阻尼作用，即具有消振作用，如果环空保护液部分漏失，则阻尼作用将减小，加速油管疲劳破坏。因此，通过管柱受迫振动瞬态动力学有限元分析可知，要减小或吸收油管柱的振动问题，保证管柱的安全运行，必须防止环空保护液的漏失。

6.3.4.2 管柱横向受迫振动分析

类似于轴向振动，建立 XG01 探井油管柱横向受迫振动的有限元力学模型如图 6.51 所示。图 6.51 中在油管柱结构变化 C 点（井深 4940m）处对油管施加沿 x 轴负方向的瞬时横向激振力 F_i，以研究油管柱横向受迫振动。

图 6.58 为阻尼系数 $\alpha=0$ 时，不同井深处油管柱横向振动位移随时间的变化关系。通过瞬态动力学有限元分析可知，施加横向激振力的井深即振源深度为 4940m，施加激振力后振动波逐渐沿管柱传播，经历 $\Delta t_1=1.78\text{s}$ 后，振动波传递至井深 2000m 处的管柱，该处管柱的最大横向振动位移为 4.73mm；经历 $\Delta t_2=3.86\text{s}$ 后，振动波传递至井深 1000m 处的管柱，该处管柱的最大横向振动位移为 0.91mm；经历 $\Delta t_3=5.45\text{s}$ 后，振动波传递至井深 500m 处的管柱，其最大横向振动位移为 0.61mm。在无阻尼振动情况下（$\alpha=0$），在激振的起始时刻管柱的横向位移并不大，随着振动波的传播和反射及管柱的惯性作用，管柱的横向位移逐渐增大，在这种情况下，管柱剧烈横向振动可能导致与接触碰撞，从而导致管柱断裂失效。

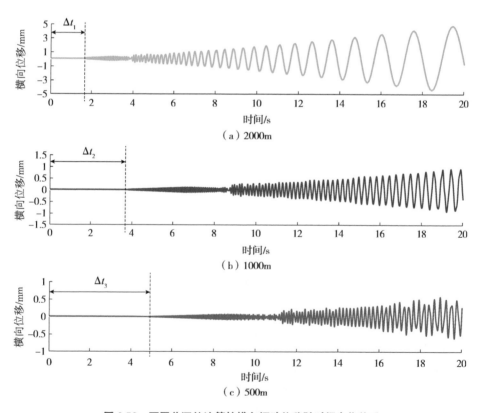

图 6.58 不同井深处油管柱横向振动位移随时间变化关系

图 6.59 为阻尼系数 $\alpha=0$ 时，不同井深处油管柱横向振动频谱图。通过频谱分析可知，虽然靠近振源处管柱的横向振幅更大，但是远离振源处管柱的横向振动频率更高。图 6.59 中井深 2000m 处的管柱的横向振动频率为 0.6Hz，井深 1000m 处的管柱的横向振动频率增加至 2.5Hz，井深 500m 处的管柱的横向振动频率增加至 3.8Hz。

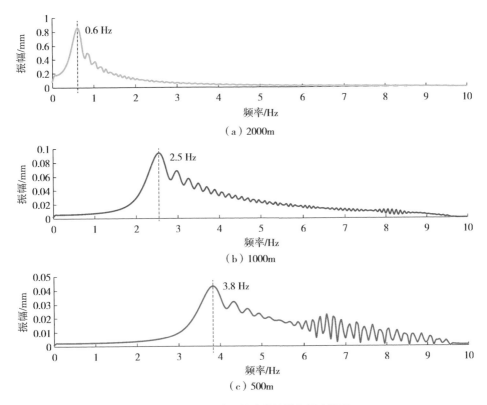

(a) 2000m

(b) 1000m

(c) 500m

图 6.59　不同井深处油管柱横向振动频率

图 6.60 和图 6.61 分别为阻尼系数 $\alpha=0$ 和 $\alpha=0.5$ 时，不同井深处油管柱横向振动位移随时间的变化关系。对比图 6.60 和图 6.61 可知，在阻尼振动情况下，管柱横向最大位移比无阻尼情况较小，且随着时间的推移，阻尼力会减弱管柱振动，振动的衰减呈现波动形式，从而导致管柱横向振动位移降低，最终使管柱恢复稳定的非振动状态。

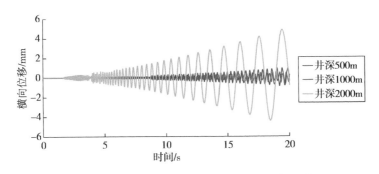

图 6.60　油管柱横向振幅随时间变化关系（$\alpha=0$）

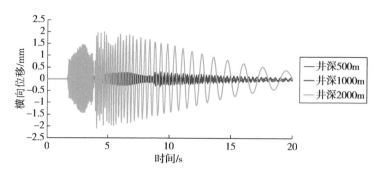

图 6.61 油管柱横向振幅随时间变化关系（α=0.5）

6.3.5 XF02 探井生产管柱压力波动风险分析

XF02 探井生产时油压和产气量波动较大，针对实际生产过程中的压力及产量波动，压力波动范围达到 10MPa 以上，且油压与产量呈现同增同减的趋势，XF02 探井完井井身结构及压力、产量、温度波动曲线如图 6.62 所示。

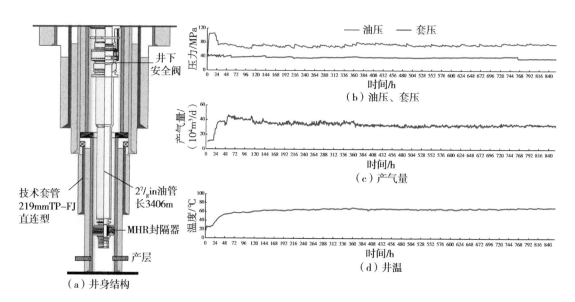

图 6.62 XF02 探井完井井身结构及压力、产量、温度波动曲线

为了明确生产管柱的受力情况，开展了管柱振动分析及动力学安全性评价。针对 XF02 探井最高油压波动 11.92MPa、产气量波动 6.76×10⁴m³/d 的生产状况，完成了管柱振动安全性评估，图 6.63（a）为不同时间下生产管柱轴向力随井深变化关系；图 6.63（b）为不同时间下生产管柱 Mises 应力随井深变化关系；图 6.63（c）为不同时间下生产管柱三轴安全系数随井深变化关系，对比可知，管柱在研究的生产工况下发生了一定程度的振动，同时，结果显示管柱振动导致中和点深度在 3810～5940m 范围内变化，三轴安全系数在安全范围内，管柱服役安全。

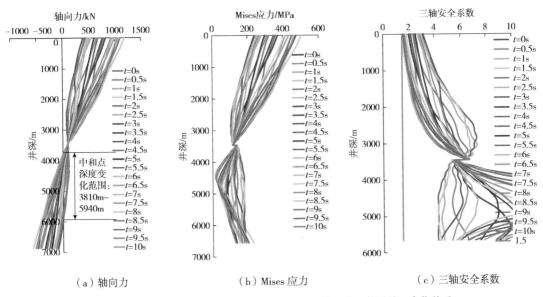

（a）轴向力　　　　　　　　（b）Mises 应力　　　　　　　　（c）三轴安全系数

图 6.63　生产管柱轴向力、Mises 应力以及三轴安全系数随井深变化关系

根据图 6.64（a）的管柱疲劳寿命 S—N 曲线，结合油压及产量波动条件下管柱应力变化情况，完成了管柱疲劳寿命计算，结果显示：管柱应力变化幅度越大，其疲劳寿命越低；在当前油压及产量波动条件下整个管柱疲劳寿命仍较高，均高于 1.5×10^6 次，如图 6.64（b）所示。将图 6.64（b）不同位置的应力波动赋值结合管材的 S—N 曲线可以计算出不同位置的疲劳寿命，计算结果详见表 6.16，疲劳寿命最高的是管柱变径处，疲劳寿命最低的为井口处。

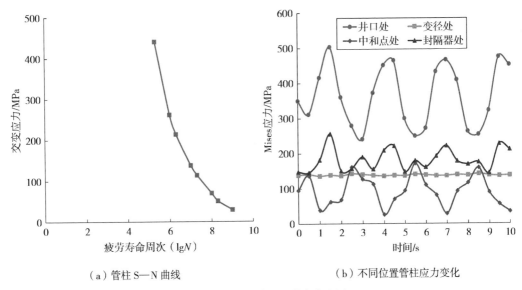

（a）管柱 S—N 曲线　　　　　　　　（b）不同位置管柱应力变化

图 6.64　生产管柱疲劳寿命预测

表 6.16 不同位置管柱疲劳寿命

位置	应力幅值/MPa	疲劳寿命/次
井口处	263.68	1.5×10^6
变径处	6.63	6.3×10^{10}
中和点处	145.84	8.3×10^6
封隔器处	111.3	1.8×10^7

6.4 高温高压井环空压力评价及其管理技术

6.4.1 环空压力管理流程

环空压力管理流程是利用地面的压力测量数据评估整体的井筒完整性，维持对井筒的控制，并预防意外泄漏。典型的管理流程如图 6.65 所示。

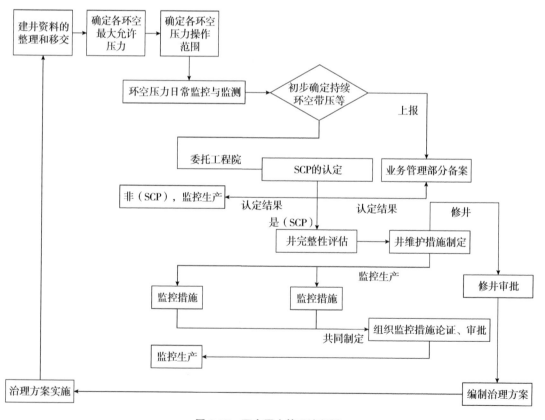

图 6.65 环空压力管理流程图

环空压力管理流程的主要是提供一个维持井筒完整性的方法，从而消除或管理意外的泄漏，防止危害人员、资产和环境。管理流程应针对各种环空压力（热致环空压力、人为施加的环空压力、持续环空压力）。

6.4.2 环空压力操作范围

6.4.2.1 A 环空压力操作范围设定

A 环空最大许可压力应考虑组成环空的各屏障部件（油管头、井下安全阀、封隔器、油管柱、生产套管、尾管悬挂器、地层和尾管等）在不同工况下的强度校核，图 6.66 各颜色区域界线含义如下：

（1）依据相关井屏障部件额定值分别计算出 A 环空最大极限压力值，取其中的最小值作为 A 环空最大极限压力值（上部橙色区域顶界）；

（2）以综合考虑相关井屏障部件安全系数后的计算值中的最小值作为 A 环空最大允许压力值（上部黄色区域顶界）；

（3）以 A 环空最大允许操作压力值的 80% 作为 A 环空最大推荐压力值（绿色区域顶界）。

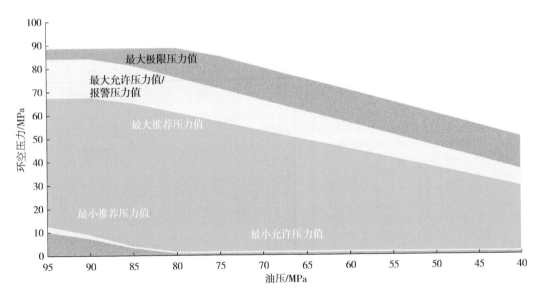

图 6.66 典型的生产／关井过程中 A 环空压力控制范围图

A 环空最小预留压力主要考虑油管柱在不同工况下的强度校核，图 6.66 各颜色区域界线含义如下：

（1）以油管柱满足单轴及三轴安全系数条件下的 A 环空压力作为 A 环空最小预留压力值，但 A 环空最小预留压力不能低于 0.7MPa（下部黄色区域底界）；

（2）以 A 环空最小预留压力值的 1.25 倍作为 A 环空最小推荐压力值，但 A 环空最小推荐压力值不能低于 1.4MPa（绿色区域底界）；

（3）以相关井屏障部件额定值计算得到的最大值与0MPa中的较大值作为A环空最小极限压力值（下部橙色色区域底界）。

监控井处于绿色区域为正常状态，处于黄色区域为预警状态，需采取相应措施并加强监控，处于红色区域为危险状态，应及时治理。

6.4.2.2 套管间环空压力操作范围设定

对于B、C、D等套管间环空，环空最大许可压力应考虑组成环空的各屏障部件（套管头、内层套管、外层套管、环空对应地层破裂压力等）在不同工况下的强度校核，图6.67各颜色界线含义如下：

（1）依据相关井屏障部件额定值分别计算出套管环空最大极限压力值，取其中的最小值作为对应套管环空最大极限压力值（上部红线）；

（2）以综合考虑相关井屏障部件安全系数后的计算值中的最小值作为各套管环空最大允许压力值（上部黑线）；

（3）以各套管环空最大允许压力值的80%作为各套管环空最大推荐压力值（上部绿线）。

套管环空最小极限压力值为0MPa，套管环空最小预留压力值为0.7MPa，套管环空压力推荐值下限为1.4MPa。

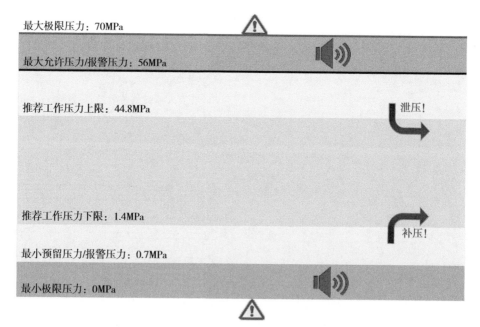

图6.67　典型B、C、D环空压力控制范围

6.4.2.3 环空压力操作

应确定各环空压力的报警值上限值和下限值，通常取图6.66和图6.67所示的最大允许压力值和最小预留压力值为报警值，当环空压力达到高压报警值时，能够及时报警。当环空压力达到其报警值上限值时，应对其泄压，以使环空压力保持在运行范围之内。当环

压力达到其下限值时，应对其补压。对每次环空泄压或补液作业，都要将环空中放出或添入的流体类型、总量、泄压所用的时间及所有环空压力和油压记录在案。在泄压时，还应监测并记录泄压的频率。然后将此类数据与极限值进行对比，若此类数据超出其极限值，则应对其进行调查。

在环空压力达到高压报警值时，需要对压力进行评估，以判别该压力是 SCP 或 APB，然后将此压力放泄到推荐工作压力范围内。

不建议将压力放泄至 0。基本原理是要将放泄压力限制在某个最低值上（控制范围内），原因是放泄掉环空压力可能会使问题恶化。

6.4.3　B-B Test 环空带压诊断

对环空带压的井，应实施"泄压压力恢复"测试，以判别环空带压性质和严重程度。对于高风险井建议安装 $\frac{1}{2}$ in 针型阀，用于环空泄压。

根据实际情况设定压力传感器采集周期，以时间为横坐标，环空泄压和自然升压过程中 B 和 C 环空压力值为纵坐标，做出压力时间变化曲线图，根据变化趋势判断是"物理效应"引起的环空带压还是泄漏或渗漏导致的，或者是邻近环空的压力反窜或窜通情况。在测试期间应当注意，不应将环空压力泄压至 0 进行诊断，一方面，可能因压差过大导致渗漏或泄漏通道被"疏通"，另一方面，井下工具密封圈在经历卸压后一般都会不同程度的密封损坏或丧失密封性，因此，推荐将环空压力降低 20% ~ 30% 后关闭环空，观察 24h。图 6.68 为"泄压压力恢复"测试（B-BTest）曲线及判别示例。

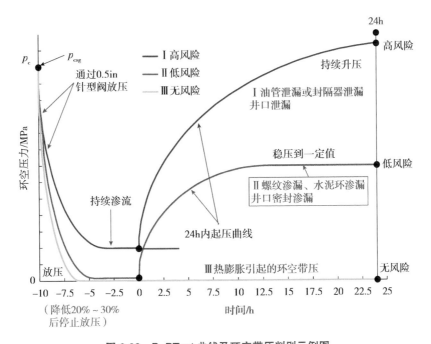

图 6.68　B-BTest 曲线及环空带压判别示例图

（1）如图 6.68 中曲线 I 所示，如果放压后的 24h 内，压力没有回升，应考虑为井筒"物理效应"，即环空中流体热膨胀或管柱内压力使其外径膨胀引起的环空带压，无安全风险。

（2）如图 6.68 中曲线 II 所示，如果放压后 24h 内压力有回升，且十分缓慢，并长期稳定在某一允许值，说明在井口装置或井筒内有微小渗漏，如螺纹渗漏、水泥环渗漏等，存在较低的环空带压安全风险。

（3）如图 6.68 中曲线 III 所示，如果缓慢泄压，压力不降低或降低十分缓慢，并且泄压后短时间内迅速升高至原来压力值水平，说明井筒有较大的泄漏点，如井口泄漏、油管泄漏、封隔器泄漏，环空带压安全风险高，需加强监控并采取有效的控制措施。

6.4.4　XG01 井环空压力计算应用案例

6.4.4.1　XG01 井基础参数

XG01 井地层压力为 133.17MPa，地层温度为 135.8℃，最高关井油压为 96.89MPa，第一试油期间实测井底最高温度为 160℃，最高折算预测日产量为 1213m³。其他基本数据见表 6.17 至表 6.19。

表 6.17　XG01 井基本数据

井深/m	地面温度/℃	采油树等级/MPa	地层压力/MPa	环空保护液密度/（g/cm³）
5920	10	140	133.17	1.45
封隔器下深/m	封隔器压力等级/MPa	油管头压力等级/MPa	TF10³/₄in×7³/₄in 套管头压力等级/MPa	TF14³/₈in×10³/₄in 套管头压力等级/MPa
5654.9	105	105	105	70

表 6.18　XG01 井套管基本数据

套管层次	钻头尺寸/mm	套管尺寸/mm	壁厚/mm	钢级	下深/m	抗外挤强度/MPa	抗内压强度/MPa
1	660	508	12.7	J55	198.78	5.3	15.2
2	444.5	339.73	12.19	TP110V/TP110B	2707.45	22.1	34.0
3	311.15	244.48	11.99	TP140V	4755.93	56.1	63.2
		250.8	15.88	TP140V	4755.93~5428.54	99.1	63.2
4	215.9	177.8	13.72	TN140HC	5175.29	120.3	120.2
		139.70	14.27	TP140V	5175.29~5918.32	189.7	155.6

表 6.19　XG01 井油管基本参数

油管外径/mm	钢级	壁厚/mm	内径/mm	壁厚/mm	抗外压/MPa	抗内压/MPa	管体屈服强度/kN
88.9	TN110SS	9.525	69.85	9.525	145.1	142.2	1802
73.025	TN110SS	7.01	59.004	7.01	131.6	127.4	1103

6.4.4.2　环空压力计算方法

XG01 井 A 环空压力控制范围计算结果见表 6.20。根据 XG01 探井 A 环空压力控制范围计算结果，可以绘制出该井的 A 环空压力控制范围图版，如图 6.69 所示。XG01 井 B、C、D 环空压力控制范围计算结果见表 6.21。根据 XG01 井 B、C、D 环空压力控制范围计算结果，可以绘制出该井的 B、C、D 环空压力控制范围图版，如图 6.70 至图 6.72 所示。

表 6.20　XG01 井 A 环空压力控制范围计算结果

油压/MPa	最大推荐压力值/MPa	最大允许压力值/MPa	最大极限压力值/MPa	最小推荐压力值/MPa	最小允许压力值/MPa	最小极限压力值/MPa
85.00	64.99	81.23	96.91	1.40	0.70	0.00
80.00	64.99	81.23	96.91	1.40	0.70	0.00
75.00	64.99	81.23	96.91	1.40	0.70	0.00
70.00	64.99	81.23	96.91	1.40	0.70	0.00
65.00	64.99	81.23	96.91	1.40	0.70	0.00
60.00	64.99	81.23	96.91	1.40	0.70	0.00
55.00	64.99	81.23	96.91	1.40	0.70	0.00
50.00	64.99	81.23	96.91	1.40	0.70	0.00
45.00	64.99	81.23	96.91	1.40	0.70	0.00
40.00	64.99	81.23	96.91	1.40	0.70	0.00
35.00	64.99	81.23	96.91	1.40	0.70	0.00
30.00	64.06	80.07	96.91	1.40	0.70	0.00

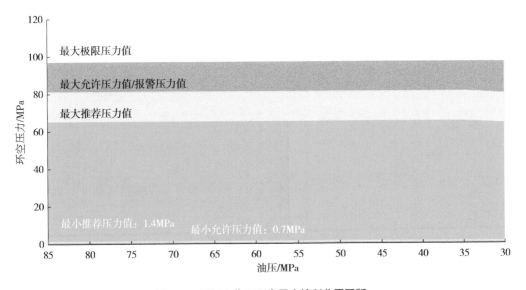

图 6.69　XG01 井 A 环空压力控制范围图版

表 6.21　XG01 井 B、C、D 环空压力控制范围计算结果

环空	最大推荐压力值/MPa	最大允许压力值/MPa	最大极限压力值/MPa	最小推荐压力值/MPa	最小允许压力值/MPa	最小极限压力值/MPa
B环空	40.45	50.56	63.2	1.4	0.7	0
C环空	21.76	27.2	34	1.4	0.7	0
D环空	9.73	12.16	15.2	1.4	0.7	0

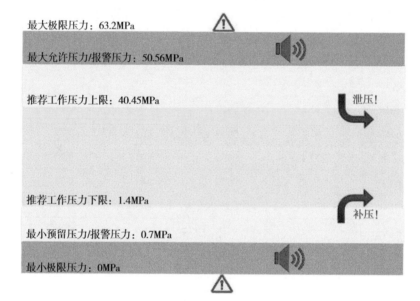

图 6.70　XG01 井 B 环空压力控制范围图版

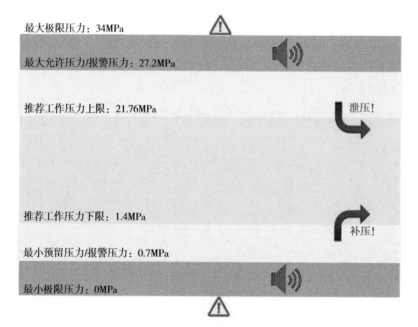

图 6.71　XG01 井 C 环空压力控制范围图版

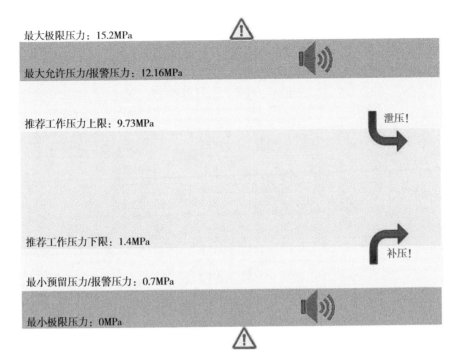

最大极限压力：15.2MPa

最大允许压力/报警压力：12.16MPa

推荐工作压力上限：9.73MPa

泄压！

推荐工作压力下限：1.4MPa

补压！

最小预留压力/报警压力：0.7MPa

最小极限压力：0MPa

图 6.72　XG01 井 D 环空压力控制范围图版

6.5　环空带压的潜在风险及对策技术案例应用

6.5.1　XH01 井 B 环空带压分析及其风险管理

6.5.1.1　XH01 井身结构及其完井管柱

XH01 井位于准噶尔盆地南缘冲断带四棵树凹陷高泉背斜，为落实高泉构造带下组合储层发育特征与含油气性，主探西山窑组（J2x）、头屯河组（J2t）、清水河组（K1q）。

（1）完井方式。

ϕ255.83mm+ϕ250.83mm 套管固井完井，桥塞位于 5877.95m，灰面位于 5855.21m，S2 层试油层段为 5832 ～ 5838m，产层以下口袋 17.21m。

（2）固井情况。

尾管悬挂器处水泥填充好，第一界面胶结好，固井质量优；清水河目的井段水泥填充较好，固井质量合格。

其井身结构及其完井管柱分别见表 6.22 和图 6.73。

表 6.22 XH01 井完井基础数据

完钻日期			2020/9/19		完井日期			2020/10/21	
完井方式			套管固井完井		人工井底			6118.78m	
钻头尺寸/mm	深度/m	套管名称	外径/mm	壁厚/mm	钢级	抗内压/MPa	抗外挤/MPa	下入深度/m	水泥返深/m
762.0	0 ~ 202	表层套管	609.6	15.24	J55	16.7	5.0	14.75 ~ 201.71	地面
571.5	202 ~ 2786	技术套管	473.08	16.48	TP110V	46.2	14.7	13.77 ~ 2785	地面
431.8	2786 ~ 5506	技术套管	339.73	13.06	BG140V	64.9	26.9	12.65 ~ 1314.05	467
			339.73	12.19	BG140V	60.6	20.6	1314.05 ~ 505.27	
311.15	5506 ~ 6166	回接套管	255.83	18.38	BG140V	121.3	109.1	11.55 ~ 962.61	地面
			250.80	15.88	BG140V	106.9	99.1	962.61 ~ 4987.02	
			255.83	18.38	BG140V	121.3	109.1	4987.02 ~ 5302.9	
		油层尾管	255.83	18.38	BG140V	121.3	109.1	5302.9 ~ 6165.6	5302.9

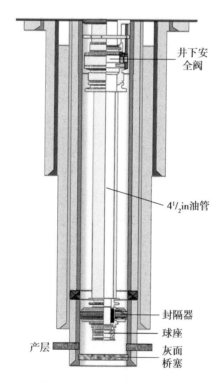

图 6.73 XH01 井完井管柱图

井下安全阀

$4\frac{1}{2}$in油管

封隔器

球座

灰面

桥塞

产层

6.5.1.2　XH01 试油完井情况

2.35g/cm³ 油基钻井液中电缆传输射孔后，下入 4½in BGT3 油管＋井下安全阀（下深 96.06m）＋永久封隔器（5702.77m）的完井管串结构，管鞋位于 5753.59m。油管容积 38.18m³，环空容积 157.61m³，管鞋以下套管容积 2.95m³。

（1）封隔器坐封失败。

替甲酸钾完井液后，油套压 71MPa，首先打压至封隔器初始坐封压力（81MPa），继续打压至封隔器完全坐封压力（98.58MPa），反打压验封时油套压力同时升高，未坐封，因此重复 2 次打压坐封，并逐级打压至 116.57MPa，打掉球座，油压降至 70.9MPa（套压71.62MPa）。最后验封油套压同时上升，封隔器坐封失败，封隔器坐封过程中压力变化详细如图 6.74 所示。

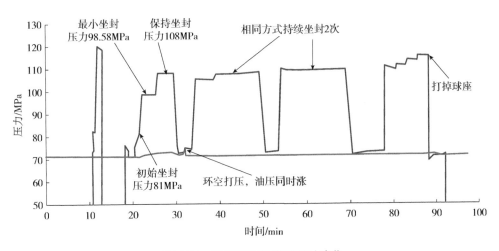

图 6.74　封隔器坐封过程中压力变化

（2）B 环空放压—回压情况。

自 2021 年 8 月 31 日开始 XH01 井的 B 环空开始带压，且每次放压—回压后的压力有增大趋势。从 2021/9/3 17：00 初次的 15MPa，到 2021/10/14 10：12 第 11 次 B 环空压力增至 31MPa。

放压—回压情况分析：第 2 次放压后压力可降到零，约 24h 压力才恢复到原带压值，第 6 次放压后，压力恢复加快，约 10h 恢复到原带压值。通过 11 次放压—回压情况分析可知，且每次回压的压力有增大趋势。从 2021/9/3 17：00 初次的 15MPa，到 2021/10/14 10：12 第 11 次 B 环空压力增至 31MPa。B 环空压力越放越高，怀疑多次放压疏通了泄漏通道。当前 B 环空最高压力 31MPa，在安全范围内，不宜再放压。反复放压 / 升压会损伤套管和水泥环（图 6.75）。

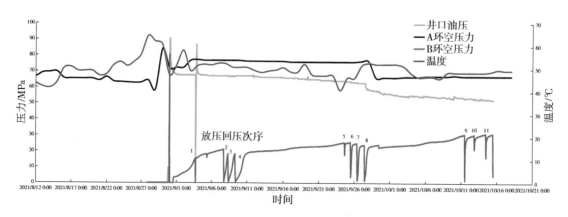

图 6.75　XH01 井井口压力与温度随时间变化关系

6.5.1.3　B-B Test 风险识别技术

运用 B-B Test（Bleed off—Build up）风险识别技术，安装 $\frac{1}{2}$in 针型阀，用于环空控制泄压。通过泄压和自然升压诊断泄漏或渗漏引起的生产套管环空带压。按横坐标小时，纵坐标分别为"A""B"和"C"环空压力做图，根据压力 – 时间曲线变化趋势判别是"物理效应"引起的环空带压还是泄漏或渗漏的环空带压及邻近环空的压力反窜或窜通情况。

建议在环空带压允许范围内，将"A"环空压力降低 20% ~ 30% 后关闭环空，并观察24h。任何环空均不宜频繁放压，以免对套管和水泥环造成潜在损伤。需要注意的是，不应将环空压力降至 0MPa 进行环空带压诊断，因为这可能会导致渗漏或泄漏通道被"疏通"。油管封隔器的胶筒或密封圈在经历泄压后通常会出现不同程度的密封损坏或失效。

在升压判别方面，若在 24h 内未观察到压力回升，需要考虑井筒"物理效应"引起的"A"环空带压情况。若在一周内压力有回升，并稳定在某一允许值，则可能存在油管螺纹、水泥环或封隔器微小渗漏的情况。若压力缓慢降低或保持不变，这说明井口或靠近井口处存在微小渗漏。

（1）环空带压允许值计算。

通过技术套管与生产套管的强度校核后可知，A 环空允许带压值为 85MPa，B 环空允许带压值为 48MPa。

表 6.23　技术套管与生产套管强度

参数	外径/mm	钢级	壁厚/mm	抗内压强度/MPa	抗外挤强度/MPa
技术套管	339.73	140	13.06	64.94	19.89
技术套管	339.73	140	12.19	60.61	16.09
生产套管	255.83	140	18.38	121.36	109.1
生产套管	250.80	140	15.88	106.96	81.96

（2）漏点预测。

假设 A、B 环空之间的漏点已经完全连通时，在 B 环空按照液柱密度 1.5g/cm³ 与 1.8g/cm³ 核算漏点位置，计算得出漏点位置在 4800 ~ 6165m 之间。如图 6.76 所示。

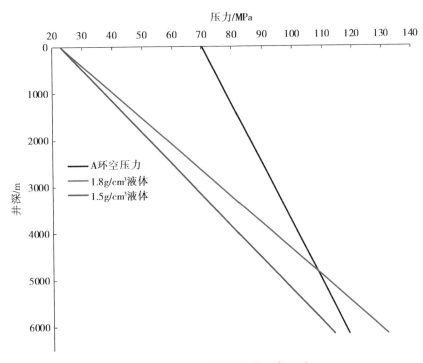

图 6.76　XH01 井油层套管漏点预测

说明：

①由于很多数据尚未获取，因此漏点计算结果仅供参考；

②A、B 环空之间的窜通情况尚不明确；

③B 环空压力未稳定就放压；

④B 环空放压流体尚不明确；

⑤B 环空液柱流体尚不明确。

6.5.1.4　XH01 井环空带压管理制度应用案例

基于 B-B Test 风险识别与评价模型，制定了 XH01 井环空带压管理制度：

（1）压力低于 40MPa，不泄压。

（2）高于 40MPa，再泄压分析。

（3）维持生产，监控生产，尽量不关井，不降低产量，不宜动油压。

（4）压力达到 48MPa 后，安装 1/2in 针型阀卸压。

按以上管理制度，至 2022 年 1 月 15 日，三月内已成功将 XH01 井环空压力控制在 40MPa 以内。见图 6.77 XH01 井 B-B Test 曲线所示。

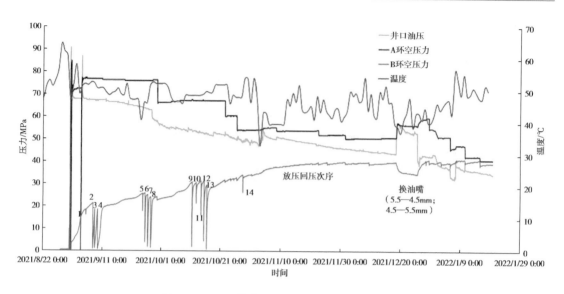

图 6.77　XH01 井井口压力与温度随时间变化关系

6.5.2　XW01 井 S1 层环空带压及投产风险识别与措施

6.5.2.1　XW01 井 S1 层试油遇超高压历程

2022 年 6 月 10 日 XW01 井下试油管柱，6 月 13 日在液面位于井口的密度 1.20g/cm³ 的 NaCl+KCl 复配盐水中油管传输射孔一次成功。射孔后关井 12h，获得井口油压 70.35 ~ 77.36MPa，发现套压 45.10 ~ 43.07MPa。折算地层压力系数 2.15，预测地层压力 170.5MPa，若产纯气，预测最高井口关井压力为 143MPa。井口关井压力大于采油树额定压力 138MPa。

6 月 14 日，密度 1.20g/cm³ 的 NaCl+KCl 盐水 26.0m³ 正破堵。用 3.0mm 油嘴退液，关井观察，油压为 101.28 ~ 103.85MPa。用 3.0mm 油嘴试产，油压为 103.85 ~ 108.46MPa。产出水中 Cl⁻ 含量为 186957.20mg/L、pH 值为 7.0，未检测出 H_2S。

6 月 15 日，因担心继续测试，不具备关井条件。6 月 15 日 13 时 50 分环空打压打开 RD 阀，按光油管方式试产。22 时 09 分，采用密度为 1.2g/cm³ 盐水反循环压井，23 时 50 分关井。关井前油压为 108.3MPa，套压为 79.25MPa。

关井后，6 月 16 日 17 时 40 分，油压为 106.03MPa，套压为 79.35MPa。

分析"准噶尔盆地南缘冲断带东湾背斜 XW01 井 S1 层试油工程设计"中已对可能出现的井口超压有预判，终止试油条件之一为预测最高关井压力，若地层产气、渗透性好、预测最高关井压力大于 137.9MPa，则压井暂闭产层。

6.5.2.2　XW01 井 S1 层测试后 B 环空压力情况

2022 年 4 月 13 日（试油未接井），井筒内为密度 1.2g/cm³ 盐水，B 环空压力为 42MPa，放压至 0MPa，A 环空试压 88MPa，B 环空无压力。

6月13日射孔完成，6月14日油压涨至110MPa。

6月15日22：00开始压井，套压由71.07MPa加压至80.98MPa开始建立循环，23：00套压维持稳定在81.2MPa，此时B环空开始起压至20MPa稳定，期间放压一次后压力快速上升至40MPa，怀疑$7\frac{5}{8}$in回接套管颈BT密封泄漏。

6月18日油井观察。20：40压力涨至25MPa控制放压至5MPa，返出天然气及混浆（20L）。

6月19—20日，压井，油井观察。至6月21日，压力涨至38.8MPa。

6月20—21日起油管，套管反挤液期间，B环空压力与套管压力存在较好相关性（套管挤液20MPa，B环空压力同步上升；停泵套压下降，B环空压力同步下降）。推断经$7\frac{5}{8}$in回接套管颈BT密封泄漏。

根据XW01井完井管柱尺寸及钢级，通过计算可得XW01井各环空最大允许带压值，见表6.24，其中B环空最大允许带压值仅为54MPa。

表6.24　XW01井各环空压力控制值

区域	环空允许压力计算值/MPa	最大允许带压值80%/MPa
B环空	68.00	54
C环空	48.00	38
D环空	20.16	16

从图6.78可以得出，在射孔关压阶段，井筒油压和A环空套压均处于稳定状态；在开关井试产过程中，由于生产制度变更（更换油嘴），反复开关井，导致井筒油压及A环空压力呈现明显波动。在盐水压井试产阶段，其B环空压力达至20MPa，在放压后，B环空压力骤升至40MPa，期间并未出现压力逐渐增长的特征。结合提管柱阶段，B环空压力与套管压力存在较好相关性（套管挤液20MPa，B环空压力同步上升；停泵套压下降，B环空压力同步下降）。并未出现压力增长滞后等现象。

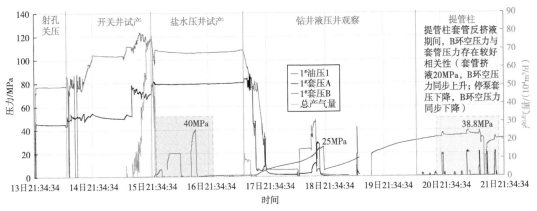

图6.78　XW01井环空压力波动曲线

初步结论：导致 B 环空带压的井筒漏点位置位于井口装置或者上部套管螺纹连接部位。

6.5.2.3 B 环空带压疑似泄漏点分析

（1）$7\frac{5}{8}$in 回接套管卡瓦悬挂双密封泄漏。

XW01 井套管头采用卡瓦式套管悬挂器，其密封性能主要依靠 BT 密封和悬挂器密封双级密封装置。装置示意图如图 6.79 所示，其中 A 环空与 B 环空之间主要依靠 BT 密封装置维持密封性能，在试压等作业过程中，随着 A 环空压力增加，当 BT 密封发生失效，可直接导致 A、B 环空发生连通，最终会造成 B 环空压力发生骤升。

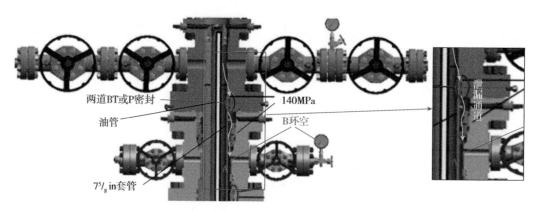

图 6.79 XW01 井卡瓦悬挂井口装置示意图

高温高压气井生产套管卡瓦悬挂风险多 / 大。四川、塔里木山前克深、大北等生产 / 回接套管均用芯轴式。塔里木台盆区多为油井，压力不高，普遍用卡瓦悬挂。

套管卡瓦悬挂密封主要依靠 BT 密封和悬挂器密封形成的双级密封装置，主要依靠金属和橡胶所产生的复合密封。在试压等作业过程中，可能起作用的是橡胶密封，金属并未起到密封作用。然而在后续生产作业中橡胶密封可能因高压挤出或老化，极易出现密封性能失效现象。

140V 套管硬度高，若遇套管有过大椭圆，安装卡瓦会有困难、打滑或挤压变形，卡瓦密封很难承受高压。

（2）B 环空所排返出的混浆分析泄漏点。

①测定分析 B 环空排返出的泥浆。

根据 2022 年 6 月 18 日油井观察可知：20：40 压力涨至 25MPa 控制放压至 5MPa，返出天然气及混浆（20L），针对 B 环空所排返出的天然气及混浆（20L），首先测定其 pH 值和 Ca^{2+} 含量。

当 pH 值较高，且 Ca^{2+} 含量高时，可得该流体主要为井筒水泥浆凝固时所产生的凝析水。

当 Ca^{2+} 含量不高，应开始测量 NaCl 浓度。

当 Cl^- 含量高、pH 值不高时，则可确定该混浆为压井液，进而初步怀疑为反复压力波动造成的悬挂器副密封（BT 密封）损坏。

②开展 $7^5/_8$in 的卡瓦密封试压测试。

为紧密结合 XW01 井生产状况，保证 $7^5/_8$in 卡瓦密封性能测试结果精确性，建议采用打氮气方式测试其密封性能。

（3）上部套管泄漏。

如果能排除上节讨论的 $7^5/_8$in 的卡瓦悬挂处密封泄漏，那么泄漏可能发生在套管螺纹处。从环空压力波动曲线可知，B 环空压力在放压后出现骤升，表明其漏点位置不可能为尾管，在排除悬挂器密封泄漏可能后，泄漏可能出现在井筒上部套管的螺纹连接等部位。

针对这一问题，应开展漏点位置分析研究，并采用封隔器等方式进行找漏。由于 XW01 井生产压力最高可达至 140MPa，若不进行找漏和处理，在后续生产中存在较大风险。

6.5.2.4　B 环空带压新认识及其投产问题

（1）根据环空压力波动曲线可知，A 环空压力变化，B 环空压力迅速同步变化，可以判断，漏点位置位于井筒上部位置，漏点位置不可能为尾管或尾管悬挂器，如果是该处泄漏沿环空上窜会有较长时间的滞后效应。

（2）泄漏位置可能为井口装置 A 环空的 BT 密封失效，导致 A 环空与 B 环空窜通。

（3）如果现场测试 A 环空的 BT 密封完好，那么泄漏可能出现在上部套管螺纹连接部位。

（4）如果是套管螺纹连接泄漏问题，应开展漏点位置分析研究，并采用封隔器等方式进行封堵找漏。由于 XW01 井生产压力最高可达至 140MPa，若不进行找漏，在后续生产中存在较大风险。

6.5.2.5　不同方案风险评估与措施

（1）投产的风险源分析。

基于 XW01 井资料分析，认为套管抗内压强度低是主要的风险源，原因如下。

① 193.7mm、壁厚 15.11mm、扣型 TP-G2、钢级 TP140V 回接套管，抗内压强度为 132MPa。若关井压力达到预测的 143MPa，套管抗内压强度不满足要求；

②如果发生采气油管断裂 / 开裂或刺漏，油套穿通，套管将处于最高风险状态；

③ 193.7mm140V 为非标准高钢级产品，高钢级套管破裂带有随机性、影响因素多。缺乏 TP140V 高强度钢在密度 1.20g/cm³ 的 NaCl+KCl 盐水中长期浸泡的应力腐蚀开裂风险的评价。

$7^5/_8$in 回接套管 BT 密封怀疑已失效或不耐油套穿通的 A 环空高压。B 环空处于超高压危险。

（2）补救方案与措施。

$7^5/_8$in 回接套管颈 BT 密封风险的补救方案或措施为更换大四通为回接套管颈金属密封的大四通型号。

采气树：额定压力 138MPa、耐温 121℃、材质 EE 级，PSL 3G。

拆除原 BT 或 P 密封大四通后，钳工修磨 7 5/8″ 套管颈外圆，去除毛刺和修磨不圆度。

也可以是 P 密封加金属密封。此时套管颈金属密封试压到回接套管内压强度的 80%，即为 132×0.8=106MPa。

参考文献

[1] 路宗羽，徐生江，蒋振新，等 . 准噶尔南缘深井机械比能分析与钻井参数优化 [J]. 西南石油大学学报，2021，43（4）：51-61.

[2] 陈超峰，江武，米红学，等 . 高温高压深井测试技术在准噶尔盆地高探 1 井的应用 [J]. 钻采工艺，2020，43（2）：119-122.

[3] 谢斌，陈超峰，马都都，等 . 超深高温高压井尾管悬挂器安全性评价新方法 [J]. 天然气工业，2022，42（9）：93-101.

[4] 杜金虎，支东明，李建忠，等 . 准噶尔盆地南缘高探 1 井重大发现及下组合勘探前景展望 [J]. 石油勘探与开发，2019，46（2）：205-215.

[5] 鲁雪松，赵孟军，张凤奇，等 . 准噶尔盆地南缘前陆冲断带超压发育特征、成因及其控藏作用 [J]. 石油勘探与开发，2022，49（5）：859-870.

[6] 卓鲁斌，石建刚，吴继伟，等 . 准噶尔盆地南缘钻井技术进展、难点及对策 [J]. 西部探矿工程，2020，32（2）：75-77.

[7] 文贤利，孔明炜，罗垚，等 . 准噶尔盆地南缘高温高压高闭合应力致密储层改造技术研究及应用 [J]. 新疆石油天然气，2021，17（4）：15-20.

[8] 庞志超，冀冬生，刘敏，等 . 准噶尔盆地南缘冲断带侏罗系—白垩系油气成藏条件及勘探潜力 [J]. 石油学报，2023，44（8）：1258-1273.

[9] 徐新纽，阮彪，杜宗和，等 . 高温高压油气藏试产期间固井水泥环力学完整性：以准噶尔盆地南缘高探 1 井为例 [J]. 科学技术与工程，2021，21（19）：7924-7930.

[10] 陈超峰，张一军，李强，等 . 高温高压储层"光油管"试油压裂一体化工艺 [J]. 石油钻探技术，2023，51（3）：113-118.

[11] 中国石油天然气集团有限公司 . 高温高压及高含硫井完整性技术规范：Q/SY 01037—2022[S]，2022.

[12] 中国石油天然气集团有限公司 . 在用井口装置检测技术规范：Q/SY 01873—2021[S]. 2021.

[13] 中国石油天然气集团有限公司 . 陆上高温高压含硫气井及储气库注采井环空压力管理规范：Q/SY 01879—2021[S]. 2021.

[14] Roy A. Lindley，Willian B. Aiken，Bruce P. Miglin.Evaluation of Pressure Rating Methods Recommended by API RP 17TR8[R].2017.

[15] 国家能源局 . 含硫化氢油气井安全钻井推荐作法：SY/T 5087—2017[S]. 北京：石油工业出

版社, 2017.

[16] 国家能源局. 井身结构设计方法: SY/T 5431—2017[S]. 北京: 石油工业出版社, 2017.

[17] 国家发展和改革委员会. 套管柱试压规范: SY/T 5467—2007[S]. 北京: 石油工业出版社, 2007.

[18] 国家能源局. 套管柱井口悬挂载荷计算方法: SY/T 5731—2012[S]. 北京: 石油工业出版社, 2012.

[19] 国家能源局. 承压设备的设计计算: SY/T 7085—2016[S]. 北京: 石油工业出版社, 2016.

[20] 国家能源局. 油气井套管柱结构与强度可靠性评价方法: SY/T 7456—2019[S]. 北京: 石油工业出版社, 2020.

[21] 国家能源局. 二氧化碳环境油管和套管防腐设计规程: SY/T 7619—2021[S]. 北京: 石油工业出版社, 2021.

[22] 塔里木油田油气工程研究院. 井完整性导论 [M]. 北京: 石油工业出版社, 2016.

[23] 张绍槐. 井筒完整性的标准、理论与应用管理 [M]. 北京: 石油工业出版社, 2019.

[24] 张智, 施太和, 徐碧华. 特殊油气藏井筒完整性与安全 [M]. 北京: 科学出版社, 2019.

[25] 李军, 席岩. 页岩气井筒完整性失效机理与控制方法 [M]. 北京: 科学出版社, 2020.

[26] 张智, 王汉. 考虑环空热膨胀压力分析高温高压气井井口抬升 [J]. 工程热物理学报, 2017, 38 (2): 266-276.

[27] 吴奇, 郑新权, 张绍礼, 等. 高温高压及高含硫井完整性管理规范 [M]. 北京: 石油工业出版社, 2017.

[28] 吴奇, 郑新权, 张绍礼, 等. 高温高压及高含硫井完整性设计准则 [M]. 北京: 石油工业出版社, 2017.

[29] 吴奇, 郑新权, 张绍礼, 等. 高温高压及高含硫井完整性指南 [M]. 北京: 石油工业出版社, 2017.

[30] American Petroleum Institute. Hydraulic Fracturing–well integrity and Fracture Containment: API RP 100–1–2015(2020)[S] Washington: American Petroleum Institute, 2020.

[31] American Petroleum Institute. Procedures for Testing Casing and Tubing Connections: API RP 5C5–2017(2021)[S]. Washington: American Petroleum Institute, 2021.

[32] American Petroleum Institute. Annular Casing Pressure Management for Offshore Wells: API RP 90–1–2021[S] Washington: American Petroleum Institute, 2021.

[33] American Petroleum Institute. Deepwater Well Design and Construction: API RP 96–2013[S]. Washington: American Petroleum Institute, 2013.

[34] American Petroleum Institute. Casing and Tubing: API Spec 5CT– 2018 (2021)[S]. Washington: American Petroleum Institute, 2021.

[35] American Petroleum Institute. Specification for Wellhead and Tree Equipment: API Spec 6A–

2018(2021)[S]. Washington： American Petroleum Institute, 2021.

[36] American Petroleum Institute.Design Calculations for Pressure-containing Equipment：API Std 6X-2019[S]. Washington： American Petroleum Institute, 2019.

[37] American Petroleum Institute.High-pressure High-temperature Design Guidelines：API TR 17TR8-2022.[S]. Washington： American Petroleum Institute, 2022.

[38] American Petroleum Institute.Protocol for Verification and Validation of High-pressure High-temperature Equipment： API TR 1PER15K-1-2013.[S]. Washington： American Petroleum Institute, 2013.

[39] American Petroleum Institute.High-pressure High-temperature (HPHT)Flange Design Methodology： API TR 6AF3-2020[S]. Washington： American Petroleum Institute, 2020.

[40] American Petroleum Institute.Metallic Material Limits for API Equipment Used in High Temperature Applications： API TR 6MET-2022.[S]. Washington： American Petroleum Institute, 2022.

[41] Brown L, Witwer B. Next generation HP/HT wellhead seal system validation[C]//Offshore Technology Conference. OTC-27738-MS, 2017.

[42] CSA Z624-2020.Well Integrity Management For Petroleum And Natural Gas Industry Systems[S].2020.

[43] DONG X, DUAN Z, QU Z, et al. Failure analysis for the cement with radial cracking in HPHT wells based on stress intensity factors[J]. Journal of Petroleum Science and Engineering, 2019, 179： 558-564.

[44] GUO X, LI J, LIU G, et al. Numerical simulation of casing deformation during volume fracturing of horizontal shale gas wells[J]. Journal of Petroleum science and Engineering, 2019, 172： 731-742.

[45] HAN L, YIN F, YANG S, et al. Coupled seepage-mechanical modeling to evaluate formation deformation and casing failure in waterflooding oilfields[J]. Journal of Petroleum Science and Engineering, 2019, 180： 124-129.

[46] XU H, ZHANG Z, SHI T, et al. Influence of the WHCP on cement sheath stress and integrity in HTHP gas well[J]. Journal of Petroleum Science and Engineering, 2015, 126： 174-180.

[47] ISO11960-2020. Petroleum and natural gas industries-Steel pipes for use as casing or tubing for wells[S]. 2020.

[48] ISO13680-2020.Petroleum and natural gas industries-Corrosion-resistant alloy seamless tubular products for use as casing, tubing, coupling stock and accessory material-Technical delivery conditions[S]. 2020.

[49] ISO16530.2-2013.Well integrity-Part2-Well integrity for the operational phase[S]. 2013.

[50] ISO16530-1-2017.Petroleum and natural gas industries-Well integrityPart1： Life cycle governance[S]. 2017.

[51] ISO173482016.Petroleum and natural gas industries–Materials selection for high content CO_2 for casing, tubing and downhole equipment[S]. 2016

[52] LI J, SU D, TANG S, et al. Deformation and damage of cement sheath in gas storage wells under cyclic loading[J]. Energy Science & Engineering, 2021, 9（4）: 483–501.

[53] LI Y, LU Y, AHMED R, et al. Nonlinear stress–strain model for confined well cement[J]. Materials, 2019, 12（16）: 2626.

[54] LIAN W, LI J, XU D, et al. Sealing failure mechanism and control method for cement sheath in HPHT gas wells[J]. Energy Reports, 2023, 9: 3593–3603.

[55] LIAN ZH, TUO YH, ZHANG J, et al. Strength analysis of perforated casing in ultra–deep horizontal shale wells during sublevel acidizing and hydraulic fracturing process[J]. Advances in Mechanical Engineering, 2022, 14（7）: 1–14.

[56] LIN T, ZHANG Q, LIAN Z, et al. Evaluation of casing integrity defects considering wear and corrosion‐Application to casing design[J]. Journal of Natural Gas Science and Engineering, 2016, 29: 440–452.

[57] LIU S, LI D, YUAN J, et al. Cement sheath integrity of shale gas wells: A case study from the Sichuan Basin[J]. Natural Gas Industry B, 2018, 5（1）: 22–28.

[58] LIU W, YU B, DENG J. Analytical method for evaluating stress field in casing–cement–formation system of oil/gas wells[J]. Applied Mathematics and Mechanics, 2017, 38（9）: 1273–1294.

[59] M. B. Kermani, L. M. Smith. 油气生产中的 CO_2 腐蚀控制 设计考虑因素 [M]. 王西平，等译. 北京：石油工业出版社，2002.

[60] 国家市场监督管理总局. 国家标准化管理委员会. 石油天然气工业 高含 CO_2 环境用套管、油管及井下工具的材料选择：GB/T 40543—2021[S]. 北京：中国标准出版社.

[61] NORSOK D–010.Well integrity in drilling and well operations[S]. 2013.

[62] Oil Gas UK. Well Life Cycle Integrity Guidelines‐Issue4[S]. 2019

[63] OLF117–2017.Recommended Guidelines for Well Integrity[S]. 2017.

[64] WANG W, TALEGHANI A D. Three–dimensional analysis of cement sheath integrity around Wellbores[J]. Journal of Petroleum Science and Engineering, 2014, 121: 38–51.

[65] YAN X, JUN L, GONGHUI L, et al. A new numerical investigation of cement sheath integrity during multistage hydraulic fracturing shale gas wells[J]. Journal of Natural Gas Science and Engineering, 2018, 49: 331–341.

[66] YANG H, BU Y, GUO S, et al. Effects of in–situ stress and elastic parameters of cement sheath in salt rock formation of underground gas storage on seal integrity of cement sheath[J]. Engineering Failure Analysis, 2021, 123: 105258.

[67] YIN F, HOU D, LIU W, et al. Novel assessment and countermeasure for micro–annulus initiation

of cement sheath during injection/fracturing[J]. Fuel，2019，252：157–163.

[68] 刘洋．高压气井芯轴式悬挂器全金属密封设计机理及试验研究 [D]. 成都：西南石油大学，2020.

[69] 练章华，刘洋，张耀明，等．一种套管悬挂器金属密封结构设计与研究 [J]. 润滑与密封，2019，44（8）：116–120.

[70] 刘洪涛，胥志雄，何新兴．超高压采气井口研究及应用 [M]. 北京：石油工业出版社，2021.

[71] 练章华，万智勇，吴彦先，等．超深井卡瓦悬挂器套管力学强度有限元分析 [J]. 石油机械，2023，51（9）：1–8.

[72] 刘洋，练章华，张杰，等．大通径芯轴式悬挂器金属密封结构研究 [J]. 润滑与密封，2022，47（4）：124–131.

[73] 管志川，廖华林．复杂地层深井井身结构与套管强度优化设计 [M]. 北京：石油工业出版社，2016.

[74] 杨虎，杨明合，周鹏高．准噶尔盆地复杂深井钻井关键技术与实践 [M]. 北京：石油工业出版社，2017.

[75] 郑建翔．深井、超深井固井动态压力变化过程与管柱力学行为研究 [D]. 成都：西南石油大学，2018.

[76] 崔明月，张颖，杨军征，等．水泥环缺损时套管损坏有限元分析 [J]. 石油矿场机械，2016，45（8）：31–35.

[77] 窦益华，韦垫，罗敬兵，等．水泥环缺失对水平井套管强度安全性影响分析 [J]. 石油机械，2019，47（9）：17–22.

[78] 冯克满．尾管悬挂器结构原理与应用 [M]. 北京：石油工业出版社，2019.

[79] 冯耀荣，李鹤林，韩礼红，等．我国油井管国产化技术进展及展望 [J]. 石油科学通报，2022，7（2）：229–241.

[80] 高德利．油气井管柱力学与工程 [M]. 东营：中国石油大学出版社，2006.

[81] 练章华．地应力与套管损坏机理 [M]. 北京：石油工业出版社，2009.

[82] 李军，陈勉，柳贡慧，等．套管、水泥环及井壁围岩组合体的弹塑性分析 [J]. 石油学报，2005，26（6）：99–103.

[83] 练章华，罗泽利，步宏光，等．水泥环环状缺失套损机理及防控措施 [J]. 石油钻采工艺，2017，39（4）：435–441.

[84] 刘洪涛，杨向同，邱金平．石油天然气井完整性技术 [M]. 北京：石油工业出版社，2019.

[85] 练章华，牟易升，张强．极端条件下气井油管柱振动力学行为的有限元分析 [J]. 新疆石油天然气，2021，17（3）：59–66.

[86] 钻井手册编写组．钻井手册（上）：第 2 版 [M]. 北京：石油工业出版社，2013.

[87] 吕祥鸿，赵国仙．油套管材质与腐蚀防护 [M]. 北京：石油工业出版社，2015.

[88] 马开华，丁士东.深井复杂地层固井理论与实践 [M].北京：中国石化出版社，2019.

[89] 史君林，练章华，丁亮亮，等.高压、超高压油气井装备抗内压强度设计计算分析 [J].中国安全生产科学技术，2023，19（2）：143-151.

[90] 胥志雄，刘洪涛，谢俊峰.超级 13Cr 油管应用技术 [M].北京：石油工业出版社，2021.

[91] 杨向同，沈新普，刘洪涛.高温高压气井管柱力学有限元分析 [M].北京：科学出版社，2021.

[92] 尹成先.石油天然气工业管道及装置腐蚀与控制 [M].北京：科学出版社，2017.

[93] 于浩，赵朝阳，练章华，等.温差作用下回接套管柱井口抬升影响分析 [J]，石油机械，2022，50（1）：100-107.

[94] 郑双进，程霖，谢仁军，等.水泥返高对深水高温高压井井口抬升高度的影响 [J].石油钻采工艺，2021，43（5）：601-606.

[95] 练章华，王天，牟易升，等.复杂力学环境中完井管柱屈曲行为及其防控措施 [J].科学技术与工程，2021，21（5）：1758-1763.

[96] 黄桢，黄有为.油管柱振动机理研究与动力响应分析 [M].重庆：重庆大学出版社，2012.

[97] 练章华，牟易升，刘洋，等.高温高压超深气井油管柱屈曲行为研究 [J].天然气工业，2018，38（1）：89-94.

[98] 李帅，练章华，丁亮亮，等.多因素耦合作用下的气井持续环空压力预测模型 [J].中国安全科学学报，2023，33（2）：166-172.

[99] 张波，管志川，徐申奇，等.水泥返高对气井持续环空压力的影响与分析 [J].科学技术与工程，2017，17（28）：52-57.

[100] 练章华，李帅，丁亮亮，等.高压气井油套环空带压模拟及对井筒完整性影响研究 [J].安全与环境学报，2022，22（2）：749-755.

[101] 谢玉洪.海洋高温高压气井井筒完整性技术和管理 [M].北京：科学出版社，2017.

[102] 丁亮亮，杨向同，张红，等.高压气井环空压力管理图版设计与应用 [J].天然气工业，2017，37（3）：83-88.